农业部“十一五”规划教材

园林植物

车代弟　樊金萍　主编

中国农业科学技术出版社

图书在版编目（CIP）数据

园林植物/车代弟，樊金萍主编．—北京：中国农业科学技术出版社，2008.8
ISBN 978－7－80233－633－9

Ⅰ．园…　Ⅱ．①车…②樊…　Ⅲ．园林植物－植物学－　Ⅳ．S68

中国版本图书馆 CIP 数据核字（2008）第 085799 号

责任编辑　朱　绯　王　涵
责任校对　贾晓红　康苗苗

出 版 者　中国农业科学技术出版社
北京市中关村南大街 12 号　邮编：100081
电　　话　（010）82106632（编辑室）
传　　真　（010）82106626
网　　址　http://www.castp.cn
经 销 者　新华书店北京发行所
印 刷 者　北京华正印刷有限公司
开　　本　787 mm×1 092 mm　1/16
印　　张　19.5
字　　数　461 千字
版　　次　2008 年 8 月第 1 版　2008 年 8 月第 1 次印刷
定　　价　32.00 元

《园林植物》编委会

主　编　车代弟　东北农业大学

　　　　　樊金萍　东北农业大学

副主编　金淑梅　东北林业大学

　　　　　王军虹　东北农业大学

编　者　薛佳桢　潍坊学院

　　　　　杜　洁　中国环境管理干部学院

　　　　　柳玉晶　辽宁农业职业技术学院

　　　　　彭东辉　福建农林大学

　　　　　龚守富　信阳农业高等专科学校

　　　　　章玉平　广州城市职业学院

　　　　　郑　洋　沈阳农业大学

　　　　　杨　涛　东北农业大学

前　　言

园林植物是园林专业的重要专业课程之一。为园林规划设计、绿地施工及植物配置等提供了必要的基础理论知识。长期以来，上述相关专业的教材和教学参考书偏少，与其他植物科学类专业的教材建设相比明显滞后。进入21世纪以后，各高等院校纷纷进行了人才培养方案改革，教学内容与课程理论体系改革，所以，编写反映教学改革成果、符合专业教学实际情况的教材尤为必要。作为一门植物学的分支学科，园林植物学本身也有惊人的进展，将园林植物科学的新进展反映到教材上，是提高教学质量的基础。

《园林植物》是为满足高等职业院校教学改革和培养高等专业技术应用型人才的需要，基于对所培养从事园林应用及园林植物生产领域的人才质量的重要作用而编写的。园林植物作为园林专业的专业基础课程，以培养适应我国园林和花卉业发展对应用性人才的需要为目标，重点加强理论与实践相结合，培养学生的动手能力和独立工作能力。

《园林植物》本着加强学生基础知识和基础技能的训练的原则，以培养学生终身学习的能力和创新能力为课程教学目标。本教材总计35万字，分为4篇共13章，内容主要涉及园林花卉、园林树木和草坪及地被的分类、生产及养护管理。在涵盖了园林植物的基本内容的基础上，选择在不同地域上具有广泛性和代表性的园林植物为重点，增加了园林植物生产和应用的新技术及实用性技术，有利于学生的就业能力和工作能力的培养，并使教材更具普遍性及应用性。

本书编写分工如下：绪论、第一章、第三章由车代弟编写，第二章、第四章、第九章由樊金萍编写，第十章第一节、第二节由金淑梅编写，第十章第三节、第四节由王军虹编写，第五章第一至第四节由薛佳桢编写，第六章第一至第七节、第九节由杜洁编写，第十一章由柳玉晶编写，第七章由彭东辉编写，第五章第五节由龚守富编写，第六章第八节由章玉平编写，第十二章、第十三章由郑洋编写，第八章由杨涛编写。全书由车代弟、樊金萍统稿。东北农业大学园林系的部分研究生参加了书稿的校对工作。

由于编者的知识所限，加上编写时间的短促，可能有疏漏和错误的地方，欢迎使用本教材的师生提出批评和建议，以便再版时修正、更新、充实和提高。

编　者

2008年6月

目　　录

绪 论

一、园林植物的概念及范畴

（一）园林植物的概念

园林植物是指能绿化、美化、净化环境，具有一定的观赏价值、生态价值和经济价值，适用于布置人们生活环境、丰富人们精神生活和维护生态平衡的栽培植物。时至今日，人们对园林植物的功能赋予了新的要求。不仅要求其具有观赏功能，还要求其具有改造环境、保护环境以及恢复、维护生态平衡的功能。因此，园林植物的范围是非常广泛的，不仅包括木本和草本的观花、观果、观叶、观姿态的植物，也包括用于园林建设生态绿地的所有植物。

（二）园林植物的范畴

在1958年以前，中国常将园林植物一词的含义与观赏植物或花卉等同，即美丽奇特、芳香、能使人赏心悦目的植物。20世纪80年代以来，已扩大到园林绿化的一切植物材料。随着现代科学技术的发展，人们不断将野生植物和国外植物引种驯化、通过现代生物技术培育一些新的植物种类都应用到园林建设上来，园林植物的范畴在不断扩大。

二、园林植物的应用历史回顾及现状

（一）园林植物的应用历史回顾

20世纪70年代，考古学家在浙江余姚河姆渡新石器文化的遗址中，获得一块刻有花纹的陶块，可见，早在7 000年前我国就有花卉栽培了，然而，在整个历史时期，随着生产力水平的不断提高，人们对园林植物的认识和应用也在不断地加深和发展。

我国最早的园林形式是囿，出现在殷商时期，它是将一定地域加以范围，让花草果木、鸟兽鱼虫滋生繁育并挖池筑台以供帝王贵族狩猎、游乐，后来统称为园囿，以后则发展为以种植观赏花木为主的园苑。在长达五六百年的西周至春秋时期，我们从闻名中外的《诗经》中可知此时园林植物主要是为人们提供生产生活资料，其中桃、李、棠棣、木瓜、梅等已成为众人喜爱的观赏花木。战国时期，屈原《离骚》载有："朝饮木兰之坠露兮，夕餐秋菊之落英"，这里已明确提到木兰与菊花已成为观赏植物。秦汉期间，随着封建社会的出现及生产力水平的提高和农业的发展，园林植物的种与品种都很繁多，引种驯化活动也十分频繁。随着社会的进步，园林的建造者也从以原来的山石园为主改为现在的植物为主。纵观中华民族数千年的文明史，勤劳、勇敢、智慧的中国人民很早就学会了植物在园林中的应用，许多植物用于园林中创造植物景观，形成了我国特有的园林文化。

（二）园林植物的应用现状

1840 年，随着鸦片战争将中国的门户打开，西方文化东渐，西方的公园及造园手法逐渐渗入中国的古典园林，中国园林步入现代园林阶段。新中国成立以后，尤其是在党的十一届三中全会以来，由于改革开放的深入和市场经济的建立及人民生活水平不断提高，人们对环境的要求也愈来愈高，运用种种园林植物创造优美舒适的生活环境，建设生态园林、改善环境质量、创可持续发展的环境是时代的召唤、历史的潮流。

建国以来有很多以植物景观著称的公园，如早期的杭州花港观鱼公园，突出“花”和“鱼”的主题；全园面积 18 公顷草坪就占了 40% 左右，尤其是雪松草坪区，以雪松和广玉兰树群组合为背景构成空阔景面，气势豪迈。

20 世纪 80 年代中，洛阳王城公园以牡丹为主题，万株牡丹开放时，五彩缤纷的花海蔚为壮观。由此可见，我国现代公园中重视运用园林植物，以其丰富的形态与色彩变化完善了公园的艺术构图，同时带来了大自然的气息和朝气蓬勃的生命力。

90 年代以来，我国园林建设的目标是建设生态园林。昆明召开的 99 世纪园艺博览会的主题是：“人与自然迈向 21 世纪”，充分体现了这一时代气息。以上海“明珠苑”为例：生态园林是上海园林老专家以及一代新人多年来积极探索，大力倡导的现代园林理论，因此，上海参展园是以植物材料为主的，“明珠苑”内建筑密度 8.6%，绿地率达 75%，整个设计充分体现生态观念，以园林植物创造出具有良好生态效益的现代都市花园。

园林植物不仅能创造优美、舒适的人居环境，而且还能改善我们的生存环境。现在，由于环境恶化，人类越来越渴望回归大自然。我国的园林建设也以植物景观为主，建设生态园林满足各方面的需要。此外近年来各地积极营建森林公园，相关部门也纷纷成立自然保护区、风景区。据统计，截至 1990 年底，我国共建立了 480 个自然保护区，其中陆地生物群落保护区 438 个，面积 32 151 978 公顷，占国土面积的 2.98%。

众所周知，我国素有“园林之母”的美称，但对园林植物的利用却很少，我国目前大多数园林中作为园林绿地种植的植物不超过 200 种，绿地常见的园林树种仅有雪松、悬铃木、香樟、龙柏、大叶黄杨、海桐等十几种，草本观赏品种更为贫乏，全国各地几乎千篇一律：一串红、三色堇、金盏菊、鸡冠花、万寿菊、百日草等十几种，且大多数的园林植物从国外引种，我国特有的观赏植物栽培不多。其次，在选种育种培育优良及新品种上水平较落后，在植物造景上，除少数大城市如杭州的园林植物造景的科学性及艺术性的水平较突出外，大部分还与国际水平相差甚远。再者，受市场经济的冲击及传统古典造园理论的影响，在园林建设中人文景观投资大，占地多，植物造景用的植物种类仍局限在传统的种类及配置方式上。在生态园林成为园林绿化事业发展方向的今天，园林植物学科的发展显得尤为重要。

（三）园林植物学科的研究现状

长期以来，园林植物的研究大多数局限于植物鉴定、性状描述、栽培经验总结等方面。其中木本花卉和树桩盆景是两大研究热点，而木本花卉的研究多集中于月季、山茶花、杜鹃、桂花等方面；树桩盆景的研究多集中于五针松、火棘、女贞、枸骨、竹类、梅花、榕树、杜鹃等常用盆景树种的造型方面；草坪的研究主要集中在草坪品种的开发、生物学特性、在园林中的应用等方面。为了不断丰富园林植物群落，目前的研究范围有待于拓宽。同时加强草坪和地被植物及切花、插花、干花研究，加快温室园艺和室内绿化研究进展速度。

近二三十年来，生物工程在观赏植物上已取得新进展。花卉转基因育种在美国和荷兰已成为一个重要手段，中国也在组织专人进行深入研究。

1. 植物组织培养　从多细胞生物个体上，取其细胞、组织或器官，接种到特制的培养基上或特定的条件下，例如在无菌条件下，利用玻璃容器进行培养，使其形成新个体的技术。据统计，园林植物中已有600多种植物通过组培获得了无性系，其中相当一部分无性繁殖后，由苗圃供应市场。其中试管内受精获得成功的有百合、罂粟、矮牵牛、葱兰等，用花药花粉培养单倍体植物利于缩短育种的年限，原生质融合培养在矮牵牛、菊花、非洲菊、秋海棠等花卉上取得成功。

2. 基因重组技术　利用化学、物理或生物方法，将外源基因导入体细胞，最终得到转基因植株的生物工程育种技术。用基因转移的方法在不同的物种间拆卸和装配已成为现实，目前，世界上经批准试验的转基因植物就有1 000多种，至今得到转基因植物种类80多种。我国研究人员已分离纯化了控制或修饰矮牵牛、金鱼草、紫罗兰、翠菊、蔷薇、香豌豆、报春花等花色基因的功能及有关的酶，而且克隆了该6种花卉黄酮素特异性的一些DNA和基因。

三、我国园林植物资源的特点

（一）我国园林植物资源十分丰富

园林植物在中国已有2 000多年的栽培历史，中国被称为“世界园林之母”，地域辽阔，物种丰富，著称于世的观赏植物多达100余属3 000余种。很多奇花嘉木最初都是由我国传至世界各地的，如芍药、荷花、梅花、兰花、牡丹、山茶、萱草、杜鹃等。中国原产的乔木树种约为8 000种，在世界树种总数中所占比例极大。在亚洲，中国园林树木最为丰富，尤以西南山区特别突出，这一地区的植物种类最为繁多，约比毗邻的印度、缅甸，尼泊尔等国山地多4～5倍。据已故树木分类专家陈嵘教授在《中国树木分类学》（1937）一书中统计，中国原产的乔灌木种类，竟比全世界其他北温带地区所产的总数还多。非我国原产的乔木种类仅有悬铃木、刺槐、酸木树、箬棕、岩梨、山月桂、北美红杉、落羽杉、金松、罗汉柏、南洋杉等11个属而已。原产我国的植物种质资源不仅数量多，而且变异广泛，类型丰富。

（二）我国园林植物资源分布集中

很多著名的花木和观赏的科、属系以我国为其世界分布中心，在相对较小的地区内，集中原产着众多的种类，从表1可知，中国产的种类占世界种数的百分比证明中国确是若干著名树种的世界分布中心。

表1　20个属国产花卉占世界总种属百分比

序号	属　　名	中国种数	世界总种数	所占百分比（%）
1	蜡梅 *Chimonanthus*	4	4	100.0
2	泡桐 *Paulownis*	9	9	100.0
3	刚竹 *Phyllostachys*	50	50	100.0
4	山茶 *Camllis*	238	280	85.0
5	丁香 *Syings*	27	32	84.4
6	油杉 *Keteleeris*	10	12	83.3
7	槭 *Acer*	150	200	75.0
8	照花 *Dendrobenthmia*	9	12	75.0
9	蜡瓣花 *Corylopsis*	21	30	70.0
10	李 *Prunus*	140	200	70.0
11	椴树 *Trlis*	35	50	70.0
12	紫藤 *Wisteris*	7	10	70.0
13	木犀 *Osmanthus*	27	40	67.5
14	山虎 *Parthenocissus*	10	15	66.7
15	含笑 *Michelis*	40	60	66.7
16	溲疏 *Deutzia*	40	60	66.7
17	苹果 *Malus*	24	37	64.9
18	栒子 *Cotoneaster*	60	95	63.2
19	绣线菊 *Spiraea*	65	105	61.9
20	杜鹃花 *Rhododendron*	530	900	58.9

（三）我国园林植物资源丰富多彩

中国地域广阔、环境变化多，观赏植物资源丰富，驯化历史源远流长，栽培技术精湛，所以经过长期的影响，许多园林植物种质资源，有变异广泛，品种繁多的特点，如我国的梅花品种就有300个以上，牡丹品种约有500个，极大地丰富了各国的园艺世界。仅以常绿杜鹃亚属为例，植株习性、形态特点，生态要求和地理分布等差别极大，变幅甚广，小型的平卧杜鹃高仅5～10cm，巨型的如大树杜鹃高达25m，径围2.6 m。常绿杜鹃的花序、花形、花色、花香等差异很大，或单花或数朵或排成多花的伞形花序；花朵形状有钟形、漏斗形、筒形等。花色有粉红、朱红、紫红、西香紫、玫瑰红、金黄、淡黄、雪白、斑点、条纹及变色等。在花香方面，有不香、淡香、幽香、烈香等种种变化。

（四）我国园林植物资源特点突出

中国植物界有许多特产科、属、种举世无双，例如：银杏科的银杏属，松科的金钱松属，杉科的台湾杉、水杉、水松属，柏科的建柏属、穗花杉属，蓝果树科的珙桐属等；在栽培中还培育出若干独具一格，特点优异的品种类型，如牡丹属中的黄牡丹、绿牡丹，月季中的香水月季、大花香水月季、微型月季等。

四、我国园林植物的发展现状和前景

随着中国经济的发展和社会的进步，园林植物业作为一种新兴的产业迅猛发展，已进入区域化、规模化、集约化、优质化的发展进程，科技创新、设施农业、标准化栽培技术的作用日趋明显。中国园林植物经过近20年的发展，进入产业化发展阶段。中国政府第一次于1999年5月1日至10月31日（历时184d），在云南昆明成功举办“中国99昆明世界园艺博览会”，至2004年，全国观赏苗木种植面积达33.5万公顷，居世界首位。国务院有关部门已经做出规划，到2050年，全国70%以上的城市林木覆盖率达到45%以上，实现“城在林中、房在园中、人在景中”。

五、园林植物的作用和地位

（一）园林植物的作用

园林植物具有绿化、美化和净化环境的功能。园林植物作为园林绿化建设的主要材料，在我国经济与社会发展中的意义和作用十分突出：

1. 园林植物具有重大的经济效益，在国民经济中的比重日趋加大。我国园林植物的生产开始向产业化、市场化发展，它是三高农业的重要组成部分，是最具有发展前景的新兴产业，已成为新的经济增长点。据农业部公布的统计结果显示，2004年，全国仅观赏苗木种植面积就已达33.5万公顷，年产各类苗木131.2305万株，年销售额215.56亿元，出口创汇1 476.5万美元，全国出现了许多花木之乡，其中仅江苏省就有22个花木之乡。

许多园林植物具有多方面的价值，有的既可观赏又可入药，如牡丹、菊花；有的可制窨茶，如茉莉、玫瑰；有的可提取香精，如桂花、丁香；有的种子可榨取油脂；有的园林植物可供食用；有的园林植物还可提供特殊的原材料。

2. 园林植物具有重要的社会效益，在精神文明建设中的位置日趋加重。园林植物作为园林绿化建设的活材料，丰富了人们的生活内容，提高了人们的生活质量。园林植物是大自然色彩的来源，用于点缀居室、会场、居民区、工矿区、学校、寺庙等处的素材，可构成各种各样的园林景观。园林植物以它的姿色、风韵和香味给人以美的享受，它既能反映大自然的天然美，又能反映出人类独具匠心的艺术美。有些园林植物之美还常因季节、气候的变化而变化，四季相异、早晚不同、晴雨有别，在播种、发芽、抽梢、展叶、开花、结籽等各阶段构成的节奏感中，人们体会到动态美和生命的旋律，园林植物构成了人与自然的和谐统一。

我国历代文人墨客，不仅以园林植物咏诗作词，而且把园林植物人格化，赋予各种含义，如“竹子”指高风亮节，“荷花出淤泥而不染”喻为不同流合污，牡丹代表高贵，红豆代表相思，紫薇代表和睦，玉兰色如玉、秀如兰，好比亭亭玉立的少女等。

3. 园林植物具有明显的生态效益，增进人们身心健康。园林植物具有提高环境质量的功能，能吸收CO_2，放出O_2，分泌杀菌素，改善空气质量，调节空气湿度，防风固沙，保持水土等作用。有些园林植物能吸收SO_2、HF、HCl等多种有毒气体，能大大地净化空气；有些园林植物可以吸收并阻拦噪声，水生植物可净化污水。园林植物的绿色部分还有保护视力的作用，在紧张的工作之余，眺望一下青枝绿叶，让人顿觉精神抖擞，疲劳全消。园林植物用于园林绿化建设，具有美化、彩化、净化、香化环境的作用，给人们创造舒适的工作和生活环境。

（二）园林植物的地位

园林植物是园林景观设计中必不可少的造景要素。所谓“庭院无石不奇，无花木则无生气”，园林植物除了具有组景、衬景、观景的风景艺术价值外，还具有改善局部气候环保抗灾的生态作用。随着经济的发展，城市人口膨胀，用地紧张、环境恶化，人们发现园林绿化、建设生态园林是解决环境问题行之有效的方法之一。近年来，我国园林绿地建设较注重植物景观，注重生态效益，为改善和提高环境质量做出了巨大努力。英国一位造园家克劳斯顿说：“园林设计归根结底是植物材料的设计，其目的就是改善人类的生态环境，其他的内容只能在一个有植物的环境中发挥作用”。可见在现代园林设计中提倡植物造园可以说是超国际、超时代的人类需要。环境科学已经清楚的告诉我们只有用植物创造的环境才是美好的环境，才是适合人类生态要求的环境。随着社会的发展，园林植物在世界种植业中占有重要而独特的地位，园林植物的生产和应用也越来越广泛，并产生了较高的经济效益。尤其是花卉业已成为当今世界上最具活力的产业之一，世界花卉贸易总额每年以 10% 的速度递增。

六、园林植物与其他学科的联系

在了解园林植物的概念和研究内容后，不难理解它与其他学科的关系。园林植物不仅与植物学、植物分类学、植物生理学、生态学、气象学、土壤营养学等基础课和专业基础课密切相关，也与花卉园艺学、观赏树木栽培与养护、观赏植物保护学、园林苗圃学、温室园艺学、园林规划设计、造园学、园林建筑学、园林工程学等专业课存在着彼此呼应、相辅相成的关系，因此，园林专业的学生，除了要具备扎实的专业理论基础外，还必须具有较好的艺术修养和广博的知识面，这一点，不仅是学好园林植物学的需要，也是当今世界科学高度分化又高度综合，科学向综合化方向迈进对我们提出的新要求。

七、学习园林植物的目的和方法

园林植物学是传统园艺科学的一个不可缺少的组成部分，也是园林学的重要分支之一。凡经营、探讨园林植物育种、繁殖、栽培技术和管理、保护、利用等方法，包括园林植物造景与生产事业都属于园林植物范畴。可见，园林植物是一门综合性、基础性很强的学科，因此，要学好园林植物学，必须要坚持理论和实践的统一。

在学习过程中，在课堂教学的基础上要充分挖掘自学能力，循序渐进并遵循以下要求。

1. 掌握知识，理解是关键，只有真正理解所学的内容，才能在将来的生产实践中运用自如；

2. 注意理论与实践相结合，增强感性认识；

3. 扩大阅读面，注意对知识深度和广度的积累；

4. 注意分析、概括和总结，找出规律性的东西，这是学习和掌握知识的深化和浓缩，有利于更好地掌握所学的内容。

总之，学无止境，随着科学的不断发展，会出现一系列的交叉科学和边缘科学。但科学无论发展到什么程度，都不会脱离基础，园林植物学作为园林学科的基础科学之一，一定要学好，学扎实，只有对基础知识牢牢把握，充分学习、擅于积累，才有可能在未来的应用生产中充分发挥主观能动性，为满足人们的生产、生活需要发挥更大的潜力。

复习思考题

1. 谈谈你对园林植物的认识。
2. 简述我国园林植物种质资源的特点。
3. 园林植物有什么样的作用？

第一篇　园林植物分类及栽培基础

第一章　园林植物分类的基础知识

园林植物种类繁多，品种丰富，它们分布广泛，是园林中不可缺少的物质资源，人们要认识、利用、改造它们，就必须对它们进行分类。因此，我们必须首先了解和掌握园林植物分类的基础知识。

第一节　植物界的基本类群及分类的意义

一、植物界的基本类群

按照两界生物系统，植物界主要包括藻类植物、菌类植物、地衣植物、苔藓植物、裸子植物和被子植物，根据植物构造的完善程度可分为高等植物和低等植物两大类，共15门。藻类、菌类、地衣合称为低等植物，由于它们在生殖过程中不产生胚，故又称无胚植物。苔藓、蕨类、裸子植物和被子植物合称为高等植物，它们生殖过程中可产生胚，故又称为有胚植物。藻类、菌类、地衣、苔藓、蕨类各类植物用孢子进行繁殖，所以，称孢子植物，由于不开花、不结果，所以，称为隐花植物，而裸子植物和被子植物开花结果，用种子繁殖，所以，称种子植物或显花植物。蕨类植物和种子植物具有维管束，所以，把它们合称为维管束植物，藻类、菌类、地衣、苔藓植物无维管束产生，所以，称非维管束植物。苔藓、蕨类植物的雌性生殖器官为颈卵器，裸子植物也有退化的颈卵器，因此，三者合称为颈卵器植物。低等植物植物体构造简单细胞，单细胞的群体或多细胞组成的无根、茎、叶等分化的枝状或片状体（通称叶状体），有性生殖的性“器官”是单细胞的，配子结合形成合子，合子直接发育成新的植物体，不经过胚的阶段。低等植物分为藻类、菌类和地衣类。其具体分类如下。

（一）低等植物

1. 藻类（Algae）

（1）绿藻门（Chlorphyta）

（2）不等鞭毛藻门（Heterokontae）

（3）硅藻门（Bacillariophyta）

（4）褐藻门（Phaeophyta）

(5) 红藻门 (Rhodophyta)
(6) 蓝藻门 (CYanophyta)
2. 菌类 (Fungi)
(7) 细菌门 (Bacterla)
(8) 黏菌门 (Myxomycophyta)
(9) 真菌门 (Eumycophyta)
3. 地衣类 (Lichenes)
(10) 地衣门 (Lichens)
(二) 高等植物
(11) 苔藓植物门 (Bryophyia)
(12) 蕨类植物门 (Pteridophyta)
(13) 种子植物门 (Spemaiophyla)，分裸子植物亚门 (Gymnospermae) 和被子植物亚门 (Angiosperlmae)。

除上列系统外，也有将藻类植物列为1门。而将藻类中的6个门降为纲，蕨类植物门中的各纲独立为门，将裸子植物亚门和被子植物亚门独立为门等分类系统。

二、植物分类的意义

植物分类的重要任务是将自然界的植物分门别类，鉴别到种。人类有史以来，即已在认识植物，而对植物进行科学的分类也有200多年历史了。植物分类学所总结的经验和规律，已成为人类认识植物和利用植物的有力依据。人们只有在认识植物种类的基础上，才能进一步深入研究植物其他方面的问题，因此，植物分类学不仅是植物学的基础，也是其他有关学科如植物地理学、植物生态学、地植物学，乃至遗传学、植物生理学、生物化学的基础。它与农、林、牧、副、渔、中医药等也有密切关系。

我国植物资源丰富，种类繁多，种子植物多达3万种，如欲很好地利用它们，先要进行分类，把种鉴别清楚。植物分类对植物种的鉴定是一件非常细致的、深入的工作，因为有些种在外表形态上与其邻近种相似，但其化学成分有差异，它们并不是同一个种，决不能混淆。如八角属约有60种，其中只有一种叫八角茴香的没有毒，它的成熟果实为调味香料。另外的种尤其是莽草这个种，果实有剧毒，过去有误食致命者。可见植物的“种”是客观存在的。植物分类学的研究还要探讨植物的起源和演化，为的是更好地鉴别种。鉴别种的应用在药用植物中尤为重要。中草药的同物异名和同名异物现象十分复杂，常影响用药的准确性。应用植物分类学知识，可识别其真伪。植物分类学结合其他学科还可做出更多的贡献。如已知不同种植物有不同化学成分，相近种类有相同的化学成分，人们常可据此而寻找代用植物。例如：石油开采上用的瓜尔豆，后来发现也可用豆科的田菁替代。

三、植物分类的方法

(一) 人为分类法

人为分类法是人们为了自己工作上或生活上的方便，根据植物的用途，或仅根据植物的形态、习性、生态或经济上的一个或几个明显的形态特征来进行分类，而不考虑植物种类彼此间的亲缘关系和在系统发育中的地位。例如：我国明朝的李时珍（1518～1593）所著《本草纲目》，将收集记载的植物1 000余种分为木、果、草、谷、菜5部30类，瑞典植物分类学家林奈，把有花植物雄蕊的数目作为分类标准，分为一雄蕊纲、二雄蕊纲等均属于人为分类。为了应用上的需要与方便，人为地将植物分为水生植物、陆生植物、木本植物、草本植物、栽培植物、野生植物等等。栽培的作物又可分为粮食作物、油料作物、纤维作物等。果树可分为仁果类、核果类、坚果类、浆果类、干果类等。应该肯定，这种分类方法虽然是人为的，但对人类的生产和生活等实际应用上都起了重要作用，并为科学的分类积累了丰富的资料和经验。但是，这种方法是不够科学的，其结果可能会给植物分类带来混乱，不符合植物界的自然发生和发展，不够反映植物间的亲缘关系。

（二）自然分类法

自然分类法又称系统发育分类，是按照植物间在形态、结构、生理上相似程度的大小，判断其亲缘关系的远近，再将它们分门别类，使成系统。按照自然分类法来分类，可以看出各种植物在分类系统上所处的位置，以及和其他植物在关系上的亲疏。在达尔文进化论的影响下出现了一些比较完善的系统，如恩格勒分类系统、哈钦松分类系统、塔赫他间系统和克朗奎斯特系统。尽管这些系统还只是初步的，但与人为分类相比，显然是一个质的飞跃。由于我们对全部植物的遗传和进化的证据知之甚少，依植物的亲缘关系建立一个完全符合种系发育的自然分类系统，目前还是难以实现的。

第二节　植物分类的等级与植物名称

一、植物分类的各级单位

为了建立自然分类系统，更好的认识植物，分类学根据植物之间相异的程度与亲缘关系的远近，将植物分为不同的若干类群，或各级大小不同的单位，即界、门、纲、目、科、属、种。种是植物分类的基本单位，由相近的种集合为属，由相近的属集合为科，如此类推。有时根据需要划分更细的单位，如亚门、亚纲、亚目、亚科、族、亚族、亚属、组，在种的下面又可分出亚种、变种、变型。每一种植物通过系统的分类，既可以表示出它在植物界的地位，也可以表示出它和其他种植物的关系。现举黄连为例，表明植物分类系统的等级和所在的分类位置：

界　植物界 Regnum vegetabile
门　种子植物门 Spermatophyta
亚门　被子植物亚门 Angiospermae
纲　双子叶植物纲 Dicotyledeae
亚纲　古生花被亚纲 Archichilamydoneae
目　毛茛目 Ranales
科　毛茛科 Ranunculaceae
属　黄连属 *Coptis*

种　黄连 *Coptis chinesis Frallch*

种是分类学上的基本单位。一个种的所有个体具有基本上相同的形态特征；个体之间能进行自然交配，产生能育的正常后代；具有相对稳定的遗传特性；占有一定的分布区和要求适合于该种生存的一定的生态条件。种的一方面是适当稳定的，而另一方面又是继续发展的。

种以下的分类等级则根据该类群与原种性状的差异程度分为亚种、变种和变型。亚种比变种包括的范围更广泛一些，除了在形态上有显著的区别外，在地理分布上也有一定的区域性。变种又比变型在形态上的差异要大一些。实际分类工作中要根据野外调查的资料和标本的特征经过综合研究分析方能确定。

品种是不属于按照植物自然分类系统的分类单位，而是属于栽培学上的变异类型。在农作物和园艺作物中，通常把经过人工选择而形成的有经济价值的变异（色、香、味、形状、大小等）列为品种。作为一个品种，首先，它们应该具备一定的经济价值。随着生产的发展，作为变异类型的品种也是不断发展的。旧品种在栽培上的地位，常由优良的新品种取而代之而被淘汰不成为品种了，所以品种的发展取决于生产的发展。

二、植物命名的方法

植物的种类非常繁多，而且随着各个国家的语言和文字的不同，都各有其习用的植物名称。就是在一个国家内，同一植物在各地区也各有其不同的名称，如甘薯［*Ipomoea batatas*（*L.*）*Lam.*］英语叫 sweet potato，德语叫 Stüβkartoffel，法语叫 Patate douce。而我国又叫红薯、白薯、番薯、红苕、地瓜。植物名称的极不统一就产生了上述同物异名。因此，在植物命名上，国际植物学会议规定了植物的统一科学名称，简称“学名”。学名是用拉丁文来命名的。如果采用其他文字的语音时也必须用拉丁字母拼音，使之拉丁化。国际通用的学名，基本采用了林奈所倡用的植物“双名法”，即植物的学名统一由属名和种名组成，并统一用拉丁文。第一个词是“属”名，是学名的主体，必须是名词，用单数第一格。第二个词是“种加词”（Specific epithet），过去称“种”名，是形容词或者是名词的第二格。如形容词作种名时必须与属名（名词）同性同数同格。最后还附定名人的姓名缩写。

第三节　园林植物分类的途径

一、园林植物的自然分类方法

园林植物种类繁多，习性各异，在园林应用中，应用到的绝大多数植物是按植物系统分类方法中的种子植物，即裸子植物和被子植物。

（一）裸子植物

裸子植物是种子植物中较低级的一类。具有颈卵器，既属颈卵器植物，又是能产生种子的种子植物。它们的胚珠外面没有子房壁包被，不形成果皮，种子是裸露的，故称裸子植物。

孢子体即植物体，极为发达，多为乔木，少数为灌木或藤木（如热带的买麻藤），通常常绿，叶针形、线形、鳞形，极少为扁平的阔叶（如竹柏）。大多数次生木质部只有管胞，极少数具导管（如麻黄），韧皮部只有筛胞而无伴胞和筛管。大多数雌配子体有颈卵器，少数种类精子具鞭毛（如苏铁和银杏）。裸子植物出现于古生代，中生代最为繁盛，后来由于地史的变化，逐渐衰退。现代裸子植物约有800种，隶属5纲，即苏铁纲、银杏纲、松柏纲、红豆杉纲和买麻藤纲，9目，12科，71属。我国有5纲，8目，11科，41属，236种及一些变种和栽培种。裸子植物很多为重要林木，尤其在北半球，大的森林80%以上是裸子植物，如落叶松、冷杉、华山松、云杉等。多种木材质轻、强度大、不弯、富弹性，是很好的建筑、车船、造纸用材。在园林绿化应用中，松柏类植物占有很重要的地位，可以形成独特的观赏景观，是园林中必不可少的树种。如落叶松、冷杉、华山松、云杉等等。

（二）被子植物

被子植物是植物界进化最高级、种类最多、分布最广的类群。现知被子植物有1万多属，20多万种，占植物界的一半。我国有2 700多属，约3万种，和裸子植物相比，被子植物有真正的花，故又叫有花植物；胚珠包藏在子房内，得到良好的保护，子房在受精后形成的果实既保护种子又以各种方式帮助种子散布；具有双受精现象和三倍体的胚乳，此种胚乳不是单纯的雌配子体，而具有双亲的特性，使新植物体有更强的生活力；孢子体高度发达和进一步分化，除乔木和灌木外，更多是草本；在解剖构造上，木质部中有导管，韧皮部有筛管、伴胞，使输导组织结构和生理功能更加完善，同时在化学成分上，随着被子植物的演化而不断发展和复杂化，被子植物包含了所有天然化合物的各种类型，具有多种生理活性。

被子植物的孢子体，在形态、结构、生活型等方面，比其他各类植物更完善化、多样化，有世界上最高大的乔木，如杏仁桉，高达156m；也有微细如沙粒的小草本如无根萍，每平方米水面可容300万个个体；有重达25kg仅含1颗种子的果实，如王棕（大王椰子）；也有轻如尘埃，5万颗种子仅重0.1g的植物如热带雨林中的一些附生兰；有寿命长达6 000年的植物，如龙血树；也有在3周内开花结籽完成生命周期的植物（如一些生长在荒漠的十字花科植物）；有水生、砂生、石生和盐碱地生的植物；有自养的植物也有腐生、寄生的植物。在解剖构造上，被子植物的次生木质部有导管，韧皮部有伴胞；而裸子植物中一般均为管胞（只有麻黄和买麻藤类例外），韧皮部无伴胞，输导组织的完善使体内物质运输畅通，适应性得到加强。园林绿化应用中，被子植物是占有绝对优势的植物，其丰富多彩的类群是形成园林景观的绝好材料，栽种花卉已成为城市人们美化环境、调节空气和净化环境的重要时尚，被子植物与人类生活息息相关。

二、园林植物的其他分类方法

除按植物系统分类方法外，园林植物从不同的角度存在着多种分类方法，但总的原则均以有利于园林建设工作为目标，以下介绍3种比较常见的分类法。

（一）依生物学特性分类

1. 木本园林植物

（1）乔木类：主干明显而直立。如白玉兰、榕树、复叶槭、悬铃木、梓树、桑树等等。

（2）灌木类：无明显主干，一般植株较矮小，分支从接近地面的节上开始，呈丛生状。如珍珠梅、月季、栀子花、牡丹、绣线菊、杜鹃等等。

（3）藤本类：茎木质化，长而细软，不能直立，需缠绕或攀缘其他物体才能向上生长。如地锦、葡萄、紫藤、凌霄等等。

2. 草本园林植物

一年生草本园林植物：在一年内完成生命周期，即从播种、开花、结实到枯死均在一年内完成。一年生草本园林植物多数种类原产于热带或亚热带，不耐寒，一般在春季无霜冻后播种，于夏秋季开花结实后死亡，如百日草、鸡冠花、千日红、凤仙花、波斯菊、万寿菊等等。

二年生草本园林植物：在两年内完成其生命周期，当年只进行营养生长，到翌年春夏才开花结实。其实际生活时间不足一年，但跨越两个年头，故称为两年生植物。这类植物具有一定的耐寒力，但不耐高温。如金盏菊、石竹、紫罗兰、瓜叶菊、飞燕草、虞美人等等。

球根园林植物：球根植物均为多年生草本。共同的特点是具有地下茎或根变态形成的膨大部分，以度过寒冷的冬季或干旱炎热的夏季（呈休眠状态），至环境适宜时再活跃生长，出叶开花，并产生新的地下膨大部分或增生仔球进行繁殖。球根园林植物种类很多，因其地下茎或根变态部分的差异，可分为：①由不定根或侧根膨大而形成的块根类，如大丽花、花毛茛等；②由短缩的变态茎形成的球茎类，如唐菖蒲、小苍兰、番红花、秋水仙等；③由地下根状茎的顶端膨大而形成的块茎类，如花叶芋、马蹄莲、大岩桐等；④由地下茎极度缩短并有肥大的鳞片状叶包裹而形成的鳞茎类，如水仙、郁金香、百合、风信子、石蒜等；⑤由地下茎肥大而形成的根茎类，如美人蕉、鸢尾等。

宿根园林植物：地下部分形态正常，不发生变态，宿根存于土壤中，冬季可在露地越冬。常见的宿根园林植物有芍药、菊、香石竹、蜀葵、天竺葵、文竹等。

3. 水生园林植物　生长发育在沼泽地或不同地域种的植物，如荷花、睡莲等。

4. 多浆、多肉类园林植物　这类园林植物共同特点是具有旱生、吸热的生理特点及植物体含水分多，茎和叶特别肥厚，呈肉质多浆状态。如仙人掌、芦荟、落地生根、燕子掌、生石花等。

（二）依植物观赏部位分类

1. 观花类　包括木本观花植物与草本观花植物。观花植物以花朵为主要的观赏部位，且以花大、花多、花艳或花香取胜。①木本观花植物如玉兰、梅花、杜鹃、碧桃、榆叶梅等；②草本观花植物有菊花、兰花、大丽花、一串红、唐菖蒲等。

2. 观叶类　以观赏叶形、叶色为主的园林植物。这类植物或叶色光亮、色彩鲜艳，或者叶形奇特而引人注目。观叶园林植物观赏期长，观赏价值较高。如龟背竹、红枫、黄栌、芭蕉、苏铁、橡皮树、一叶兰等。

3. 观茎类　该类园林植物茎秆因色泽或形状异于其他植物而具有独特的观赏价值。

如佛肚竹、紫薇、白皮松、竹类、白桦、红瑞木等。

4. 观果类 这类园林植物果实色泽美丽，经久不落，或果实奇特，色形俱佳。如石榴、佛手、金橘、五色椒、火棘、山楂等。

5. 观姿态类 以观赏树木的树型、树姿为主。这类园林植物树型、树姿或端庄、或高耸、或浑圆、或盘绕、或似游龙、或如伞盖。如雪松、龙柏、香樟、银杏、合欢、龙爪榆等。

6. 观芽类 这类园林植物的芽特别肥大美丽。如银柳、结香。

（三）按栽培方式分类

1. 露地园林植物 露地园林植物是指在自然条件中生长发育的园林植物。这类园林植物适宜栽培于露天的园地。由于园地土壤水分、养分、温度等因素容易达到自然平衡，光照又较充足，因此，枝壮叶茂，花大色艳。露地园林植物的管理比较简单，一般不需要特殊的设施，在常规条件下便可栽培，只要求在生长期间及时浇水和追肥，定期进行中耕、除草。

2. 温室园林植物 温室园林植物是指必须使用温室栽培或越冬养护的园林植物。这类植物常上盆栽植，以便搬移和管理。所用的培养土或营养液，光照、温度、湿度的调节以及浇水和追肥全依赖于人工管理。对于温室植物的养护管理要求比较细致，否则会导致生长不良，甚至死亡。另外，温室植物的概念也因地区气候的不同而异，如北京的温室植物到南方则常作为露地植物栽培。

除以上两种栽培方式外，还有无土栽培、促成或抑制栽培等方式。

上面所述的一些分类方法，仅仅是为了便于叙述、应用。除此以外，园林植物栽培养护过程中还有许多分类方法。如按开花季节分类、按栽培目的分类、按植物在园林绿化中的用途分类等。实践中，许多园林植物均是“身兼数职”，因此，应用时应根据实际需要，灵活运用。

复习思考题

1. 简述一下植物界的基本类群。
2. 谈谈植物分类的意义和方法。
3. 请简述一下园林植物分类的途径有哪些。

第二章　园林植物繁殖

第一节　有性繁殖

目的要求

熟练掌握园林植物的有性繁殖方法。包括：种实的分类、识别、采收、贮藏方法；种子的消毒、催芽方法；播种方法等。

一、园林植物的种子处理

（一）机械破皮

破皮是开裂、擦伤或改变种皮的过程。用于使坚硬和不透水的种皮（如山楂、毛樱桃、山杏等）透水透气，从而促进发芽。砂纸磨、锉刀锉或锤砸、碾子碾及老虎钳夹开种皮等适用于少量大粒种子。对于大量种子，则需要用特殊的机械破皮机。

（二）化学处理

种壳坚硬或种皮有蜡质的种子，亦可浸入有腐蚀性的浓硫酸（95%）或氢氧化钠（10%）溶液中，经过短时间的处理，使种皮变薄、蜡质消除、透性增加，利于萌芽。浸后的种子必须用清水冲洗干净。

用赤霉素（5~10μl/L）处理可以打破种子休眠，大量元素肥料如硫酸铵、尿素、磷酸二氢钾等，可用于拌种。硼酸、钼酸铵、硫酸铜、过猛酸钾等微肥和稀土，可用来浸种，使用浓度一般为0.1%~0.2%。用0.3%碳酸钠和0.3%溴化钾浸种，也可促进种子萌发。例如：使用0.2%硫脲溶液处理叶牡丹、松叶牡丹等，使用0.2%硝酸钾溶液处理金鱼草、凤仙花、金盏菊、波斯菊、千日红、醉蝶花、三色堇、矮牵牛、虞美人、火苞草等。

（三）清水浸种

水浸泡种子可软化种皮，除去发芽抑制物，促进种子萌发。水浸种时的水温和浸泡时间是重要条件，有凉水（25~30℃）浸种、温水（55℃）浸种、热水（70~75℃）浸种和变温（90~100℃，20℃以下）浸种等。后两种适宜有厚硬壳的种子，如核桃楸、山桃、山杏、山楂、油松等，可将种子在开水中浸泡数秒钟，再在流水中浸泡2~3d，待种壳一半裂口时播种，但切勿烫伤种胚。

（四）层积处理

将种子与潮湿的介质（通常为湿沙）一起贮放在低温条件下（0~5℃），以保证其顺利通过后熟作用叫层积，也称沙藏处理，春播种子常用此种方法来促进萌芽。

层积前先用水浸泡种子5~24h，待种子充分吸水后，取出晾干，再与洁净河沙混匀，沙的用量是：中小粒种子一般为种子容积的3～5倍，大粒种子为5～10倍。沙的湿度以手捏成团不滴水即可，约为沙最大持水量的50%。种子量大时用沟藏法，选择背阴高燥不积水处，挖深50～100cm，宽40～50cm，长度视种子多少而定，沟底先铺5cm厚的湿沙，然后将已拌好的种子放入沟内，到距地面10cm处，用河沙覆盖，一般要高出地面呈屋脊状，上面再用草或草垫盖好。种子量小时可用花盆或木箱层积。层积日数因不同种类而异，如八棱海棠40～60d，毛桃80～100d，山楂200～300d。层积期间要注意检查温、湿度，特别是春节以后更要注意防霉烂、过于或过早发芽，春季大部分种子露白时及时播种。

（五）催芽

临播种前保证种子吸足水分，促使种子中养分迅速分解运转，以供给幼胚生长所需称催芽。催芽过程的技术关键是保持充足的氧气和饱和空气相对湿度，以及为各类种子的发芽提供适宜温度。保水可采用多层潮湿的纱布、麻袋布、毛巾等包裹种子。可用火炕、地热线和电热毯等维持所需的温度，一般要求18～25℃。

（六）种子消毒

种子消毒可杀死种子所带病菌，并保护种子在土壤中不受病虫危害。方法有药剂浸种和药粉拌种。药剂浸种用福尔马林100倍水溶液15～20min、1%硫酸铜5min、10%磷酸三钠或2%氢氧化钠15min。药粉拌种用70%敌克松、50%退菌特、90%敌百虫，用量占种子重量的0.3%。

（七）光处理

对于好光性种子，如：霍香蓟、香雪球、四季秋海棠、丽格海棠、球根海棠、非洲凤仙、金鱼草、一串红、夏蓳等，采用透光性良好的质材作为播种介质，如：蛭石、珍珠盐。

对于嫌光性种子，播种后，放置于黑暗处（出芽后应及时移到光亮的地方）或充分覆土，如：雁来红、蝴蝶花、福禄考、日日春、黑种草、金盏花、万寿菊、孔雀草、美女樱、三色堇等。

二、播种技术

（一）播种时期

播种时期的确定是育苗工作的重要环节之一。它能影响植株的生长期，幼苗对环境的适应能力以及土地的使用，苗木的养护管理措施等。适宜的播种时期能促使种子提早发芽，提高发芽率。而园林植物播种时间的确定则要根据各种花卉的生长发育特性，花卉对环境的不同要求，计划供花时间，当地环境条件以及栽培设施而定。

在自然条件下的播种时间，主要按下列原则处理。

一年生花卉多在春季播种，一般北方在4月上旬至5月上旬，中原一带则在3月上旬至4月上旬，华南多在2月下旬至3月上旬播种。另外可根据市场需要，如五一节和国庆节，进行提前或延后播种。二年生草花一般是在立秋以后播种，北方多在9月上、中旬，南方多在9月中、下旬和10月上旬播种。多年生花卉中原产温带的落叶木本花卉可在秋末露地栽培，在冬季低温、湿润条件下起到层积作用，打破休眠，次年冬天即可发芽。

仙人掌类及多肉植物的种子一般在 21～27℃温度下发芽率较高，在春季和秋季播种为最好，这时昼夜温差较大，出苗比较整齐，出苗后的幼苗生长也较快。在梅雨季节播种病菌活跃，出土后的幼苗易染病。盛夏播种虽然也能出苗，但昼夜温差小，发芽率受到影响，而且夏季高温对幼苗生长不利。

原产于热带、亚热带地区常绿植物。种子萌发主要受温度影响。在温室内，播种工作一年四季均可进行，可根据市场需要安排播种时间。温室播种尽可能保持相对恒温，如昼夜温差过大，往往造成播种失败。

大部分草坪植物可初春播种也可以秋天播种，在北方 4～9 月，南方 3～11 月均可播种，一般以秋季播种为佳。因此时气温适于草种发芽而不适于杂草种子发芽，秋播种在早春后能迅速生长，起到控制杂草的作用。播种前必须灌足底水。

各个季节播种的优缺点主要有以下几点。

春播从播种到出苗时间短，可以减少栽培管理；春季土壤湿润，不板结，气温适宜，有利种子萌发，出苗整齐；幼苗出土后温度逐渐增高，可避免低温和霜冻的危害及减少种子被鸟、虫破坏的危害。

秋播可使种子在栽培地通过休眠期，完成播种前的催芽阶段，翌春幼苗出土早而整齐，延长苗木的生长期，幼苗生长健壮，成苗率高，增加抗寒能力，不仅减免了种子的贮藏和催芽处理，又减缓了春季作业繁忙，劳力紧张的矛盾。由于秋播出苗早，要注意防止晚霜的危害。

（二）播种方式

一二年生草木观赏植物的播种方法有露地播种、冷床播种和温室播种。

1. 露地播种　又分露地苗床播种与直播。在露地苗床播种之前，要选择地势高燥、平坦、背风、向阳的地方设置苗床。苗床土壤要疏松、肥沃，既有利于排水，又有一定的蓄水能力，需翻耕 30cm 深、耙细，清除杂物，然后做畦。南方地区地下水位高，宜做高畦。北方地区缺水，宜做低畦，畦宽 1.2m 左右，畦高 0.3m 左右，畦面要求平整，上层覆盖 10～15cm 厚的过筛培养土。在一二年生草本观叶植物中，具直根系、不耐移栽的种类，如虞美人等，宜采取露地直播的方法或用营养钵育苗。

2. 冷床与温床播种　主要用于北方寒冷地区的秋播育苗。播种前对床上要进行严格消毒杀虫灭菌，播后要控制好浇水量。冷床播种宜少浇，发酵温床宜不浇，仅用湿土覆盖保墒，电热温床则宜多浇。

3. 温室播种　适合温室草本花卉的育苗及种子细小而量少的种类，多用浅播种箱或浅苗盆作播种器具，撒种箱的规格一般是长：宽：高＝60cm：40cm：10cm。播种盆宜用盆径 30cm、高 10cm、底部多孔的浅盆。在箱、盆底部铺碎瓦片后。填入 1/3～1/2 的粗粒土以利排水，再填培养土，轻轻压实。润湿土壤后播种。播后，用培养土覆盖，盖土厚度为种子直径的 1/3～1/2，浇水宜采用浸灌方式。

（三）播种方法

有撒播、条播、点播（又称穴播）。

1. 撒播　是将种子均匀撒在已经整理好的播种土面上，此种方法多适用于苗床育苗或盆播育苗，对于那些细小的种子，很难播得均匀，最好混合细沙或草木灰一起撒播。海棠、山定子、韭菜、菠菜、小葱等小粒种子多用撒播。撒播具有繁殖量大、产生花苗多的优点，但因幼苗多、拥挤，又易出现徒长和病虫害，出苗后要注意及时间苗。

2. 条播 是在播种土面上，将种子按一定的行距呈条状播下，用条播器在苗床上按一定距离开沟，沟底宜平，沟内播种，覆土填平。此种方式可以克服撒播和点播的缺点，适宜大多数种子，如苹果、梨树、白菜等。由于各条之间有一定距离，光照和通风较好，且锄草、施肥方便，苗的长势也较健壮。

3. 点播（穴播） 是按照一定的株行距开穴，将种子播于穴内，每穴放种子 2 ~ 3 粒，然后覆土，覆上厚度约为种子直径的两倍。此种方式多用于大粒种子，如核桃楸、板栗、桃、杏、龙眼、荔枝及豆类等的播种，先将床地整好，开穴，每穴播种 2 ~ 4 粒，待出苗后根据需要确定留苗株数，名贵观叶植物和一些不耐移栽的草本观叶植物，出苗后，每穴留壮苗 1 ~ 2 株，将多余的花苗拔掉或移到缺苗处补栽。该方法苗分布均匀，营养面积大，生长快，成苗质量好，但产苗量少。

（四）播后管理

播种覆土后，在床面用稻草或帘子覆盖，以防止表土干燥板结，维持床土湿度相对稳定，避免浇水和下雨冲击种子。也可用薄膜覆盖，但要注意通气。在种子发芽、幼苗出土之后，应立即揭去覆盖物，使小苗接受光照，并降低苗间的空气湿度，防止幼苗柔弱徒长。如果幼苗生长过密，要及时间苗，并且在间苗后浇水。待幼苗长出 4 ~ 5 片真叶时，再进行移栽，放大株行距。

室内盆播育苗，要在盆口加盖玻璃板保湿。为便于通气，垫高玻璃板的一边使其形成斜面。幼苗出土后，掀去盖玻板，使幼苗见光，经受锻炼，然后移栽浅盆。

播后管理的关键是水分控制，注意不要使苗床过干过湿，也不可忽干忽湿，一定要保持土壤均衡湿润。过干，种子不出苗；过湿，种子易霉烂；忽干忽湿，会使刚萌芽的幼苗枯死。播种初期，苗床的湿度应该大一些，因为种子萌发时吸收的水量大；后期，土壤湿度要适当减小，诱使萌发的根系往深处生长。

第二节 无性繁殖

目的要求

熟练掌握园林植物的无性繁殖方法。包括：分生、扦插、嫁接、压条及组织培养等。

一、分生繁殖

分生繁殖是利用特殊营养器官来完成的，即人为地将植物体分生出来的幼植体（吸芽、珠芽、根蘖等），或者植物营养器官的一部分（变态茎等）进行分离或分割，脱离母体而形成若干独立植株的办法。这些变态的植物器官主要功能是贮存营养，如一些多年生草本植物，生长季末期地上部死亡，而植株却以休眠状态在地下继续生存，来年有芽的肉质器官再形成新的茎叶。其第二个功能是繁殖。凡新的植株自然和母株分开的，称作分离（分株）；凡人为将其与母株割开的，称为分割。此法繁殖的新植株，容易成活，成苗较快，繁殖简便，但繁殖系数低。

（一）匍匐茎与走茎

由短缩的茎部或由叶轴的基部长出长蔓，蔓上有节，节部可以生根发芽，产生幼小植株，分离栽植即可成新植株。节间较短，横走地面的为匍匐茎（stolon），多见于草坪植物如狗牙根、野牛草等。节间较长，不贴地面的为走茎（runner），如虎耳草、吊兰等。

（二）蘖枝

有些植物根上可以产生不定芽，萌发成根蘖苗，与母株分离后可成新株。如山楂、海棠、树莓、石榴、樱桃、萱草、玉簪、蜀葵、一枝黄花等。生产上通常在春秋季节，利用自然根蘖进行分株繁殖。为促使多发根蘖，可人工处理，一般于休眠期或发芽前，将母株树冠外围部分骨干根切断或创伤，刺激产生不定芽。生长期保证肥水，使根蘖苗旺盛生长发根，秋季或来年春与母体截离。

（三）吸芽（offsets）

吸芽是某些植物根际或地上茎叶腋间自然发生的短缩、肥厚呈莲座状短枝。吸芽的下部可自然生根，故可分离而成新株。凤梨的地上茎叶腋间能抽生吸芽；多浆植物中的芦荟、景天、石莲花等常在根际处着生吸芽。

（四）珠芽（bulb lets）及零余子（tubercle）

珠芽为某些植物所具有的特殊形式的芽，生于叶腋间，如卷丹。零余子是某些植物的生于花序中的特殊形式的芽，呈鳞茎状（如观赏葱类）或块茎状（如薯蓣类）。珠芽及零余子脱离母株后自然落地即可生根。

（五）鳞茎（bulbs）

有短缩而扁盘状的鳞茎盘，肥厚多肉的鳞叶着生在鳞茎盘上，鳞叶之间可发生腋芽，每年可从腋芽中形成 1 个至数个子鳞茎并从老鳞茎旁分离开。如百合、水仙、风信子、郁金香等可用此法繁殖。

（六）球茎（corms）

短缩肥厚近球状的地下茎，茎上有节和节间，节上有干膜状的鳞片叶和腋芽供繁殖用时，可分离新球和子球，或切块繁殖。如唐菖蒲、荸荠、慈姑可用此法。

（七）根茎（rhizome）

在地下水平生长的圆柱形的茎，有节和节间，节上有小而退化的鳞片叶，叶腋中有腋芽，由此发育为地上枝，并产生不定根。具根茎的植物可将根茎切成数段进行繁殖。一般于春季发芽之前进行分植。莲、毒尾、美人蕉、香蒲、紫苑等多用此法繁殖。

（八）块茎（tuber）

形状不一，多近于块状，肉质，顶端有芽眼，根系自块茎底部发生。繁殖方法有整个块茎繁殖如山药、秋海棠的小块茎，可于秋季采下，贮藏到每两年春季种植。亦可将块茎分割繁殖，如马铃薯、菊芋等，切成 25 ~ 50g 的种块，每块带一个或几个芽或芽眼。种块不宜过小，否则会因营养不足影响新植株的扎根和生长。

（九）块根（tuberous roots）

由不定根（营养繁殖的植株）或侧根（实生繁殖植株），经过增粗生长而形成的肉质贮藏根。在块根上易发生不定芽，可以用于繁殖。既可用整个块根如大丽花的繁殖，也可将块根切块繁殖。

二、扦插繁殖

扦插繁殖（cutting propagation）是切取植物的枝条、叶片或根的一部分，插入基质中，使其生根、萌芽、抽枝，长成为新植株的繁殖方法。扦插与压条、分株等无性繁殖方法统称自根繁殖。由自根繁殖方法培育的苗木统称自根苗，其特点是：变异性较小，能保持母株的优良性状和特性；幼苗期短，结果早，投产快；繁殖方法简单，成苗迅速。故是园林植物育苗的重要途径。

（一）叶插（leaf cutting）

用于能自叶上发生不定芽及不定根的园林植物种类，以园林花卉居多，大都具有粗壮的叶柄、叶脉或肥厚的叶片。如球兰、虎兰、千岁兰、象牙兰、大岩桐、秋海棠、落地生根等。叶插须选取发育充实的叶片，在设备良好的繁殖床内进行，维持适宜的温度及湿度，从而得到壮苗。

1. 全叶插 以完整叶片为插条，一是平置法，即将去叶柄的叶片平铺沙面上，加针或竹针固定，使叶片下面与沙面密接。落地生根（*bryophyllum*）的离体叶，叶缘周围的凹处均可发生幼小植株（起源于所谓的叶缘胚）。海棠类则自叶柄基部、叶脉或粗壮叶脉切断处发生幼小植株。二是直插法，将叶柄插入基质中，叶片直立于沙面上，从叶柄基部发生不定芽及不定根。如大岩桐从叶柄基部发生小球茎之后再发生根及芽。非洲紫罗兰、苦苣薹、豆瓣绿、球兰、海角樱草等均可用此法繁殖。

2. 片叶插 将叶片分切为数块，分别进行扦插，每块叶片上形成不定芽，如蟆叶秋海棠、大岩桐、豆瓣绿、千岁兰等。

（二）茎插（stem cutting）

1. 硬枝扦插 指使用已经木质化的成熟枝条进行的扦插。园林树木常用此法繁殖，如葡萄、石榴、无花果等。

2. 嫩枝扦插 又称绿枝扦插。以生长季枝梢为插条，通常 5 ~ 10cm 长，组织以老熟适中为宜（木本类多用半木质化枝梢），过于幼嫩易腐烂，过老则生根缓慢。嫩枝扦插必须保留一部分叶片，若全部去掉叶片则难以生根，叶片较大的种类，为避免水分过度蒸腾可将叶片剪掉一部分。切口位置应靠近节下方，切面光滑。多数植物宜于扦插之前剪取插条，但多浆植物务使切口干燥半天至数天后扦插，以防腐烂。杜鹃、一品红、虎刺梅、橡皮树等可采用此法繁殖。

3. 芽叶插 插条仅有 1 芽附 1 片叶，芽下部带有盾形茎部 1 片，或一小段茎，插入沙床中，仅露芽尖即可，插后盖上薄膜，防止水分过量蒸发。叶插不易产生不定芽的种类，宜采用此法，如菊花、八仙花、山茶花、橡皮树、桂花、天竺葵、宿根福禄考等。

（三）根插（root cutting）

利用根上能形成不定芽的能力扦插繁殖苗木的方法。用于那些枝插不易生根的种类。宿根花卉可采用此法，如山楂、梨树、李、牛舌草、秋牡丹、肥皂草、毛恋花、剪秋罗、宿根福禄考、芍药、补血草、荷包牡丹、博落回等花卉。一般选取粗 2mm 以上，长 5 ~ 15cm 的根段进行沙藏，也可在秋季掘起母株，贮藏根系过冬，翌年春季扦插。冬季也可在温床或温室内进行扦插。根抗逆性弱，要特别注意防旱。

三、嫁接繁殖

嫁接（grafting）即人们有目的地将1株植物上的枝条或芽，接到另一株植物的枝、干或根上，使之愈合生长在一起，形成1个新的植株。通过嫁接培育出的苗木称嫁接苗。用来嫁接的枝或芽叫接穗或接芽，承受接穗的植株叫砧木。嫁接用符号“＋”表示，即砧木＋接穗，也可用“/”来表示，但它的意义与“＋”表示的相反，一般接穗放在“/”之前。如桃/山桃，或山桃＋桃。

嫁接按所取材料不同可分为芽接、枝接、根接3大类。

（一）芽接

凡是一个芽片作接穗的嫁接方法称芽接。优点是操作方法简便，嫁接速度快，砧木和接穗的利用都经济，一年生砧木苗即可嫁接，而且容易愈合，接合牢固，成活率高，成苗快，适合于大量繁殖苗木。适宜芽接的时期长，且嫁接当时不剪断砧木，1次接不活，还可进行补接。下面介绍几种主要芽接方法。

1. “T”形芽接 因砧木的切口很像“T”字，也叫“T”字形芽接。又因削取的芽片呈盾形，故又称盾形芽接，“T”形芽接是果树育苗上应用广泛的嫁接方法，也是操作简便、速度快和嫁接成活率最高的方法。芽片长1.5～2.5cm，宽0.6cm左右；砧木直径在0.6～2.5cm之间，砧木过粗、树皮增厚反而影响成活。

削芽：左手拿接穗，右手拿嫁接刀。选接穗上的饱满芽，先在芽上方0.5cm处横切1刀，切透皮层，横切口长0.8cm左右。再在芽子以下1～1.2cm处向上斜削1刀，由浅入深，深入本质部，并与芽上的横切口相交。然后用右手抠取盾形芽片。

开砧：在砧木距地面5～6cm处，选一光滑无分枝处横切1刀，深度以切断皮层达木质部为宜。再于横切口中间向下竖切1刀，长1～1.5cm。

接合：用芽接刀尖将砧木皮层挑开，把芽片插入“T”形切口内，使芽片的横切口与砧木横切口对齐嵌实。

绑缚：用塑料条捆扎。先在芽上方扎紧一道，再在芽下方捆紧一道，然后连缠三四下，系活扣。注意露出叶柄，露芽不露芽均可。

2. 嵌芽接 对于枝梢具有棱角或沟纹的树种，如板栗、枣等或其他植物材料砧木和接穗均不离皮时，可用嵌芽接法。用刀在接穗芽的上方0.8～1cm处向下斜切1刀，深入木质部，长约1.5 cm，然后在芽下方0.5～0.6 cm处斜切呈30°角与第一刀的切口相接，取下倒盾形芽片。砧木的切口比芽片稍长，插入芽片后，应注意芽片上端必须露出一些砧木皮层。最后用塑料条绑紧。

（二）枝接

把带有数芽或1芽的枝条接到砧木上称枝接。枝接的优点是成活率高，嫁接苗生长快。在砧木较粗、砧穗均不离皮的条件下多用枝接，如春季对秋季芽接未成活的砧木进行补接。根接和室内嫁接，也多采用枝接法。枝接的缺点是，操作技术不如芽接容易掌握，而且用的接穗多，对砧木要求有一定的粗度。常见的枝接方法有切接、劈接、插皮接、腹接和舌接等。

1. 切接 此法适用于根颈1～2cm粗的砧木坐地嫁接，是枝接中一种常用的方法。

（1）削接穗：接穗通常长5～8cm，以具三四个芽为宜。把接穗下部削成两个削面，一长一短，长面在侧芽的同侧，削掉1/3以上的本质部，长3cm左右，在长面的对面削一马蹄形小斜面，长度在1cm左右。

（2）砧木处理：在离地面3～4cm处剪断砧干。选砧皮厚、光滑、纹理顺的地方，把砧木切面削平，然后在本质部的边缘向下直切。切口宽度与接穗直径相等，深一般2～3cm。

（3）接合：把接穗大削面向里，插入砧木切口。使接穗与砧木的形成层对准靠齐。如果不能两边都对齐，对齐一边亦可。

（4）绑缚：用塑料缠紧，要将劈缝和截口全都包严实。注意绑扎时不要碰动接穗。

2. 劈接 是一种古老的嫁接方法，应用更广泛。对于较细的砧木也可采用，并很适合于园林树木的高接。

（1）削接穗：接穗削成楔形，有两个对称削面，长3～5cm。接穗的外侧应稍厚于内侧。如砧木过粗，夹力太大的，可以内外厚度一致或内侧稍厚，以防夹伤接合面。接穗的削面要求平直光滑，粗糙不平的削面不易紧密结合。削接穗时，应用左手握稳接穗，右手推刀斜切入接穗。推刀用力要均匀，前后一致，推刀的方向要保持与下刀的方向一致。如果用力不均匀，前后用力不一致，会使削面不平滑，而中途方向向上偏会使削面不直。一刀削不平，可再补一两刀，使削面达到要求。

（2）砧木处理：将砧木在嫁接部位剪断或锯断。截口的位置很重要，要使留下的树桩表面光滑，纹理通直，至少在上下6cm内无伤疤，否则劈缝不直，木质部裂向一面。待嫁接部位选好剪断后，用劈刀在砧木中心纵劈一刀，使劈口深3～4cm。

（3）接合与绑缚：用劈刀的楔部把砧木劈口撬开，将接穗轻轻地插入砧内，使接穗厚侧面在外，薄侧面在里，然后轻轻撤去劈刀。插时要特别注意使砧木形成层和接穗形成层对准。一般砧木的皮层常较接穗的皮层厚，所以接穗的外表面要比砧木的外表面稍微靠里点，这样形成层能互相对齐。也可以木质部为标准，使砧木与接穗木质部表面对齐，形成层也就对上了。插接穗时不要把削面全部插进去，要外露0.5cm左右的削面。这样接穗和砧木的形成层接触面较大；又利于分生组织的形成和愈合。较粗的砧木可以插两个接穗，一边一个。然后，用塑料条绑紧即可。

3. 舌接 常用于葡萄的枝接，一般适宜砧径1cm左右粗，并且砧穗粗细大体相同的嫁接。

在接穗下芽背面削成约3cm长的斜面，然后在削面由下往上1/3处，顺着枝条往上劈，劈口长约1cm，呈舌状。砧木也削成3cm左右长的斜面，斜面由上向下1/3处，顺着砧木往下劈，劈口长约1cm，和接穗的斜面部位相对应。把接穗的劈口插入砧木的劈口中，使砧木和接穗的舌状交叉起来，然后对准形成层，向内插紧。如果砧穗粗度不一致，形成层对准一边即可。接合好后，绑缚即可。

（三）根接法

以根系作砧木，在其上嫁接接穗。用作砧木的根可以是完整的根系，也可以是1个根段。如果是露地嫁接，可选生长粗壮的根在平滑处剪断，用劈接、插皮接等方法。也可将粗度0.5cm以上的根系，截成8～10cm长的根段，移入室内，在冬闲时用劈接、切接、插皮接、腹接等方法嫁接。若砧根比接穗粗，可把接穗削好插入砧根内，若砧根比接穗细，可把砧根插入接穗。接好绑缚后，用湿沙分层沟藏；早春植于苗圃。

四、压条繁殖

压条（layerage）繁殖是在枝条不与母株分离的情况下，将枝梢部分埋于土中，或包裹在能发根的基质中，促进枝梢生根，然后再与母株分离成独立植株的繁殖方法。这种方法不仅适用于扦插易活的园林植物，对于扦插难于生根的树种、品种也可采用；因为新植株在生根前，其养分、水分和激素等均可由母株提供，且新梢埋入土中又有黄化作用，故较易生根。其缺点是繁殖系数低。采用一些方法可以促进压条生根，如刻伤、环剥、绑缚、扭枝、黄化处理、生长调节剂处理等。

压条方法有直立压条、曲枝压条和空中压条。

（一）直立压条

又称垂直压条或培土压条。苹果和梨的矮化砧、石榴、无花果、木槿、玉兰、夹竹桃、樱花等，均可采用直立压条法繁殖。

直立压条法培土简单，建圃初期繁殖系数较低，以后随母株年龄的增长，繁殖系数会相应提高。

（二）曲枝压条

西府海棠、丁香等观赏树木可采用此法繁殖。可在春季萌芽前进行，也可在生长季节枝条已半木质化时进行。由于曲枝方法不同又分水平压条法、普通压条法和先端压条法。

1. 水平压条法　采用水平压条时，母株按行距 1.5m，株距 30 ~ 50cm 定植。定植时方向与沟底呈 45°角倾斜栽植。定植当年即可压条。压条时将枝条呈水平状态压入 5cm 左右的浅沟，用枝杈固定，上覆浅土。待新梢生长至 15 ~ 20cm 时第一次培土。培土高约 10cm，宽约 20cm。1 个月左右后，新梢长到 25 ~ 30cm 时，第二次培土，培土高 15 ~ 20cm，宽约 30cm。枝条基部未压入土内的芽处于优势地位，应及时抹去强旺萌蘖。至秋季落叶后分株，靠近母株基部的地方，应保留一两株，供来年再次水平压条用。

2. 普通压条　有些藤本果树如葡萄可采用普通压条法繁殖。即从供压条母株中选靠近地面的一年生枝条，在其附近挖沟，沟与母株的距离以能将枝条的中下部弯压在沟内为宜，沟的深度与宽度，一般为 15 ~ 20cm。沟挖好以后，将待压枝条的中部弯曲压入沟底，用带有分杈的枝棍将其固定。固定之前先在弯曲处进行环剥，以利生根。环剥宽度以枝蔓粗度的 1/10 左右为宜。枝蔓在中段压入土中后，其顶端要露出沟外，在弯曲部分填土压平，使枝蔓埋入土的部分生根，露在地面的部分则继续生长。秋末冬初将生根枝条与母株剪离，即成一独立植株。

3. 先端压条法　刺梅、迎春花等其枝条既能长梢又能在梢基部生根，通常在早春将枝条上部剪截，促发较多新梢，于夏季新梢尖端停止生长时，将先端压入土中。如果压入过早，新梢不能形成顶芽而继续生长；压入太晚则根系生长差。压条生根后，即可在距地面 10cm 处剪离母体，成为独立的新植株。

（三）空中压条

通称高压法，因在我国古代，早已用此法繁殖石榴、葡萄、柑橘、荔枝、龙眼、人参果、树菠萝等，所以，又叫中国压条法。此法技术简单，成活率高，但对母株损伤太重。

五、组织培养

植物的组织培养（tissue culture）是指通过无菌操作，把植物体的器官、组织或细胞（即外植体）接种于人工配制的培养基上，在人工控制的环境条件下培养，使之生长、发育成植株的技术与方法。由于培养物是脱离植物母体，在试管中进行培养，所以，也叫离体培养。

（一）植物组织培养的类型

按其外植体来源及特性不同，植物组织培养可分为：

1. 植株培养 幼苗及较大的完整植株的培养；

2. 胎胚培养 包括原胚和成熟胚培养，即胚、胚乳、胚珠、珠心、子房培养及试管受精等；

3. 器官培养 包括根、茎、叶、花及果实等构成植物体的各种器官的离体培养；

4. 愈伤组织培养 从植物各个部分来的离体材料，增殖而形成的愈伤组织的培养；

5. 组织培养 构成植物体的各种组织的离体培养，如分生组织、输导组织、薄壁组织等离体组织的培养。①细胞培养：包括单细胞、多细胞或悬浮细胞的培养；②原生质体培养。

（二）植物组织培养的应用领域

近看来，随着组织培养技术的不断发展，其应用的范围也日益广泛。它的应用领域主要有以下几个方面。

1. 无性系的快速大量繁殖。如采用茎尖培养的方法，1 个兰花的茎尖一年内可育成 400 万个橘球茎，1 个草莓茎尖一年内可育出成苗 3 000 万株。目前，兰花、马铃薯、柑橘、香蕉、菠萝、香石竹、马蹄莲、玉簪等多种园林植物，均已采用组织培养进行快速繁殖；
2. 培育无病毒苗木；
3. 繁殖材料的长距离寄送和无性系材料的长期贮藏；
4. 细胞次生代谢物的生产，并应用于生物制药工业；
5. 细胞工程和基因工程等生物技术育种；
6. 遗传学和生物学基础理论的研究。

近年来，组织培养作为一种研究技术，已广泛地应用于许多学科中，它不仅对理论研究有重要意义，而且已展现了十分广阔的应用前景。

复习思考题

1. 如何确定播种时期？各个季节播种的优缺点主要有哪些？
2. 园林植物播种的方法有哪些？各有什么优缺点？
3. 观赏植物无性繁殖有哪些方法？如何运用？
4. 影响嫁接成活率的因素有哪些？

综合实训　常见园林植物的无性繁殖

1. 目的要求

了解温室内常见园林植物的主要无性繁殖方法，掌握分生、扦插、嫁接、压条繁殖方法，复习课堂所学知识，掌握各繁殖方法要点。

2. 材料用具

剪枝剪、小刀、钵等。

3. 方法步骤

常见园林植物无性繁殖方法的确定。

性状：有无变态茎、变态根；

方法：分生繁殖或扦插繁殖；

嫁接繁殖：选择接穗和砧木，并根据性状选择适宜的嫁接方式；

压条繁殖：根据植物特性选择适宜的压条方式。

4. 作业

对常见园林植物的无性繁殖方法进行总结，写出注意事项并完成实验报告。

第三章　园林植物与栽培生态条件

植物的生长和生态条件之间存在着极为密切的关系。植物必须依赖一定的生态条件而生存，在其个体发育的全过程中，需要源源不断地从周围环境中获取所必须的物质和能量，不断建造自己的躯体。下文介绍了与园林植物栽培生长密切相关的 5 种生态条件。

第一节　温度与园林植物的生长

植物只有在一定的温度范围内才能够生长。温度对生长的影响是综合的，它既可以通过影响光合、呼吸、蒸腾等代谢过程，也可以通过影响有机物的合成和运输等代谢过程来影响植物的生长，还可以直接影响土温、气温，通过影响水肥的吸收和输导来影响植物的生长。

一、园林植物对温度三基点的要求

温度是影响园林植物生长发育最重要的环境因子之一，关系也最为密切，因为它影响着植物体内的一切生理变化。每一种园林植物的生长发育，对温度都有一定的要求，都有温度的“三基点”。

1. 最低温度　园林植物开始生长所需的最低温度值，如低于这个温度，园林植物不开始生长。

2. 最适温度　在最适温度范围内，园林植物生长迅速、健壮，生长发育最好。

3. 最高温度　超过该温度值，植物也停止生长。

园林植物种类不同，原产地气候型不同，温度的“三基点”也不同。原产热带的园林植物，生长的基点温度较高，一般在 18℃开始生长；原产温带的园林植物，生长基点温度较低，一般 10℃左右开始生长；原产亚热带的园林植物，其生长的基点温度介于二者之间，一般约在 15～16℃开始生长。如热带水生花卉王莲的种子，须在 30～35℃水温下才能发芽生长，仙人掌科的蛇鞭柱属多数种类，则要求 28℃以上高温才能生长。原产温带的芍药，在北京冬季摄氏零下十余度条件下，地下部分不会枯死，次春 10℃左右即能萌动出土。生长最适温度是最适于生长的温度。这里所指的生长最适温度不同于植物生理学中所指的最适温度，即生长速度最快时的温度，而是说在这个温度下，不仅生长快，而且生长很健壮、不徒长。

二、温度对园林植物分布的影响

由于温度能影响植物的生长发育，因而能制约植物的分布。影响植物分布的温度条件有：

1. 年平均温度、最冷和最热月平均温度；

2. 日平均温度的累积值；

3. 极端温度（最高、最低温度）。

低温限制植物分布比高温更为明显。当然温度并不是唯一限制植物分布的因素，在分析影响植物分布的因素时，要考虑温度、光照、土壤、水分等因子的综合作用。根据植物与温度的关系，从植物分布的角度上可分为以下 3 种生态类型。

（一）寒冷地区主要分布耐寒性园林植物

这类园林植物抗寒性强，能耐 0℃以上低温，其中一部分能耐 -10 ~ -5℃以下的低温，在北京能露地越冬。如三色堇。

（二）热带及亚热带原产不耐寒性园林植物

这类园林植物不能忍受 -5 ~ 0℃的低温，在北方需在温室中栽培。如热带兰、变叶木等。

（三）温带地区原产半耐寒性园林植物

这一类园林植物多原产于温带较暖处，耐寒力介于耐寒性与不耐寒性园林植物之间，在北方冬季需加防寒才能越过冬季。

温度也能影响植物的引种。在长期的生产实践中，得出了植物引种的经验：北种南移（或高海拔引种到低海拔）比南种北移（或低海拔引种到高海拔）容易成功；草本植物比木本植物容易引种成功；一年生植物比多年生植物容易引种成功；落叶植物比常绿植物容易引种成功。

三、温度对园林植物生长发育的影响

（一）温度影响园林植物的发育状况

温度不仅影响园林植物种类的地理分布，而且还影响各种园林植物生长发育的每一过程和时期。如种子或球根的休眠、茎的伸长、花芽的分化和发育等，都与温度有密切关系。同一种园林植物的不同发育时期对温度有不同的要求，即从种子发芽到种子成熟，对于温度的要求是不断改变的。以一年生园林植物来说，种子萌发可在较高温度中进行，幼苗期间要求温度较低，但以后幼苗逐渐长到开花结实阶段，对温度的要求逐渐增高。二年生园林植物种子的萌芽在较低的温度下进行，在幼苗期间要求的温度更低，否则不能顺利通过春化阶段，而当开花结实时，则要求稍高于营养生长期的温度。低温又是很多种子打破休眠期的关键，如在海拔 1 800m 的百花山顶上采收金莲花种子，在常温下于北京露地播种，很少有发芽的，经低温处理后，发芽率可达 60% 以上。

（二）温度影响园林植物的养分积累

白天温度高，有利于光合作用形成碳水化合物；晚上温度低，有利于抑制呼吸作用对碳水化合物的分解。适宜的昼夜温差：热带植物 3 ~ 6℃；温带植物 5 ~ 7℃；沙漠植物 10℃以上。

（三）温度影响园林植物的花芽分化和开花

一些园林植物必须在气温高于 25℃的条件下进行花芽分化，经过一定低温打破休眠而开花。如杜鹃、山茶、梅、唐菖蒲、晚香玉、美人蕉等。一些植物需在较低温或低温下进行花芽分化。如秋播草花金盏菊、雏菊等。

（四）温度影响园林植物的花色

很多园林植物的花色随着温度的升高和光强的减弱其花色变浅。如月季花、大丽花在高温条件下栽培颜色变浅，冷凉处变艳。

（五）极限高温、极限低温可导致园林植物死亡

骤然的高温与低温，对园林植物生长和发育也有很大的影响，温度过高过低都会使园林植物受到损害或死亡。

第二节　光照对园林植物的影响

光是绿色植物进行光合作用不可缺少的能量源泉，只有在光照下，植物才能正常生长、开花和结实；光也影响植物的形态结构和解剖特征。光照对园林植物的影响表现在光照强度、光照长度和光质3个方面。

一、光照强度对园林植物的影响

光照强度主要影响园林植物的生长和开花。园林植物对光强的要求，通常通过光补偿点和光饱和点来表示。光补偿点就是植物光合作用所产生的碳水化合物与呼吸作用所消耗的碳水化合物达到动态平衡时的光照强度。在这种情况下植物不会积累干物质。当光照强度超过了补偿点的需要而增加时，光合作用强度也就随比例增加，但光照强度增加到一定程度后，再增加光照强度，光合作用强度也不再增加，这种现象叫光饱和现象，这时的光照强度就叫光饱和点。根据对光照强度的要求不同，可以把园林植物分成阳性植物、阴性植物和中性植物。

（一）阳性植物

阳性植物喜强光，不耐蔽荫，具有较高的光补偿点，在阳光充足的条件下，才能正常生长发育，发挥其最大的观赏价值。如果光照不足，则枝条纤细，叶片黄瘦，花小而不艳，香味不浓，开花不良或不能开花。

阳性植物包括大部分观花、观果类植物和少数观叶植物，如一串红、茉莉、扶桑、石榴、柑橘、月季、棕榈、橡皮树、银杏、紫薇等。

（二）阴性植物

阴性植物多原产于热带雨林或高山阴坡及林下，具有较强的耐荫能力和较低的光补偿点，在适度蔽荫的条件下生长良好。如果强光直射，则会使叶片焦黄枯萎，长时间会造成死亡。阴性植物主要是一些观叶植物和少数观花植物，如兰花、文竹、玉簪、八仙花、一叶兰、万年青、蕨类、珍珠梅、蚊母树、海桐、珊瑚树等。

（三）中性植物

在充足的阳光下生长最好，但亦有不同程度的耐荫能力，在高温干旱时及全光照下生长受抑制。在中性植物中包括偏阳性的与偏阴性的种类。例如榆树、朴树、樱花、枫杨等为中性偏阳；槐、木荷、七叶树、五角枫等为中性稍耐荫；冷杉、云杉、常春藤、八仙花、山茶、杜鹃、海桐、忍冬、罗汉松、紫楠、青檀等均属中性而耐荫力较强的种类。植物与光照强度的关系不是固定不变的。随着年龄和环境条件的改变会相应的发生变化，有时甚至变化较大。

二、光照长度对园林植物的影响

光照时间的长短对园林植物花芽分化和开花具有显著的影响。有些植物需要在白昼较短，黑夜较长的季节开花，另一些植物则需要在白昼较长，黑夜较短的季节开花，植物开花对不同昼夜长短交换的周期性的适应，叫做光周期现象。根据园林植物对光照时间的要求不同，可分为以下三类。

（一）长日照植物

生长过程有一段时间需要每天有较长日照时数，或者说夜长必须短于某一时数，即每天光照时数需要超过 12～14h 以上才能形成花芽，而且日照时间愈长开花愈早。否则将保持营养状况，不开花结实。唐菖蒲是典型的长日照植物，为了周年供应唐菖蒲切花，冬季在温室栽培时，除需要高温外，还要用电灯来增加光照时间。通常以春末和夏季为自然花期的观赏植物是长日照植物，如采取措施延长日照时间，可以促使提前开花。

（二）短日照植物

生长过程需要一段时间是白天短、黑夜长的条件，即每天的光照时数应少于 12h，但需多于 8h，才有利于花芽的形成和开花。一品红和菊花是典型的短日照植物，它们在夏季长日照的环境下只进行营养生长，而不开花；入秋以后，当日照时间减少到 10～11h，才开始进行花芽分化。多数早春或深秋开花的植物属于短日照植物，若采取措施缩短日照时数，可促使它们提前开花。

（三）日中性植物

日中性植物对日照时间不敏感，只要发育成熟，温度适合，一年四季都能开花，如月季、扶桑、天竺葵、美人蕉等。

对光周期进一步研究证实，在白昼与黑夜交替的光周期现象中，对植物开花起决定性作用的是黑夜的长短。即长日照植物必须在短于一定长度的临界黑夜，而短日照植物则必须超过一定长度的临界黑夜时才能开花。一般认为，黑夜的长短影响花原始体的形成，日照的长短影响花原始体的数量。因此，无论长日照植物或短日照植物，在满足其白昼和黑夜交替的周期后，日照均有利于植物的大量开花。

植物的开花对光照时间的要求是其在分布区内长期适应一定光周期变化的结果。短日照植物都是起源于低纬度的南方，长日照植物则起源于高纬度的北方。一般短日照植物由南方向北方引种时，由于北方日照时数较长，常出现营养生长期延长，容易遭受冻害；长日照植物由北向南引种时，虽然能正常生长，但发育期延长，甚至不能开花结实。因此，在植物配置时应注意植物生长发育对光周期的需要。

三、光质对园林植物的影响

光质是指具有不同波长的太阳光谱成分。据测定，太阳光的波长范围主要在 150～

4 000nm 之间，其中可见光（红、橙、黄、绿、紫光）波长在 380～760nm 之间，占全部太阳光辐射的 52%；不可见的红外线占 43%，而紫外线只占 5%，光质对花卉的生长和发育都有一定的作用。还要明白的是一年四季中光的组成的明显变化，如春季紫外线成分比秋季的少，夏季中午紫外线成分增加。

太阳光中的被叶绿素吸收最多的是红光，同时作用也最大。黄光次之，而蓝紫光的同化作用效率仅为红光的 14%。但在太阳散射光中，红光和黄光占 50%～60%，而在直射光中，红散射光的强度总是比不上直射光，因而光合产物也不如直射光多。

红光能加速长日照植物和延迟短日照植物的发育，而蓝紫光则能加速短日照植物和延迟长日照植物的发育。一般高山上紫外线较多，而其能促进花青素的形成，所以，高山花卉的色彩都较艳丽。而在玻璃温室中，紫外线进入减少，高山花卉就没有那么艳丽。

一般来讲，长的光波下栽培的花卉，节间较长而茎较细；短的光波下栽培的花卉，节间较短而茎较粗。这一点对培育壮苗和决定栽植密度时也有重要意义。

此外，太阳光中的红光、橙光、黄光有利于植物碳水化合物的合成；蓝光有利于蛋白质合成；紫外光能抑制茎的伸长和促进花青素及维生素 C 的合成。光的有无和强弱也影响着植物花蕾开放的时间，如半枝莲必须在强光下才能开放，日落后即闭合；昙花则在夜晚开放。

第三节　水分对园林植物的影响

一、园林植物对水分的需求

（一）园林植物按水分需求分类

根据园林植物对水分的需求不同，一般分为 4 个类型。

1. 耐旱植物　多原产热带干旱或沙漠地区，这类植物根系较发达，肉质植物体能贮存大量水分，细胞的渗透压高，叶硬质刺尖、膜鞘状或完全退化，如仙人掌类、梭梭木、黑桦、胡枝子等。

2. 中生植物　绝大多数园林植物属于这类型，它们不能忍受过干和过湿的条件。常见的有君子兰、月季、扶桑、茉莉、石榴、丁香、桂花、马褂木、悬铃木、枇杷、红叶李、国槐等。

3. 耐湿植物　多原产于热带雨林中或山涧溪旁，喜生于空气湿度较大的环境中，在干燥或中生的环境常致死亡或生长不良。如水仙、龟背竹、马蹄莲、海芋、水杉、垂柳、白蜡、广东万年青等。

4. 水生植物　水生植物根或茎一般都具有较发达的通气组织，它们适宜在水中生长，如荷花、睡莲、王莲等。

（二）水分对园林植物生长发育的影响

与温度一样，水对植物的生长发育也有不同的基点，即最高点、最适点和最低点。处于最适点时植物生长正常。低于最低点时，植物出现萎蔫，生长停止。超过最高点时，植物缺氧，代谢混乱，影响植物的正常生长。所以干旱和水涝时间过长形成灾害时，植物的新陈代谢会受到阻碍，生长受阻，严重时出现死亡。水分对植物的影响有：

1. 种子萌发需要较多的水分　因为水分能使种皮软化，氧气易透入，使呼吸加强，同时，水分能使种子凝胶状态的原生质向溶胶状态转变，使生理活性增强，促进种子萌发。

2. 水分对植物高生长的影响　由于植物本身的生长特性不同，对水分的需求也会有很大的差别，但对植物供水量的多少直接影响到植物的高生长，特别是在早春水分的供应就显得尤为重要。有些植物对水分的需求十分明显，水分增多，高生长增加也比较明显，其生长与水分供给之间基本上呈现正相关，如杨树、落叶松、杉木等，一旦出现干旱，高生长就会受到影响，甚至形成顶芽，若秋季水分供应充足，有些树木还会出现第二次生长现象。

3. 土壤水分直接影响根系的发育　在潮湿土壤中，植物根系生长很缓慢；当土壤水分含量较低时，根系生长速度显著加快，根茎比相应增加。

4. 水分对植物的开花结果也有一定的影响，最终影响植物产品品质　在开花结实期若水分过多，则会对其产生不利影响，若水分过少，易造成落花落果，并最终影响植物种子质量。土壤含水量还影响产品的品质。植物氮素和蛋白质含量与土壤水分有直接的关系。据报道，在大陆性气候少雨区，有利于植物体的氮和蛋白质的形成和积累；土壤含水量减少时，淀粉含量相应减少，木质素和半纤维素有所增加，纤维素不变，果胶质减少；脂肪的含量与蛋白质含量相反，土壤含水量与脂肪含量可成正比关系。

二、水分影响园林植物的分布

水分对植物的分布起着重要的影响作用，地球上由于水分分布的差异，表现出各种各样的植被类型，从全球角度来说，水分分布以拉丁美洲最多，欧亚次之，非洲最少；我国则南多北少，东多西少，植被类型也随之变化。但植物的分布并不单纯的取决于水分这一个因素，要单独将水分对植物分布的影响分离出来还是十分困难的。

第四节　土壤对园林植物的影响

土壤是植物生存和生长发育的基础，如何满足园林植物的土壤需求，调节好园林植物与土壤之间的适应性，是园林植物是否生长发育良好并发挥其效益的起点。

一、土壤理化性质对园林植物的影响

（一）土壤温度

土壤温度对植物种子的萌发和根系的生长、呼吸及吸收能力有直接影响，还通过限制养分的转化来影响根系的生长活动。土温还会从各个方面直接或间接的影响园林植物的生长和发育，如土温过低造成的冻害等。

（二）土壤水分

土壤水分与盐类组成的土壤溶液参与土壤中物质的转化，促进有机物的分解与合成。

土壤的矿物质营养必需溶解在水中才能被植物吸收利用。土壤水分太少引起干旱，太多又导致涝害，都对植物的生长不利。植物蒸腾消耗的水分来自土壤水，各种矿物营养元素只有溶解于水中，变成离子态，才能被植物吸收，并运输到植物体的各个部分。

（三）土壤空气

土壤的通气性是指土壤允许气体通过的能力，土壤通气性能直接植物的生长发育及其形态。土壤中的氧气含量只有10% ~12%，在不良条件下，可以降至10%以下，这时就可能抑制植物根系的呼吸作用。土壤中二氧化碳浓度则比大气高几十到上千倍，植物光合作用所需的二氧化碳有一半来自土壤。但是，当土壤中二氧化碳含量过高时（如达到10% ~15%），根系的呼吸和吸收机能就会受阻，甚至会窒息死亡。

（四）土壤酸碱度

土壤的酸碱性直接影响土壤中各种养分的有效性，从而直接或间接的影响植物的生长。土壤的酸碱性对土壤矿物的风化、盐基的溶解、养分的有效性等都有深刻的影响。

二、园林植物对土壤的要求

（一）园林植物对土壤养分的要求

土壤养分是植物生长发育的基础，不同的土壤类型，对植物的供养能力不同。同时，植物长期适应于特定的土壤养分状况，形成对其特定的适应。通常，按照植物对土壤养分的适应状况将其分为两种类型：耐瘠薄植物和不耐瘠薄植物。不耐瘠薄植物对养分的要求较严格，营养稍有缺乏就能影响它的生长发育。在养分供应充足时，植株生长较快，长势良好，一般具有叶片相对发达，枝繁叶茂，开花结实量相对增多等特征。瘠薄植物是对土壤中的养分要求不严格，或能在土壤养分含量低的情况下正常生长。这包括两种含义，一种是植物对土壤的养分要求不严，能耐普遍的养分缺乏。虽然该种类型能正常生长但由于养分缺乏，生长较慢；另一种是植物体本身对养分要求较高，但本身具有发达的根系及其相关特征如菌根等，可从瘠薄的环境中获得充足的营养，从而适应不同的土壤类型。

（二）园林植物对土壤酸碱性的要求

根据植物对土壤酸碱度的适应范围和要求，可把植物分成酸性土植物（pH 值 < 6.5）、中性土植物（pH 值6.5 ~7.5）和碱性土植物（pH 值 >7.5）。一般植物对土壤 pH 值的适应范围在 pH 值4 ~9 之间，但最适范围在中性或近中性范围内。对于特定植物来讲其适应范围有所不同。按照植物对土壤酸碱性的适应程度笼统的分为酸性植物、中性植物和碱性植物。酸性植物是在酸性或微酸性土壤的环境下生长良好或正常的植物，如红松、杜鹃、山茶、广玉兰等。中性植物是指在中性土壤环境条件下生长良好或生长正常的植物，如丁香、银杏、雪松、龙柏等。碱性植物是指在碱性或微碱性土壤条件下生长良好或正常的植物，如榆叶梅、牡丹、侧柏、槐树等。

（三）园林植物对盐渍土的要求

土壤盐渍化是指易溶性盐分在土壤表层积聚的现象或过程，土壤盐渍化主要发生在干旱、半干旱和半湿润地区。按照植物对土壤盐渍化的适应程度可将其分为耐盐植物和不耐盐植物。一般认为盐分对植物的危害程度为氯化镁 > 碳酸钠 > 碳酸氢钠 > 氯化钠 > 氯化钙 > 硫酸镁 > 硫酸钠，不同植物对土壤含盐量的适应性不同，有的较强，有的较弱。

（四）园林植物对土壤通气性的要求

不同植物对土壤通气性的适应力不同。有些植物能在较差的通气条件下正常生长，土壤水分含量较多，造成土壤空气含量的减少，只能适于耐水湿耐低氧植物的生存；有的植物要在15%以上的容气量才能生长良好。一般来讲，土壤容气孔隙占土壤总容量的10%以上时，大多数植物能较好生长。较好的通气性有助于植物根系的发育和种子萌发，因此，在园林苗圃等经常用沙质土进行幼苗培育。

（五）植物对土壤紧实度的要求

土壤紧实度是指土壤紧实或疏松的程度，一般用土壤容重和土壤硬度来表示。植物对土壤的紧实度有一定要求，紧实度过小，不能充分保持土壤中的养分和水分等，植物难以生长。紧实度过大，会抑制根系的生长和发育，再者，紧实度大的土壤通透性较差，下渗水量较少，容易造成地表径流，而在干旱时由于毛细管畅通，失水也较多，因此，对植物水分的供给减少。同时，土壤过实会大大减少土壤微生物的数量，特别是其与根系的共生体系的减少，使养分的提供和对养分的吸收都会受到严重的影响，造成植物对养分的大大缺乏，从而使生长受到抑制，甚至长势衰弱而死。

（六）植物对土壤质地的要求

植物对土壤质地的适应范围有宽有窄，有的植物适合质地较为黏重的土壤，如云杉、冷杉、桑等，有的植物生长需要较为良好的土壤质地，如红松、杉木等。同时，土层厚度也是植物生长必须考虑的问题，虽然没有固定的标准，但一般根系较短的草本植物适应土层较薄的土壤，而一些根系较长的乔木则需要土层相应厚一些。

三、无土栽培在园林植物生产中的应用

无土栽培是在植物矿质营养学研究的基础上发展起来的一门新兴科学技术。它不用天然土壤，完全用化学溶液（营养液）栽培植物。无土栽培的方式方法多种多样，不同国家、不同地区由于科学技术发达水平不同，当地资源条件不同，自然环境也千差万别，所以采用的无土栽培类型和方式方法各异。目前比较普遍的分类方法，是根据作物根系的固定方法来区分。大体上可以分为无基质（也称介质）栽培和有基质栽培两大类。

（一）水培

水培是指植物根系直接与营养液接触，不用基质的栽培方法。

（二）雾（气）培

它是将营养液压缩成气雾状而直接喷到作物的根系上，根系悬挂于容器的空间内部。通常是用聚丙烯泡沫塑料板，其上按一定距离钻孔，于孔中栽培作物。两块泡沫板斜搭成三角形，形成空间，供液管道在三角形空间内通过，向悬垂下来的根系上喷雾。一般每间隔2～3min喷雾几秒钟，营养液循环利用，同时保证作物根系有充足的氧气。

（三）基质栽培

基质栽培是无土栽培中推广面积最大的一种方式。它是将作物的根系固定在有机或无机的基质中，通过滴灌或细流灌溉的方法，供给作物营养液。

无土栽培在我国刚刚起步，还未广泛用于生产，特别是设施条件，供液系统工程本身，还未形成专门生产行业。由于种种因素限制，使得栽培技术与农业工程技术还不能协

调同步，致使无土栽培技术在我国发展的速度，不如发达国家那样迅速。但是，随着科学技术的发展、提高，更重要的是这项新技术本身固有的种种优越性，已向人们显示了无限广阔的发展前景。

四、矿质元素对园林植物的影响

矿质元素是指除 C、H、O 以外，主要由植物根系从土壤中吸收的元素。植物体内所包含的元素十分复杂多样，但并非每一种元素都为植物的正常生长发育所必需。目前，公认的植物必需元素有 17 种，它们是：C、H、O、N、P、S、K、Ca、Mg、Cu、Zn、Mn、Fe、Mo、B、Cl 、Ni。其中，前 9 种元素的含量分别占植物体干重的 0.1% 以上，称大量元素，后 8 种元素的含量分别占植物体干重的 0.01% 以下，称微量元素。

矿质元素对园林植物的生命活动和生长发育具有重要的作用，若园林植物在生长发育中缺少一些必需元素，就会表现相应的缺素症状，导致园林植物生长发育不良甚至死亡。如缺镁首先表现出叶绿素减少，叶片失绿，而且最先表现在老叶上，症状为黄色、青铜色或红色；缺磷时植物代谢过程受抑制，植株瘦小，茎叶由暗绿色渐转为带紫红色，分枝或分蘖少；较直立；延迟成熟，果实、种子少且不饱满；缺钙植株叶尖或叶缘变黄，枯焦坏死。植株早衰，不结实或少结实；缺锰症状首先出现在幼叶上，表现为叶脉间黄化，有时出现一系列的黑褐色斑点；缺硼时花药和花丝萎缩，侧芽、侧根大量发生，继而侧芽、侧根的生长点又死亡，而形成簇生状，常引起花而不实，即使结实，果实和种子亦不饱满。

第五节　气体对园林植物的影响

一、空气中主要成分对园林植物的生态作用

（一）二氧化碳

二氧化碳的浓度高低直接影响地表温度，从而影响植物的生长发育及分布等情况，二氧化碳又是植物光合作用的主要原料。植物通过光合作用，把二氧化碳和水合成碳水化合物，并进一步构成各种复杂的有机物，地球上的有机物都是光合作用直接或间接产物。

（二）氧气

植物呼吸时吸收氧气，释放二氧化碳，并通过氧气参与植物体内各种物质的氧化代谢过程，释放能量供植物体进行正常的生命活动。如果缺氧或无氧，有机质不能彻底分解，造成植物物质代谢过程所需能量的匮乏，植物生长将受到影响，甚至窒息死亡。氧气是很多植物种子萌发的必备条件。氧气缺乏时造成种子内部呼吸作用减缓，从而使其休眠期延长而抑制萌发。同时，氧气还是自然界氧化过程的参与者。岩石的氧化、土壤和水域中的各种氧化反应都离不开氧气，这些氧化反应为植物对养分的需求提供来源。

（三）氮气

氮气是植物的重要氮源。氮气不能被植物直接利用，但可通过生物固氮、雷电、火山爆发等途径将其转为可被植物吸收的氮化合物，为植物提供了重要的氮源。

二、大气污染对园林植物的危害

大气污染是指大气中的有害物质过多，超过大气及生态系统的自净能力，破坏了生物和生态系统的正常生存和发展的条件，对生物和环境造成危害的现象。当大气污染浓度超过园林植物的忍受限度，园林植物细胞和组织器官将受伤害，生理功能和生长发育受阻，产量下降，产品品质变坏，甚至造成园林植物个体死亡。对园林植物的影响较大的污染气体有二氧化硫、氟化物 、氮氧化物、硫化氢、氯气等等。如二氧化硫常常危害同化器官叶片，降低和破坏光合生长率从而降低生产量使植物枯萎死亡；氟化氢首先危害植物的幼芽和幼叶，先使叶尖和叶缘出现淡褐色和暗褐色的病斑，然后向内扩散，进而出现萎蔫现象。氟化氢还能导致植物矮化、早期落叶、落花及不结实。

三、空气的流动对园林植物的影响

空气流动形成风，对植物有利方面是有助于风媒花的传粉，例如：银杏雄株的花粉可顺风传播数千米；云杉等生长在下部枝条上的雄花花粉，可借助于林内的上升气流传至上部枝条的雌花上。风又可传播果实和种子，带翼和带毛的种子可随风传到很远的地方。风对树木不利的方面为生理和机械伤害，风可加速蒸腾作用，尤其是在春夏生长期的旱风、焚风可给农林生产上带来严重损失，而风速较大的飓风、台风等则可吹折树木枝干或使树木倒伏。在海边地区又常有夹杂大量盐分的潮风，使树枝被覆一层盐霜，使树叶及嫩枝枯萎甚至全株死亡。

复习思考题

1. 简述一下园林植物与温度三基点的关系。
2. 简述一下光照强度和光照长度对植物的影响。
3. 水分对园林植物的生长发育有什么样的影响？请举例说明。
4. 土壤的理化性质对园林植物植物有什么样的影响？
5. 简述一下大气污染对园林植物的影响。

第二篇 花　卉

第四章 花卉的分类

目的要求

掌握花卉的各种分类方法。并熟悉每一种分类方法的花卉种类。

第一节 按生物学习性分类

一、露地花卉

凡整个生长发育周期可以在露地进行，或主要生长发育时期能在露地进行的花卉均属此类。它包括一些露地春播、秋播或早春需用温床、冷床育苗的花卉。露地花卉可根据生活史分为3类。

（一）一年生花卉

在一个生长季内完成生活史的植物。即从播种到开花、结实、枯死均在一个生长季内完成。一般在春天播种，夏秋开花结实，然后枯死。故一年生花卉又称春播花卉。如凤仙花、鸡冠花、波斯菊、百日草、半支莲（细叶马齿苋）、麦秆菊、万寿菊等。

（二）二年生花卉

在两个生长季内完成生活史的花卉。当年只生长营养器官，越年后开花、结实、死亡。二年生花卉，一般在秋季播种，次年春夏开花。故常称为秋播花卉。如须苞石竹、紫罗兰、桂竹香、羽衣甘蓝、金鱼草、金盏花、三色堇等。

（三）多年生花卉

1. 宿根花卉　生长期在二年以上，它们的共同特征是都有永久性的地下部分（地下根、地下茎），常年不死。但它们的地上部分（茎、叶）却存在着两种类型：有的地上部分能保持终年常绿，如文竹、四季海棠、虎皮掌等；有的地上部分，是每年春季从地下根际萌生新芽，长成植株，到冬季枯死。如美人蕉、大丽花、鸢尾、玉簪、晚香玉等。

2. 球根花卉　植株地下部分变态膨大，有的在地下形成球状物或块状物，大量贮藏养分的多年生草本花卉。球根花卉偶尔也包含少数地上茎或叶发生变态膨大者。球根花卉广泛分布于世界各地。供栽培观赏的有数百种，大多属单子叶植物。

根据球根的来源和形态可分为：

（1）球茎类：地下茎短缩膨大呈实心球状或扁球形，其上有环状的节，节上着生膜质鳞叶和侧芽；球茎基部常分生多数小球茎，称子球，可用于繁殖，如唐菖蒲、小苍兰、番红花等。

（2）鳞茎类：茎变态而成，呈圆盘状的鳞茎盘。其上着生多数肉质膨大的鳞叶，整体球状，又分有皮鳞茎和无皮鳞茎。有皮鳞茎外被干膜状鳞叶，肉质鳞叶层状着生，故又名层状鳞茎。如水仙及郁金香。无皮鳞茎则不包被膜状物，肉质鳞叶片状，沿鳞茎中轴整齐抱合着生，又称片状鳞茎，如百合等。有的百合（如卷丹），地上茎叶腋处产生小鳞茎（珠芽），可用以繁殖。有皮鳞茎较耐干燥，不必保湿贮藏；而无皮鳞茎贮藏时，必须保持适度湿润。

（3）块茎类：地下茎或地上茎膨大呈不规则实心块状或球状，上面具螺旋状排列的芽眼，无干膜质鳞叶。部分球根花卉可在块茎上方生小块茎，常用之繁殖，如马蹄莲等；而仙客来、大岩桐、球根秋海棠等，不分生小块茎；秋海棠地上茎叶腋处能产生小块茎，名零余子，可用于繁殖。

（4）根茎类：地下茎呈根状膨大，具分枝，横向生长，而在地下分布较浅。如大花美人蕉、鸢尾类和荷花等。

（5）块根类：由不定根经异常的次生生长，增生大量薄壁组织而形成，其中贮藏大量养分。块根不能萌生不定芽，繁殖时须带有能发芽的根颈部，如大丽花和花毛茛等。此外，还有过渡类型，如晚香玉，其地下膨大部分既有鳞茎部分，又有块茎部分。以上列举的鳞茎、球茎、块茎、根茎和块根等，在观赏园艺上，统称球根。

二、温室花卉

温室花卉是指原产热带、亚热带及南方温暖地区的不耐寒花卉。在北方寒冷地区栽培必须在温室内培养，或冬季需要在温室内保护越冬的观赏植物。其种类因地区而异，如扶桑、含笑、茉莉、茶花在华南为露地花卉，而在华北等地区则为温室花卉。利用温室栽培的非洲菊、香石竹、花烛、报春花等盆花，习惯上也常归于温室花卉。

通常可分为下面几类。

（一）一二年生花卉

是指在一年或两年内完成生命周期的草本花卉，也包括部分多年生草花作一二年生栽培的种类。如瓜叶菊、蒲包花、香豌豆等。

（二）宿根花卉

指可以生活几年到许多年而没有木质茎的植物，如万年青、非洲菊、君子兰等。实际上，一些种类多年生长后其基部会有一些木质化，但上部仍然呈草质状，称为亚灌木，但一般也归为宿根花卉，如：菊花。

（三）球根花卉

多年生草花中，地下器官发生变态（包括根和地下茎），膨大成块状、根状、球状，这类花卉统称为球根花卉。如仙客来、朱顶红、大岩桐、马蹄莲、花叶芋等。

（四）兰科植物

指兰科观赏价值高的各种花卉，依其生态习性不同，又可分为地生兰类：如春兰、蕙兰、建兰、墨兰等；附生兰类：如石斛、万代兰、兜兰等。

（五）多浆植物

指茎叶具有发达的贮水组织，呈肥厚多汁变态状的植物。包括仙人掌科及番杏科、景天科、大戟科、萝摩科、菊科、凤梨科、龙舌兰科等各种植物。

（六）蕨类植物

主要指蕨类植物中具有较高观赏价值的一类，主要欣赏独特的株形、叶形和绿色叶子。如波士顿蕨、铁线蕨、鸟巢蕨、蜈蚣草等。

（七）食虫植物

指外形独特，具有捕获昆虫能力的植物，如猪笼草、瓶子草、捕蝇草等。

（八）凤梨科植物

指凤梨科观赏价值较高的各种花卉，如水塔花、筒凤梨果子蔓等。

（九）棕榈科植物

指棕榈科观赏价值较高的各种花卉，如散尾葵、鱼尾葵、蒲葵、棕竹、椰子、三药槟榔等。

（十）花木类

指具有观赏价值的木本植物，其茎含有大量的木质素，又可分为乔木和灌木。乔木，有明显主干的高大树木，如苦楝、桉树等；灌木，主干不明显，比较矮小，常基部分枝，如月季、榆叶梅、绣线菊、紫玉兰、丁香等。

第二节　按对环境因子的适应能力分类

一、温度

温度是影响花卉生长发育的重要因子，影响其体内的一切生理生化过程。每一种花卉的生长发育，对温度都有一定的要求，都有温度的“三基点”，即最低温度、最适温度和最高温度。由于原产地气候条件不同，不同花卉温度“三基点”有很大差异。如原产热带的花卉，生长的基点温度较高，一般在18℃左右；原产温带地区的花卉，生长的基点温度较低，一般在10℃左右；原产亚热带地区的花卉，基点温度介于二者之间，一般在15～16℃开始生长。这里所说的最适温度，是指在这个温度下，植物不仅生长快，而且生长健壮、不徒长。一般来说，花卉的最适生长温度为25℃左右，在最低温度到最适温度范围内，随着温度升高生长加快，而当超过最适温度后，随着温度升高生长速度反而下降。

由于原产地气候条件不同，不同花卉耐寒力有很大差别，通常按耐寒力不同，将花卉分为以下3类。

（一）耐寒性花卉

大多原产温带或寒带地区，主要包括露地二年生花卉、部分宿根花卉、部分球根花卉等。此类花卉抗寒力强，能耐低温，甚至在更低温度下亦能安全越冬。在我国北方大部分地区可露地生长，不需保护地。如二年生花卉中的三色堇、雏菊、羽衣甘蓝、矢车菊、金鱼草、蛇目菊、金光菊等；多年生花卉如蜀葵、玉簪、一枝黄花、耧斗菜、荷兰菊、菊花、郁金香、风信子等。

（二）半耐寒性花卉

大多原产温带南缘和亚热带北缘地区，耐寒力介于耐寒性花卉与不耐寒性花卉之间，通常能忍受较轻微霜冻，在长江流域可安全越冬。但因种类不同，耐寒力也有较大差异，部分种类在长江流域或淮河以北不能露地越冬，而有些种类则有较强耐寒力，华北地区通过适当保护，可安全越冬。常见种类有紫罗兰、金盏菊、桂竹香、鸢尾、石蒜、水仙、万年青、葱兰、香樟、广玉兰、梅花、桂花、南天竹等。此类植物在北方引种栽培时，应注意引种试验，选择适宜的小气候和抗寒品种，冬季要有针对性地加以保护，其中，一些种类如广玉兰、香樟、夹竹桃等更应慎重。

（三）不耐寒性花卉

多原产热带、亚热带地区，包括一年生花卉、春植球根花卉、不耐寒的多年生常绿草本和木本温室花卉。生长期间要求高温，不能忍受0℃以下温度，甚至在5℃或更高温度下即停止生长或死亡。这些花卉中一年生及多年生作一年生栽培的种类，其生长发育在一年中的无霜期进行，春季晚霜后播种，秋末早霜到来前死亡，如鸡冠花、万寿菊、一串红、紫茉莉、麦秆菊、翠菊、矮牵牛、美女樱等；春植球根花卉也属不耐寒性花卉，如唐菖蒲、美人蕉、晚香玉、大丽花等，在寒冷地区为防冬季冻害，需于秋季采收，贮藏越冬；不耐寒的多年生草本或木本花卉，在北方需保护地越冬，成为温室花卉。依对越冬温度的要求不同，温室花卉可分3类。

1. 低温温室花卉　大部分原产温带南部，如中国中部、日本、地中海及大洋洲等处，为半耐寒性花卉。生长期间如温度高于0℃，则不会出现严重冻害，但要维持植株生长，温度最好保持在5℃以上。如报春类、小苍兰、紫罗兰、山茶类、倒挂金钟类、瓜叶菊等。这些花卉在华北地区需在冷室或冷床中越冬，当春季晚霜过后，定植于露地或移出室外。有些种类在长江以南地区可露地越冬。

2. 中温温室花卉　这类花卉大多原产亚热带及温度不高的热带地区，生长期间要求温度为8～15℃。如肾蕨、仙客来、扶桑、橡皮树、龟背竹、棕竹、白兰花、五色梅、一品红、冷水花等，这些花卉在华东南部、华南地区大多可露地越冬。

3. 高温温室花卉　该类花卉大多原产热带地区，生长期间要求温度在15℃以上，也可高达30℃左右。就一般种类而言，最低温度为10℃时，则生长不良，甚至落叶死亡。常见种类有变叶木、热带兰、花烛、王莲、龙血树、朱蕉等。

二、光照强度

光照强度常依地理位置、地势高低以及云量、雨量的不同而变化：随纬度的增加而减弱，随海拔的升高而增强；一年中以夏季光照最强，冬季光照最弱；一天中以中午光照最强，早晚光照最弱。光照强度不同，不仅直接影响光合作用的强度，而且影响到植物体一系列形态和解剖上的变化，如叶片的大小和厚薄；茎的粗细、节间的长短；叶片结构与花色浓淡等。不同的花卉种类对光照强度的反应不同，多数露地草花，在光照充足的条件下，植株生长健壮，着花多而大；而有些花卉，在光照充足的条件下，反而生长不良，需半荫条件才能健康生长。

依对光照强度的要求不同，可将花卉分为以下几类。

（一）阳性花卉

阳性花卉必须在较强的光照下生长，不能忍受蔽荫，一般需全日照70%以上的光强，否则生长不良。原产热带及温带平原上，高原南坡以及高山阳面岩石上的花卉，均为阳性花卉，如多数露地一二年生花卉，宿根花卉及仙人掌科、景天科和番杏科等多浆植物。

（二）阴性花卉

阴性花卉要求适度蔽荫方能生长良好，不能忍受强烈的直射光线，生长期间一般要求50%～80%蔽荫度的环境条件，在植物自然群落中，常处于中下层，或生长在潮湿背阴处。如兰科植物、蕨类植物以及苦苣苔科、凤梨科、姜科、天南星科、秋海棠科等植物，都为阴性花卉。许多观叶植物也属此类。

（三）中性花卉

中性花卉对光照强度的要求介于阳性花卉与阴性花卉之间，对光照的适应范围较大，一般喜阳光充足，但也能忍受适当的蔽荫，如萱草 、耧斗菜、桔梗等。

一般花卉需光量大约为全日照的50%～70%，多数花卉在50%以下光照时生长不良。就一般植物而言，20 000～40 000lx已可达到生长、开花的要求。在夏季平均照度可达50 000lx，一半的照度即为植物所需的最适照度，过强的光照强度会使植物同化作用减缓。

光照强弱对花蕾开放时间也有很大影响。半支莲、酢浆草必须在强光下开花；月见草、紫茉莉、晚香玉于傍晚盛开；昙花于夜间开花；牵牛花只盛开于每日的晨曦中。绝大多数花卉晨开夜闭。

三、光照时间

地球上每日光照时间的长短，随纬度、季节而不同，光照长度是植物赖以开花的重要因子。各种不同长短的昼夜交替，对植物开花结实的影响称为光周期现象。根据花卉对光周期的不同反应分为：短日照花卉、长日照花卉、中性花卉。

（一）短日照花卉

是指在其生长过程中，要求一段白昼短于一定长度、黑夜长于一定长度（临界暗期）的时期才能开花的花卉。延长暗期，有利于成花。一些温带地区晚秋开花的花卉如一品红、秋菊、叶子花等属于短日照花卉。

（二）长日照花卉

是指在其生长过程中，要求经历一段白昼长于一定的临界值（临界日长）、黑夜短于一定长度的时期才能开花的花卉。延长光照时间，缩短黑暗时间，可以提早成花。许多晚春与初夏开花的花卉属于长日照花卉。

（三）中性花卉

也称日长钝感花卉。这类花卉成花对昼夜长短无严格要求，只要其他条件适合，在不同的日照长度下均可开花。这类花卉种类最多。

植物在发育上，要求不同日照长度的这种特性，是与它们原产地日照长度有关的，是植物系统发育过程中对环境的适应。一般说来，长日照植物大多起源于北方高纬度地带，短日照植物，起源于南方低纬度地带。而日照中性植物，南北各地均有分布。长日照植物与短日照植物的区别，不在于临界日长是否大于或小于12h，而在于要求日长大于或小于某一临界值。

日照长度对植物营养生长和休眠也有重要作用。一般来说，延长光照时数会促进植物的生长和延长生长期，反之则会使植物进入休眠或缩短生长期。对从南方引种的植物，为了使其及时准备越冬，可用短日照的办法使其提早休眠，以提高抗逆性。

四、水分

植物种类不同，需水量差异很大，这与不同植物原产地雨量及分布状况不同有关。通常依据花卉对水分的要求不同分为旱生花卉、湿生花卉、水生花卉三大类。

（一）旱生花卉

指能长期忍受干旱而生长发育良好的花卉类型。本类花卉多见于雨量稀少的荒漠地区和干燥的低草原上。旱生花卉在系统发育过程中形成了在生理和形态方面适应干旱的特征，如叶片变小或退化成刺状、毛状或肉质化；表皮角质层加厚，气孔下陷；叶片质地硬而革质，有光泽或具有绒毛；细胞液浓度与渗透压增大等，由此大大减少了植物体内水分的蒸腾，同时这类花卉一般都具有发达的根系，更增加了其抵御干旱的能力。如仙人掌科、景天科、番杏科以及大戟科等多浆植物。

（二）湿生花卉

该类花卉耐旱性弱，需要生长在潮湿环境中，在干旱或中等湿度环境下生长不良或枯死。其特点是通气组织发达、渗透压较低，根系不发达，控制蒸腾作用的结构弱，叶片薄而软。如一些热带兰、蕨类、凤梨科、天南星科、秋海棠类、湿生鸢尾类等花卉。

（三）水生花卉

水生花卉是指常年生活在水中、或在其生命周期内某段时间生活在水中的花卉。水生花卉的植物体全部或大部分浸没在水中，一般不能脱离水湿环境。其根系不发达，输导组织衰退，植物体表面几乎都有吸收功能，机械组织弱化，细胞渗透压很低，一般不超过10个大气压。由于水中光照较弱、氧气较少，因此，水生花卉的沉水叶叶片通常柔软，小而薄，有的还裂成线状，以扩大与外界的接触面，在结构上，叶内没有栅栏组织和海绵组织的分化，茎、叶各部分都含有叶绿体，植物体内有很大的细胞间隙或发达的通气组织。通常根据其生活方式和形态的不同而分为挺水花卉、浮叶花卉、漂浮花卉、沉水花卉四大类。

五、土壤

土壤反应有酸性、中性、碱性3种。过强的酸性或碱性均对植物生长不利，甚至造成死亡。各种花卉对土壤酸碱度适应力有较大差异，大多数要求中性或弱酸性土壤，只有少数能适应强酸性（pH值4.5～5.5）和碱性（pH值7.5～8.0）土壤。依花卉对土壤酸度的要求，可分为3类：

（一）酸性土花卉

在呈或轻或重的酸性土壤上生长良好的花卉。土壤 pH 值在 6.5 以下。又因花卉种类不同，对酸性要求差异较大，如凤梨科植物、蕨类植物、兰科植物以及栀子花、山茶、杜鹃花等对酸性要求严格，而仙客来、朱顶红、秋海棠、柑橘、棕榈等相对要求不严。

（二）碱性土花卉

能耐 pH 值 7.5 以上土壤的花卉，如石竹、香豌豆、非洲菊、天竺葵等。

（三）中性花卉

在中性土壤上生长良好的花卉。土壤 pH 值在 6.5 ~ 7.5 之间，绝大多数花卉均属此类。

第三节　其他分类方法

一、园林用途

（一）花坛花卉

在花坛中应用的植物材料，主要为一二年生草本花卉、宿根花卉、球根花卉以及少量木本花卉等。如一串红、金鱼草、菊花等。

（二）盆栽花卉

多指植株较小，株丛紧密，开花繁茂，栽于一般花盆内，而观赏价值较高的花卉。如杜鹃花、菊花、一品红等。

（三）室内花卉

是指比较耐荫，能适应室内环境条件，较长时间在室内摆放和观赏的花卉。多原产于热带、亚热带地区，有观叶、观花、观果等类，系多种室内绿化装饰的主体材料。如非洲紫罗兰、椒草、金鱼藤等。

（四）切花花卉

具有观赏价值，可切取其茎、叶、花、果等，作为装饰材料用来进行切花生产的花卉。如月季、菊花、香石竹、唐菖蒲等。

（五）观叶花卉

观叶植物是指以茎、叶为主要观赏部位的植物，主要观赏其翠绿奇特叶片，它们大多耐荫，适宜用做室内绿化，是室内花卉的重要组成部分。如喜林芋、常春藤、龟背竹、竹芋等。

二、栽培方式

（一）露地花卉

凡整个生长发育周期可以在露地进行，或主要生长发育时期能在露地进行的花卉均属此类。它包括一些露地春播、秋播或早春需用温床、冷床育苗的花卉。露地花卉可根据生活史分为3类：一年生花卉、二年生花卉和多年生花卉，其中，多年生花卉又可分为宿根花卉和球根花卉。

（二）温室花卉

温室花卉是指原产热带、亚热带及南方温暖地区的不耐寒花卉。在北方寒冷地区栽培必须在温室内培养，或冬季需要在温室内保护越冬的观赏植物。其种类因地区而异，如扶桑、含笑、茉莉、茶花在华南为露地花卉，而在华北等地区则为温室花卉。利用温室栽培的非洲菊、香石竹、花烛、报春花等盆花，习惯上也常归于温室花卉。温室花卉可分为一二年生花卉、宿根花卉、球根花卉、兰科植物、多浆植物、蕨类植物、食虫植物、凤梨科植物、棕榈科植物、花木类。

（三）切花栽培

主要是切花花卉的栽培，如月季、菊花、香石竹、唐菖蒲等，要掌握各种切花的生态习性、繁殖与栽培、病虫害防治、采收与贮藏以及分级标准。注意管理好切花周年生产中的土壤、水肥、光照、温度等。

（四）促成栽培

是人为地利用各种栽培措施，使花卉的开花期比自然花期提早，按照人们的意志定时开放的栽培方式称为促成栽培。

（五）抑制栽培

是人为地利用各种栽培措施，使花卉的开花期比自然花期延迟，并按照人们的意志定时开放的栽培方式称为促成栽培。

（六）无土栽培

无土栽培就是不用土壤，完全用营养液栽培植物的技术。无土栽培生长快、产量高、质量好，而且把人类的种植活动从土壤的束缚下解放了出来。根据所用基质不同，无土栽培可分为水培、雾培、沙培、砾培、蛭石培、石棉培、膨胀塑料培、膨胀黏土培等几大类，还有用混合基质的沙砾培、蛭石泥炭培和炉渣培等。

（七）棚荫栽培

主要是荫棚花卉的栽培，包括阴生花卉和在原产地为阳生花卉，但不能忍受栽培所在地的强烈阳光或干热环境，因而需在荫棚保护下才能健康生长的花卉。

（八）种苗栽培

利用种子繁殖播种所得幼小实生苗进行栽培的一种栽培方式，充分利用了种苗资源，成活率高。

三、经济用途

（一）药用花卉

例如牡丹、芍药、桔梗、牵牛、麦冬、鸡冠花、凤仙花、百合、贝母及石斛等为重要的药用植物，另外，金银花、菊花、荷花等均为常见的中药材。

（二）香料花卉

香花在食品、轻工业等方面用途很广。如桂花可作食品香料和酿酒，茉莉、白兰等可熏制茶叶，菊花可制高级食品和菜肴，白兰、玫瑰、水仙花、腊梅等可提取香精，其中，玫瑰花中提取的玫瑰油，在国际市场上被誉为“液体黄金”，其价值比黄金还贵，在市场上仅一个玫瑰花蕾就值0.06元。

（三）食用花卉

利用花的叶或花朵直接食用。如百合，既可作切花，又可食用；菊花脑、黄花菜既可用作绿化苗木，又可以食用。

（四）其他可以生产纤维、淀粉、油料的花卉

如油料花卉文冠果等。

四、原产地

花卉种类繁多，既包括热带、温带花卉，又有寒带和高山花卉。其原产地气候条件差异很大，生长发育与生态习性有很大差别。因此，了解各类花卉的自然地理分布、原产地的气候条件，在栽培过程中采取相应的技术措施，满足其生长发育的要求，是栽培成功的关键。决定环境条件的因素极为复杂，其主要因素是气候条件。依据Miller及日本木本氏对花卉原产地气候型的研究，全球共划分为七个气候型。

（一）中国气候型

又称大陆东岸气候型，中国的华北与东北地区属这一气候，此气候型的特点是冬寒夏热，年温差较大。属于这一气候型的地区还有日本、北美东部、巴西南部、大洋洲东部、非洲东南部等地。中国气候型中，又因冬季气温高低不同，分为温暖型与冷凉型。

1. 温暖型（低纬度地区） 包括中国长江以南、日本西南部、北美东南部、巴西南部、大洋洲东部、非洲东南角附近等地区。原产这一气候型地区的著名花卉有：一串红、三角花、山茶、马蹄莲、中国水仙、中国石竹、凤仙、天人菊、半支莲、半边莲、石蒜、百合、报春、杜鹃、花烟草、麦秆菊、非洲菊、南天竹、美女樱、唐菖蒲、堆心菊、银边翠、猩猩草、矮牵牛、福禄考等。

2. 冷凉型（高纬度地区） 中国华北及东北南部、日本北部、北美洲东北部等地区。主要原产花卉有：乌头、吊钟柳、百合、芍药、花毛茛、金光菊、鸢尾、贴梗海棠、荷兰菊、荷包牡丹、铁线莲、菊花、蛇鞭菊、紫菀、翠菊、翠雀、醉鱼草等。

（二）欧洲气候型

又称大陆西岸气候型。其气候特点为冬季温暖，夏季凉爽，一般不超过15~17℃。一年四季雨水均有，而西海岸地区雨量较少。此地区是某些一二年生草花及部分宿根花卉的分布中心。属于这一气候型的地区有：欧洲大部分、北美洲西海岸中部、南美洲西南角及新西兰南部。原产这些地区的著名花卉有：三色堇、勿忘我、毛地黄、矢车菊、花羽衣甘蓝、铃兰、剪秋罗、宿根亚麻、银白草、喇叭水仙、紫罗兰、锦葵、雏菊、霞草等。

（三）地中海气候型

以地中海沿岸气候为代表，自秋至次年春末为降雨期，夏季雨量极少，为干燥期。冬季最低温度为6~7℃，夏季温度20~25℃，是世界上多种秋植球根花卉的分布中心。属这一气候型的地区除地中海沿岸外，还有南非好望角附近、南美智利中部、北美洲加利福尼亚等地。原产这一地区的主要花卉有：小苍兰、小鸢尾、天竺葵、水仙、风信子、仙客来、白头翁、石竹、龙面花、网球花、羽扇豆、君子兰、花毛茛、花菱草、麦秆菊、虎眼万年青、郁金香、金鱼草、金盏菊、鸢尾、香豌豆、唐菖蒲、射干水仙、智利喇叭花、猴面花、番红花、酢浆草、蒲包花、蛾蝶花、鹤望兰等。

（四）墨西哥气候型

又称热带高原气候型，见于热带及亚热带高山地区。周年温度近于14～17℃，温差小，降雨量因地区而不同，有的雨量充沛均匀，也有集中于夏季的。此地区是一些春植球根花卉的分布中心。原产这一地区的花卉既不耐寒又畏酷暑。此气候型除墨西哥高原外，还有安第斯山脉，非洲中部高山地区，中国云南等地。主要花卉有：一品红、万寿菊、大丽花、云南山茶、月月红、百日草、报春、旱金莲、波斯菊、香水月季、晚香玉、常绿杜鹃、球根秋海棠、藿香蓟等。

（五）热带气候型

此气候型周年高温，温差小，有的地方温差不超过1℃。雨量大，分为雨季和旱季。热带气候型又可分为两个地区：即亚洲、非洲、大洋洲及中美洲、南美洲。此地区是不耐寒一年生花卉及热带花木类分布中心。原产热带的花卉在温带需温室栽培，一年生草花可在露地无霜期时栽培。主要花卉有：鸡冠花、虎尾兰、蟆叶秋海棠、彩叶草、蝙蝠蕨、非洲紫罗兰、猪笼草、变叶木、红桑、万带兰、凤仙花、紫茉莉、花烛、长春花、大岩桐、胡椒草、美人蕉、竹芋、花苘麻、牵牛花、秋海棠、水塔花、卡特兰、朱顶红等。

（六）沙漠气候型

此地区周年降雨很少，气候干旱，是仙人掌及多浆植物的分布中心。属于这一气候型的地区有非洲、阿拉伯、黑海东北部、大洋洲中部、墨西哥西北部、秘鲁与阿根廷部分地区、我国海南岛西南部。仙人掌主要产于墨西哥东部及南美洲东部。其他科多浆植物主要产于南非。

（七）寒带气候型

这一气候型地区，冬季漫长而严寒，夏季短促而凉爽。是耐寒性植物及高山植物的分布中心。原产这一地区的植物，植株低矮，生长缓慢，常成垫状。此气候型地区包括阿拉斯加、西伯利亚、斯堪的纳维亚等寒带地区及高山地区。主要花卉有：细叶百合、绿绒蒿、龙胆、雪莲、点地梅等。

复习思考题

1. 温室花卉是如何分类的？每个类型各列举3种。

2. 依照花卉对光周期的不同反应，可将花卉分为哪几类？并简述光照长度对花卉的影响。

3. 根据原产地不同可将花卉分为哪几类？并列举3例。

综合实训　常见温室花卉的分类与识别

1. 目的要求

了解温室内常见花卉的种类、形态特征、生长习性，掌握其分类地位，复习课堂所学的知识，学会识别常见温室花卉。

2. 材料用具

记录本、调查表、尺等。

3. 方法步骤

形态特征

性状：草本、木本、藤本；

枝：颜色，生长方式；

叶：叶形，正反面颜色，是否有白粉，着生方式；

芽：颜色，形状；

花：花色，花形，有无芳香气味；

分类地位；

根据形态特征确定其分类地位，并了解其生长习性。

4. 作业

对温室内常见园林花卉进行分类地位的总结、识别种类、写出100种以上常见温室花卉的科、属、拉丁名及生长习性的调查报告。

第五章　露地花卉

露地花卉是指主要生长发育时期能在当地自然条件下，不需保护设施，露地栽培的花卉。通常包括一二年生花卉、木本花卉、宿根花卉、水生花卉等多种类型。通常是将花卉直播或移栽到露地栽培。

一般露地栽培植物的生长周期与露地自然条件的变化周期基本一致。露地栽培具有投入少，设备简单、生产程序简便等优点，是园林植物生产、栽培中常用的形式。露地栽培的缺点是产量较低，产品质量不稳定，抵御自然灾害的能力较弱。

在露地栽培中，往往有在植物生长发育的某一阶段增加保护措施的做法。如移栽到露地前采用保护地育苗，提前花期；晚秋至初冬移入阳畦或冷室，有保护越冬和延后栽培的作用。

第一节　露地花卉的栽培管理

一、栽培管理措施

（一）露地花卉的栽培

1. 整地作畦　花卉播种或移栽前进行的一系列土壤耕作措施的总称称为整地。整地可以创造良好的土壤耕层构造和表面状态，协调水分、养分、空气、热量等因素，提高土壤肥力，清除土中的残根、杂草、石砾等物，并杀死潜伏的害虫。为播种和作物生长、田间管理提供良好条件。因而有利于种子发芽和根系伸展，也有利于防治病虫害发生。对土壤有益的整地，是秋季耕地深翻，在春季使用时再整地作床，生地更需要秋耕。

整地深度要根据花卉种类及土壤状况而定。一二年生花卉生长期短，根系入土不深，宜浅耕，一般要求20～30cm深。宿根花卉定植后，继续栽培数年至十余年，球根花卉因地下部分肥大，对土壤要求严格，因此，要求深耕40～50cm。木本露地花卉在栽植时，除应将表土深耕整平外，还需要开挖定植穴，大苗的穴深80～100cm，小苗30～40cm。花坛栽植前的整地，也按上述要求进行。

露地种植时，可先翻耕，然后耙地、起垄、作畦等。

整地首先是翻耕，耕深必须一致。结合翻耕可以施入一定的基肥，如堆肥和厩肥等，也可以同时改良土壤的酸碱性。

耙地是翻耕后用各种耙平整土地的作业。耙深4～10cm。有破碎土块、疏松表土、保水、提高地温、平整地面、混拌肥料等作用。

作畦是把已经翻耕好的园地用土埂、沟或走道分隔成的植物种植小区。作畦有利于灌溉和排水。分为平畦、高畦和低畦。按用途也可加工整理成播种畦或移植畦。畦的规格要根据当地的气候条件而定。如北京地区因雨水少要作低床，即床面低于地面，两侧有高出的畦埂兼做步道，利于保留雨水和灌溉，畦埂一般宽约20cm，并须加以踏实防漏水。高畦则能加厚耕层、提高地温、改善通气和光照状况、便于排灌。

2. 播种 要获得健壮的花卉实生苗，播种时要选用发育充实，粒大饱满，无病虫害的种子。播种前将苗床或育苗容器填好培养土。播前将土壤浇透水，停放两天，土壤潮湿时播种，如用盆栽，可用浸盆法湿润土壤。播后盖浸湿的稻草或苇帘或覆盖地膜，以保持湿度。幼苗出土前若畦面干燥，可补充浇水，注意不要将种子冲出，待幼苗长出及时揭去覆盖物防止幼苗细弱。种子大小不同，播种方法不同，分别采用撒播、条播、点播等方法。

(1) 撒播：即将种子均匀地撒于畦面。撒播简便省工，但种子不易分布均匀，覆土深浅不一，后期不便中耕除草。

(2) 条播：即将种子成行地播入土层中。特点是播种深度较一致，种子在行内的分布较均匀，便于进行行间中耕除草、施肥等管理措施和机械操作，因而是目前广泛应用的一种方式。按行距及播幅的不同，又分为：①宽行条播。行间距离一般为35～70cm不等，适宜栽种植株营养面积较大的植物。②窄行条播。一般行距10～30cm，适于植株小而密植的植物。

(3) 点播：又称穴播，即在播行上每隔一定距离开穴播种。通常用于紫茉莉等大粒种实。点播能保证株距和密度，有利于节省种子，便于间苗、中耕。但对整地和种子质量的要求较高。

3. 间苗 将过密的幼苗拔去称为间苗。一般在子叶发出后将过密苗疏拔掉，应去弱留壮，去除混杂的其他幼苗并结合除草。使幼苗之间有一定距离，分布合理。可以扩大幼苗间距，使空气流通，日照充足，防止病虫害发生。间苗常在土壤干湿适度时进行，防止牵动保留的幼苗根系，并避免拔断幼苗，去除不净。

4. 移苗 确定留苗后，对于耐移植种类，幼苗还需移植数次。移植的主要作用是增加幼苗的营养面积，使幼苗生长健壮。移植时切断主根，可促使侧根发生，使幼苗再移植时易成活；移植可以抑制徒长。使幼苗株型紧凑，开花晚但花多而繁茂。选风小，阴天或晴天的傍晚进行。移植包括起苗和栽植两个过程。一般在幼苗长出4～5枚真叶时进行。

移植的方法很多，可分为裸根移植和带土移植。裸根移植主要用于小苗和易成活的大苗，带土移植主要用于大苗。移植应在幼苗水分蒸腾量最低时进行，否则影响成活率。在无风的阴天移植最好；天气炎热时应在午后或傍晚进行。

起苗应在土壤湿润的条件下进行，避免掘苗时根系受伤。如果土壤干燥，应在起苗前一天或数小时前充分灌水。裸根移植的苗，用手铲将苗带土掘起，然后立即进行移植，不要让根系长时间暴露在强烈的日光或强风吹击之处，以免根系干缩，影响成活。带土移植的苗，先用移植铲在幼苗根系周围将土切分，然后向苗根底部下铲，将幼苗掘起，保持完整的土球，尽量不要损伤根系，使栽植后缓苗容易。

栽植方法可分为沟植和穴植。沟植是依一定的行距开沟栽植；穴植是依一定的株行距掘穴。裸根栽植时，应将根系在穴中舒展，不要拳曲然后覆土，为了使根系与土壤充分接触，要用手将植株周围的土壤稍稍压实。栽植带土球苗时，把苗棵土球放于种植穴中央，在土球的周围填土至稍高于原土球表面，填后镇压，不要压碎土球，以免损伤根系，进而影响成活。栽植深度应与移植前的深度相同。栽植完后，用细喷壶充分灌水，定植大苗常采用畦面漫灌的方法。移植后数日应适当遮阳，以利根系恢复生长。

5. 假植和定植　露地种植的花卉，栽植后经一定时期的生长，还要再进行移植，称为假植。几次移植后，将各种花卉的幼苗按照设计要求栽植到花坛、花境等绿地中不再移植或最后种植在盆、钵等容器中待用称为“定植”。

定植前，根据不同栽植种类，施入有机肥作基肥。掌握合适的株行距，木本或大型的花卉定植前，计算好达到成龄时冠幅能很好覆盖地面又不互相挤压为宜。

（二）露地花卉的管理

1. 整形修剪　对园林植物进行正确的整形修剪工作，是一项很重要的养护管理技术。是整理植物全株的外形和骨架。修剪是指对植株的某些器官，如茎、枝、叶、花、果、芽、根等部分进行剪截或删除的措施。整形不仅美化造型而且可以促进或抑制园林植物的生长发育，创造和保持合理的植株形态。通过整形修剪可使花卉植株生长协调，株形美观，花果同茂。构成有一定特色的园林景观。

在生产实践中，整形方式和修剪方法是多种多样的，以木本植物树冠外形来说，常见的有圆头形、圆锥形、杯状形、自然开心形等。而在花卉栽培上常见有单干式、双干式、丛生式、悬崖式等。可通过一系列修剪方法，处理主干或枝条；在造型过程中也常用曲、盘、拉、吊、扎等办法限制生长，改变树形，培植出各种姿态优美的树木、花草，从而达到整形目的。

常见几种方法有：

（1）摘心：摘除枝梢顶芽，称之为摘心。摘心能抑制枝条生长，促使植株矮化。打破顶端优势后，使植株下部多数腋芽萌发形成丛生状，使株型丰满。对着花部位在枝条顶部而又易产生分枝的花卉，摘心可使开花繁多。如一串红、百日草进行摘心。还可使花卉一年多次开花。一些宿根花卉一生要进行多次摘心。如早小菊，不进行摘心则植株高大，易倒伏，脚叶易脱落，经过摘心，则株型美观、矮小，花繁叶茂。摘心措施还可控制花期，如一串红或荷兰菊，一串红一般在开花前25d作最后一次摘心，荷兰菊在控制好株形情况下，9月初最后修剪一次，十一期间可开花。

摘心有抑制生长、推迟花期作用，需要尽早开花的花卉就不能摘心。另外，植株矮小，分枝又多的三色堇、雏菊、虞美人等也不需摘心。主茎上着花多且朵大的凤仙花、鸡冠花、翠菊、蜀葵等也不必摘心。

（2）除芽：除芽的目的是摘除不需要的腋芽，控制花枝的数量。在培育独本菊时，必须除去所有腋芽。大丽花若腋芽过多，也必须摘除。除芽时，要注意保护有用的芽，并注意留芽方向要合理，分布应均匀。

（3）疏花疏果：疏花应尽早除去花蕾，剥蕾的目的是剥除不需要的花蕾，控制花朵的数量。集中营养供应保留的花蕾，使之花大色艳；对于观果植物，疏去多数幼果能够使留下的果实长得硕大饱满，达到观赏标准。例如对芍药、菊花、大丽花的侧蕾，一旦出现应立即剥除。不能等到含苞欲放时再去侧蕾，那样会消耗无谓养分。例如：石榴，如想使之结果，则也需疏掉过多幼果。

（4）修剪：可以分为疏剪和短截。疏剪是从基部剪去一些过密的、无用的枝条，如徒长枝、病虫枝、交叉枝、重叠枝、干枝等都需除去。疏剪后可改善花株内部通风透光条件，调整树形和营养分配，也利于主干、侧主枝和各级侧主枝加粗生长，更有利于开花结果，且使树体造型更加完美。短截需留下枝条的一部分，使剩下枝条上的侧芽能够萌发生长，短截有强有弱；强剪是截去枝条的大部分，大约剪去2/3，有回缩作用，弱剪是剪除枝梢的一部分，约1/3。强剪可诱发新枝，更新树势。如月季、牡丹冬剪时常用重剪方法，有利于重发花枝；梅花长枝进行弱剪，可以多生花枝。

不同的花卉，株型不同，生长发育特点不一，修剪方法及修剪时间应区别对待。

木本植物的整形修剪可在冬季休眠期也可在夏季，冬季修剪从枝条停止加长生长到早春顶芽萌发前，此时修剪不会因过重损伤花木元气。除了在休眠期进行外，还可以在生长期根据植物生长情况和栽植要求多次进行。特别是造型工作，主要是在生长期进行。掌握好整形修剪时间，正确使用修剪方法，可以提高观赏效果，减少损失。例如：山茶、牡丹、月季等花木是由顶芽分化成花芽，修剪时切勿在顶芽形成后对枝条进行短截，应在花谢后立即截断花枝。桃花、迎春、腊梅等都是由腋芽分化花芽的，因此，可以在枝条加长生长时进行短截或摘心，使枝条停止加长，让营养集中供应枝条中下部位的腋芽发育，从而分化成花芽。以花篱形式栽植的玫瑰，其花芽已在上年形成，花都着生在枝梢顶端，因此，不宜在早春修剪，应在花后或入秋修剪；榆树极耐修剪，是造型的理想树种，制成各种形象或绿篱的树体可在生长期几次修剪。

（5）折梢及捻梢：“折梢”就是将新梢折曲，仍连而不断；“捻梢”是将枝梢捻转，目的是抑制新梢徒长，促进花芽的形成。注意不要将新梢切断，否则达不到抑制徒长的效果。

（6）捏形和做弯：对露地种植的或盆栽的花木，可以将枝条用绑扎或绳拉的方法捏成“S”形弯，可捏成左右水平“S”弯，也可捏成螺旋形弯，从而缩短枝条的延伸长度；使株型紧凑并增加着花部位。如对火棘、一品红、碧桃、梅花等均可捏形做弯。做弯前应停止浇水，可以使枝条变软，便于扭枝。

（7）除残花：是指花谢后及时摘除，可促使腋芽萌发，减少养分消耗，维持植株美观，促使开花旺盛并且二次开花等。但留种的不宜除残花。

2. 施肥　花卉生长发育过程中，植株从周围环境中吸收大量水分和养分，所以，必须向土壤施入较多的氮、磷、钾肥料。以满足花卉的需要，使枝壮叶茂，花繁果硕。施肥的方法有以下3种。

（1）基肥：植物在播种、移栽、上盆、换盆时，提前施入土壤中的肥料。花卉基肥多以厩肥、堆肥、绿肥等有机肥料为主，也可同时配用一部分无机肥料，如过磷酸钙作基肥。肥效一般较缓和而持久，能不断供给花卉整个生长期所需的养分。还能改善土壤的物理和化学性质，提高土壤肥力。

露地花卉的基肥，在整地时随土壤的翻耕一起施入，对于露地宿根花卉和球根花卉，应该多施有机肥，一般盆栽的草本花卉，也可不施基肥。盆栽施入时，埋于盆底。无论怎样，不可让肥直接接触植物的根部。

基肥施用的方法有3种。

铺施　亦称撒施。当肥源充足时，在前茬腾地，清洁田园后，将腐熟、优质的有机肥均匀地铺撒在田中，然后用人工或机械进行翻耕、平耙作业，使土肥融合。

条施　当施用有机肥数量较少时，或使用价格较贵的商品肥时，为了集中发挥肥效，在圃地翻耕平整后，按照行距开沟，将肥撒入，然后覆土起垅种植。条施时要注意肥料距离畦（垄）面最少要有15cm深，以免烧根。

穴施 是按照植物种植的位置，预先挖穴施肥，并将土肥掺匀后播种。

（2）土壤追肥：是指在花卉生长中加施的肥料。追肥的作用主要是为了供应植物某个时期对养分的大量需要，或者补充基肥的不足。追肥还可以促进生长，使花卉开花旺盛。

在花卉生长发育过程中，最好在花株萌动、开花及结实前后进行追肥。可以将肥液像浇水一样浇入土壤，浇肥之前，应控水松土，利于肥料吸收，例如可将腐熟粪肥的上清液，稀释10倍后浇入。幼苗期可稍多施氮肥，以促茎、叶生长，例如尿素；以后则可多施些磷、钾肥，如磷酸二氢钾，一般均以0.2%～0.5%的浓度施入。二年生花卉生长可以20～30d追一次肥，多年生露地宿根花卉和球根花卉，追肥次数较少。

（3）根外追肥：又称叶面施肥，是将水溶性肥料或生物性物质的低浓度溶液喷洒在生长中的花卉枝、叶上的一种施肥方法。在花株急需某些营养元素补给、调节花卉的生长发育或者遇土壤过湿时，可采用根外追肥。

根外追肥需注意：尿素、硫酸钾、磷酸二氢钾、过磷酸钙等能溶于水的肥料作根外追肥；肥料在喷前一定要充分溶解均匀，要滤去不溶物质；根外追肥时，肥料的使用浓度要低。如尿素喷施浓度不要超过0.2%，过磷酸钙的浓度一般为1%～3%，磷酸二氢钾的浓度为0.1%～0.2%，硫酸亚铁的浓度为0.1%～0.2%，硫酸铵的浓度为0.5～1%等等；一般选择晴朗无风的天气，在下午15：00以后进行根外追肥，效果最好。也可在早晨进行，但不可在中午进行，以免叶面产生烧伤并且光化失效或因雨水冲刷而流失。喷施叶面时要均匀，特别是要将肥料溶液喷到叶背；喷施的量以叶表湿润为宜；可以把杀虫剂或杀菌剂混入一起使用，达到兼治病虫的目的。掌握薄肥勤施的原则，即追肥时，肥液浓度要小且不能玷污枝叶，选用化学肥料追肥要严格掌握施用浓度。

3. 灌溉与排水 生长在露地的花卉植株，虽然可以从天然降雨获得所需的水分，但天然降雨不均匀，且不能满足花卉生长发育的需要，所以在管理上还要进行灌溉，以保证花卉生长的需要。灌溉量、灌溉次数和时间要根据植物种类、需水特性、生育阶段、气候、土壤条件而定，要适时、适量，合理灌溉，旺盛植株的生长需吸收大量的水分；而春季干旱地区或夏季炎热天气土壤水分大量蒸发，其结果常使土壤干燥、缺水，这时应对苗圃地、园地进行灌溉。根系表浅的一二年生草花要经常灌溉，而宿根或木本露地花卉则可以延长灌溉周期。土壤黏重地应少灌水，透水透气性好的沙性土应增加灌溉次数。

灌溉时间因季节而异，夏季灌溉用水要防止水温过低，而且不宜在中午土温过高时浇水，以防浇水时土温骤降伤害根系，所以，夏季浇水宜在早、晚进行，冬季宜在中午前后，春、秋季视天气和气温高低选择中午或早、晚。

灌溉方法因花株大小而异。分沟灌、漫灌、喷灌、滴灌、浇灌等。沟灌法，即在垄间行间开沟灌水，通过扩散渗透方式，进入植株底部。漫灌法，是将灌溉水引入田畦内（通常开沟），或皮管接自来水直接浇水，使水流弥漫畦面，然后渗入土中。缺点是灌水欠匀，灌后蒸发量大，容易破坏表层土壤的团粒结构形成板结，空气不流通，影响土壤中好气微生物的分解作用。因此，灌后要结合中耕松土。喷灌、滴灌法，是近年来发展的新型灌溉方式，优点较多，如喷灌，雾点小，均匀，土表不易板结，节水和节约劳力。

对播种出土的幼苗，采用细孔喷壶喷水，也可采用漫灌法，使耕作层吸足水分。要避免水的冲击力过大。冲倒苗株或溅起泥浆污染叶片。每次浇水都应浇透，不能仅仅湿润地表，否则因水分蒸发而迅速干燥，达不到浇水的目的。

4. 中耕除草 中耕除草是对露地花卉进行管理的一项重要措施。中耕一般在阵雨或大量灌水后以及土壤板结时进行，中耕与除草的目的、方法不同。

（1）中耕：中耕能疏松土壤，消除土壤板结，减少水分的蒸发，提高土温，增加土壤内的空气流通，促进土壤中养分的分解，并能切断地表土壤毛细管，减少水分蒸发，起到蓄水保墒的作用，同时降低植株周围空气相对湿度，减少发病机会，为花卉根系的生长和水分、养分的吸收创造良好的条件。在花卉的幼苗期或移植不久，大部分土面暴露在空气当中，不仅土壤极易干燥，而且易生杂草，在此期间，应及时进行中耕；当花枝、叶面覆盖园地后即停止中耕。中耕的深度依花卉根系的深浅和花卉的生育期而定。一般幼苗期应浅，近植株处应浅，株行间可适当加深，一般为3～5cm。一些根系浅的花卉，一般不进行中耕，如三色堇，石竹等。

（2）除草：除草可以避免杂草与花卉争空间、争阳光，从而为花卉的生长发育创造条件，而且往往杂草是病虫害的寄主。除草应在杂草发生之初尽早进行，要坚持除小、除彻底。对多年生杂草，应连地下根茎一起除净。尤其要注意在杂草开花结实前将其除掉，否则，一次结实，需多次除草。除草时土壤不宜太干或太湿，以防牵动花卉植株根系，最好在晴天进行，可以使杂草很快干死，并要及时收集运出地外处理。

5. 防寒 不少北方露地生长的花卉须采取防寒保温措施，才能安全越冬。常用的防寒方法有以下几种。

（1）利用保护地设施防寒：是将不耐寒花卉在早霜降临前移入有风障的阳畦或温室中，第二年春季天暖时再移栽到露地。

（2）覆盖法：霜冻到来之前，在畦面上覆盖干草、落叶、马粪、草帘等，到晚霜过后再清理畦面。这种方法防寒效果好，应用较普遍。不但可提高土温，同时也可改良土壤，增加有机肥。

（3）培土法：冬季地上部分全部休眠的一些宿根花卉和花灌木，可在冬季前培土防寒，等第二年春季发芽前再将土扒开。例如：芍药、牡丹的根茎在北方地区的防寒。

（4）灌水法：冬灌能减少或防止冻害，春灌有保温、增温的效果。水的热容量比干燥的土壤和空气的热容量大，灌溉后土壤的导热能力提高，深层土壤的热量容易传导上来，可提高近地表的空气温度。灌溉可提高空气中的含水量，空气中的蒸气凝结成水滴时放出热量，可以提高气温。

（5）熏烟法：对于露地越冬的二年生花卉，可采用熏烟法防霜冻。熏烟时用烟和水气组成的烟雾能减少土壤的热量散失，防止土温降低。同时，发烟时烟粒吸收热量使水气凝成液体放出热量，可提高气温，防止霜冻。烟熏法只在温度不低于－2℃时才有显著的效果。

熏烟的方法很多，地面堆草熏烟是最简单的方法，每667m^2可堆放3～4堆，每堆放柴草50kg作右。

（6）浅耕法：进行浅耕后，表土疏松，有利于太阳热的导入，从而使土温提高。

其他方法如密植、包扎茎秆等均可起到防寒的作用。

6. 轮作　轮作是在同一地面上，轮流栽植不同种类的花卉。循环期为 2～3 年。因为不同种类的花卉对营养的吸收不同，轮作可避免某种养分持续消耗，造成土壤养分不均衡而且下茬这种养分缺乏。轮作对病虫害的防除有显著效果。花卉的轮作也可以与其他作物共同进行。

二、一二年生花卉的栽培管理措施

（一）含义

一二年生花卉是在一、两个生长季内完成全部生活史的花卉。花卉从播种到开花、死亡经历一或两个生长季。还有一些多年生的花卉根据情况，在实际生产中也作为一二年生栽培。

（二）繁殖栽培技术

一二年生花卉在繁殖和栽培中有以下共同点。

1. 繁殖　一二年生花卉采用播种繁殖为主，而且很大一部分采用 F1 代杂交种繁殖。一二年生花卉的良种生产需要通过防杂保纯措施，利用低温、低湿条件贮藏原种，还要有先进的栽培管理措施，如在合适的采收期采种，避开雨季和霜期采种，选种方式应一次脱粒多层选种，才能保证优良品质。

我国草花种子生产比较落后，自产 100 多种，主要从英国、美国、荷兰等国家进口。近年来，草花种子的制种技术在我国逐渐得到重视，种子扩繁成效显著，在内蒙赤峰、包头、宁夏银川、青海西宁、新疆乌鲁木齐和哈密等地成功的建立了我国草花良种繁育基地。

2. 栽培管理　一二年生花卉栽培有两种方式，一种是直接在应用地播种，获得植株，另一种情况是提前在花圃中育苗，再将培育好的均一商品种苗栽植到应用地。

直接在应用地播种，需要间苗，补苗，育苗管理不便，到达开花的时间也较长，难形成一定的图案，花期有时不一致，景观自然，在自然环境和家庭庭院中栽种花卉时可以使用。为了获得整齐一致的花卉，常常采用在花圃中育苗的方式。直接使用商品苗，普遍采用穴盘苗移栽，方便，灵活，种苗有良好的根系，成活率高。

（1）一二年生花卉的播种时期：一二年生花卉播种时间随着地区和气候条件不同而不同。

一年生花卉又名春播花卉，多原产热带和亚热带，耐寒力不强。一般在春季晚霜后播种。我国各地春播时间不同。华南正常春播在 2 月底至 3 月上旬；华中地区在 3 月中旬至下旬进行播种。北方在 4 月上、中旬播种。为提早开花，可以在温室或冷床中提前播种，晚霜过后再移植栽到露地。北方在冷床进行一年生花卉的春播可在 3 月下旬。

二年生花卉耐寒力较强，华北地区多在冷床中越冬。二年生花卉一般进行秋播，要求在严冬到来之前进行，在冷凉、短日照气候条件下，形成强健的营养器官，次年春天开花。二年生花卉秋播适期南方较迟，约在 9 月下旬至 10 月上旬；北方较早，约在 9 月上旬至中旬。北京地区一般在 8 月中下旬播种。而一些冬季特别冷的地区，如青海、西宁等地二年生花卉都进行春播。

一些二年生花卉可以立冬至小雪（11 月下旬）土壤封冻前露地播种，使种子在休眠状态下越冬，并经冬春低温完成春化作用要求；或于早春土壤刚刚化冻10cm时露地播种，利用早春低温完成春化作用要求，但不如冬播生长好，如锦团石竹、月见草。这两个时间尤其适宜二年生花卉中直根性、不耐移植的种类，直接播种在应用地：如花菱草、霞草、虞美人、飞燕草、观赏罂粟、矢车菊、香矢车菊等。

（2）整地作畦：露地花卉播种或移植以前，要选择光照充足、土地肥沃、地势平整、水源方便和排水良好的土地进行整地。整地质量与花卉生长发育有很大关系。一般在秋天翻地，到春天整地作畦。

1）整地：整地深度要根据花卉种类及土壤情况而定。一二年生花卉生长期短，根系入土不深，要浅耕，一般深度为20~30cm。此外，整地深度还要看土壤质地不同而有差异，沙土宜浅，黏土宜深。

2）作畦：一二年生露地草花的栽培可用畦栽或垄栽的方式，因地区和地势的不同有一定的差异。在南方，地下水位高和雨水充足的地区应采用高畦或垄栽。高畦基部宽约50cm，畦面宽25cm，也可根据实际情况而定，畦面两侧要留有充足土壤以供植株生长后的培土，防倒伏。通常高为20~30cm。低畦或平畦用于北方干旱地区，畦面两侧有畦埂，便于灌溉。低畦多采用畦面漫灌的方法，因此畦面必须平整。小面积种植，畦面通常宽1m，畦埂和畦沟宽为20cm。大面积种植，畦一般东西向延长，长为6m，宽1.65m。每亩可做30个畦。

（3）播种和播种后的管理：

1）播种：一二年生花卉播种时，少数种子需作处理，如千日红去绵毛，大花牵牛需低温完成生理后熟或用赤霉素处理。播种前要先将准备好的畦床用水浇透，停置1d，使土壤达到湿润但不粘稀状态，露地直播常用沟播，深约1.5cm。播后根据种子需光要求决定覆土，一般用过筛细土进行覆盖，覆土厚度以不见种子为宜，露地播种覆土可稍微厚一些。为保持床内湿度，常用塑料薄膜或草帘覆盖畦床，出苗后揭去覆盖物。一般情况下播种后不再灌水，但若缺水，亦可用细孔喷壶喷水，但会使床上表层板结，对发芽不利，因此，在播种前必须充分灌水。

2）间苗：间苗又称“疏苗”，幼苗长出1~2片真叶时，留下茁壮的幼苗，去掉弱苗和徒长苗及杂苗。另外间苗还有选优去劣的作用，还可除去混杂其间的其他品种，间苗的同时还可以去除杂草。间苗一般在子叶长出后进行，不能过迟，否则容易引起幼苗徒长，影响壮苗形成。间苗要分数次进行，间拔的苗如果是移植容易成活的种类，仍可移植。最后一次间苗称为“定苗”。间苗后要灌水一次，使土壤与根系密接，以利于幼苗的生长。

3）移植：幼苗经定苗后，还需要分栽一两次，这就是移植。当幼苗长到3~4次真叶时，即可进行移植。移植包括起苗和移植两个过程。

4）灌溉：一二年生花卉，根系常分布在土壤表层。所以需要经常浇水，一二年生露地草本花卉主要采用地面灌溉，包括喷灌、漫灌和沟灌3种方式。漫灌方法简便，不需特殊设备，但土壤容易板结。如采用喷灌，平畦和高畦都适用。灌溉用水最好用河水，其次是池塘水和湖水。井水温度较低，对植物根系发育不利，要先抽出储于池内，等水温升高后使用。如果没有池河水，自来水最好提前放出，放置一天再灌。灌溉的次数及时间，北京的花农常在移植后连续灌水3次，称为“灌三水”。即在移植后随即灌水一次；过3d后第二次灌水；再过5~6d灌第三次水。每次要把畦水放满。“灌三水”后进行松土。一般的幼苗在移植后均需连续灌水3次，有些花苗移植后易恢复生长，灌水两次就可以松土，不必灌第三次水。生长较弱的花苗移植后不易恢复，可在第三次灌水10d后，灌第四次水，灌水后松土，以后进行正常灌水。

5）施肥：花卉的施肥可分为基肥和追肥两种。一二年生草本花卉生命周期短，一般基肥充足情况下，在生育期追肥1~2次即可。如不充足，生长期一般可每20~30d追一次肥；幼苗时期的追肥，主要目的是促进茎叶的生长，氮肥成分可稍微多一些，但在以后的生长期间，应逐渐增加磷、钾肥料，生长期长的花卉，追肥次数应多些。如需采收种实，可在结实灌浆期喷施0.2%硫酸锌，可提高千粒重。追肥时肥液浓度要小，不能玷污枝叶，掌握薄肥勤施，施用全素速效肥的原则。

6）整形与修剪：一二年生草本花卉生命周期短、生长发育快，茎枝细弱柔软，易折断。因此，整形修剪，一般比木本花卉精细、频繁。

整形根据一二年生草本花卉植株形态，一般分为直立形、丛状形、多枝形、攀缘形、缠绕形和匍匐形等。①直立形一般指单干直立形，只保留粗壮直立的主干，不留侧枝，使顶端开花一枝，使其硕大、丰满、绚丽，如鸡冠花、向日葵、大丽花、独本菊花的整形。这种方法是将侧蕾全部摘除，使养分集中于顶蕾，可充分表现品种的特性。如使侧枝丛生，小花满枝，则失去了亭亭玉立的风采。②多干式留主枝数本，能开出较多的花。如大丽花留2~4个主枝，菊花留3、5、9枝，其余的侧枝全部剥去。③多枝形很多一二年生草本花卉具有萌芽力强的特性，生长期间进行多次摘心、剪梢，促使腋芽荫发生长，促使发生多数枝条，增加着花部位和数量，全株成低矮丛生状，如一串红、红黄草、藿香蓟、矮牵牛、美女樱、百日草、金鱼草等。若不采取这些措施，任其自然生长，植株细高而且杂乱无章，影响观赏价值。④丛状形有些一二年生草本花卉，茎叶基生直立，多分蘖，如雏菊、三色堇、矢车菊、虞美人等。茎从根基部萌发，成丛状。一般保持其丛状形，不宜修剪，但栽植时，丛植间保持一定距离，防止生长过密。为预防花开期倒伏，对于株形较高的矢车菊、虞美人等，生长期施氮肥不宜过多，多施磷钾肥，使茎秆坚硬，花色鲜艳。⑤攀缘形和缠绕形它们的茎细长柔软，不能直立生长，依靠变态器官或本身缠绕茎，攀缘或缠绕它物向上生长，如香豌豆、葫芦、牵牛花、茑萝、月光花等。这类花卉主要是向空间发展，起着垂直绿化作用，应顺其自然，设立支架，并略扶植其攀缘于花架、棚架、围墙、栅栏上。若要扩大其株冠或早生花蕾也可采取摘心、去顶措施。⑥匍匐形这种花卉能够平贴在地面上，向四周蔓延生长，将地面覆盖，是地被植物的好材料，如半支莲、旱金莲、美女樱、矮雪轮等。

后3种的整形方式，不需特殊处理，只要稍加扶植，顺其自然即可。

修剪对一二年草本花卉，包括最常用的摘心、除芽、修枝和除残花。

①摘心是指摘除主枝或侧枝上的顶芽，有时还需连同顶端的几片嫩叶一同摘掉。对于萌芽力强，耐修剪，摘心后开花茂盛，既控制高度又能控制花期的一二年生草本花卉，都适合应用摘心技术措施，如以上所提到的多枝型植物。草本花卉一般摘心1~3次。对于分株比较密，成丛状的不宜摘心，如丝石竹、雏菊、香雪球等。对于花穗长而大或自然分枝强的种类不要摘心，如鸡冠花、凤仙花、雁来红、黄秋葵、紫罗兰、麦杆菊、向日葵、翠菊等。它们摘心后，花多变小，甚至影响正常开花。②除芽的目的是为了剥去过多的腋芽，限制枝数的增加和过多花朵的发生，使所留的花朵充实而美丽，如菊花的栽培。除芽

主要是指摘除侧芽，包括剥除叶腋间的侧蕾，使养分集中供应顶生花，使顶蕾开花大而美。即上述所说的单干直立形。③除残花是指花谢后及时摘除残花，可减少养分消耗，维持植株美观，并促使开花不断，如一串红、千日红等。但留种的不宜除残花。但花期较长的，如大丽花、百日草等，夏季结籽多不饱满，发芽率低，质量差，应以秋季开花留种为宜。④中耕除草的益处如前所述，在中耕的同时可除去杂草，但除草不能代替中耕，雨后或灌溉后没有杂草也要进行中耕。幼苗期间及移植后，大部分土面暴露在空气中，除了土面极易干燥外，也易生杂草，这时要及时进行中耕。⑤除草所用的农具以手锄为主，大面积的花圃，可以使用小型中耕机。地面覆盖材料也有除草作用，如腐殖土、泥炭土，也可以用塑料薄膜。除此之外生产上常用药剂除草。⑥防寒越冬是露地栽培的二年生及不耐寒的多年生花卉经常需要的措施，我国北方冬季寒冷，需要对这些花卉采取防寒措施，以免受冻死亡。由于各地区的气候不同采用的方法也不同。北京地区可以在阳畦中过冬。在10月底至11月初，将播种苗以一定株行距定植或带小土坨囤在阳畦中。阳畦管理依天气而定，晴天9：00~16：00打开覆盖物；天冷可缩短打开时间；大风天仅打开两头通气；雪天不打开，并及时清扫覆盖物上的雪。现在也有用塑料膜覆盖过冬的，每天打开膜两端通风，管理同上；寒冷时还可以加覆盖物。但后一种温度较高，光线弱管理不良时苗易徒长。东北地区，需要将这些花卉移入温室或冷室提供最低以上温度，才能安全越冬。

三、宿根花卉的栽培管理措施

（一）含义

宿根花卉是地下部分形态正常，不发生变态的多年生草本花卉，根宿存于土壤中，地上部分冬季枯萎，第二年春萌发新芽，或者植株整株常绿。

（二）繁殖栽培技术

1. 繁殖 以营养繁殖为主，包括分株、扦插等。

最普遍、简单的方法是分株。为了不影响开花，春季开花的种类应在秋季或初冬进行分株，如芍药、荷包牡丹；而夏秋开花的种类宜在早春萌动前分株，如桔梗、萱草、宿根福禄考。还可以用根蘖、吸芽、走茎、匍匐茎繁殖。此外，有些花卉也可以采用扦插繁殖，如荷兰菊、紫菀、随意草等。

有时为了育种或获得大量植株也采用播种法。根据生态习性不同，也分为春播、秋播。播种苗有的1~2年后可开花，也有的要5~6年后才开花。

2. 栽培管理 宿根花卉寿命超过两年以上，一次种植可多年开花结实。园林应用一般是使用花圃中育出的成苗。育苗地的整地、做床、间苗、移植管理与一二年生草花基本相同。小苗的培育需要精心，定植以后管理粗放。一般生长健壮，根系比一二年生花卉强大，入土较深，抗旱及适应不良环境的能力强。种类不同，在其生长发育过程中对环境条件的要求不一致，生态习性差异很大。

（1）*整地的要求*：由于一次栽植后多年生长开花，根系也强大，因此，栽植地整地深度应达30~40cm，甚至40~50cm，同时施入大量有机肥作基肥，以长时期维持良好的土壤结构。对土壤要求不严，除沙土和重黏土外，大多数都可以生长，应选择排水良好的土壤，一般幼苗期喜腐殖质丰富的土壤，在第二年后则以黏质土壤为佳。对土壤肥力的要求也不同，金光菊、荷兰菊、桔梗等耐瘠薄；而芍药、菊花则喜肥。多叶羽扇豆喜酸性土壤；而非洲菊、铁线莲、宿根霞草喜微碱性土壤。对于喜欢较肥沃的土壤的宿根花卉，应该多给一些肥料，使其生长健壮。可根据植物特性，准备种植畦。

（2）栽植要求：栽植深度要适当，一般与根颈齐，过深过浅都不利于花卉生长。由于栽种后生长年限较长，要根据花卉的生长特点，设计合理的密度。

（3）施肥：花卉基肥施用量应多于追肥。宿根花卉和球根花卉则要求更多的有机肥料作基肥。为了生长茂盛、开花繁茂，可以在生长期追肥，也可以在春季新芽抽出前追肥，或者花前和花后再各追肥一次。秋季叶枯时，可在植株四周施以腐熟的厩肥或堆肥。

（4）水分：应根据土壤墒情适时浇水，宿根花卉春季必须浇足、浇透返青水，冬季应浇足冻水。另外种类不同，对水分要求也不同，像鸢尾、铃兰、乌头喜欢湿润的土壤；而黄花菜、马蔺、紫松果菊则耐干旱。喜湿的品种应在生长期保持充足的水分供给。定植初期加强灌溉，栽后灌 1 ~ 2 次透水。以后不需精细管理，特别干燥时灌水即可。根系较一二年生花卉强，抗旱性较强，浇水次数可少于一二年生花卉，但在旺盛生长期，仍需按照各种花卉习性，给予适当水分。休眠前则逐渐减少浇水。

（5）修剪：宿根花卉的修剪整形常用的措施有：

摘心，如菊花摘心后可促使枝条充实。除芽，多用于花卉生长旺盛季节，将枝条上不需要的侧芽从基部摘除，如在培养标本菊时；剥蕾，剥除侧蕾或过早发生之花蕾，如在芍药、菊花的栽培过程中。

绑扎、立支柱、支架，为防止倒伏或使株型美观所采取的措施，如栽培标本菊、悬崖菊、大立菊时常用。大株的宿根花卉定植时，要进行根部修剪，将伤根、烂根和枯根剪去。对宜倒伏的宿根花卉应适时修剪。

宿根花卉开花后，对不具观果价值的品种应及时修剪残枝、残花、残果。如费菜、石竹、金鸡菊、矮景天等通过除残花一年可开二次花，花后修剪，也避免了花后倒伏、散乱状态，促使其矮化，延长了观赏期，提高了观赏价值。

宿根花卉进入休眠状态后，应及时剪掉花卉的地上部分，清理园地，注意保护花卉根系。防止病虫害发生或蔓延。

（6）分株更新：对生长几年后出现衰弱，开花不良的种类，可以结合繁殖进行更新，剪除老根、烂根，重新分株栽培；对根蘖成丛的宿根花卉，宜适时结合分株调整栽植密度。对有自播繁衍能力的花卉要控制生长面积，以保持良好景观。

（7）越冬：宿根花卉耐寒力差异很大。宿根花卉在冬季无论地上部落叶的，还是常绿的，均处于休眠、半休眠状态。早春及春天开花的种类大多喜欢冷凉，忌炎热；而夏秋开花的种类大多喜欢温暖。常绿宿根花卉，在南方可以露地越冬，在北方应温室越冬或终年温室栽培。落叶宿根花卉，大多可以露地越冬，对耐寒性稍差的种类，入冬后要用培土法、灌水法保墒防寒，如芍药。此外，宿根花卉也可以采用覆盖法保护越冬。

四、球根花卉的栽培管理措施

（一）含义

地下器官有变态（包括根和地下茎），膨大成块状、根状、球状的多年生草本花卉

(herbaceous)，总称为球根花卉（bulbs）。球根花卉偶尔也包含少数地上茎或叶发生变态膨大者。根据地下变态器官结构分为：

1. 鳞茎 茎短缩成圆盘状的鳞茎盘，其上着生多数肉质肥大的鳞叶，整体为球状，由变态的茎和叶构成。如水仙、百合、风信子、郁金香、朱顶红等。

2. 球茎 地下茎肥大成实心球状或扁球状，其上有明显的节，节上着生膜质鳞叶和少数侧芽；基部常着生多数小球茎，习称子球。如唐菖蒲、西班牙鸢尾、雪滴花等。

3. 块茎 地下茎肥大成不规则的块状或球状，表面具芽眼，螺旋状排列，不包被干膜质或肉质鳞片。如白头翁、球根秋海棠和晚香玉（Polianthes tuberosa）等。

4. 根茎 多肉质变态茎，分枝多，在地下分布浅，多横向伸展，先端具顶芽，于节处抽生侧芽和不定根。如美人蕉 、荷花等。

5. 块根 变态的根，根增生大量薄壁组织而形成，外形同块茎，有不定根，块根上不能萌芽，进行繁殖时需带有能发芽的根颈部，如大丽花等。

（二）繁殖栽培技术

1. 繁殖 球根花卉主要利用母株自然形成的新鳞茎、球茎、块茎、块根或根茎等进行分生繁殖。可以分栽自然增殖球，也可以利用人工增殖的球。一般在采收后，把自然产生的新球依球的大小分开贮存，在适宜种植时间种植即可。也有个别种类需要在种植前再分开老球与新球，以防伤口感病。自然增殖力差的块茎类花卉主要是播种繁殖，如仙客来等。块根分生繁殖时需带有能发芽的根颈部。还可依花卉种类不同，采用鳞片扦插、分珠芽等方法繁殖，如百合、朱顶红等。大丽花、球根海棠等可行茎插。除少数不能结实的三倍体种（如水仙、卷丹）外，专业性生产时常采用播种法，以便大量繁殖，并可减少病毒感染。从播种到开花一般需时数年，但如美人蕉、大丽花、球根海棠等则当年或次年就可开花。

2. 栽培管理 球根花卉分布很广，原产地不同，所需要的生长发育条件也不同。园林中一般球根花卉栽培过程为：整地—施肥—种植球根—常规管理—采收—贮存。

(1) 土壤及肥料：栽培条件的好坏，对于球根花卉新球的生长发育和第二年开花有很大影响。所以，对整地、施肥、松土均须注意。球根花卉因地下部分肥大，在土壤中需要较大的生长空间，整地时应深耕土壤40～50cm。

大多数球根花卉喜中性至微碱性土壤：喜疏松、肥沃的沙质壤土或壤土；要求排水良好有保水性的土壤，上层为深厚壤土，下层为沙砾层最适宜。排水差的地段，在30cm土层下应垫设排水物，如粗沙砾、炉渣、碎石、瓦砾等，亦可设排水管以提高排水力，土质黏重或排水较差可设高床，在园林中为了美观，床的边坡常铺设草皮或用石块砌筑。栽培球根花卉磷肥常用骨粉配合作基肥。点植种球时，在种植穴中撒一层骨粉，铺一层粗沙，然后铺一层壤土。

在土地中施足基肥，施用的有机肥必须充分腐熟，否则会导致球根腐烂。球根类花卉由于它们分别靠其块根、块茎等器官来贮藏大量的营养繁殖后代，故应多施些磷、钾肥，以促使地上部分生长的强健和地下部分的良好发育。球根、块根花卉在球、块根膨大期喷施0.2%的磷酸二氢钾，可以使球根和块根增大而充实。当然同一种花卉还应根据不同生长发育期来进行施肥，苗期和生长期多施氮肥，中期多施磷钾肥、后期可补充磷肥。我国南方及东北等地区土壤呈酸性，需施入适量的石灰加以中和。

（2）栽植：球根较大或数量较少时，可进行穴栽，球小而量多时，要开沟栽植，穴或沟底要平整，不要过于狭窄而使球根部悬空。床土在整地后要适当压实，使栽后不下陷。如果需要在穴或沟中施基肥，要适当加大穴或沟的深度，撒入基肥覆盖一层园土，然后栽植球根。

球根栽植的深度也因土质、栽植目的及种类不同而有差异。黏质土壤栽植要略浅，疏松土壤可深些；为繁殖而多生子球或每年都挖出来采收的栽植要浅；需开花多和大的或准备多年采收的可栽植深些。球根的栽植深度通常为球高的3倍即覆土约为球高的两倍，但晚香玉及葱兰以覆土到球根顶部为宜，仙客来、朱顶红需要将球根的1/4～1/3露出土面之上，百合类中的多数种类要求栽植深度为球高的4倍以上。

栽植的株行距要看植株大小而异，如大丽花约为60～100cm；风信子、水仙约20～30cm；葱兰、番红花等仅为5～8cm。

（3）管理：

1）球根花卉主要原产于热带、亚热带及温带的，称为春植球根；原产于地中海地区和温带、冬雨地区的称为秋植球根。春植球根生长季要求高温，耐寒力弱，秋季温度下降后，地上部分停止生长，进入休眠（自然休眠或强迫休眠）。秋植球根喜凉爽，怕高温，较耐寒。秋季气候凉爽时开始生长发育，春天开花，夏季炎热到来前地上部分休眠。耐寒力差异也很大，例如山丹、卷丹、喇叭水仙可耐－30℃低温，在北京地区可以露地过冬；小苍兰、郁金香、风信子在北京地区需要保护过冬：中国水仙不耐寒，只能温室栽培。所以，应根据不同种类的特性，提供适宜的生长环境和温度。

2）球根是旱生形态，土壤中不宜有积水，尤其是在休眠期，土壤宜保持干燥。在栽培过程中，雨季应注意排水，防止球根因过多的水分造成腐烂。

3）以观花或生产切花为目的的球根栽植，应分离侧面的小球，另行栽植，以免分散养分造成开花不良。

4）球根花卉的多数种类，其吸收根少而脆嫩，折断后不能再生新根，所以，球根栽植后在生长期内不能移植。

5）球根花卉大多叶片很少，栽培时应注意保护，避免损伤，否则影响养分的合成，不利于开花和新球的成长，也影响观赏。在做切花栽培时，在满足切花长度要求的前提下，剪取时应尽量多保留植株的叶片。

6）花后要及时剪除残花不让它结实，以减少养分的消耗，有利于新球的充实。如果作为球根生产，见到花蕾要及时摘除。对枝叶稀少的球根花卉，要保留花梗，因它能合成养分供新球生长需要。

7）开花后是地下新球膨大充实的时候，要加强肥水管理。

（4）采收与贮藏：

1）采收：在园林中，球根花卉在停止生长进入休眠后，为了追求自然散生状态或减少工序，可以隔年采收。但大部分球根需要年年采收，等度过休眠期后再进行栽植。尤其作为专业栽培，需要每年采收，其原因如下：①在寒冷地区为防冬季冻害，需要在秋季采收贮藏越冬；秋植球根在夏季休眠时，如果留在土中，因多雨湿热而腐烂，也需要采收贮藏。②采收后，可分出优劣大小并对球根分级，便于合理繁殖和培养。可使种植的球根生长开花整齐一致。③新球和子球增殖过多时，如不采收进行分离，常因拥挤而在土壤中容易腐烂。另外采收后放在干燥通风处可促使后熟。④采收后可将土地翻耕，加施基肥，有利于下一季节的栽培。可在球根休眠期栽培其他作物，以充分利用土壤。

如需要采收，一般以叶片一半以上变黄时为采收适期，过早采收养分还没充分积聚于球根，球根不够充实；过晚茎叶脱落，不易确定土中球根的位置，采收时易损伤球根，子球容易散失。采收时土壤要适度湿润，选晴天挖出球根，贮藏前要除去附土和杂物，剔除病、残球根。如果球根名贵，病斑不大，可将病斑用刀剔除，涂上防腐剂或草木灰等。容易受病害感染的球根，贮藏时最好混入药剂或用药液浸洗消毒，晾干后进行贮藏。

唐菖蒲、晚香玉可翻晒数天让它充分干燥。大丽花、美人蕉等只要阴干到外皮干燥即可，不能过分干燥而使球根表面皱缩。秋植球根在夏季采收后，不要放在炎日下曝晒。

2）贮藏：球根贮藏可分为自然贮藏和调控贮藏两种类型。

①自然贮藏指贮藏期间，对环境不加人工调控措施，球根在常规室内环境中度过休眠期。通常在商品球出售前的休眠期或用于正常花期的球根。自然贮藏方法因种类而不同。对于通风要求不高，而要保持球根一定湿度的种类如大丽花、美人蕉、蕉藕、大岩桐、无皮鳞茎百合类、少数有皮鳞茎，如玉帘属、雪滴花属等，可采用埋藏或堆藏法，将球根埋在沙子或锯末中，保持潮湿状，球根间要填充干沙、锯末等，量少可用盆、箱装，量大时要堆在室内地上或窖藏；要求通风良好、充分干燥的球根，可在室内设多层的架子，层间距为30cm以上，铺上透孔而球根不易漏掉的细铁丝网、苇帘等，上面放上球根。或者使用网兜悬挂，以利通风。少量球根可在浅箱或木盘上散放，也可放在竹篮或布袋中，放在通风处。

球茎类花卉一般都可干存，如唐菖蒲、球根鸢尾、小苍兰、番红花等，鳞茎类的大多花卉也可以这样贮存，如水仙、郁金香、风信子、晚香玉、球根鸢尾等。少数块根，如花毛茛、银莲花以及块茎，如马蹄莲也需要干存。贮藏的环境条件：春植球根冬季贮藏，室温应保持在4～5℃，不能低于0℃或高于10℃。在冬季室温较低时，对通风要求不严，但室内也不能闷湿；秋植球根夏季贮藏时，首要的问题是保持贮藏环境的干燥和凉爽，不能闷热和潮湿。球根贮藏时注意防治鼠害和病虫害的传播。多数球根花卉在休眠期进行花芽分化，所以，贮藏条件的好坏，与以后开花有很大关系，不可忽视。

②调控贮藏是在贮藏期运用人工调控措施，以达到控制休眠、促进花芽分化、提高成花率以及抑制病虫害等目的。经过长期的球根贮藏研究，调控贮藏已成为球根花卉生产的重要措施。常用的是药物处理、温度调节和气调（气体成分调节）等。如麝香百合收获后用47.5℃的热水处理半小时，不仅可以促进发芽，还对线虫、根锈螨和花叶病有良好防治效果。而郁金香若在自然条件下贮藏，则一般10月栽种，翌年4月才能开花。如运用低温贮藏（17℃经3个星期，然后5℃经10个星期），即可促进花芽分化，将秋季至春季前的露地越冬过程，提早到贮藏期来完成，使郁金香可在栽后50～60d开花。这样做不仅缩短了栽培时间，并能与其他措施相结合，设法达到周年供花的目的。

五、水生花卉的栽培管理措施

（一）含义

水生花卉指生长于水体中、沼泽地、湿地上，具有较高的观赏价值的草本植物，多数为宿根和球根花卉。

通常可分为以下 5 类。

(1) 沼生类：生于水深一般在 0.5cm 以内的沼泽等浅水地带。如天南星科的菖蒲（Acorus calamus）、莎草科的旱伞草、千屈菜科的千屈菜、十字花科的豆瓣菜。

(2) 挺水类：茎叶挺伸于水面之上，一般可适应深 1m 以内的水体。除莲等外，还有香蒲科的宽叶香蒲。

(3) 浮水类：叶片浮于水面或略高出水面，可生于浅水至 2～3m 深的水中。如睡莲科的芡、睡莲科的睡莲。

(4) 沉水类：茎叶全部沉于水中，能适应较深水体，如金鱼藻（松藻）、苦草、水蕹等。

(5) 漂浮类：根通常不生于泥土内而伸展于水中，植株浮于水面或随水流、风浪飘动。如浮萍、凤眼莲等。

（二）繁殖栽培技术

1. 繁殖　大多数水生花卉是多年生花卉，因此，主要繁殖方式为分生繁殖，即分株或分球。一般于春季开始萌芽时进行，适应性强的种类初夏亦可分栽。还可以扦插繁殖，方法同宿根花卉。如用播种繁殖，应在种子成熟时即采即播或贮于水中，以免丧失发芽能力。仅少数种类如莲、水生鸢尾类和香蒲等的种实可以干藏。

水生花卉可以盆播也可直播，将种子播入盆或槽中（荷花需要提前处理），沉入水中。或者在夏季高温季节，把种子裹上泥土直接播入水中，条件适宜即可萌发生长。

2. 栽培管理

(1) 种植方法：水生花卉，以栽植分割的种藕或宿根常见，在园林中有四种不同的途径：一是直接将种子或种藕种于池塘或其他水体中，这种方法比较粗放；二是在池底砌筑栽植槽，铺上至少 15cm 厚的培养土，将水生花卉植入土中；三是将水生花卉种在容器中，再将容器沉入水中；四是缸植。以上几种方法各有利弊。第一种种植方法比较简便，管理环节少些。在大水体中，用容器栽植后再沉入水中的方法更常用一些，因为它移动方便，例如：北方冬季须把容器取出来收藏以防严寒；在春季换土、加肥、分株的时候，作业也比较灵活省工。而且，这种方法能避免培养土及其肥料流失到水里，不污染水质，保持池水的清澈，清理池底和换水也较方便。缸植或大盆植，适合没有水体的庭院摆放，比较方便。

(2) 土壤和肥料准备：栽培场所宜选池底有丰富腐殖质沉积的池塘或水田。盆栽也需用肥沃塘泥。新挖的池塘缺少有机质，必须先施入大量的肥料，如堆肥、厩肥等。最好使用黏性较高的土壤。不要用土质过轻的培养土。但也有说法是园林施工时，尤其是先种入容器中，再沉入水中的，通常不建议用塘泥，可用干净的园土细细筛过，去掉土中的小树枝、杂草、枯叶等，再加入少量粗骨粉及一些缓释性氮肥。以免掺入水生杂草的种子或其他有害生物菌。

(3) 种植深度要适宜：水池深浅根据水生植物的类别和习性确定，挺水和浮水花卉的种和品种一般要求 60～100cm 的水深；近沼生习性的花卉 20～30cm 水深即可；湿生花卉只适宜种在岸边潮湿地。并根据季节不同加以调节。同一种花卉对水深的要求一般是旺盛生长期达到最深水位。有些水生花卉喜欢静水，如荷花。有一些则喜爱水体有一点流动，可以提供更多的氧气。

(4) 水质要清洁：水生花卉大多数要求水质清洁，水体不流动时，藻类增多，或者残败花叶沉入水中，导致水体浑浊，所以小面积种植或缸栽需要定期换水，清除水中的杂草。或者使用 $CuSO_4$，分小袋悬挂在水中，$1kg/250m^3$；池底或池水过于污浊时彻底清理。大面积可以采用生物防治，放养金鱼藻、狸藻等水草或螺蛳、河蚌等软体动物。

(5) 光照条件：大多的水生植物喜欢全日照的环境，如睡莲，荷花等。如果光线荫暗，生长则会比较缓慢且叶片变小，所以应提供充足的阳光。

(6) 防止鱼食：水体中一般同时养鱼，在植物基部覆盖小石子可以防止小鱼损害；在花卉周围设置细网，稍高出水面以不影响景观为度，可以防止大鱼啃食。

(7) 控制生长：有地下根茎的水生花卉，一般须在池塘内建造种植池，以防根茎四处蔓延影响设计效果；或者通过水深保留空白水面；也可以结合繁殖措施，通过适时分株控制池塘覆盖面积。漂浮类水生花卉常随风移动，使用时要根据当地的实际情况。如需固定，可加拦网。

(8) 养植水生花卉：养植水生花卉时，平时需检查有无病虫害；检查植株是否拥挤，一般过 3 ~4 年时间分一次株；定期施加追肥。

(9) 去残花枯叶：残花枯叶不仅影响景观，也影响水质，应及时清除。

(10) 越冬管理：耐寒种类管理比较粗放，冬季不需要特殊保护。半耐寒种类直接种在水中的，应于初冬结冰前提高水位，使其根丛位于冰冻层以下越冬；少量栽植时，也可掘起贮藏。盆栽沉入水中的，入冬前取出，倒掉积水，连盆一起放在冷室中过冬，保持土壤湿润即可。不耐寒种类要盆栽，冬天移入温室过冬，也可直接栽到池中，秋冬掘出放冷凉处贮藏越冬。特别不耐寒的种类，大部分时间要在温室中栽培。

第二节　露地一二年生花卉

一、一串红

(一) 形态、生活习性

一串红原产于巴西，株高 30 ~80cm。全株光滑。茎多分枝，四棱，茎节常为紫红色。叶对生，有柄，卵形或三角状卵形，长 5 ~8cm，叶缘有锯齿。轮伞花序，具 2 ~6 花，密集成假总状花序。花唇型，伸出萼外，似串串爆竹；花萼钟状，与花冠同为红色。花落后花萼仍有观赏价值。花期 8 ~10 月。坚果卵形，种子细小，每千粒重 2.8g。常见栽培变种、变型及品种有一串白、一串紫，矮一串红（株高仅 20cm，花亮红色）。花有鲜红、白、粉、紫等多种颜色。

一串红喜光照充足、温暖、肥沃、疏松、排水良好的土壤，耐寒性较差。具体来说，一串红喜温畏寒忌干热，最适温度为 20 ~25℃。矮一串红当温度超过 30℃时，根系生长受到抑制，出现叶小、花小现象，甚至枯死。大串红当气温升高到 30 ~35℃时也会出现生长不正常的现象。当温度下降到 15℃以下时，一串红会发生黄叶、落叶现象。光照不足，则花小而色泽暗淡无光。生长期间湿度应保持在 60% ~70% 左右，湿度太小容易落叶落花，而湿度太大又容易烂根烂叶。

（二）繁殖方法

一串红的繁殖可用播种法，也可用扦插法，而通常以播种法为主。

（三）栽培管理技术

一串红的花期因播种期不同而有变化，种子喜光，发芽适温20～25℃，10d可发芽。

扦插常用盆栽，在温室越冬；次年剪取不带花蕾的侧枝6～8cm，带叶4～5片作插穗，生根容易。在15℃以上的温床，任何时期都可扦插，10d左右生根，30d就可分栽。

扦插苗至开花期较实生苗短，植株高矮也易于控制。晚插者植株矮小，生长势虽弱，但对花期影响不大，开花仍繁茂，更便于布置。可以作春季五一花卉。也可作秋季十一国庆花卉。

为五一开花，应在头年8月中下旬雨季过后在露地苗床上开沟撒播，土壤不要过肥。先把床面整平并浇一次透水，表土略干后下种，覆土要薄，8～10d后出苗。10月上旬起苗假植在温室内，11月中下旬上盆培养，来年4月下旬出室陈设或脱盆地栽。

秋季国庆节用花的栽培方法可如下操作：2月下旬至3月上旬在温室播种。播种后8～10d种子萌发，待幼苗长到6～8cm时，进行分苗移栽。栽植株行距为10cm×10cm；5月初分苗栽入露地苗床，株距30～35cm，8月上旬起苗移入花坛或栽入营养钵中，露地进行管理即可，为增加分枝，使株形丰满，应进行2～3次打尖抹头，小苗高10cm时摘心，使生4～6侧枝。最后一次打尖抹头时间应在9月5日前进行。整形摘心后即可供应市场。

十一用的一串红，于7月上旬扦插，此时天气炎热，应注意遮阳，多雨时要注意防雨排涝。

最适生长温度为20～25℃，在15℃以下叶黄至脱落。如在花前追施磷肥，开花尤佳。花期长，开花后每月追全肥，可延长花期。花显色时移至花坛。一串红花萼日久退色而不落，供观赏布置时，需随时清除残花，可保持花色鲜艳而开花不绝。

一串红的栽培管理应注意以下几点。

1. 肥水　要使一串红株形丰满，花色鲜艳，露地栽培应施足基肥，平均每株按200～300g计算。生长期施用稀释1 500倍的硫酸铵，以改变叶色，效果较好。

2. 摘蕾打尖　是促使分枝和控制花期的技术，温度在20～25℃条件下，摘蕾打尖后，一般经过25d左右，新蕾即可形成开花。

3. 病虫　一串红易生红蜘蛛、蚜虫和白粉虱等病虫。

（四）园林应用

植株紧密，开花时覆盖全株，常用的红花种，花色极亮丽，是优良的花坛花卉。矮生种尤其适宜作花坛用。还可以作花带、花境。一般白色、紫色品种的观赏价值不及红色品种。一串红在中国北方地区也常盆栽观赏。

二、万寿菊

（一）形态、生活习性

万寿菊原产墨西哥，属于一年生草本花卉，茎粗壮。矮生种株高30cm，普通种株高40～60cm。叶对生或互生，羽状全裂，裂片有锯齿，叶缘背面有油腺点，有强臭味，因此无病虫，也可保护周围其他花卉不生病虫。头状花序单生；花黄色或橘黄色，舌状花有长爪，边缘皱曲；花期6～10月。

喜温暖，也能耐早霜。喜阳光充足，半荫处也生长开花。抗性强，对土壤要求不严，较耐干旱。在多湿、酷暑下生长不良，有伏天小休眠现象。冬季夜间温度保持在10℃以上，亦能开花。

（二）繁殖方法

采用播种或扦插繁殖。

（三）栽培管理技术

1. 环境条件的选择 根据万寿菊的习性，栽培地应选择温暖、阳光充足、昼夜温差较大的环境。对土壤要求虽然不严格，但选择排水良好而肥沃的土壤栽培万寿菊开花较大。为使万寿菊提早投入市场，故应在大棚提前育苗。

2. 品种选择与种苗繁殖

（1）品种选择：常见栽培的只有万寿菊（*Tagetes erecta*）、孔雀草（*T. patula*）。孔雀草株高20～30cm，分枝繁茂，匍匐状，花序头状，花径2～4cm，花色黄色、橘红色，花形丰富，花期较长。我国栽培的万寿菊多为普通种，株形高大，近年从日本引进F1代的大花万寿菊品种有："Doubloon"，花淡黄色；"Seve reign"，花金黄色；"Double eagle"，花橙色。这3个品种花朵大，花容端正，值得推广。

（2）种苗繁殖：

1）播种繁殖：以春播为主，发芽适温15～20℃，播后5～10d可发芽。从播种到开花需60～100d。供夏季观赏的万寿菊通常在3月下旬至4月初进行露地播种，种子发芽的适温20℃，播后约7d便可出苗，6月中旬可供花。为使万寿菊早日应市供花，可于2月间在大塑棚内播种，为提高温度，在大棚内再套盖小塑拱棚。以后随着气温的提高，先后揭去小大塑棚，进行调温。播种苗床整地要精细，可拌些砻糠灰，加点钾肥，使土壤疏松，出苗粗壮，播前需轻轻镇压一下土壤，然后撒播种子，万寿菊种子小，覆土要薄，以不裸露种子为度，苗长出真叶后，需视苗的情况，酌施淡淡的肥料，助苗生长，待苗长出2～3枚真叶约20d时便可移植，移植苗长到5～7枚真叶时，可定植于花盆内。要想让它们在国庆节开花，应在7月下旬播种，50～60d后可全部开花。

2）扦插繁殖：①一般扦插法：本法一般于4月下旬开始及至小满、夏至，在露地苗床进行。扦插床要精细整地，拣去石子与草根异物。选取发育充实的枝条作插穗，长8～10cm，剪去下部3～4cm叶片，留上部2～3枚真叶，插入土中或素沙中，株行距10cm×15cm，播后浇透水，盖上60%遮阳度的遮阳网，一般7d左右发根，发根后揭去遮阳网，注意肥水管理，幼苗迅速成长，2周后生根完全，即可定植（上钵或地栽），1个月之后可开花。②大枝扦插法：在7～8月间，选用生长健壮、组织充实，顶端带密集花蕾，髓部未发白的大枝，长度可达 15～20cm，按照常规扦插法，直接扦入盆内，上盖遮阳率达 80%以上的遮阳网，注意浇水保温，在天气晴朗的日子里，每天进行 3 次（10 时、12 时、14 时）遮阳网外的间接喷水，起到降温保湿作用，提高插穗的成活率，待发根后及时揭除遮阳网，加强肥水管理，所带的花蕾就会迅速成长，不到一个月即可供花。此时繁殖的万寿菊，植株高度受到一定的控制，形成株形矮小、花朵兴旺很有特色的新植株。

3. 养护管理要点

（1）水肥管理：万寿菊植株粗壮，枝叶茂密，开花周期短，因此，施足基肥十分重要。在整个生长期，视土壤的肥沃程度确定是否追肥，若土壤肥沃，过多的追肥会引起徒长甚至倒伏，失去商品价值。开花期每月追肥可延长花期，但注意氮肥不可过多。天气干燥时注意充分浇水，使枝叶延缓衰老，长期保持青枝绿叶、花朵硕大。

（2）摘心：万寿菊幼苗期生长迅速，苗高 15cm 可摘心促分枝。也可在定植上盆时，缓苗完成后即可摘心，一经摘心就会提前萌生侧枝，使株形长得浑圆可爱，从而提高观赏质量。

（3）修剪：万寿菊的花期虽长，但是到了生长后期叶片老化并变成褐色，侧枝下垂，开花稀少。要想让春播苗常年开花，不但要加强水肥管理，还应及时摘除谢花与残花，疏剪过密的枝叶，避免与减少养分的浪费，并结合反季修剪控制植株高度。立秋后可望萌发新枝并再次开花。

（4）种子采取：由于夏季高温，万寿菊所结的瘦果发芽率很低。采种时应采用 9 月以后开花所结的果实，当舌状花已卷缩失色，总苞发黄时即可摘取，晒干脱粒收藏。种子易退化。

（四）园林应用

万寿菊花大色艳，花期长，是夏秋季不可缺少的花坛和花境用花，其中，矮型品种最适宜作花坛布置或花丛、花境栽植，还可作窗盒、吊篮和种植钵；高型品种花梗长且挺直，切花水养持久。近年来从日本引进的大花万寿菊 F1 代，更受人们的青睐。只要温度满足，万寿菊可作周年栽培，设施的利用率也能提高。

三、矮牵牛

（一）形态、生活习性

矮牵牛原产南美阿根廷、巴西等国。属茄科矮牵牛属。别名碧冬茄、洋牡丹。多年生草本植物，但多数品种作一年生栽培。矮牵牛株高 20～45cm，茎基部木质化，嫩茎直立，老茎匍匐状。茎、叶均有细小白色绒毛。茎有黏性，且有茄科植物特有的气味。叶柔软，近无柄，互生或上部对生，卵形全缘。花腋生或顶生，花冠漏斗状，边缘 5 浅裂。园艺品种极多，按植株性状分有：高性种、矮性种、丛生种、匍匐种、直立种；按花型分有：大花（10～15cm 以上）、小花、波状、锯齿状、重瓣、单瓣；按花色分有：紫红、鲜红、桃红、暗红、深紫、纯白、肉色及多种带条纹品种（红底白条纹、淡蓝底红脉纹、桃红底白斑条等）。花有大小之分，最大直径可达 10cm，花瓣有单、重之别；花瓣边缘有的呈皱纹状、有的呈不规则的锯齿状。矮牵牛花期长，根据各地气候不同，6～10 月整个夏、秋季花开不断。果熟期 10～11 月，蒴果，种子细小。各国现栽培的均为杂交种。

喜温暖和阳光充足的环境。不耐霜冻，怕雨涝。它生长适温为13～18℃，冬季温度在4～10℃，如低于4℃，植株生长停止。夏季能耐35℃以上的高温。夏季生长旺期，需充足水分，特别在夏季高温季节，应在早、晚浇水，保持盆土湿润。但梅雨季节，雨水多，对矮牵牛生长十分不利，盆土过湿，茎叶容易徒长，花期雨水多，花朵易褪色或腐烂。盆土若长期积水，则烂根死亡，所以，盆栽矮牵牛宜用疏松肥沃和排水良好的沙壤土。

属长日照植物，生长期要求阳光充足，在正常的光照条件下，从播种至开花约需100d左右。冬季大棚内栽培矮牵牛时，在低温短日照条件下，茎叶生长很茂盛，但着花很难，当春季进入长日照下，很快就从茎叶顶端分化花蕾。

（二）繁殖方法

矮牵牛多用播种繁殖，也可扦插繁殖。

（三）栽培管理技术

1. 繁殖育苗 矮牵牛可以盆钵栽培室外铺摆，也可露地直接栽植。北方应在早春3月室内播种。露地春播宜稍晚；室内播种应有充足光照，室温保持在20～25℃，湿度保持在80%左右。矮牵牛种子细少，每克种子约9 000粒至10 000粒，播后不需覆土，轻压一下即可，上盖地膜保湿。一般7～10d即可出苗，揭去地膜。出苗后维持在9～13℃可使苗矮壮、充实。当苗长出两片真叶，高度在5cm时，带土移植到室外阳畦苗床中，株行距约8cm×8cm。幼苗期移植宜早，并尽量避免土团松散，否则根系恢复慢。晚霜后定植露地。

播种时间应根据用花的时间而定，如5月需花，应在1月于温室或大棚内播种。10月用花，需在7月初播种。

扦插繁殖在生长期内进行，因播种苗容易发生变异，保持原品种的优良特性，最好扦插繁殖。老枝扦插后不易生根，应当在春季花谢后把花枝剪掉，促使其重发新枝；待新枝长到20cm左右时剪下来扦插，长度为3～4cm，插入盛有素沙浅盆中，在20～24℃的气温下，半个月后即可生根。30d可移栽上盆。分苗上盆时必须多带土团，最好使用疏松透气的营养土，养护时应放在阳光充足的地方，半个月追施一次液肥，冬季室温如能保持20℃左右并有充足阳光仍能开花。二年生以上的植株开始松散，可对主枝进行短截，使茎秆得到更新，或及时扦插，用新株代替老株。

2. 养护管理 矮牵牛的栽培管理主要应加强肥水管理和修剪工作，以保证植株健壮，花繁叶茂。

（1）定植地应施足底肥，以每平方米施25kg左右有机肥为宜。

（2）定植时间应避开北方春季晚霜，即每年4月下旬定植。

（3）定植株行距以（30～40）cm×（30～40）cm为宜，每穴可植苗2～3株。

（4）摘心处理。幼苗5～6片真叶时可定植于10cm的花盆中或栽植地，苗高10cm时进行摘心，在摘心后15d用0.25%至0.5%的B9喷洒叶面3～4次，用以控制其高度，促进分枝。

（5）栽后要及时施肥浇水。生长期可根据天气情况每周浇一次水。定植以后，在开花期之前可追施稀薄麻酱渣水1～2次。生长期中除在土壤中施用稀薄豆饼肥水外，也可以每隔半月施用0.3%磷酸二氢钾液肥喷洒叶面，以促使花芽分化多、旺盛、色艳。夏季酷暑多雨期，植株易倒伏，矮牵牛易遭蚜虫危害。发现虫害，可用10%吡虫啉可湿性粉剂，加水3 000倍喷杀，效果极佳。每次浇水后应及时中耕保墒。生长期内也应经常清除杂草。

（6）矮牵牛耐修剪，如植株过高，可将花后的老茎剪掉一部分，并控制水分，经过短期休眠，便又能生出新芽，重新开花。注意修剪整枝，摘除残花，达到花繁叶茂。植株过高，也可用小竹竿作支柱支撑，以免倒伏。

（四）园林应用

矮牵牛花大色艳，花色丰富，为长势旺盛的装饰性花卉，而且还能做到周年繁殖上市，可以广泛用于花坛布置，花带配置，景点摆设，是现代城市美化，庭院布置的常用花卉。也可盆栽摆设在室内厅堂观赏。窗台点缀，家庭装饰。或吊盆栽植。

四、大花三色堇

（一）形态、生活习性

原种产于欧洲；又名蝴蝶花，茎直立，分枝或不分枝。基生叶多，卵圆形，茎生叶长卵圆形，叶缘有整齐的钝锯齿。花顶生或腋生，挺立于叶丛之上；花瓣5枚，花朵外形近圆形，平展；花单色或复色，黄、蓝、白、褐、红色都有。

喜冷凉，较耐寒，忌高温多湿；在炎热多雨的季节不能结实。喜光，略耐半荫；要求肥沃湿润的黏质壤土，在贫瘠的土地上，不能正常开花，品种还会显著退化，种子落地后能自然繁衍。

（二）繁殖方法

播种繁殖或扦插繁殖，播种繁殖为主，秋播。

（三）栽培管理技术

1. 品种选择　品种主要是F1代，以不同花色取胜。还有花瓣边缘波状的品种和冬花品种。国际上知名的种子公司对三色堇的育种研究也较深入、全面，如日本SAKATA公司的皇冠系列、帝国系列，以其花大闻名。荷兰知名品牌S&G的大系列、巨人系列、天空系列，阿尔卑斯系列囊括了包括大花型、巨花型、中花型、小花型在内的所有品系，品种特性上各有千秋，为应用者提供了更多的选择。各品系特征如下。得大（Delta）系列：花期比一般品种早7～10d，适合于不低于－5℃地区初秋、冬季应用。花朵大，花梗坚硬、挺拔，植株稠密、强壮，花色丰富（有30个分色），有纯色系和斑色系，满足各种需要。巨大（Colossus）系列：花朵巨大，花径10cm以上，株形紧密，耐热，多花，花期长，有黄、蓝、白、红、玫红5个斑色系和混色。天空（sky）系列：中花、多花性，开花整齐一致，耐寒性强，较适合冬春开花应用，有10个纯色系，9个斑色系及3组混色。阿尔卑斯（Alpine）系列：小花型枝条蔓生，适合各种组合盆栽和绿地大色块布置。

2. 繁殖育苗

（1）播种繁殖：传统播种期为冷凉季节。而在冬季不算严寒的地区（－3℃以内）可以尝试初秋上市供绿地应用，这样需在夏季（7月至8月上旬）播种，由于气温高，发芽率会大大降低，解决方法是找冷凉的环境（山区）播种，或者用催芽的种子（Primed seeds），可在湿润条件下5～8℃处理1周有利于萌发。播种介质的pH值为5.8～6.2，过低会导致缺硼引起叶端发焦，播后7～15d发芽。种子发芽适温18～25℃，发芽期不需光照，并保持介质湿润，否则发芽会不整齐。为供应春季花坛栽种，需要头年8月下旬到9月上旬播入露地苗床，在20℃的气温下10d左右出苗。花苗经一次移栽后，入冬前移入冷室或低温温室，来年晚霜过后起苗定植。北京地区秋播后，可在阳畦过冬，供五一摆放花坛用花。

（2）扦插繁殖：为供应秋季花坛栽种，可在夏初剪嫩枝扦插；最好剪根茎处萌生出来的短枝作插穗，老枝和开过花的花枝都不易生根。我国东北地区和云贵高原夏季无酷暑，春栽植株可安全越夏，因此，可在立秋后挖掘老本分株移栽，冬季栽入冷床或低温温室，来年春季栽入花坛。

3. 养护管理　播种后，有3～4枚叶子时移植一次。当小苗长有3～4对真叶，苗高约3cm时，湿度应调节在24h内有干湿的周期性变化，并可开始上盆或定植。华北地区3月下旬到4月上旬即可定植，株距20～25cm。起苗时需多带土团，4月下旬即可开花。花后及时去残花，可以明显延长花期。

三色堇在秋冬季节生长需要充足的阳光，否则容易出现徒长等症状，开花期可略耐疏荫。在北方干燥的气候和烈日下开花不良，因此，应栽在有大树遮阳的花坛、树坛及林间空地上。

生长的最适温度为7～15℃，温度长期过低会出现叶色变紫，15℃以下有利于产生良好的株形，15℃以上有利于开花，夏季30℃以上花朵变小，生长细弱。

三色堇地栽前应精细整地并施入大量有机肥料，否则生长不良，开花稀少。生长初期以氮肥为主，每2～3次浇水应施一次浓度为100～150mg/kg的含钙复合肥。临近花期应增施磷肥，气温低时，氨态氮会引起根系腐烂。

每次浇水必须在土壤略干燥时进行，特别是气温低、光照弱的季节。过多的水分既影响生长，又易产生徒长枝，植株开花时，应保证充足的水分，使花朵增大，花量增多。

三色堇性状强健，一般不容易感染病虫，而在多雨的南方，由于湿度大，花朵易感染灰霉病，及时采摘凋谢的花很重要，同时用白菌清800～1 000倍液喷施效果好。另外，种植密度大的地方由于不通风容易被红蜘蛛侵染，用800倍敌敌畏、氧化乐果液能有效控制。

三色堇的蒴果成熟前下垂生长，成熟后果梗挺起，待果皮发白后即可采收。第一批成熟的种子发芽率最高，以后天气炎热，种子大都干瘪不能成熟。

为保持品种的纯度，留种母株各品种间应拉开距离栽种。虽然自花授粉能产生种子，异花授粉的几率也很大；第一批成熟的种子异花授粉的几率小，这是因为早春蜂蝶类昆虫尚未大量活动，种子的纯度高。

（四）园林应用

三色堇的应用广泛，是传统的园林花卉。株型低矮，花色浓艳，花小巧而有丝质光泽，在阳光下非常耀眼，是优秀的花坛和边缘花卉，素有“花坛皇后”的美誉，美丽叶丛上的花朵随风摇动，似蝴蝶翩翩飞舞，装饰效果好。特别是在四季分明的江浙地区，可以从初秋的10月中旬持续到来年4月下旬，花期长达8个月；也较多地应用于大型绿地布置块面效果，抢眼的金黄色和深蓝色，还有天鹅绒质感的酒红色、白色能搭配出流动的旋律来；还可盆栽观赏，大花、斑色系特别适合作盆花或组合盆栽；小花品种可作为悬挂栽培或花钵的镶边材料；水养持久。可以作切花。

第三节　露地宿根花卉

一、芍药

（一）形态、生活习性

原产于中国北部、日本及西伯利亚地区。芍药科、芍药属多年生宿根草本植物。地下具粗壮肉质纺锤形根或长柱状，浅黄褐色或灰紫色，每年从其上发一年生的细根，在根颈部产生簇生新芽。初生长时，茎叶或茎红色或有紫红晕，随着生长，向阳部分多呈紫红晕。二回三出复叶，小叶通常 3 深裂，椭圆形，长 20～24cm，小叶有椭圆形、狭卵形、披针形等，叶端长而尖，全缘微波，叶面颜色有黄绿色、绿色和深绿色等，叶背多粉绿色。花顶生茎上或近顶端叶腋处，有长花梗，春季开花，芍药花色鲜艳，形似牡丹，花大略香，花色有纯白、微红、深红、紫红、淡红、金黄等色，有单瓣和重瓣之分，通常栽培供观赏的为重瓣品种。

芍药性耐寒，忌高温多湿，夏季喜凉爽气候，北方均可露地越冬，华南适合在高海拔地栽培。肉质根，怕积水，宜肥沃、湿润及排水良好的沙质壤上，忌盐碱及低洼地。喜土壤湿润，但也耐旱，喜阳光，盆栽芍药盛夏烈日下易焦叶，应注意遮阴。

（二）繁殖方法

以分株繁殖为主，也可以播种繁殖，播种仅用于培育新品种。少见还有根插、扦插等。

（三）栽培管理技术

1. 繁殖育苗　分株繁殖法：分株时间最好在 9 月下旬至 10 月上旬，切忌在春季进行，中国有“春分分芍药，到老不开花”的谚语。分株的最佳时间因各地气候条件不同而不同，确定分株时间的依据是：当秋末芍药的叶片刚刚开始发黑时即可将整墩芍药挖掘出来，进行分株。分株栽植后到土壤结冻前还有一段较长时间，新栽的芍药在这段时间里能长出新根，可以吸收充足的水分和养分积累在植株体内，对来年全株生长有利。

分株时，先将母株的根掘出，可以抖掉附土；晾 1d，再顺着芍药的自然分离处将根分开，用利刀切分，3 年生母株分株，每丛根际应带有 4～5 个肥胖芽体，为节约母株，可 2～3 芽为一丛，但生长不及 4～5 个芽为一丛的旺盛。肉质根分切后，稍阴干，待其伤口结成软疤，以草木灰、硫磺粉涂根部切口，以防病菌侵入，再晾 1～2d 即可分别栽植。如土壤湿润，不必浇水，避免伤口腐烂。露地栽植的芍药，株距 50cm，行距 70cm，盆栽芍药，花盆口径与深度均为 40cm 较适宜。如果需要外运，可用湿麻袋把挖出的裸根包裹起来装入草袋，如果老根很长，可以短截，短截后伤口不会腐烂。

芍药连年开花后开花差，大多品种 10 年以后开始衰老，芽多但小，开花不良，要通过分株更新。芍药分株年限，以栽培目的不同而异，作花坛栽植或作切花栽培时，6～7 年分株 1 次，作药用栽培以采根为目的时，则多为 3～5 年分株 1 次。以观花为主的芍药，应5~6年分株一次，以采药为主的芍药，应3~5年分株一次。芍药为肉质根，根系较长，故应栽植在肥沃疏松、排水良好的沙质壤土中，栽于黏土和低洼积水的地方易烂根。

播种繁殖法：8月份芍药种子成熟时，果实开裂，应随采随播种，或湿沙保存。

播种地应选择背风向阳，土壤以排水优良，富含腐殖质的沙质壤土为好。播种前结合施基肥，先深翻土壤20cm以上，然后再纵横耕耙3~4遍。播种可用条播或穴播两法。条播：行距40cm，播深6~7cm，粒距3~4cm，播后覆土。穴播：穴距20~30cm，每穴播种4~5粒。也可作畦播种。播后覆细沙土，厚度为种子直径的1~2倍，经常保持土壤湿润，必要时上面可盖上一层玉米秸或稻草，以达遮阳、通风、保湿的目的。种子有上胚轴休眠习性，秋季播种的当年即可生根，但幼芽在翌年春暖后始能出土。播种的幼苗生长缓慢，第二年后生长快，4~5年可开花。一般播种芍药，多为了培育新品种。

2. 栽培管理 芍药分株栽植前应深耕并施足基肥。根颈覆土2~4cm，园林中定植距离50~100cm，因品种和栽培目的而异。

生长期保持土壤湿润，尤其花前不能干旱，否则花易凋谢。芍药开花前，侧蕾出现后，可及时摘除，以便养分集中，促使顶蕾花大花美。花谢后，如不打算播种繁殖，应随时剪去花梗，以免结籽，消耗养分。为保证开花质量，可以在早春和秋末施肥。花瓣脱离后要及时去残花，否则影响观赏价值。

芍药定植后不能经常移栽，否则会损伤根部，影响生长和开花，为使芍药良好生长，每年需进行合理施肥。第一次在3月份出芽时施用；第二次在4月份现花蕾时施用；第三次在5月下旬花谢后施用；第四次在8月下旬处暑以后，植株孕育翌年花芽时施用；第五次在11月份，在植株周围开沟施冬肥。每次施肥后，都要浇足水，并应立即松土，以减少水分蒸发。雨季应经常中耕除草。

盆栽芍药，霜降后剪去枯萎枝叶，以防孳生病虫。越冬期间无需移入室内，放置在阳台上或房檐下阳光充足处，盆土不要过干即可。

芍药具有较强的抗寒能力，北京地区可自然越冬，我国东北、内蒙和西北的大部分地区冬季气温都在零下16℃以下，根际上的肥胖芽体会受冻枯萎，必须埋土保护。埋土前先把土壤灌透水，用湿土培起30~60cm高的土丘，根际和芽体在冻土中不会受冻。

防治病虫害：为害芍药的害虫有蛴螬、红蜘蛛和蚜虫。为防蛴螬咬食芍药根，每年初春可用1 000倍50%辛硫磷稀释液灌根防治。对红蜘蛛和蚜虫可用乐果喷杀。芍药的病害主要有褐斑病，其症状是，夏季芍药叶片上出现褐色斑点，到秋后，叶片逐渐枯萎，甚至全株死亡。防治方法是，从4月份起至秋后止，每月喷波尔多液1~2次。

（四）园林应用

芍药是中国传统名花，因其与牡丹外形相似而被称为花相。花大色艳、栽培简单，是重要的春季园林花卉，常与牡丹共同组成牡丹芍药园。丛植或孤植于庭院中，也能充分地展示其雍容华贵的姿态。芍药水养持久，是优良的切花。品种很多，中国主要是庭院品种，国外有切花品种。

二、萱草

（一）形态、生活习性

原产我国南部，生于山地湿润处，主产湖南、福建、江西、浙江。全国各地常见栽培。欧洲南部至日本也有分布。

百合科萱草属，多年生草本。根状茎粗短，具肉质纺锤状块根。叶基生，成簇生长，长带状披针形，对排成两列，长30～60cm，宽约2.5cm，背面有龙骨突起，嫩绿色。花葶自叶丛中抽出，圆柱形，高达100cm；初夏开花，圆锥花序顶生，着花6～12朵，花大，漏斗形，直径10cm左右，每花仅放1d，盛开时花瓣裂片反卷，边缘波状；苞片小，披针形；花被橙色或橙红色，下部成管，上部裂片6，2轮，内轮裂片较外轮为宽，中部有暗红色“∧”形斑纹，边缘稍作波状；雄蕊6，花丝长，着生于花被喉部；子房上位。蒴果矩圆形，背裂，内有亮黑色种子数粒。果实很少能发育，制种时常需人工授粉。花期6～8月，果期8～9月。

变种很多，千叶萱草（var. kwanso）为半重瓣，长筒萱草（var. longitub）、玫瑰萱草（var. rosea）、斑花萱草（var. maculata）花瓣内部有红紫色条纹。栽培广泛。原种单花期1d，花朵开放时间不同，有的朝开夕凋，有的夕开次日清晨凋谢。

耐寒性强，地下根系在我国北方能自然越冬；喜充足阳光，亦耐半荫，但在全遮阳处栽种叶片下垂，花梗短小，开花稀少；耐干旱和低湿；耐瘠薄，对土壤的适应性强，在深厚、肥沃、湿润及排水良好的沙质土壤中开花繁茂。

（二）繁殖方法

以分株繁殖为主，也可播种或扦插繁殖。

（三）栽培管理技术

分株3～5年进行一次，否则生长势逐年衰退。分株可在春秋两季进行，但多在秋季，次年夏天开花。秋季分株在9月中、下旬进行最好，每丛带2～3个芽。分株后应灌足冻水。栽前应施足底肥。我国北方应在春季分株，若春季分株，夏季就可开花。

萱草虽适应性强，在干旱、潮湿、贫瘠土壤均能生长，但生长发育不良，开花小而少。因此，生育期（生长开始至开花前）如遇干旱应适当灌水，雨涝则注意排水。每年施追肥2次，入冬前施一次腐熟有机肥。

分株后定植株距50～60cm，栽前施足充分腐熟的基肥，以堆肥为主。分株一年后需注意除草，随着植株长大可减少次数。适应性强，栽培管理简单，定植3～5年内不需特殊管理，以后分栽更新。作地被植物时几乎不用管理。

播种需经冬季低温后萌发，所以，秋播最适。春播种子当年不能发芽，所以，春播种子需头一年秋季将种子沙藏处理，发芽整齐一致。实生苗一般两年开花。

花后扦插茎芽易成活，次年即可开花。

（四）园林应用

春季萌发早，绿叶成丛极为美观。花茎高出叶丛，花色艳丽，是优良的夏季园林花卉。萱草类耐半荫，又可做疏林地被植物。适宜花境应用，也可丛植于路旁、疏林、草坡或岩石园中丛植、行植或片植，能够很好的体现田野风光。也是插花的材料。根可作药用。一些种类蕾期采集晒干则为著名的干菜——黄花菜。

三、鸢尾

鸢尾为鸢尾科鸢尾属植物，是一类观赏价值较高的花卉。全世界约有300个品种，主要分布于北温带。

鸢尾属植物根据地下茎的不同分为宿根鸢尾和球根鸢尾两大类：

地下部为根状或根茎状的鸢尾是宿根鸢尾，地下部为球茎状的叫球根鸢尾。鸢尾的耐寒性较强，可以露地栽培。宿根鸢尾春季萌发较早，花期通常在早春至初夏，冬季进入休眠状态，大多数品种地上茎叶枯死，但也有一些品种地上部分仍保持绿色，故又称常绿鸢尾。球根鸢尾多借助温室以进行促成栽培，供鲜切花之用。球茎一般在秋季种植，春季开花，初夏休眠。

根茎类鸢尾耐寒性强，一些种类有积雪覆盖时，可耐-40℃的低温，早春萌动早。大多数种类喜光，有些种类耐荫。对土壤和水分要求不同。其中一种即为鸢尾（*Iris tectorum*）。

（一）形态、生活习性

原产于我国云南、四川、江苏、浙江一带的山林中。朝鲜、前苏联、日本也有。多年生草本。植株低矮。根茎短粗。叶剑形，排列如扇形，淡绿色，薄纸质。花茎稍高于叶丛，有1~2分枝，着花1~3朵；蝎尾状聚伞花序或圆锥状聚伞花序。花构造独特，是高度发达的虫媒花。花垂瓣（外花被片）3，宽卵形，具蓝紫色条纹，瓣基具褐色纹，中央有鸡冠状突起，白色带紫纹；旗瓣（内花被片）3，较小，椭圆形，弓形直立，基部收缢，色较浅，花盛开时向外平展；雄蕊3枚，生于外轮花被片的基部，花药条形，外向开裂；花柱分支3，扁平，花瓣状，子房下位，纺锤状圆柱形。蒴果长椭圆形或倒卵形，有6棱。花期4~5月，果期6~8月。

性强健，耐寒、耐旱、耐半荫。根系较浅。在我国大部分地区可安全越冬，要求阳光充足，遮阴下开花稀少。喜含腐殖质丰富、排水良好的石灰质沙壤土。花后地下茎有一短暂的休眠期，霜后叶基本枯黄。

它的花芽在秋季分化完成。春季根茎先端的顶芽生长开花，在顶芽两侧有几个侧芽，侧芽在春季生长后，形成新的根茎，并在秋季重新分化花芽。花芽开花后，顶芽死去，侧芽接着形成花芽。

（二）繁殖方法

宿根鸢尾多采用分株繁殖，但有时也可用种子繁殖。

（三）栽培管理技术

鸢尾两年后开花减少，因此，分株繁殖一般每隔2~4年进行一次，有利于根茎发育和地上开花。于春、秋两季或花后进行。鸢尾多在花后进行分株（要避开梅雨季节），在冬季到来之前有充分的生长，花芽就能分化充足，第二年即可开花。

分割根茎时，将整墩母株挖出，将根状茎横切成段，每段带3~4个芽为好。分株若太细，则会影响翌年开花。在进行分株繁殖时，应将植株上部叶片剪去，留20cm左右进行栽植。鸢尾大多数品种宜浅植。栽植间距依种类而异，强健种为50cm×50cm，一般品种在 20cm×20cm 左右。切好根茎后，随即栽植在预定的地点。其管理如下：

1. 施肥　栽植鸢尾的土壤要充分翻耕，栽植前施足基肥，尤其磷、钾肥要充分。可施入腐熟堆肥和少量骨粉、草木灰等作基肥。

2. 栽植　将切割好的根茎段平放于栽植床，深度不宜大，一般覆土 5cm，栽植过深易烂。栽后把根茎周围土壤压紧。

3. 浇水　栽后浇 1 次水，以后根据土壤实际干湿情况补充水分。一般以土壤略偏干些为宜，若土壤含水量过多则易发生病害，也易造成根茎腐烂。

4. 春季　春季萌芽生长至开花前应施 1～2 次腐熟的稀薄饼肥水或复合化肥。花凋谢后最好再施 1 次液肥。

5. 秋季　秋后植株枯黄后及时清除地面枯叶，冬季不需覆盖即可安全越冬。

鸢尾的果实为蒴果，内有多粒种子。若采用种子繁殖，应在种子成熟后立即进行，不宜干藏。播种后 2～3 年开花。播种可在春季花后或秋季进行，寒冷地区应在春季进行。

（四）园林应用

叶基生，叶丛美丽，花大艳丽或轻巧淡雅，观赏价值高。不仅用于园林的种类多，而且生态习性差异大，传统应用形式是鸢尾专类园。是优良的园林花卉，尤其是花境和水生植物园的重要材料。此外，可以作花丛花群，蝴蝶花、鸢尾等可以作地被，根茎类鸢尾切花可水养 2～3d。球根类水养可达 1 周，多用于切花生产。

四、荷包牡丹

（一）形态、生活习性

荷包牡丹原产中国，河北、东北有野生。日本、西伯利亚也有，各地园林普遍栽培。

罂粟科荷包牡丹属，系多年生宿根花卉。多年生草本，具有根状茎，地下茎水平生长，稍肉质，地上茎直立。叶被白粉。三出复叶极似牡丹。花序顶生或与叶对生，总状花序呈拱形；花朵着生在一侧，下垂；花形独特，萼片小而早落，4 枚花瓣交叉排成两轮，外轮 2 枚基部膨大成囊状，玫瑰红色，对合形成心形。长约 2.5cm，里面 2 枚较瘦长突出于外，粉红色。花朵似荷包，叶子像牡丹，故名荷包牡丹。花期 4～6 月。蒴果细长圆形，种子细小有冠毛，有白花变种（var. alba），叶黄绿色，花白色。

耐寒，忌夏季高温。喜阳，耐半阴，生长季内日光直射时，需侧方遮阳。喜湿润，不耐干旱；喜疏松、湿润的、富含腐殖质的土壤，在黏土中生长不良。

（二）繁殖方法

繁殖主要用分株或将根茎截断扦插，也可播种。

（三）栽培管理技术

以春秋分株繁殖为主。可在春或秋季将植株的地下部分挖出，清除老腐根茎，按自然段节分开，分别栽植。3～4 年更新分株一次。

可夏季扦插，茎插或根插，成活率高，次年可开花。也可将根茎截成小段，每段要带有芽眼，扦插在土中，保持合适的温湿度，扦插 15d 左右可发根，发根幼苗 1 周内移植。

播种，可秋播，或将种子作湿沙层积处理后春播。实生苗 3 年能开花。

栽培管理容易。定植株距 40～60cm。夏季注意遮阳、排涝。7 月至翌年 2 月是休眠期，栽植在树下等有侧方遮阳的地方，可以推迟休眠，延长观赏期一个月。雨季注意排水，以免植株地下部分腐烂。11 月份除浇防冻水外，还要在近根处施以堆肥。在春季萌动前和生长期孕蕾期间追施 1～2 次磷酸二氢钾或过磷酸钙液肥，则开花更好。

可促成栽培，秋季将植株上盆，保持 12～15℃和湿润环境，花后植株地上部分枯萎时，可将植物挖起，栽种在盆中，然后分批放置在温度 12～15℃、空气湿润的环境里，进行促成栽培，约 70～80d 开花。

（四）园林应用

植株丛生而开展，叶翠绿色，形似牡丹，但小而质细。花似小荷包、悬挂在花梗上优雅别致。是花镜和丛植的好材料，片植则具自然之趣。矮生品种也可作地被或盆栽置于案头欣赏。切花可水养 3～5d。

荷包牡丹叶丛美丽，花朵玲珑，色彩绚丽。适宜布置花境，或于山石前丛植。也可盆栽或作切花用。

五、马蔺

（一）形态、生活习性

马蔺原产中国及中亚细亚，在我国广泛分布于东北、华北、西北等地。亦称马莲（花、草）、马兰（花）、紫蓝草等，俗称台湾草，它来源于我国台湾省，它同中国东北的乌拉草及南美的巴拿马草齐名于世，被称为世界上的“三棵宝草”。是鸢尾科鸢尾属多年生草本宿根植物。多年生草本植物，植株高（叶长）约 10～60cm，叶宽 6～7mm，花葶高 20～30cm，花紫蓝色，根茎粗短，须根细而坚韧。叶丛生，多数，坚韧，条形，无主脉，灰绿色，两面具稍突起的平行脉，很窄，基部具纤维状老叶鞘，叶下部带紫色。花茎与叶等高，顶生着花 2～3 朵；蓝紫色或天蓝色。垂瓣光滑，花瓣窄。花期 4～5 月，果期 7～8 月。马蔺的种子千粒重为 23～27g。种粒大，近球形，有棱角。

耐践踏、耐寒、耐旱、耐水湿。适应性强，在任何土壤上均生长良好。根系深广。

（二）繁殖方法

马蔺既可用种子繁殖也可进行无性繁殖，但直播种子出苗率相对较低，用成熟的马蔺进行分株移栽繁殖成活率较高。野生马蔺多以分蘖形式进行无性繁殖。

（三）栽培管理技术

1. 繁殖特性 两年后开花减少，因此，2～4 年分株一次，有利于根茎发育和地上开花。马蔺分株后的栽培要求不严，以不埋没根茎为度。栽植前施足基肥，尤其磷、钾肥要充分。管理简单，为增大绿叶生长量或开花繁茂，生长过程中可适当追肥，灌水。花后及时修剪残花，仍可继续观赏绿色叶丛。

成熟野生种子绝大多数具有活力，种子发芽的内在潜力很大。经种子活度生化速测法测定，室内储存的种子与室外土埋贮藏的种子发芽势分别为 90% 和 88%，但常温下种子发芽率和发芽势很低。常温下贮藏时间超过 5 年的种子，其活力下降。种子变温储藏和室外埋土越冬处理比室温下储藏发芽率高。种子发芽的温度范围为 15～30℃。小于 10℃或大于 35℃时不发芽。恒温条件下发芽率普遍很低，一般播前采用温水浸种或层积处理，提高种子出苗率。马蔺种子硬实率较高，使得马蔺种子在常温室内培养条件下的发芽率平均仅10%～20%。

成熟的种子在适宜的土壤水分、温度条件下25d左右开始萌发，35d左右出苗。播种当年幼苗生长缓慢。第二年一般3月底返青，幼苗越冬率一般都超过95%。播种当年不分蘖，不开花，第二年分蘖，一般为1～3个。

2. 马蔺具有很多优点

（1）马蔺绿期花期长、色泽美：马蔺在北方地区一般3月底返青，4月下旬始花，5月中旬至5月底进入盛花期，6月中旬终花，11月上旬枯黄，绿期长达280d以上。马蔺色泽青绿，花淡雅美丽，花蜜清香，花期长达50d以上。

（2）抗旱节水特性：马蔺根系发达，入土深度可达1m以上，须根稠密而发达，呈伞状分布，这不仅是它极强的抗性和适应性的有力保证，也使其具有很强的缚土保水能力。马蔺直立生长的叶片可有效地减少水分蒸发，缓解雨水对地表的直接冲刷，而且还利于根部透气。

（3）马蔺耐盐碱特性

（4）抗病虫害特性：马蔺具有极强的抗病虫害能力，不仅在马蔺单一植被群落中从不发生病虫害，而且由于它特殊的分泌物，使其与其他植物混植后也极少发生病虫害，大大降低了绿色地被建植后防治病虫害所需的投入和成本。

（四）园林应用

马蔺蓝紫色花4、5月间开放，花色清雅，叶形优美，常植于公园、街头绿地、花坛或路旁树下、溪岸处，供游人观赏。由于马蔺适应性极强，管理粗放，寿命长，近年来成为城市绿化中颇受欢迎的地被植物之一，尤其是在沿海城市及内地的一些土壤盐碱含量较高的地区，马蔺被广泛用作地被植物栽培。其他地区，近年来逐渐被用作固土护坡、改良土壤、园林绿化观赏地被建设的优良材料。叶子经常被作为切叶用在鲜花礼仪中。马蔺叶坚韧，是很好的绑扎材料。

第四节　露地球根花卉

一、大丽花

（一）形态、生活习性

大丽花原产墨西哥、危地马拉及哥伦比亚海拔1 500m以上地带。是菊科大丽花属多年生草本植物，别名地瓜花、天竺牡丹、大理花、大丽菊等。在中国各地均有栽培，其中，以东北地区吉林、长春、沈阳、辽阳、齐齐哈尔等地最盛。目前栽培的为园艺杂种，品种极多，有不同株形、花色、花期、花型的品种；有切花、园林和盆栽不同品系。

地下为粗壮的块根，形似地瓜；茎较粗，多直立，绿色或紫褐色，平滑，中空。叶对生，一至二回羽状分裂，边缘具粗钝锯齿。头状花序顶生，由中间管状花和外围舌状花组成，花大小、色彩及形状因不同品种而不同，最大的直径30cm左右。重瓣品种舌状花较多，如覆瓦自花心向外缘排列，花瓣较厚，有玉之质感。种子瘦果，黑色扁平状。园林用品种多为植株低矮，开花繁密，中或小花，花期长、花色丰富。

大丽花原产热带高原，是短日照植物，春天萌芽生长，夏末秋初气温渐凉、日照变短（10～12h）时进行花芽分化开花，直到秋末经霜后，地上部分枯萎停止生长，冬季进入休眠。喜高燥凉爽、阳光充足、通风良好的环境，既不耐寒，又畏酷暑，在夏季气候凉爽、昼夜温差大的地方，生长开花尤佳。不耐干旱，也怕涝。以富含腐殖质和排水良好的沙质壤土为宜。对温度要求不严，在3～35℃都可以生长，但以10～25℃最为适宜。

（二）繁殖方法

大丽花的繁殖可以采用播种、嫁接、扦插、分割块根法。嫁接法操作较复杂，而且易产生芽变，因此，主要是培育新品种时采用。播种繁殖在3～4月进行，种子随采随播，也主要是用于花坛栽培或新品种的培育。所以主要应用扦插和分割块根法繁殖。

1. 分割块根法 分块根繁殖即分株繁殖，一般于2～3月进行。大丽花纺锤形块根外面有一层革质外皮，里面呈海绵状，能贮存大量水分。大丽花的块根由茎基部发生不定根肥大而成，肥大部分无芽，不会抽生不定芽，仅在块根上端与茎杆相连处有一段很短的根颈，根颈含有隐芽，上面萌发后可长成新株丛，生长发育成新的个体，所以应用此法，分割的每部分块根上都应有一段带1～2个芽的根颈。

分割前1个月左右，将植株距块根3cm处的上部枝条剪去，然后连盆放在空气流通的阴凉处。昼夜温度保持在15～22℃。待新芽长出后，将块根挖出，根据茎上芽数多少及块根大小进行分割。切口处用草木灰或细干土涂抹，以防腐烂，然后栽在盆内或栽植床上，浇水保持土壤湿润。15～20d即可萌芽。成活率高，苗壮，花期早。

也可以在春季来临前2个月左右将贮藏的块根取出，剔除腐烂和损伤的块根。放到温暖的地方催芽，一般控温15～20℃。如果贮藏的是整墩块根，即秋季没有分割的，出芽后把每个块根按要求分开，然后将每个块根放在容器中培育成大苗。切割的伤口用草木灰消毒，对未发芽的块根继续催芽，如此2～4次，即可完成块根繁殖。

2. 扦插繁殖 大丽花的扦插繁殖只要温度和湿度适宜，一年四季均可进行，但以春、夏、秋三季均可进行。在不同季节可选取植株不同部位作插穗。

插穗来源：在早春用根颈上的不定芽作插穗，长至6～7cm时，基部留两枝叶片切取插穗扦插；如果分割出的块根上长出了2～3个不定芽，也可以只保留1个芽。其余的芽长到3cm以上时，掰下作插穗。

或对整墩块根催芽，可在早春把冬存的整墩块根用面沙或旧盆土埋入大花盆，浇上水，放在温室的前门催芽。待脚芽长到6cm左右时，用小刀深入盆土紧贴根颈把脚芽切割下来，分别插入小花盆，待脚芽长出新的块根后再换入大盆培养，当年就能开花。掰芽后的块根继续催芽，可多次掰芽扦插；或定植后选留1个健壮芽让其生长，其余的幼芽从苗基部取下作插穗。

或花盛开后，选喜爱的品种，5～6月取植株的顶芽、侧芽和腋芽，长5～6cm，每一插条上带两个茎节。也可从侧枝上剪取10～15cm长、具有3个以上茎节的嫩枝作插穗。还可用长15～20cm的顶梢作插穗，并带直径1cm以内的花蕾。用带蕾的枝条扦插，从扦插到开花只用50～60d，植株高20cm左右，很适合小盆种植。

扦插方法：扦插基质采用洁净的细沙或河沙、蛭石珍珠岩等。如果扦插生根后不能够马上移走，也可上层用5cm厚的河沙，下层铺沙质培养土。先在基质上扎孔，然后插入插穗，扦插深度为插穗长度的1/3左右。插后浇透水，保持床土湿润，避免水分过多造成腐烂或影响发根。控制地温20℃左右，遮阳，盖上塑料布或苇帘，插后20d左右，插条可萌发新根，这时要逐步除去覆盖物，让枝条逐渐适应光照。再过10～15d，等须根长到4～5cm，就可移到盆中栽植。

3. 播种繁殖　播种适宜于矮生花坛品种及培育新品种。种子喜光，发芽适温12～20℃。春季将种子在露地或温床条播，也可在温室盆播，当盆播苗长至4～5cm时，需分苗移栽到花盆或苗钵中。播种可迅速获得大批实生苗，且生长势比扦插苗和分株苗生长健壮，但大丽花为多源杂种，播后形状易发生变异。

（三）栽培管理技术

1. 栽植地准备和定植　大丽花怕霜冻，必须在终霜后定植。地栽大丽花应选择背风向阳、排水良好的高燥地栽培。喜肥，适于在秋季深翻，然后施入基肥。春季晚霜后栽植，深度为根颈低于土面5cm左右，株距因品种不同而不同，一般1m左右，矮型品种40～50cm左右。

定植在5月下旬到6月上旬进行，要养好大丽花，首先要选用口面大、盆体浅的花盆栽种；盆底的排水孔应大，下面多垫碎瓦片和炉渣。培养土不要过筛筛细，越粗越好，尽量为块根创造良好的通气透水环境，否则盆内一旦积水或通气不良，块根就会腐烂，即使不死，茎秆下部的叶片也会脱落。在盆中放入培养土，施入基肥，将小苗自原盆中扣出，带土栽入盆中，浇一次透水。

2. 浇水　大丽花怕水涝，盆中不可积水。幼苗期浇水不可过多，以免徒长。浇水时间以早上或傍晚为宜。盛夏高温季节蒸发量大，每日向地面或叶面喷水2～3次。

盆栽大丽花的浇水应严加节制，以防徒长和烂根。尤其夏季高温多湿的地区，通风防雨是至关重要的环节，稍有疏忽，盆孔堵塞，盆内积水就会导致植株死亡。在培养独本大丽花时，要想把花头直径养到30cm左右，叶片全部完好，从春到秋应翻盆换土4次。如果一开始就栽入大盆，因株棵小，耗水量小，浇水后盆土不易见干，阻碍块根呼吸，就会大量脱叶。导致叶片减少，通过光合作用制造的碳水化合物也少，不但花头长不大，植株也相当难看。

雨季一定要在花盆下面垫砖，下雨时把花盆放倒。掌握干透湿透的原则，不要向植株上洒水。

3. 施肥　大丽花喜肥，但忌浓肥或生肥。刚栽植的大丽花小苗，经过一段时间缓苗后，大约6月下旬开始，每隔10～15d施一次稀薄液肥，刺激幼苗生长。在生长旺盛期，从8月中旬开始，每周追施一次以速效磷、钾肥为主的有机肥，如腐熟的人粪尿、饼肥、绿肥等。但应适当追肥，注意不要生长过旺，影响地下根发育。

4. 整形　盆栽大丽花的整形修剪也要视观赏要求而定，有独本和多本两种方法，具体方法与露地栽培基本相同，但株形高低、枝条粗细以及花朵大小的调整均很严格。如当侧枝粗细不一、长短不齐时，必须立即采取措施，抑制生长迅速的枝条，使其缓慢生长，达到各侧枝高度均衡。

植株长至30～40cm时，摘心可促分枝。留取一定数量的健壮分枝，通常为4～5枝，将多余的侧芽、侧枝去掉，使养分集中供给。花蕾出现后，进行选蕾、定蕾，留取一定数量的花蕾，摘除副蕾。花后及时剪去残花。

花蕾展开前设支架，以防倒伏；向盆土中插支架时一定小心，切勿插烂块根，引起病害。

5. 块根贮藏 块根的贮藏收获前进行株选，选生长健壮具本品种特性、无病虫害的植株作种株。在早霜来临之前，大丽花地上部分枯萎后，首先剪除离地面10cm以上的茎。大丽花芽的部位在根颈处，因此，应整墩挖出块根，并带有部分泥土以保护根颈。挖出的块根喷洒75%百菌清800倍液，晾晒一段时间后贮藏，贮藏场所应进行灭菌消毒。贮藏块根时堆放不能太厚，防止过早发芽和发热烂根，一般堆放3~5层为宜。在块根四周和上面覆盖一层平整的细沙或细土，用于保湿。每10d翻动一次。大丽花块根在1~5℃时开始休眠，1℃以下时受冻伤。控温1~3℃最为适宜，避免温度过高是贮藏块根的关键。

大丽花的块根也可不入室内，直接在室外越冬。秋季霜降后，剪去大丽花的地上部分，把块根从土中挖出，晾晒数日，选择背风向阳处挖一个坑，深至冻土层下，将块根码在坑中，先填入一半锯末，再填入一半细土，稍微压实。整个冬季无须管理，即可安全越冬。

盆栽的大丽花，入冬以后，将地上部剪掉，待盆土充分干透后、室外气温降到3℃以前连盆移入不结冻的冷室、地窖或楼道内堆积存放，温度要求同掘出的块根，室温不得低于1℃，否则就会受冻；也不能超过5℃，否则根颈上的不定芽会利用块根内贮存的水分提早抽生脚芽，时间一长，块根和脚芽都会枯死。在控制室温的同时，还应保持盆土干燥，切勿浇水。来年晚霜过后再把花盆移到室外背风向阳处，或脱盆分割块根栽种，或把盆土浇透水让块根萌生脚芽，然后采脚芽扦插。

（四）园林应用

大丽花是国内外常见的花卉，以富丽华贵取胜，花色艳丽，花型多变，品种极其丰富，应用范围较广，可做花坛、花境及庭前丛栽；矮生品种最宜盆栽观赏。高型品种宜作切花，是花篮、花圈和花束制作的理想材料。

二、大花美人蕉

（一）形态、生活习性

原产美洲热带和亚热带。我国各地广为栽培。大花美人蕉是美人蕉科美人蕉属多年生春植球根花卉，高可达1m。根茎横卧而肥大。地上茎肉质，不分枝。叶互生，宽大，长椭圆状披针形。总状花序自茎顶抽出。花两性，花萼3枚，苞片状；花瓣3片，萼片状。雄蕊5枚瓣化，为主要观赏部分，其中3枚呈卵状披针形，1枚翻卷为唇瓣，另1枚具单室的花药。雌蕊亦瓣化形成扁棒状。瓣化雄蕊有乳白、淡黄、橘红、大红或有橘黄色斑点等，花期长，在北方从6月至下霜前开花不断，在华南常年开花。蒴果球型，种子黑色较大，种皮坚硬。

美人蕉喜温暖、湿润、阳光充足的气候环境和深厚肥沃、富含腐殖质的土壤。耐寒性差，畏强风和霜害。一经霜打，地上茎叶均枯萎，留下地下块茎。在长江以南可露地越冬。在长江以北应将地下茎掘起，在窖内越冬，翌年再种。

（二）繁殖方法

美人蕉播种繁殖或分根繁殖均可。多用分根繁殖法。

1. 繁殖技术

（1）播种繁殖：美人蕉大部分品种均能结籽，因此，可以采用播种繁殖法。一般在2～3月进行。因为其种皮坚硬，水分不易进入，播前应先将种子在30℃温水中浸泡24h，或用利刀将种皮切伤，然后再播种。播种基质可采用细沙，播后放在20℃以上的温度条件下培养，15d后出芽，苗高5cm左右即可分栽。培养2～3年后开花。

（2）分根繁殖：深秋季节，美人蕉经霜打1～2次后，茎叶枯萎，这时将根茎挖出，晾干后埋入干沙或锯末中，在5～10℃下贮藏，第二年清明，将根状茎取出，用利刀分割开，每一部分应具有2～3个芽，伤口抹草木灰。栽植时先挖10cm深坑，坑内撒少许粪干、堆肥和草木灰作基肥，拌匀后覆一层薄土，将根茎种在坑内，填土踩实，浇透水。也可将其埋在素沙土中，放在低温温室内催芽，半个月后芽长到5cm，叶有3片时，即可上盆或地栽。生长期应经常追肥，保持土壤湿润和疏松，光照充足，70～80d即可开花。分根繁殖也可在其生长期内进行。在6月，选择阴天或傍晚，用锋利的铁锹，直接将栽种在土中的美人蕉进行快速垂直分株，并将其挖出，根颈部多带宿土，随即将取出的部分植株另栽，栽植穴中事先施入一层饼肥，踩实培土，浇透水。以后注意经常松土，保持土壤湿润，在开花前追施1～2次液肥。这种分株方法成活率高，开花早。有的用块茎繁殖。通常春季栽植，长江流域在3～4月份，北方在5月份。穴内需施入基肥。切割时每块块茎上要具有2～3个芽眼。栽植深度为8～10cm。

2. 繁殖方法　分株繁殖在终霜前60～70d将贮藏的根茎，放在15～25℃的地方催芽。用沙子或细沙土盖好，保持湿润。要经常检查，当芽眼萌发时就分割根茎，把它们切成带有1～2个芽眼的小块，然后在直径10～12cm的容器中培养。也可先分割，芽眼没腐烂变色的可直接栽在容器里成苗。在冬季土壤不冻地区，春天将在露地宿存的根茎分开，华南在生长季节分株繁殖。

（三）栽培管理技术

1. 栽培管理　大花美人蕉怕霜冻，应在终霜后定植。地栽时选择向阳温暖且能防风之地。美人蕉适应性强，不择土壤，但在沙壤土及腐殖质土中生长良好。栽前按0.5m×1m的株行距挖8～10cm深大坑，施入基肥，基肥可用堆肥和草木灰。混匀后覆盖一层薄土。将美人蕉根茎栽入土穴中，填土踩实，浇一次透水。美人蕉的适应性强。生长期间管理简单。开花前需施1～2次稀薄液肥作追肥。浇水时注意掌握见干、见湿的原则。旺盛生长期每隔15d结合浇水施一次稀薄的液肥。7～8月即可开花。

花后应从基部剪去残花枝，勿使结实。10月以后，日照变短，地上部分生长缓慢，而地下茎迅速膨大。秋季叶全部枯萎后，将地上部分剪除，在霜降前，挖出根茎，晾晒2～3d，夜间防止冻伤。

2. 根茎贮藏　在北方大花美人蕉繁殖的关键是根茎的贮藏。大花美人蕉的根茎贮藏比蕉芋根茎、大丽花块根、唐菖蒲球茎、晚香玉鳞茎等都要难一些，没有适宜的环境条件和细心的管理，一般情况下经过贮藏后总有一些黑腐而不能发芽，如果条件不适宜又管理不善，也可能全部黑腐。贮存时忌水涝，忌潮湿，以防块茎腐烂。

冬季在土壤上冻的地方，于下霜前后及时挖出根茎，晾晒一段时间，这样能够降低根茎的一些水分，有利于贮藏。等表皮干燥后，移入低温温室内，根茎的伤口处最好抹草木灰消毒。在窖里或低温温室内用湿沙埋好贮藏，或放在容器里，上面盖上湿润河沙更为适宜，也可将容器堆积起来以增加贮藏量，少量的装在泥盆中。在环境潮湿的情况下整个贮藏期间不浇水。保持3～7℃。在越冬期间要经常检查，忌潮湿，保持干燥。在南方能越冬的可不挖出根茎，直接在土中越冬，覆盖一些稻草就可以保温。

有条件的话在霜前选健壮植株，带大土坨将全株移入温室或拱棚内，可一株挨一株地密植，或盆栽作留种母株放在室内，让其继续生长开花。北方冬季保护地内的温度和光照，一般来说进入严寒天气后不能满足大花美人蕉再继续生长开花的需要，此时应将地上部分割去，不过保护地的条件足可以不让根茎完全休眠。到了早春提早分株繁殖，经试验证明，与休眠的根茎相比，两者同时育苗和定植，根茎不完全休眠的能早开花15～20d，同时也没有根茎坏死。

（四）园林用途

美人蕉叶、花均具有较高的观赏价值，茎叶茂盛，花大色艳，花期长，开花时正值炎热、少花季节，是露地栽植最重要花卉之一，可孤植、丛植，还可用于大片自然式栽植，或花坛、花境以及基础栽培。低矮品种适宜盆栽观赏，也可作阳性地被或斜坡地被。美人蕉还是净化空气的良好材料，对有害气体的抗性较强。

三、晚香玉

（一）形态、生活习性

晚香玉原产墨西哥及南美洲。温带地区分布广泛，现在世界各地广为栽培。是石蒜科晚香玉属球根类多年生草本植物，高80cm左右。别名夜来香、月下香等。多年生草本，地下具鳞块茎（上部为鳞茎，下部为块茎）。叶带状披针形，基部稍带红色，基生和茎生，但生于茎上的常退化或呈苞片状；花葶直立，高40～90cm；排成总状或穗状花序，着花12～32朵；自下而上陆续开放花色洁白如玉，花被筒细长，裂片6，短于花被筒，雄蕊6，着生于花被管上，内藏；具浓香，夜晚香气更浓，故有夜来香之称。花期7～10月。果为蒴果，顶有宿存的花被；种子扁平。一般栽培条件下不结实。

栽培品种有白花和淡紫花两种：白花种多为单瓣，香味较浓；淡紫花种多为重瓣，每花序着花可达40朵左右。

喜阳光。喜温暖，不耐霜冻，最适宜生长温度，白天25～30℃，夜间20～22℃。在其原产地为常绿草本，气温适宜则终年生长，四季开花，但以夏季最盛；而在我国作露地栽培时，因大部分地区冬季严寒，故只能作春植球根栽培：春季萌芽生长，夏秋开花，冬季休眠（强迫休眠）。对土质要求不严，以肥沃黏壤土为宜，沙土不易生长；对土壤湿度反应较敏感，喜肥沃、潮湿而不积水的土壤，干旱时，叶边上卷，花蕾皱缩，难以开放。自花授粉而雄蕊先熟，故自然结实率很低。花芽分化于春末夏初生长时期进行，此时期要求最低气温20℃左右，但也与球体营养状况有关。一般球体质量大于11g以上者，均能当年开花；否则当年不开花。晚香玉的花期控制较为简单。将球根栽于高温温室中，保持阳光充足，空气流通，注意养护管理，两个多月便可开花。如：2月份种植，5～6月份即可开花。

（二）繁殖方法

晚香玉多采用分球繁殖，它的地下的鳞块茎圆锥形，前一年开过花的老球（北京称

"老残"）不再开花，通常于11月下旬地上部枯萎后挖出地下茎，除去萎缩老球，一般每丛可分出5~6个成熟球和10~30个子球，收获后不把整墩分开，晾干后贮藏室内干燥处。种植时将大小子球分别种植，大子球当年就可开花，供切花生产用的大子球直径宜在2.5cm以上。小子球经培养1~2年可长成开花大球。

（三）栽培管理技术

1. 栽植时间　晚香玉从栽植到出苗一般需20~30d，所以栽植不能晚，通常清明节前后种植，5月份才能抽生叶片，如果栽得晚，花后没有充足的时间供块茎发育。

2. 栽植方法　春季用手将子球与母球掰开，贮藏前没有去掉须根的栽培前一定要剪去。将子球放在水里浸泡1d，使干燥的球茎尽快吸水。应将大小球及去年开过花的老球（俗称"老残"）分开栽植。

在平整好的畦面上按30~40cm开沟，在沟内按20~25cm的株距单个栽种。大球株行距20cm×25cm（或30cm），小球10cm×15cm或更密；栽植深度应较其他球根稍浅，但亦视栽培目的、土壤性质以及球之大小而异。头年已经开过花的老球茎不能开花但可用它繁殖小球茎。晚香玉在栽植时有"深长球，浅开花"的特点，栽大球以芽顶稍露出地面为宜，栽小球茎则要覆土3~4cm，要比开花大球栽的深一些，这样可以促进球茎的膨大和减少侧生小球的萌芽。栽种时如果土壤很湿或地下水位高一般不用浇水。

3. 水肥管理　块茎栽好后首先萌生新根，晚香玉出苗缓慢，需45d左右才萌芽抽叶。但出苗后生长较快。因此，种植前期因苗小、叶少，灌水不必过多，以促使根系生长。待花茎即将抽出和开花前期，应充分灌水并经常保持土壤湿润；夏季特别注意浇水，经常保持土壤湿润。晚香玉喜肥，应经常施追肥：一般栽植1个月后施一次，开花前施1次，以后每1个半月或两个月施1次，苗期施肥宜淡，花葶抽出才可追施较浓液肥。在雨季注意排水和花茎倒伏。开花后如不切取花枝，应及时把花葶剪掉，防止因结实而消耗营养，不利于块茎发育。

4. 种球收获和贮藏　晚香玉球根中心易腐烂，要在干燥条件下贮存。晚香玉的地下块茎极不耐寒，需要在较高的温度下才能安全越冬。因此，花谢后应尽早把块茎挖掘出来，不要等到叶丛黄枯后再挖，以防受冻。

收获前在田间进行选择，留生长健壮、开花好、无病虫害的植株作繁殖原种用，做好标记，与生产用种分开。一般在霜冻之前将鳞茎挖出，不过也有人认为经过一次霜冻更好。在挖出前15~20d不浇水，收时只保留球茎上面5cm左右的叶，其余的割去。晾晒几天后除去泥土和须根，并切除底部衰老部分，以露出白色为宜；或者留几片叶，像大蒜那样编成辫子，挂起来贮藏。有条件的开始将温度控制在25℃左右，当外皮干皱后，降温到15~20℃，最后在5~15℃的地方贮藏。如果收获后没有经过25℃左右的处理，春季定植前应移到温室进行25℃处理。贮藏的关键是干燥和不受冻，这样就不会霉烂，如果球茎顶芽受冻将不能开花。或者使用火炉烘熏的办法，将球根吊挂室内，下面放火炉烘熏。最初室温保持25~26℃，使球体内水分逐渐减少至外皮干皱后，降低温度至15~20℃，直至次春出房为止。经烘熏后可使球体充分干燥，从而强迫其完全休眠，有利于次春栽植后的生长和花芽分化。如果室内干燥，也可剪掉叶丛装入纸箱贮藏。也有将球根晾干后堆放在干燥向阳的地窖中，分层覆盖稻草和土并压紧，埋藏过冬。地上部分枯萎后，在江南地区常用树叶或干草等覆盖防冻，就在露地越冬。或连续栽植2~3年后再挖起重植，但开花质量差，花期不整齐。

5. 促成栽培 晚香玉亦能盆栽，并可用盆栽作促成栽培。在11月下旬植球，放在高温温室培养，可提前在4~5月开花，家庭养花则不便促成。

（四）园林应用

晚香玉既可露地栽培，又可盆栽，经常用作切花，适宜水养。花朵素雅大方，花香馥郁。是美丽的夏季观赏植物。花序长，着花疏而优雅，是花境中的优良竖线条花卉。花期长而自然，丛植或散植于石旁、路旁、草坪周围、花灌丛间，柔和视觉效果，渲染宁静的气氛。也可用于岩石园。花浓香，是夜花园的好材料。花朵可提炼香精油。是高级化妆香料。

四、郁金香

（一）形态、生活习性

郁金香的栽培已有2 000多年的历史。郁金香原产地东亚土耳其一带，别名洋荷花、草麝香。中国约产10种，主要分布在新疆。现在世界各国栽培的郁金香是高度杂交的园艺杂种，其花色、花形是春季球根花卉中最丰富的。株形、花期、花色、花形都有丰富的品种。有庭院、切花、盆花等不同用途品种。依生长地区纬度不同而花期各异，普遍约在3月下旬至5月上旬。虽然全世界约有2 000多种郁金香品种，但被大量生产的大约只有150种左右。

地下具鳞茎。茎、叶光滑，被白粉。叶3~5枚，带状披针形至卵状披针形，全缘并呈波状，常有毛。花单生茎顶，大型，形状多样：花被片6，离生，有白、黄、橙、红、紫红、等各单色或复色，并有条纹、重瓣品种。花白天开放，傍晚或阴雨天闭合。

由于地中海的气候，形成郁金香适应冬季较温和、湿润，夏季凉爽、稍干燥的环境习性。郁金香属长日照花卉，喜阳光，也能在疏荫下正常生长。耐寒能力强，冬季气温降到零下16℃时，在严寒地区如有厚雪覆盖，鳞茎就可在露地越冬，气温不低于8℃仍可生长。但怕酷暑，如果夏天来的早，盛夏又很炎热，则鳞茎休眠后难于度夏。生长温度5~22℃。生长适温18~22℃。花芽分化适温17~23℃。

郁金香是秋植球根花卉。地下鳞茎于秋末萌芽生长，早春开花，入夏落叶休眠；有秋冬生根并萌发新芽但不出土，需经冬季低温后第二年2月上旬左右（温度在5℃以上）开始伸展生长形成茎叶，3~4月开花的特性。生长开花适温为15~20℃。花芽分化是在茎叶变黄时将鳞茎从盆内掘起放阴冷的室外内度夏的贮藏期间进行的。分化适温为20~25℃，最高不得超过28℃。如果夏季温度高将抑制花芽分化，因此，必须创造凉爽的度夏环境。

（二）繁殖方法

郁金香的繁殖一般以分球为主，鳞茎寿命1年。开花后，由茎盘处萌生出1~3个大鳞茎和4~6个小鳞茎，老鳞茎干瘪死亡。大鳞茎栽后都能开花，可将小鳞茎集中栽种用来扩大繁殖。品种间子球数量差异大。与栽培条件也有关。新球与子球的膨大，常在开花后一个月的时间内完成。

播种繁殖一般在育种及大量繁殖时才用，可秋季播种繁殖，但要4~5年才能开花。

（三）栽培管理技术

1. 分球繁殖栽种时间及方法　郁金香要求疏松肥沃、排水良好的微酸性沙质壤土。忌碱土和连作。秋季 9 ~ 10 月份栽小球，要深耕整地，施足基肥，筑畦或开沟栽植。可将仔球栽种在富含腐叶土和适量磷钾肥的土壤中，株行距 14 ~ 16cm，沟深 15 ~ 20cm，覆土深度 4cm 为宜；根系再生力弱，断折后难继续生长，栽种时注意保护根部。覆土厚度为球高的两倍，过深易烂球。仔球栽种后要烧透水，促使生根，平时保持湿润即可。北方寒冷地区，冬季可适当加覆盖物，早春化冻前及时除去覆盖物。转年春天，开始对花苗进行正常肥水管理，2 ~ 3 年开花。

对于开花种球的栽种，自然种球因未经低温处理，营养没有转化到花原基处，花芽营养不足，所以自然种球必须在露地栽植，进行自然冷处理。栽植时要将栽植地深翻 30cm，保证土壤疏松，栽前应施足底肥，按 15cm 行距开沟，沟深为鳞茎个头的两倍，再按 15cm 的株距将鳞茎放入沟内。栽球后不要浇水。栽球时间大约在 10 ~ 11 月末，如果 11 月 15 日后栽球，上面可盖一层薄草袋，一直到翌年 5 月 1 日前，不要浇水。开花后如切取花枝切勿碰伤叶片。

华东地区应在 10 月下旬到 11 月上旬栽种，栽后鳞茎先萌生新根而不长叶，气温降到 5℃时根系停止延伸。如果栽种过早，有可能在入冬前长出叶片，入冬后就会受冻。来年春季当气温升到 15℃以上时叶丛加速生长，3 周后即可开花。

华北北部、东北和西北的大部分地区可在 10 月中旬到下旬栽种。在没有积雪的地方入冬后应覆盖泥炭或马粪，来年在春土表解冻时立即清除覆盖物。

盆栽郁金香时应选充实肥胖的鳞茎作栽培材料，秋凉以后在每个花盆内以合适间距栽入鳞茎。因叶丛是从鳞茎扁平的一侧抽生出来的，栽后不要按压，把水浇透，然后连盆埋入向阳的花池中，覆土厚 15 ~ 20cm，注意防雨。

入冬前鳞茎可长出须根，顶芽也开始萌动。11 月下旬到 12 月上旬连盆挖出来，移到室内半阴处，保持 10 ~ 15℃，如果室温高，长出来的叶片会瘦小。待叶片长成后经常喷水来提高空气湿度，花蕾显现后移到南窗附近多见阳光。将室温提高到 15 ~ 18℃，追施 2 ~ 3 次液肥，元旦前后即可开花。如果想让它们春节开花，应把从土中挖出来的时间推迟 25 ~ 30d。

郁金香品种间易杂交使品种混杂，应注意隔离栽植。

入夏后叶片枯黄，应尽早将鳞茎挖出，去掉泥土晾干，可将鳞茎上的仔球分离下来，按大小分级，阴干后放在 5 ~ 10℃的通风处贮存；但要注意，凡仔球为圆形者，虽小也能开花，若仔球为扁形者，一般不会开花；郁金香鳞茎含淀粉多，贮藏期间易被老鼠吃掉，应注意收藏。秋天气候适宜时可以再种。

2. 促成抑制栽培　郁金香的促成抑制技术已经比较成熟了，荷兰售往世界各地的郁金香球根，有预先经过冷藏处理的，也有未处理的。对于促成栽培，得到球根之后，首先进行高温处理以促进叶分化结束和以后的花芽形成。在能够人为设定贮藏温度的条件下，采用 23 ~ 25℃稍高的温度比 17 ~ 20℃温度好，可使球根缓慢地进行雌蕊形成期的发育，减少盲花发生。

在这之后，为了促进花芽成熟和花茎伸长，需要进行低温处理。低温处理可分为预先冷藏和正式冷藏两个过程。预冷是为了促进花芽和根的发育，一般在雌蕊形成及其以后的

1 周内开始进行预冷最佳，在 14～17℃处理 3 周时间，促成栽培早期一定要采用。正式冷藏温度一般以 -10～-1℃效果为好。一般正式冷藏采用 2℃处理 7～8 周或 5℃处理 9～10 周。可采用干燥冷藏或者湿润冷藏。荷兰近年出售的 5℃球，是将处于花芽分化适宜阶段的球根，干燥冷藏于 5℃冷库中 9～12 周（依品种不同而异）后出售。9℃球则是栽种在装有潮湿基质的箱中，或至少在最后 6 周栽植栽于基质中，分别在 9℃、7℃、5℃、3℃、2℃和 1℃低温冷藏不同时间，整个需要 14～20 周（依品种不同而异）。一般在冷藏结束前 2～3 周，球根根长已达 3cm，出售后，移入温室继续栽培即可。

抑制栽培，在 -1℃左右的低温进行贮藏，抑制花芽形成。以后则移到花芽分化和发育的适宜温度 20～25℃，促进发育。之后再进行低温处理即可。

荷兰已能做到将到达雌蕊形成期的球根箱植，置于 13～15℃条件下发根，然后在 -2℃低温贮藏，可随时取出，移到 15℃左右的温室中栽培，可在 6～11 月间开花。另外一种方式是，在 12 月把球根直接放到 -2℃低温贮藏，栽植前先在 10℃解冻 2d，然后在 15℃下进行水培，结合施用氮肥及赤霉素和节基腺嘌呤混合液，则能在秋季开花。

郁金香种球经 5℃ 12 周低温处理鳞片营养转化后，可直接用于大棚栽盆法。11～12 月，将种球种于盆中，种球上面盖土要浅，最好球尖能露在盆土表面，栽时土壤湿度必须大，因根生长快，不需浇很多水。生长最适温度为 15℃，保持 5～18℃，不能超过 18℃，5～6 周即可开花。可在花价高的 1～2 月开花。

经 9℃处理的种球，适于大棚内筑畦地栽，种球上面覆土 2～5cm，土壤湿度要大而疏松，管理方法与 5℃郁金香相同；但开花要比 5℃处理的种球晚 1 个月，11～12 月栽，2～3 月份开花，可做鲜切花或上盆花出售。

如要卖切花，可从花茎基部剪下；如为了繁种球，可从花颈部剪下。6～7 月挖种球，把大球和小球分开。不同大小种球在不同温度下保管，小球 12～18℃，大球 18～20℃，以后根据不同需要进行 5℃和 9℃及自然种球处理保管。

（四）园林应用

第二次世界大战时期，郁金香的鳞茎帮助荷兰人度过饥寒交迫的日子，荷兰对其有特殊的感情，在郁金香的研究和推广上，做出了巨大的贡献。

郁金香花朵似荷花，在欧美的小说、诗歌中，她被视为胜利和美好的象征。也可代表优美和雅致。

郁金香为花中皇后，是最重要的春季球根花卉。它的特点是同一个品种在同一地段上栽培时，其花茎长短，开花早晚，花色花形非常整齐，这是普遍受到欢迎的主要原因；其次是花色丰富艳丽；其三是花大而性状奇特；其四是品种繁多，不同品种其花色、花形、花姿、植株的高低、叶形、叶色均有不同。在园林应用上，郁金香可以满足多种多样的要求和艺术手法。从丛林深处到开阔草地，无论是池边湖畔，还是岩石亭榭；不论是西欧式的几何图形花坛，还是中国式的小桥流水，曲栏幽径，都可以选择布置出与自然界十分协调的风景。它是优秀的花坛或花境花卉。也是种植钵的美丽花卉，还是切花的优良材料及早春重要的盆花。

第五节　水生花卉

水生花卉（aquatic flower）指在水中或沼泽地生长的花卉，一般耐旱性弱，生长期间要求有大量水分存在或有饱和的土壤湿度和空气湿度，它们的根、茎和叶内多有通气组织，通过气腔从外界吸收氧气，以供应根系正常生长。

一、荷花（*Nelumbo nucifera Gaertn*）

形态特征　莲花，别名芙蕖、芙蕖花、芙蓉、扶蕖、水芝等。睡莲科，莲属，多年生挺水草本。株高1～2m。根茎肥大，横走地下，具节。叶盾形，波状全缘，挺出水面，叶绿色至深绿色，叶表具白粉；叶柄长，圆柱形，中空。花单生，直径10～25cm，白色或粉色，具香气，挺水开放。聚合坚果。种子椭圆形；种皮红棕色。花期6～8月。果期8～10月。

生长习性　荷花喜炎热，怕寒冷，在20～30℃的范围内生长良好，越冬温度不宜低于4℃，喜光，喜湿怕干，喜欢生长在水位相对变化不大的水域。喜富含腐殖质的黏土，对P、K肥要求较多。

繁殖培育　这种植物以分株法繁殖为主，多在每年3～4月进行。要想获得繁殖成功，选择种藕是关键。一般来说，应该选择顶芽充实饱满、3节以上首尾相连的根茎作种，因为没有顶芽、少于3节的种藕在定植后特别容易腐烂。亦可采用播种、组织培养等方法进行育苗。

塘养宜种植在肥沃的河泥中，亦可选用富含腐殖质的黏质壤土。盆养可种植在肥沃的黏质壤土中，也可使用由腐叶、河泥、园土所配成的混合基质中，按体积计算它们的比例依次为0.5∶1.5∶2。塘养多结合分株进行定植。应选择阳光充足的池塘，注意其水位变化不能过大。为了便于操作，最好将池水抽去一部分。将种藕顶芽向南保持40～50cm的间距栽种，再用基质盖好即可。盆栽，多结合分株进行定植。如果有条件，可以使用大口水缸作为容器，这样由于空间开阔，利于植株生长，观赏效果也会更好。在操作时先垫好适量的基质，然后放入1株带顶芽的健壮种藕，再继续填入基质。最好将藕尾端微翘于土面之上，以免进水造成腐烂。随后立即灌水，使之刚好没过泥面，水层过深对其发芽会造成影响。为了便于操作，可以先将栽培容器摆到装饰地点，否则在操作后重量增加，再次定位就会十分困难。

荷花在整个生长季节里不可缺水，为了保证顺利出苗，要随着浮叶的长出逐渐提高水层，但其深度不超过1.2m。荷花喜大肥，除在定植前施用基肥外，生长旺盛阶段，还可直接将制成棒状的鸡粪插入其根系附近的泥中，以满足植株对养分的需要。荷花性喜强光，最好保持全日照；如果条件不允许，也要保证其每天接受6h以上的直射日光，否则植株生长缓慢，开花较少；光照不良，则植株容易哑蕾。栽培地点要保持通风良好。在适宜的温度条件下，荷花开花繁多。需要注意的是，如在越冬过程中气温突然上升，荷花就会提前萌芽，这样对植株以后的生长并无好处，应该尽量避免。在实际栽培中，荷花常易患腐烂病、枯萎病、黑斑病、叶斑病，虫害主要有豆毒蛾、福寿螺、斜纹夜蛾、莲缢管蚜、莲窄摇蚊、食根金花虫、椎食螺等。

园林应用　这种植物适合露地栽培，为池塘水面的装饰材料，亦可盆栽观赏。其肥大的地下茎可供食用；叶片可以用来熬粥，或在市场上作为装鲜货的材料。此外，它还是重要的鲜切花材料；种子可以入药，亦是制作甜食的重要原料之一。

荷花为我国传统名花，也是世界著名的观赏植物。利用它来作为装饰材料，无论是塘栽还是盆养，均能给环境带来淡雅的阵阵荷香，增添浓郁的水乡情趣。

二、睡莲（*Nymphaea tetragona*）

形态特征　睡莲，别名水浮莲、子午莲等。睡莲科，睡莲属，多年生浮叶草本。具肥大根状茎，棕褐色。叶基生，具长柄，卵圆形或心形，直径20～30cm，全缘，深绿色革质，具光泽，浮于水面。花单生于花梗顶端，直径3～5cm，通常浮于水面，具白、粉、红、紫等色；花萼通常4；花瓣长椭圆形至披针状倒卵形；雄蕊镰刀形；子房上位。浆果球形，直径2～2.5cm。种子椭圆形，多数。花期6～8月。果期8～10月。

生长习性　睡莲耐寒性很强，在我国的大部分地区能安全越冬。喜强光、通风良好、水质清洁的环境。对土壤要求不严，但需富含腐殖质的黏质土，pH值6～8，最适水深25～30cm，最深不超过80cm。

繁殖培育　睡莲以分株法繁殖为主，可在春季3～4月进行。池栽宜选用富含腐殖质的黏质壤土。盆养可使用由腐叶、塘泥、园土所配成的混合基质，比例为0.5：1.5：2。池栽睡莲多结合分株进行定植。应选择水位变化不大、日光照射充足的池塘。为了便于操作，可先将池水抽去一部分。再按直径为45cm、深度为45cm的尺寸挖穴，并在其中施用少量磷矿粉作为基肥。通常每穴放入1株带顶芽的健壮块茎。然后将其扶正，再用塘泥盖好即可。盆栽，多结合分株进行定植。如果有条件，可以使用大口水缸作为容器，这样空间开阔，利于叶片生长，观赏效果也好。在操作时先垫适量基质，然后放入1株顶芽的健壮块茎，再继续填入基质使之盖住种球，略加按实，并留出至少40cm的沿口。随后立即灌水，使之刚好没过土面，水层过深发芽迟缓。栽后通常无需遮荫，即可以让植株接受日光照射。为了便于操作，可以先将栽培容器放到装饰地点，否则在定植后重量加大，再次定位就会十分困难。睡莲在池栽时的水分管理容易，注意保持一定水位即可；当盆栽时要在栽培基质上保持10～20cm厚的水层。睡莲喜大肥，除在定植时施用适量马蹄片作为基肥外，生长旺盛阶段最好每隔10d往栽培基质中插入做成棒状的鸡粪等有机肥料作为追肥，睡莲性喜强光，应该保证植株每天接受直射日光不宜少于6h。如果有条件，最好保持全日照。环境荫蔽，睡莲生长缓慢，容易出现哑蕾。它喜高温，不耐寒，在20～30℃的温度范围内生长良好，越冬温度不宜低于5℃。在室外越冬时，如果有水层的保护，即使气温低于0℃也并无问题，因为这时冰下水层的温度仍能保持在4℃左右。但是，如果将盆栽睡莲放在冷室里越冬，就不能使环境温度低于0℃。需要注意的是，如在越冬过程中气温突然大幅上升，则睡莲就会提前萌芽，这样对植株以后的生长并无好处，应该尽量避免。

园林应用　睡莲适合露地栽培，为池塘水面的装饰材料。亦可盆栽观赏，也是插花的良好材料。其根部、叶片能够入药，具降压凉血、止汗镇咳等功效。睡莲叶片繁茂，油绿可爱，每逢盛夏时节，看到它那荡漾在碧波之上的莲座状花朵，能够使人有清风徐来、暑气顿消之感。

三、千屈菜（*Lythrum salicaria*）

形态特征　千屈菜，别名水柳、水枝柳、对叶莲等。千屈菜科，千屈菜属，多年生挺水植物。茎直立，四棱形或六棱形，被白色柔毛或无毛，多分枝，株高30～100cm。叶对生或3片轮生，狭披针形，长3.5～6.5cm，宽8～15mm，先端稍钝或锐，基部圆形或心形，有时基部略抱茎，两面具短柔毛或仅背面有毛，全缘，无柄。总状花序顶生；花两性，数朵簇生于叶状苞片腋内，花梗及花序柄均甚短；花萼圆筒柱形，长4～8mm，为宽的两倍以上，萼筒外具12条纵肋，被毛，顶端具2齿，呈三角形，萼齿之间有长1.5～2mm的尾状附属体；花瓣6枚，紫色。蒴果扁圆形。花期6～9月。

生长习性　千屈菜性喜温暖及光照、通风良好的环境，尤喜水湿，喜欢生长于沼泽地、水旁湿地或河边、水沟边，在浅水中生长最佳，可盆栽或露地栽植，耐寒性极强，在我国南北各地多可露地越冬，无需防寒。对土壤要求不严，以土层深厚、含有大量腐殖质的土壤中生长最佳。

繁殖培育　千屈菜可用播种、分株和扦插繁殖。盆播3～4月进行，室内温度15～20℃时，20d左右发芽；露地播种可在4～5月进行，选择背风向阳处做畦，用薄膜覆盖，经20～30d即可发芽。分株繁殖可在4月进行，每丛有芽4～7个。扦插可在春、夏两季进行，剪取嫩枝长6～7cm、保留顶端两节的叶片，插入湿沙中，薄膜覆盖，保持温度20～25℃，7～10d即可生根。露地栽培选择池边湿地丛植，株行距25cm×30cm，当年即可生长成片。盆栽宜选择口径40～50cm的无排水孔的花盆，施足底肥，装入培养土，沿盆口留出5～10cm为贮水层，生长期盆内不能断水，旺盛生长期盆内一定要满水。沉水盆栽，初期水面要距盆面5～7cm，生长旺期10～15cm，适当疏除过密过弱的茎秆，使株形健壮美观。越冬前将枯枝剪掉，入冷室养护，并保持盆土潮湿。

园林应用　千屈菜株丛生长整齐清秀，花色艳丽，观花期长，最适于水边丛植或水池栽植，作花境背景材料，也可盆栽观赏或作切插花装饰用。全草可药用，治疗痢疾、肠炎等，还有外伤止血之功效。

四、凤眼莲（*Eichhornia crassipes*（*Mart*）*Solms-Laub*）

形态特征　凤眼莲，别名水葫芦、凤眼花、假水仙、水荷花、雨久花等。雨久花科，凤眼莲属，多年生漂浮草本。株高30～50cm。根羽状，黑紫色。直立。叶基生，宽卵形至圆形，直径10～20cm，向内弯曲，缘波状，深绿色，腊质；具多数纵向叶脉；叶柄基部膨大呈囊状，长30cm，小花8～15，无柄，淡蓝紫色或粉紫色；花被6，卵形至椭圆形，长4cm，在上部花被表面具蓝色斑驳，中心有一亮黄色斑点；雄蕊6；柱头3；子房上位，3室。蒴果卵形。种子一般在花后35～45d成熟，多无发芽能力。花期7～8月。果期9～10月。

生长习性　对环境适应性强，喜气候温暖、阳光充足的环境。喜生长于浅水、静水中，流速不大的水体中也可生长。植株随水漂流。

繁殖培育 以分株法繁殖为主，多在春季3~4月进行。在操作时，将头年室内越冬的母株分割成每丛带有3~4芽的新株即可。凤眼莲性喜温暖，如果环境温度过低，则新株生长缓慢、容易腐烂，因此，在分栽后，保证环境温度较高是获得繁殖成功的关键。亦可采用播种法进行育苗，但在自然条件下种子不易结实，可通过人工授粉提高结实率。对水质的适应性较强。塘养于普通的河水、湖水均可很好生长。盆养可使用井水、自来水等进行种植。尽管凤眼莲为漂浮植物，将其投放于自然水体中也能较好生长，但是，在盆栽时，由于水体较小，缓冲效果较差，植株生长受到影响，故在栽培床中最好放上一些河泥。塘养，可在水温稳定地保持在18℃以上时进行，凤眼莲的定植十分简单，在操作时，把准备好的新株直接投入到栽种水体中即可。为了避免植株四处漂动，最好使用特制浮框将种苗圈好。特别要注意的是，不要使凤眼莲进入非种植水域，以免对生态环境造成影响。盆养，可以结合分株进行操作。所用容器通常为堵好排水孔的中型花盆，注意摆放地点应该光照充沛，可先将清水注入栽培容器中，再将准备好的种苗直接投入即可。

由于凤眼莲漂浮在水面生长，因此，在管理过程中最好能将它们圈养在栽培地点，以免其被水流带走。其须根发达，吸肥能力很强，除了保证供应充足的氮肥之外，在生长旺盛季节，还要每周往栽种的水域中追施富含P、K的液体肥料一次，以促使凤眼莲多开花。凤眼莲性喜强光，应该保证每天有8h以上的直射日光，如果有条件，最好让凤眼莲接受全日照；环境荫蔽会妨碍其开花。凤眼莲性喜高温，怕寒冷，当春季环境温度达到12℃时，植株开始生长，在20~35℃的温度范围内生长良好，越冬温度不宜低于7℃。在实际栽培中，凤眼莲不易患病，但会遭到螨类、蚜虫等有害动物的侵袭。在实际栽培中，常会遇到水体孳生孑孓的情况，当其羽化为蚊虫后，就会给环境带来很大危害。为了避免这种情况出现，应该在水中投放一些小型鱼类，以清除孑孓。尽量不要采用农药进行灭杀，以免污染环境。

园林应用 适合露地栽培，为池塘水面的装饰材料，亦可盆栽观赏。全草可以入药，具清热解毒、除湿祛风等功效，亦能作为家禽饲料；嫩叶可供食用。由于其根系的吸收能力很强，故常作为净化污水的材料。凤眼莲株形奇特，叶片油绿，颇为耐看。将其投放在池塘中，每逢夏季降临，粼粼波光映衬着它那油绿的叶片、蓝紫色的花朵，给环境增添了清凉意境。

五、水葱（*Scirpus tabernaemontani*）

形态特征 水葱，别名管子草、冲天草、莞、莞蒲、葱蒲等。莎草科，藨草属，多年生挺水或沼生草本。株高1~3.5m。地下具根茎。茎直立，簇生，圆柱状，中空，深绿色。叶片小，着生于茎基部，褐色。长侧枝聚伞花序顶生；小穗12~12.5cm，单独或成对生于小花梗上，长4~13mm，厚3~4mm，微棕红色。小坚果两面凸，长1.5~2.5mm，宽1.3~1.6mm，亮绿色至深棕色或黑色。花期6~9月。果期7~10月。

生长习性 水葱性强健，自然生长于湿地、沼泽或池畔浅水中。水葱喜欢生长在温暖潮湿的环境中，需阳光。自然生长在池塘、湖泊边的浅水处、稻田的水沟中。较耐寒在北方大部分地区地下根状茎在水下可自然越冬。

繁殖培育 有性繁殖及种子繁殖。3～4月份在室内播种。播种前先将所用的土壤及培养器皿进行消毒处理，后将培养土装入盆内，装2/3，整平压实后，将催好芽的种子撒在培养土上，后在上面撒一层细沙或土覆盖种子，然后将播好种的盆浸入水中，使盆与水平行，保持室温20～25℃，20d左右种子即可发芽生根。无性繁殖，是将越冬的地下茎挖出，抖掉泥土，剪去老根、叶，再用快刀切成若干块状（丛），每丛带完整的芽6～8个。

露地栽培，选择水景适宜的位置，挖穴丛植，株行距30cm左右，肥料充足的池塘，当年即生长发育成片。盆栽，选用不漏水的盆，盆的内径50cm左右，装培养土2/3，盆中挖穴栽植，每盆栽6～8个芽株。然后弄平、灌水3～5cm，约15d左右开始发芽生长。在生长季节，要及时清除田、盆内的杂草，并施追肥1～2次，立冬前需剪除地上部分枯茎、叶。在北方要进行越冬处埋。

园林应用 水葱株丛挺拔直立，色泽淡雅，多用于水景的岸边、池旁。株形及为美观，盆栽可以进行庭院布景装饰用，如在小池中摆放几盆，或在花园中花坛布置上都别具一格。茎秆可用做插花材料，秆还可用于造纸，亦可作编织席子和草包的材料。茎可入药，主治水肿胀满、小便不畅等。水葱还有净化水质等作用。

六、香蒲（*Typha angustata*）

形态特征 香蒲，别名草芽、长苞香蒲、水烛、甘蒲等。香蒲科，香蒲属，多年生挺水或沼生植物。地下具粗壮匍匐的根茎，地上茎直立细长，圆柱形，不分枝，高达1.5m。叶由茎基部抽出，二列状着生，长带形，长0.8～1.8m，宽7～12cm，向上渐细，顶端圆钝，基部鞭状抱茎，灰绿色，质稍厚。花单性，同株。穗状花序呈蜡烛状，浅褐色。花期5～7月。

生长习性 香蒲性耐寒，但喜阳光，喜深厚肥沃的泥土，最宜生长在浅水湖塘或池沼内，对环境条件要求不甚严格，适应性较强。

繁殖培育 香蒲通常分株繁殖。在春季将根茎切成10cm左右的小段，每段根茎上带2～3芽，栽植后根茎上的芽在土中水平生长，待伸长30～60cm时，顶端弯曲向上抽生新叶，向下发出新根，形成新株，根茎再次向四周蔓延，连续3年后根茎交错盘结，生长势逐渐衰退，应更新种植。

露地栽培，选择适宜的位置，挖穴丛植，株行距35cm左右。肥料充足的池塘，当年即生长发育成片。盆栽，选用不漏水的盆，盆的内径50～60cm左右，装培养土2/3，盆中挖穴栽植，每盆栽5～7个芽株。然后弄平、灌水3～5cm，约15d左右开始发芽生长。在生长季节，要及时清除田、盆内的杂草，并施追肥1～2次，立冬前需剪除地上部分枯茎、叶。在北方要进行越冬处理。

园林应用 香蒲长势强健，管理容易，叶丛细长如剑，色泽光洁淡雅，最宜水边栽植，也可盆栽，为常见的观叶植物，花序经干制后为良好的切花材料。香蒲还有较高的经济价值，叶丛基部（蒲菜）及根茎先端的幼芽（草芽）可作蔬菜食用。花粉（蒲黄）可加蜜糖食用；花入药作止血剂。

七、慈姑（*Satittaria sagittifolia L.*）

形态特征　慈姑，别名白地栗、花慈姑、水慈姑、水芋、人字草等。泽泻科，慈姑属，多年生挺水草本。株高可达1.2m。地下具球茎。叶基生，具长柄，叶形因发育阶段而有所不同；沉水叶呈长圆形；浮水叶阔椭圆形；挺水叶箭形；顶端裂片三角状披针形；基部裂片带状披针形，全缘，绿色。总状花序轮状排列，呈圆锥状，上部为雄花，下部为雌花；花冠白色。花期6～8月。果期8～10月，在栽培中通常不见结实。

生长习性　喜气候温暖，阳光充足的环境，土壤以富含腐殖质而土层不太深厚的黏质壤土为宜。

繁殖培育　以分株法繁殖为主，多在每年春季4月进行。选择直径2～3cm的顶芽完好无损、略呈弯曲的球茎作为种球，另行栽种即可。在新叶长出前的一段时间里，温度不宜过低，最好能保持在12～18℃间，这样有助于顺利萌芽，如果水温过低，常常会导致慈姑种球腐烂。亦可使用扦插顶芽的方法进行育苗。

慈姑种球可在4～5月进行定植。宜选紧靠岸上边、没有骤风急吹的浅水之地，按行距15cm、株距20cm挖穴栽种，在种球入土后略加镇压。水层深度不宜超过3cm，以提高地温，加快萌芽。当气温达到15℃以上时，球茎即可萌芽。盆栽多在分株时进行定植，可以使用无排水孔的中型、大型花盆作为容器，通常无需施用基肥，每盆可放入3～5枚种球。在操用时先垫些栽培基质，然后放入种苗扶正，再继续填入基质，略加按实，并留出至少10cm的沿口。当操作结束后充分浇水即可。

慈姑适合种于浅水之地，因此不宜使其遭受干旱。在春季萌芽期水深保持3～5cm，夏季生长期水深15～30cm，秋季结球期10～15cm为宜，冬季休眠期保持2～3cm即可。当慈姑长出3～6片新叶时，每周追施一次液体肥料，亦可将做成棒状的鸡粪按每棵慈姑5g用量比例施用于栽培基质中。生长后期为其球茎膨大的阶段，应该多施一些钾肥，例如硫酸钾等。应该保证栽培地点有不少于4～6h的日光照射，避免将慈姑摆在风口之处，否则夏、秋两季遇到急风骤雨植株容易倒伏。慈姑喜温暖环境，其萌芽适温为15～20℃间。它在18～28℃的温度范围内生长良好，球茎生长适温为20～25℃间，越冬温度不宜低于5℃。在露地条件下，尽管慈姑可在－20℃的自然环境中甚至更低的条件下越冬，但是，这种状况是因有水层保护，故在管理过程中特别要注意不应使栽培基质冻结。应该经常中耕除草，以促进植株生长，保持环境美观。

园林应用　慈姑株丛繁茂，颇为美观；叶形似戟，将其配植于池边、河畔均很适宜。随着它的日益繁茂，装饰地点也会生出一片轻柔绿意，显得生机盎然。

八、石菖蒲（*Acorus graminus*）

形态特征　石菖蒲，别名岩菖蒲、山菖蒲、药菖蒲、水剑草、凌水档、十香和等。天南星科，菖蒲属，多年生沼生挺水草本植物，植株较矮小。根茎平卧，上部斜立，根茎多分枝，芳香，有多数不定根（丝根）。叶全部基生，叶片带状剑形，中部宽7～13mm，中部以上渐狭，顶端渐尖，基部呈鞘状，对折抱茎；无明显中脉，直出平行脉多条，稍隆起；基部两侧有膜质的叶鞘，后脱落。花茎基生，长4～15cm，三棱形；叶状佛焰苞长13～25cm，为肉穗花序长的2～5倍，稀近等长。肉穗花序圆柱形，长3～10cm，上部渐尖，直立或稍弯。花白色。果序增大，成熟时长7～10cm，直径粗达1cm，果实成熟时黄绿色或黄白色。花期2～5月，果期4～8月。

生长习性　喜欢生长在山谷溪流的石头上或林中湿地，在沼泽地中十分常见。生长适宜的温度为18～25℃，低于15℃时，植株生长缓慢；10℃以下时植株停止生长。冬季南方可在室外越冬，北方需要进行越冬处理。

繁殖培育　大都以分株繁殖为主。4月初将池、盆的石菖蒲地下茎连根挖起，去掉泥土及老根、茎后，用快刀切割成块状即可进行分栽；也可在生长期内进行分栽，将植株连根挖起，去除部分老根、茎，分成若干小株，在切的过程中必须保护好嫩叶及新生根，否则会影响成活率。

露地栽培，选择湿地或浅水处，按15cm×15cm的株行距进行丛植，栽培的形状、图案，要与周围的植物搭配协调好，否则影响植物的生长发育与观赏效果。盆栽时，选择花盆，装入培养土，中间挖穴植入，但生长点（芽）要露出泥土表面，栽植后保持土壤湿润（1～3cm的深水）。生长期应保持土壤湿润，定植到孕穗前需及时除草，并结合除草进行追肥，一般2～3次。初期追施氮肥，抽穗开花前追施P、K肥，施肥要施入泥中（表面以下5cm左右）越冬时，地上部分枯枝残叶要清除，并集中烧掉。盆栽每两年要换分栽一次，池栽3年左右分栽一次。沉水栽培时，栽培床基质选用直径3～5mm砂粒，水体pH值6.5～7，水温15～25℃生长最好。

园林应用　石菖蒲株丛矮小，叶色深绿光亮，揉搓具芳香，耐践踏，是良好的林下阴湿地环境的地被植物。又可适应在水池中造景，生长迅速。

综合实训　露地花卉移植定植技术

1. 目的要求

目的要求通过起苗、移植、定植的操作，使学生掌握不同露地花卉移植定植的时间和操作技术，正确使用工具及保苗护根方法。

2. 原理

为了便于幼苗的精细管理和环境控制，花卉播种常比较密集。随着幼苗的生长，植株间营养空间变小，故要及时间苗与移植。同时通过移植断根，可促进须根发达，植株强健，植株高度降低，株形紧凑。

通过按照正确程序（株行距、大植株小、定植方法等）定植花卉苗棵，可以很快实现设计要求，并保证良好的观赏效果，保持连续的可观赏性。

3. 材料用具

（1）材料：春播（或秋播）花卉的适龄播种苗。

（2）用具：种植铲、竹签、耙子、铁锹、喷水壶、营养钵、水桶等。

4. 方法步骤

学生分组操作

（1）移植或定植前苗钵或圃地准备

选择适合苗棵大小的苗钵或花盆，容器如果是旧物，应做好洗刷和消毒工作。如需要移入露地田畦上，则需要提前浇水，适合墒情时移植或定植，按照种植要求，挖好种植穴或开种植沟。

（2）苗棵准备

一般移植或定植前的小苗应在播种箱、穴盘或小苗钵中，先提前浇透水，使幼苗吸足水分并且避免挖掘或脱盆时土壤太干，损坏根系。如果是移植而非定植，最好在幼苗展开2～3片真叶时进行；过小操作不便；过大易伤根。并且有些做法是移植前先作炼苗处理，即移栽前几天降低土壤温度比发芽温度低3℃左右，可以提高幼苗抗性，提高移植成活率。

（3）移植或定植操作

把准备好的小苗脱盆或用移植铲在幼苗根系周围将土切分，然后向苗根底部下铲，将幼苗掘起，尽量不要损伤根系，可以裸根栽植，也可带土球栽植，带土球的应避免散球。有的种类可掐断主根。要有一定株行距。应注意不要伤根。

将掘出的苗棵按照行距植入种植穴，裸根栽植的苗应注意种植穴的大小，把根系平展开放入，不要窝根，栽植深度应与移植前一致。移栽后将四周的松土压实，不要压散原带土球。栽植时注意花苗整齐度。

（4）移植后管理

移栽之后立即浇透水，以后连续扶苗进行松土保墒，切忌连续灌水，以免造成根系缺氧而腐烂。移栽之后，为避免植株萎蔫，应适当遮荫，之后进行常规浇水施肥，中耕除草等。

5. 注意事项

（1）移栽次数依种类而定；定植时间随不同地区、不同花卉种类而不同，一般在当地晚霜过后。

（2）移植或定植时间需考虑。阴天或雨后移栽，成活率高；清晨或傍晚移苗最好，忌晴天中午栽苗。

6. 作业与思考

（1）写出你实习的某种花卉的移栽与定植方法与步骤。

（2）总结影响花卉移植和定植成活率的主要因素。举例说明。

（3）举出直根系花卉、须根系花卉若干种。

（4）调查定植的成活率。

第六章　温室花卉

温室花卉是指要有人为创造的一个温室环境来对其进行栽培养护的花卉。温室花卉大多数为不耐寒的原产于热带、亚热带和部分温带的观赏植物。它们在温带寒冷地区一般是不能越冬的，所以，必须有温室来满足这类花卉的生长需要，温室花卉的种类繁多，由于其对温度的要求各不相同，根据它们所需温度的高低，又可分为冷室花卉、低温温室花卉、中温温室花卉和高温温室花卉。

第一节　温室花卉的栽培管理

一、培养土的配制与消毒

室内及温室花卉大多栽植在盆内，要求盆内培养土有足够的营养，有一定的保水功能和通气性，因此要合理配土。花卉种类繁多，生长习性各异，培养土应根据花卉生长习性和材料的性质调配。

（一）培养土的配制材料

1. 园土　取自菜园、果园等地表的土壤，含有一定的腐殖质，并有较好的物理性能，常作为多数培养土的基本材料。

2. 山泥　是一种天然腐殖质土，土质疏松带酸性。腐殖酸含量以腐熟黄山泥为多。山泥是栽培酸性花卉的主要土壤材料。也可单独使用，种植茶花、杜鹃花等喜酸性花卉。

3. 泥炭土　由泥炭藓炭化而成，因形成的阶段不同，分为黑泥炭和褐泥炭两种。黑泥炭含有较多的矿物质，有机质较少，呈微酸性或中性；褐泥炭含有丰富的有机质，呈酸性。

4. 腐叶土　利用各种植物叶片、杂草等掺入园土，加水和人畜粪尿发酵而成，腐殖质含量高，保水性强，通透性好，pH 值呈酸性，是配制培养土的主要材料之一。

5. 厩肥　以牛、马、猪、羊、鸡、鸭、鸽粪加上草泥土堆积，待腐熟发酵后成厩肥土，富含腐殖质及养分，须经暴晒过筛后使用。

6. 砻糠灰　主要是稻谷壳、麦壳、草烧的灰，也称为草木灰，富含钾肥，可作为培养土配制材料，使之排水良好，土壤疏松，略偏碱性。

7. 锯木屑　用锯木屑堆制发酵后，与土壤配制，使培养土疏松，保水性能良好，是近些年来新发展的培养土材料。可用锯木屑代替盆土。锯木屑具备盆栽花卉土壤要求的全部条件，可单独使用。但单独使用时不能固定植物，因此，多和其他材料混合使用，以增加其排水和透气性能。

普通锯木屑呈中性，可种植君子兰、苏铁、牡丹、月季；松木和杉木的木屑带酸性，可种植含笑、米兰、栀子、茉莉、杜鹃、兰花等。经过发酵的木屑可制成培养土，办法是将其装入木桶或塑料袋中，浇足水，密闭置于高温环境下，经过 50 ~ 60d 后将底部倒上来，再放一段时间，锯木屑就会变成黑褐色的培养土。用这种培养土栽植花卉，保水、保肥、透气性好，是代替盆土的好材料，使用时最好在已发酵的锯木屑中加入其重量 5% 的人畜肥或饼肥，可成为很好的盆栽花卉培养土。

此外，还有苔藓、骨粉、河沙、塘泥、河泥、针叶土、草皮土、珍珠岩、蛭石等，均是配制培养土的好材料。

（二）一般培养土的配制比例

1. 用于茶花、杜鹃、含笑等的培养土 可选用腐叶土或山泥、焦泥灰、沙配制而成。用腐叶土 40%、山泥 30%、焦泥灰 10%、沙 20% 配制后，再加少量骨粉。

2. 用于柏树、南天竹一类的培养土 用山泥 45%、腐叶土与焦泥灰 35%、沙 20% 配制而成。

3. 用于菊花、大丽花和一般温室草花的培养土 用腐叶土 30%、塘泥 40%、园土 30% 配制以后，再用上述混合物的 70% 加砻糠灰 30%，加少量骨粉、石灰等混合，使土呈中性。

4. 用于文竹、吊兰等的培养土 要求排水性、通透性良好，宜用园土或塘泥 60%、沙 10%、砻糠灰 30% 配制。

5. 用于梅花、海棠、石榴等花木的培养土 用腐叶土 35%、塘泥 35%、沙 15%，砻糠灰 15% 配制后加少量骨粉。

6. 室内观叶植物的基质 用 2 份泥炭、1 份蛭石、1 份珍珠岩或者 1 份泥炭、1 份珍珠岩、1 份树皮配制而成。

（三）调整土壤酸碱度

土壤的酸碱度（pH 值）对花卉生长影响很大，酸碱性不合适会严重阻碍花卉的生长发育，影响养分吸收，甚至会引起病害的发生。大多数花卉在中性至偏酸性（pH 值 5.5 ~ 7）土壤中生长良好，高于或低于这一界限，有些营养元素即处于不可吸收状态，从而导致某些花卉发生营养缺乏症。特别是喜酸性土壤的兰花、栀子、杜鹃、桂花、含笑、广玉兰、山茶花等，适宜在 pH 值为 5 ~ 6 的土壤中生长。否则易发生缺铁黄化病。因此，在用培养土栽培花卉时，应根据不同花卉的需求，把酸碱度做适当调整，如酸性过高时，可在盆土中适当掺入一些石灰粉或草木灰；降低碱性可加入适量的硫磺、腐殖质肥、硫酸亚铁等，施入硫磺粉调整 pH 值见效很快，但作用时间短，需每隔 7 ~ 10d 施一次。

（四）培养土消毒处理

1. 蒸煮消毒法 把已配制好的培养土，放入适当的容器中隔水在锅中蒸煮消毒。这种方法只限于小规模栽培少量用土时应用。此外，也可将蒸气通入土壤进行消毒，要求蒸气温度在 100 ~ 120℃之间，消毒时间 40 ~ 60min。

2. 福尔马林消毒法 用福尔马林对培养土整体消毒，其方法是用福尔马林（40% 甲醛）200 ~ 300ml，对水 25 ~ 30kg，喷洒在 1 000kg 培养土中，充分拌匀后堆置，堆上覆盖塑料薄膜等物，堆闷 48 ~ 72h，以达到彻底杀菌的效果。然后揭开塑料薄膜等覆盖物，经 1 ~ 2 周后，把土弄松散些，待土壤中药味散发后使用。

3. 二硫化碳消毒法　把培养土堆积后，在土堆的上方穿几个孔，每 $100m^3$ 土壤注入 350g 二硫化碳，注入后在孔穴开口处用草秆等盖严，经过 48～72h 的堆闷，除去草盖，摊开土堆，使二硫化碳全部散失即可。

4. 加热或高锰酸钾法　培养土配制成后，可加热到 80℃消毒，或经阳光下曝晒，也可用高锰酸钾（pp 粉）溶液消毒。

二、盆栽的种植方法

（一）播种法

1. 种子的选择和保管　筛选出粒大饱满新鲜的种子，经自然风干（不得暴晒），然后妥善贮藏于阴凉干燥的容器内，并防虫蛀。

2. 播种温度与时间　种子发芽适温在 20℃以上。根据需要，可提前或分批播种。由于种子在高热及高温情况下容易失去发芽力，因此要注意保存种子的方法及放置种子的地方环境是否适宜。注意播种及其发芽适温及种子好光性或嫌光性。

3. 播种容器及设备　在商业上为了移植方便及容易机械化，播种大都利用穴盘育苗，而一般趣味栽培者用播种盘或盆子就可以，播种所用的介质要干净且没有病虫害或含肥料。

4. 播种的方法　根据种子数量，可采用床播或盆播。要求苗床高深、平坦、背风、向阳，土壤疏松肥沃，即利于排水，又有一定的蓄水能力。然后根据种类及种子大小，进行点播、条播或撒播，覆土厚度为种子直径的 2～3 倍，细小的种子可不必覆土。播种后，用木板将床面压实，使种子与土壤密切结合，以利吸收水份而发芽。苗床镇压后可覆盖稻草，以保持湿润，防止雨水冲刷。盖草后用细喷壶喷水，使整个苗床吸透水。盆播的可直接在盆面上盖玻璃。

5. 播种后的管理　播种后床苗要保护湿润，不要忽干忽湿，或过干过湿。盆播的每天宜将玻璃掀开数分钟，使之通风透气。种子发芽出土后，待除去覆盖物，逐步见光，适应后，才能完全暴露在阳光下。待真叶出现后，宜施农肥一次或 0.2% 的尿粪溶液。幼苗过密，应将过密的纤弱的苗拔去，使留下的苗能得到充足的阳光和养料，间拔后需立即浇水，使松动的幼苗根部接触土壤。待幼苗长出 3～4 片真叶时，即可进行移植，放大株行距。

6. 种植　应在移栽的前一天将苗床浇水，待土粒吸水涨干后不粘手时移植，一般选无风阴天或傍晚为好。

（二）扦插法

扦插是温室花卉繁殖中最常见的方法之一，它具有繁殖速度快、插条易采集、遗传性状变化小、管理方便等特点。现将温室花卉扦插方法概述如下。

1. 枝插法

（1）硬枝扦插：取落叶花木一年生休眠枝，剪成 5～10cm，一般有 2～4 节。插入准备好的插床内，露出床面约 1/3，插后浇水。也可单芽插，插穗上仅具一芽。以芽为中心，两端各留 1～2cm，芽之反侧略斜去皮层。将插穗插入床内，芽稍隐没于土中（以免日光直射）。插后浇水，最后用薄膜保护，此法可节省材料。

（2）半硬枝扦插：多为一些常绿木本花卉的生长期扦插。取当年生未完全成熟的枝梢为插穗，也可取花后抽生的嫩枝。略带二年生枝上的皮层，枝条顶端留2叶片，插入土中，入土2/3，插后浇水，亦可用薄膜保护。

（3）软枝插即嫩枝扦插：多用于草本花卉或温室花卉，如菊花、香石竹等。剪取嫩枝长5～10cm，留顶端1～2叶片，作为插穗。插入苗床中，插后浇水，搭低棚，盖苇帘。

2. 叶插法

叶插是应用全叶或一部分叶作为插穗的一种扦插法。叶插的叶必须具有生根发芽之能力，草本花卉可用叶插的种类较多，如海棠类、大岩桐、非洲紫罗兰等。叶插发根之部位有叶脉、叶缘及叶柄之别。如海棠叶插，可将叶片上之叶脉切断数处，平放在插床面上，以后就自叶脉切断处发根。大岩桐及菊花的叶插，常将叶柄的基部插于床内，以后自叶柄的基部发根，再长出幼芽。故海棠类花卉扦插必须使叶脉与扦插介质接触，而大岩桐或菊花的叶插，必须将叶柄插入床上，方可生根。

3. 根插法

即用根作为插穗，仅限于易从根部发生新梢的种类，如芍药、凌霄、垂盆草等。芍药、凌霄根插可选其粗壮根，剪成5～10cm一段，插入插床内或全部埋入床上。垂盆草等细小的草本植物，可将根切成2cm左右的小段，用撒插的方法撒于床面而后覆土，两种方法插后均需浇水，以后保持床土湿润即可。

扦插后的管理，主要是浇水、遮阳、防止蒸发失水影响成活。由于插穗没有根，而地上部有少量叶片，插穗只有水分蒸发而没有吸收的功能，致使其体内水分不能平衡，需待生根后才能吸收水分。故在扦插管理中必须注意保持土壤湿润，注意蔽阳，早晨可通风透光。生根后浇水，并逐渐增多日照时间。拔草、防虫等工作需随时进行，生根并长出新叶后施肥一次，待植株壮实后即可移植。

为了保证扦插的成活，必须注意以下几个关键性的问题。

（1）插穗的选择和处理：要选择生长健壮没有病虫害的枝条作插穗。选好插穗后要精心处理。嫩枝插的插穗采后应立即扦插，以防萎蔫影响成活。多浆植物（如仙人掌等），剪取后应放在通风处晾几天，等切口略有干缩再扦插；或用微火略烧烤下面切口，以防止腐烂。一般植物插穗的下面切口如沾一些刚烧完的草木灰，也有防止腐烂的作用。

（2）温度：一般植物的扦插以保持20～25℃生根最快。温度过低生根慢，过高则易引起插穗切口腐烂。所以，如果人为控制温度的条件，一年四季均可扦插。自然条件下，则以春秋两季温度为宜。

（3）湿度：扦插后要切实注意使扦插基质保持湿润状态，但也不可使之过湿，否则引起腐烂。同时，还应注意空气的湿度，可用覆盖塑料薄膜的方法保持湿度，但要注意在一定时间内通气。

第二节　温室一二年生花卉

一、瓜叶菊（*Senecio × hybridus*）

别名　千日莲。

形态特征　多年生草本，做一二年生栽培，全株密被密毛。茎直立，草质。叶大，心脏状卵形掌状脉。叶缘具波状或多角状齿，形似黄瓜叶，故名。茎生叶，叶柄有翼，基部耳状，根出叶，叶柄无翼。头状花序簇生成伞房状，舌状花10~12枚，花紫红色，具有天鹅绒状光泽，除黄色外，其他花色都有，其中以蓝色为上品，瘦果有冠毛。瓜叶菊异花授粉，从而园艺品种众多，大致分以下几种。

大花型：花大，花径4~10cm，高30cm，花朵集中。

星型：花小数多，花径2cm，高60~100cm，花疏散。

中间型：花径较星型大，株径约3.5cm，高40cm，多花性。

多花型：花多、株矮、每株有花400~500朵，高25~30cm，为良种。

原产地　加那利岛

生长习性　喜冷凉气候，冬惧严寒，夏忌高温。通常在低温温室栽培，也可冷床栽培。可耐0℃的低温。栽培以夜间温度不低于5℃，白天温度不超过20℃为宜，生长适温10~15℃。室温高则易引起徒长。在夏季炎热地区畏烈日，忌雨涝，越夏困难。在温暖地区可作露地二年生花卉栽培。生长期要求光线充足、空气流通并保持适当干燥。短日照条件能促进花芽分化，花芽分化以后，长日照条件可促进花蕾发育。喜富含腐殖质而排水良好的沙质壤土，花期较长，12月至次年5月，盛花期为2~4月。

繁殖及栽培　以播种繁殖为主，也可扦插繁殖。

1. 播种法　瓜叶菊种子小，播种床土要过细筛，进行精细播种。瓜叶菊从播种到开花一般品种在南方需6个月的时间。从播种到育出大龄苗定植，一般需100d左右。8月份播种的植株大、花大，10月份播种的植株较小。这主要是由于秧苗不同生长发育阶段处于不同季节所致，8月份播种的环境条件适宜。

瓜叶菊从4~10月份都可以播种，但春播到夏天需在荫棚下栽培，并经常向叶片洒水降温，还不要淋上雨水，否则经过酷暑秧苗会大批死亡。因此，我国多在8月份播种。

用育苗盘播种，少量也可用花盆播种。育苗床土应疏松肥沃，用腐叶土、草炭土对上等量园土配制作播种床土较好。也可用充分腐熟的马粪和园土等量配制。把配制好的床土装盘后稍压实刮平，然后用喷壶浇足底水，水掺入后撒播。每平方米播种床播种量4g左右。播后盖细土2~3mm，上面盖地膜置于阴凉处，播干籽4~5d出苗，出苗后立即揭去地膜，移到遮光率为60%的地方适当见光。籽苗期要防雨，防徒长。当籽苗缺水时最好将育苗盘置于水中，并使水面低于播种盘中的上面，通过盘下的条状缝隙渗入，当播种盘中的土面略见湿时将播种盘从水中取出。根据播种密度适时分苗。一般出苗后20d左右，有2~3片真叶时进行第一次分苗，苗距5cm，或用直径8cm左右的容器直接培育成苗，开沟分苗的在5~6片叶时装入容器育成苗。

在8~9月份瓜叶菊苗应在遮光率60%的荫棚内生长，南方当气温降至21℃时可逐步撤除遮阳网，实行全光照育苗。瓜叶菊叶片蒸腾量大，需水多，苗期应注意防止叶片缺水过度而萎蔫。

当有6~7片真叶时，如果温度适宜，秧苗生长迅速，此时对水肥需要量多，应及时浇水追肥，可采用叶面追肥。苗期气温以10~20℃为宜，夜间稍低些以抑制徒长。一般当有9~10片叶时将苗栽植于花盆中。如果受某种条件限制需推迟定植时应适当控水。反之，如条件允许应早些将苗栽植于花盆中，如在7~8片叶时定植。瓜叶菊叶片大，育苗后期将容器适当调开以增大光合面积。

2. 扦插法 对于不易结实的重瓣品种或因气候原因没有结实的年份可用扦插方法繁殖。

一般在5月份于花谢后进行，选健壮腋芽扦插，芽长6~8cm。摘除基部大叶，留2~3枚嫩叶插于沙盘中，20~30d生根，然后放在遮光通风处培养。瓜叶菊苗期能感染猝倒病。容易受蚜虫、白粉虱、叶螨、潜叶绳的危害，应注意防治。

园林用途 瓜叶菊花色艳丽，且有一般室内花卉少见的蓝色花。花期长，是元旦、春节、五一及冬春其他庆典活动的主要花种之一，星型品种适宜作切花，可用它制作花篮或花圈。瓜叶菊也是布置公园早春花坛的主要花卉。

二、蒲包花（*Calceolaria crenatiflora*）

别名 荷包花、拖鞋花。

形态特征 蒲包花为一年生草本。茎叶被细茸毛。叶对生，卵形，有皱纹，常呈黄绿色。花具二唇，下唇发达，形似荷包，花色丰富，有淡黄、深黄、淡红、鲜红、橙红等色，常嵌有褐色或红色斑点。常见品种有全天候（*Anytime*）系列，株高12~15cm，花枝紧凑，是蒲包花中开花最早的品种，花色有黄、红、玫瑰红、古铜和玫瑰红/白双色等。也是最抗热的系列品种，从播种至开花需120~140d。黄金热（*Gold Fever*）系列，株高15cm，以黄色花闻名，其中黄金球（*Gold Bunch*）和矮黄金（*Dwarf Sunshine*）品种更为著名，具最纯的柠檬黄色。矮丽（*Dwarf Dainty*）系列，株高12~15cm，叶片小，仅2.5~5cm，花大，花色有鲜红、黄、红黄双色、黄斑等。比基尼（*Bikini*）系列，株高20cm，多花性，花色有红、黄等品种。

产地分布 蒲包花原产墨西哥、秘鲁和智利，大洋洲与新西兰也有分布。

生态习性 喜凉爽、湿润气候、通风良好的环境，生长适温为7~15℃。既不耐寒，也畏炎热，气温高于20℃时，即不利于生长和开花。喜富含腐殖质、排水良好的土壤。为长日照植物，延长光照时间有利于花芽分化。

繁殖方法 以播种繁殖为主。蒲包花种子细小，每克种子在25 000粒左右，发芽适温为18~21℃。8~9月室内盆播，过早播种因气温高，容易倒苗，播种过迟影响开花。盆播用土需高温消毒，盆播时盆土要压紧，将种子轻轻撒入并压平，不覆土，盆底浸水后盖上玻璃或薄膜，放半阴处，播后7~10d发芽。出现子叶后，及时间苗或移苗，并注意通风和保持湿度。室温控制在16~18℃。

栽培管理 播种出苗后20d、苗高2.5cm时带土移苗一次。移苗后30d，苗高5cm时定植在10~15cm盆。室温以10~12℃为好。如促成栽培，每天补充光照6~8h，可提早开花。生长期注意通风和遮阳，防止虫害发生和灼伤叶片。每半月施肥1次。氮肥不能过量，否则易引起茎叶徒长和严重皱缩。当抽出花枝时，增施1~2次磷钾肥。同时，对叶腋间的侧芽应及时摘除，否则侧生花枝过多，不仅影响主花枝的发育，还造成株形不正，缺乏商品价值。在规模生产时，当主芽开始由基生叶转向高生长时，可用0.2%~0.3% CCC，喷洒叶面1~2次，来控制植株徒长，压低株形。盛花期，严格控制浇水，室温维持在8~10℃，并进行人工授粉，可提高结实率。结实期气温渐高，采取通风、遮阳等降温措施，使果实充分成熟，否则高温多湿，未等果实成熟，植株已枯萎死亡。

园林用途　蒲包花花形奇特，色彩鲜艳，于早春开花，花期较长，是深受人们喜爱的温室盆花，用于室内布置。

三、报春花（*Primula* spp.）

别名　樱草、年景花。

形态特征　报春花属植物在世界上栽培很广，已成为当前一类重要的园林花卉。中文名和学名都含有早花的含义。

本属植物基木上均为多年生草木，但某些种类常作一二年生花卉栽培。叶全部基生，形成莲座状叶丛，花色有红、黄、橙、蓝、紫、白等色，在花葶上排成伞形花序、总状花序、头状花序或单生于叶丛中；花冠漏斗状或高脚碟状，5裂，广展；雄蕊5，贴生于花冠筒上或冠喉部，蒴果球状或圆柱状，种子多数形小。植株低矮，叶全部基生，形成莲座状叶丛，花有红、黄、橙、蓝、紫、白等色，在花蕾上排成伞形花序，总状花序，蒴果球状。报春花种类繁多，最常见的有：

1. 报春花（*Primula malacoides*）　别名小种樱草、七重楼。原产云南、贵州，全株被白粉，叶卵形或矩圆状卵形，有6～8浅裂，边缘浅波状。现代品种植株全体变大，花径可达3cm，有单瓣、中瓣、裂瓣、巨型和花葶上花朵缩成球形的矮生种，花色有紫、猩红、橙红、玫红、桃红及纯白等，为优良冬季室内盆花。

2. 鄂报春（*P. obconica*）　又名四季樱草，原产于湖北、湖南、江西等地。全株被白色绒毛。叶卵圆形至长卵形，叶缘有浅波状裂或缺刻，叶面光滑，叶背密生白色柔腺毛，含樱草碱，对皮肤有刺激性，伞形花序常着1轮花，具花10～15朵，花葶高达30cm。著名品种类型如大花种、深红种、白色种、重瓣型，为冷室冬季早春盆花，在昆明全年开花不辍，故名四季报春。

3. 藏报春（*P. sinensis*）　又名中国樱草，大种樱草、年景花。原产于四川、湖北等地。此花全株被腺状刚毛。叶片大，椭圆形或卵状心脏形，边缘有缺刻，叶柄长于叶片。原种花玫瑰紫色，园艺品种花型更大，花色有桃红、橙、深红、蓝及白色等，为重要的冷室冬春盆花。著名品种类型有大白花、裂瓣、皱叶、星花等，还有四倍体类型。

4. 欧洲报春（*P. vulgaris*）　原产于西欧和南欧。因其花朵上白粉不耐雨水冲洗，一般盆栽并用冷温室保护。现代园艺品种除单瓣、重瓣外，还有套瓣。花色丰富，性耐寒，在西欧可露地越冬，为早春花坛优良品种，也可盆栽。

产地分布　绝大部分分布于北半球温带和亚热带高山地区。

生长习性　报春花是报春花科报春花属植物的总称，为宿根草本，在花卉生产上多作二年生栽培。喜温暖湿润气候，生长适温13～18℃，在生长充分的条件下，10℃低温处理可促进一些种类花芽分化，日照中性，忌强烈的直射阳光，忌高温和干燥，喜湿润疏松的床土，适宜pH值6.0～7.0。

繁殖方法　报春花以种子繁殖为主，特殊园艺品种亦用分株或分蘖法。

种子寿命一般较短，最好采后即播，或在干燥低温条件下贮藏。采用播种箱或浅盆播种。因种子细小，播后可不覆土。种子发芽需光，喜湿润，故需加盖玻璃并遮以报纸，或放半阴处，10～28d发芽完毕。适温15～21℃，超过25℃，发芽率明显下降，故应避开盛夏季节。播种时期根据所需开花期而定，如为冷温室冬季开花，可在晚春播种；如为早春开花，可在早秋播种。春季露地花坛用花，亦可在早秋播种。分株分蘖一般在秋季进行。

栽培管理 报春花栽培管理并不困难，作温室盆花用的种类，自播种至上12cm盆上市，约需160d。如在7月播种，可在年初开花。为避开炎热天气，在8月播种，也可在1月开花。第一次在浅盆或木箱移植，株距约2cm，或直接上盆口直径为8cm的小盆，盆土切不可带酸性，然后直接上盆口直径为12cm的盆。栽植深度要适中，太深易烂根，太浅易倒伏。须经常施肥。叶片失绿的原因除盆土酸性外，可能是太湿或排水不良。不仅夏季要遮阳，在冬季阳光强烈时，也要给庇荫，以保证花色鲜艳。

耐寒种类，在长江以北地区露地越冬时，要提供背风的条件，并给予轻微防护，以保安全。8月播种，盆栽苗在冷床越冬，可于2～4月开花上市。

幼苗移植上盆，花盆一般以12～16cm为限。两年生老株，盆可适当放大。越夏时应注意通风，给予半阴并防止阵雨袭击，采用喷雾、棚架及地面洒水等措施降温。冬季室内夜温最低温度控制在5℃左右，不宜过高，如播种过迟（10月份），则越冬温度需提高至10℃，以便加速生长，保证明春及时开花。

园林用途 报春花种类繁多，花色鲜艳，形姿优美，花期特长，适宜盆栽，点缀客厅、居室和书房。耐寒种类在南方可作露地花坛。少数种类，如报春花等巨型种，还可作切花用。

四、彩叶草（*Coleus blumei*）

别名 洋紫苏、锦紫苏、老来少。

形态特征 彩叶草常作一二年生栽培。茎四棱，直立，少分枝。单叶对生，叶片菱状卵形，叶面皱缩，呈红、绿、黄、褐等色，或有彩纹镶边。轮伞花序着生枝顶，花小，花冠唇形，小坚果，种子极细小，花果期9～11月。

产地分布 爪哇。

生长习性 彩叶草性喜光照充足和温暖的环境，不耐寒，要求肥沃、疏松的土壤。

繁殖及栽培 一般采用播种和扦插繁殖，播种多于二三月份进行，播种用土为草炭土1、细沙1的混合土，撒播即可，彩叶草的种子为好光性种子，因此，播后不需覆土，发芽适温20～25℃，保持基质湿润，8～10d发芽。扦插四季皆可进行，20℃左右1周生根，水插也很容易生根。播种苗长出1对真叶时上盆，盆土为草炭土2、壤土1、河沙1，加入足够的底肥，生长期经常追肥，包括追施过磷酸钙和骨粉。温度保持在20℃以上，幼苗期视培养目的决定是否摘心，若要培养出株形丰满的植株，则应摘去主干，以促进侧枝生长。若要培养成圆锥形的株形，则不必摘去主干。彩叶草适应性较强，管理较简单，温度适应范围为10～30℃，低于10℃，植株停滞生长，低于5℃植株枯死。彩叶草为喜光植物，光照充足，可使叶色鲜明，但在夏季高温时应避免阳光直射，高温强光会使色素遭到破坏，引起叶绿素增加，导致植株色彩不鲜明，甚至偏绿，影响观赏。因此，夏季高温时应适当遮阳。其他季节则不能遮阳，因光线暗淡会使叶色灰暗。彩叶草叶大而薄，应保证水分供应，土壤干燥则叶面的彩色褪色，尤其夏季应保证盆土湿润，同时应经常向地面和叶面喷水，以提高空气湿度，但不能积水，积水容易使根系腐烂、叶片脱落。冬季则控制浇水，温室温度维持在15℃，保证干湿周期明显，周期要短。对肥料的要求不高，生长季节每月施1～2次以氮肥为主的稀薄肥料。花序出现后，若不采种则应及时摘去，以免消耗营养，同时使株形散乱，影响观赏价值。若要采种则待花序由青变黄时收割。

园林用途　彩叶草叶色丰富多彩，为优良的观叶植物。可盆栽，也可配置花坛，枝叶可作切花。

五、洋桔梗（*Eustoma grandiflorum*）

别名　草原龙胆。

形态特征　洋桔梗为一二年生草本。茎直立，灰绿色。叶对生，灰绿色，卵形至长椭圆形。花冠钟状，淡紫、淡红、白等色，目前已选育出重瓣和双色品种。常见矮生品种有美人鱼（*Mermaid*）系列，株高15～20cm，花单瓣，径6～8cm，花色有粉红、紫、米色等，从播种至开花需120d。

产地分布　美国南部至墨西哥之间的石灰岩地带。

生长习性　喜温暖、湿润和阳光充足。较耐寒，不耐水湿。生长适温为15～28℃，生长期夜间温度不低于12℃。冬季温度在5℃以下，叶丛呈莲座状，不能开花。也能短期耐0℃低温。生长期温度超过30℃，花期明显缩短。

洋桔梗对水分的要求比较严格。洋桔梗虽然喜欢湿润环境，但过量的水分对洋桔梗根部生长不利，易受病害侵入。花蕾形成后要避免高温高湿环境，否则容易引起真菌性病害。同时，生长期供水不足，茎叶生长细弱，并提早开花。因此，在以色列栽培洋桔梗，采用滴灌设施，对洋桔梗的生长发育十分有利。

洋桔梗对光照的反应比较敏感。长日照对洋桔梗的生长发育均十分有利，有助于茎叶生长和花芽形成，一般以每天16h光照效果最好。

洋桔梗要求肥沃、疏松和排水良好的土壤。切忌连作。盆栽用土必须消毒，可用高温蒸汽或溴化甲醇处理土壤，土壤pH值以6.5～7.0为宜。

繁殖方法　常用播种繁殖。以9～10月或1～2月室内盆播为主。洋桔梗种子细小，每克种子在22 000～22 500粒，发芽率为80%～85%，发芽适温为22～24℃。洋桔梗属喜光性种子，播后不覆土，只需轻压即行。播种前，盆土和容器均需严格高温消毒。播后10～14d发芽，发芽后10d间苗1次。

栽培管理

1. 光照调节　洋桔梗对光照反应较敏感，长日照会促进其茎叶生长和花芽的形成，一般以每天16h的光照效果最好。加光栽培一般有两种方法：一是间断加光，也就是在夜间加几个小时的光照时间；二是延长光照，就是在傍晚时延长光照时间，一般第一种方法效果比较好。在冬季和早春期间，尤其要注意补光，通常在夜间加补2～4h。

2. 温度控制　洋桔梗生长适宜温度是白天20～24℃，夜间16～18℃。它的生育速度如节间的拉长程度、花芽分化的快慢、收获期的长短极容易都受到温度的影响而发生变化。因此秋冬至早春需加温，尤其是在夜间或寒流期如果能够加温则更好。一般来讲早生种对温度要求较低。温度过高则生育期缩短，植株变矮，增加簇状化的可能性。特别是在出苗期，高温会导致花数减少，上位节间徒长，花梗软弱，质量低下。但如果温度过低，生长就会迟缓甚至不开花。

3. 施肥 洋桔梗属于需肥量较高的植物，如果基肥不够，追肥就很重要。洋桔梗不仅要求有充足的大量元素，还要求土壤中保证有较多的钙，同时要保持适当高的土壤 pH 值，以利于钙、锌等元素的吸收。通常在生长期每半个月施肥 1 次，交替使用 14－0－14 和 20－10－20 肥料，浓度以 100～200mg/kg 为宜。施肥时要注意硝态氮与铵态氮的比例，通常铵态氮会让茎叶的生长速率较快，叶片会较大较软，叶色较浓，但易造成徒长，尤其是在温度过低时不宜使用。可以补充硝酸钾及硝酸钙，但在花苞形成时期，则以补充硝酸钾为主。大约在移植后 6 周生长到第七节位时，必须特别补充磷、钾肥，可以用水溶液喷施于植株上，以使茎枝粗壮不致软垂。若再继续补充氮肥则除了茎细之外，节间长度也会伸长，造成上下节间长度不一致。

种植洋桔梗的介质盐分浓度不能过高，EC 值要低于 1ms/cm。因此，移植前首先要测定介质中的盐分浓度。

夏季高温植株新叶尖端会呈焦枯状，这是缺钙现象。加强通风，增加蒸散作用，是避免缺钙最好的方法。钙离子通常是靠蒸散作用时产生地真空吸力而被带进叶中。应该在缺钙发生之前就做好通风才有效，通风的好处还可以降温，以免花色因高温而表现不出来。

在生长中后期如出现茎容易折断，或者有茎纵裂的现象，可能是由于缺硼所导致。使用硼酸的稀释溶液喷洒植株，可以改善这种现象。

4. 浇水 洋桔梗对水分的要求严格，过多的水分会引起根部生长不良，也容易侵染病害；过少的水分会使茎叶细弱，提早开花。移植后的一个月内要保持介质的湿润，可以采用滴灌来控制水分，特别在花蕾形成之后，应尽可能的避免高温高湿的生长环境。

5. pH 值 因洋桔梗原生地的 pH 值为 7.0～8.0，所以，栽培土的 pH 值以 7.0 为最好，一般掌握在 6.5～7.0。pH 值过低，会引起生长不良，叶片枯焦，甚至不长花蕾。可通过施用生石灰来调整 pH 值。

园林应用 洋桔梗株态轻盈潇洒，花色典雅明快，花形别致可爱，是目前国际上十分流行的盆花和切花种类之一。因其株态典雅，色调清新淡雅，盆栽用于点缀居室、阳台或窗台，呈现浓厚的欧式情调，还可成片摆放宾馆、音乐茶座、商厦橱窗、银行休息室和楼梯转角处，表现出高雅豪华的气氛。

第三节 温室宿根花卉

一、大花君子兰（*Clivia miniata Regel.*）

别名 君子兰、剑叶石蒜。

形态特征 为多年草本花卉，肉质根粗壮，茎分根茎和假鳞茎两部分。叶剑形，互生，排列整齐，长 30～50cm，聚伞花序，可着生小花 10～60 朵，冬春开花，尤以冬季为多，小花可开 15～20d，先后轮番开放，可延续 2～3 个月。每个果实中含种子一粒至多粒。叶片宽阔呈带形，质地硬而厚实，并有光泽及脉纹。叶片从根部短缩的茎上呈二列叠出，如管理得当，叶片排列整齐，则更为美观。花葶自叶腋中抽出，一般具有20～25片叶时才开花。盛花期自元旦至春节，也有在夏季6～7月间开花的。花后能结少量籽，需人工辅助授粉，经240～270d种子才能成熟。君子兰的根乳白色，粗壮，有肉质感。根和叶具有一定相关性，长出新根时，新叶也开始发出，根部如受伤或坏死，相对应的叶片也会枯萎；叶片受到伤害，同样会影响根部。

产地分布　原产于非洲南部。

生长习性　君子兰原产于非洲南部，生长在大树下面，所以，它既怕炎热又不耐寒，喜欢半荫而湿润的环境，畏强烈的直射阳光，生长的最佳温度在18～22℃，5℃以下，30℃以上，生长受抑制。君子兰喜欢通风的环境，喜深厚肥沃疏松的土壤，适宜室内培养。

繁殖方法　主要采用播种法和分株法。

1. 播种法　大花君子兰用播种繁殖比较普遍。繁殖方法的优点是可以大量繁殖，以满足众多养花者的需要。但用播种繁殖先要进行人工授粉，最好是进行异株授粉，因为异株授粉结籽率高，健壮的植株经异株繁殖后一般可结籽十粒；同株授粉只能结几粒籽。

授粉的方法是：当花被开裂后2～3d，花苞成熟、柱头有黏液分泌时，即为授粉时机。授粉时，用新毛笔蘸取雄蕊的花粉，轻轻地振落在雌蕊的柱头上。为了提高结籽率，可上午9～10时、下午2～3时各授粉1次。大约在8～9个月后种子才成熟。当果皮由绿色逐渐变为黑紫色时，即可将果穗剪下，过10～20d后把种子剥出。播种前，将种子放入30～35℃的温水中浸泡20～30min后取出，晾1～2h（这时，如能用10%磷酸钠液浸泡20～30min，取出洗净后再在清水中浸10～15h则更好），即可播入培养土，播种的花盆放置在室温20～25℃环境中，使湿度保持在90%左右，大约1～2周即萌发出胚根。

进行播种繁殖还要做好的一件工作是要先准备好培养土。制作培养土可用的材料很多，但比较容易取得的一种是用从树林表层取来的带有充分腐殖质的疏松土，掺入1/3的干净细沙土即可。

君子兰喜欢略带酸性的土质，其pH值在6～6.5的为适宜。用播种方法繁殖君子兰的时间要求并不严格，春、秋、冬三季都可播种，但气温是一个重要条件，最好在20～25℃的气温条件下播种，就能适应萌发胚芽的温度要求。

2. 分株法　君子兰的无性繁殖一般都只采用分株法，垂笑君子兰采用此法更为普遍。

用分株法繁殖，先要做几样准备工作：①家庭盆栽的要准备好花盆，花盆最好是瓦盆，不要图盆表面美观而购买瓷质、陶质的，因为它们透气性差，不利于植株发育成长；②准备好介质土，最好要进行消毒处理。如用腐殖土混合细沙的，腐殖土要用高锰酸钾1 000～2 000倍水溶液喷洒消毒；细河沙也要用滚开的开水烫洗消毒，避免幼苗受病菌感染腐烂；③准备少许木炭粉涂抹伤口作吸潮防止腐烂之用；④将切割用的刀磨锋利，并最后在磨石上快速干磨（不加水）数十下，使刀身高度发热，以杀灭病菌。

分株时，先将君子兰母株从盆中掘出来，去掉宿土，找出可以分株的腑芽。如果子株生在母株外沿，株体较小，可以一手握住鳞茎部分，另一手捏住子株基部，撕掰一下，就能把子株掰离母体；如果子株粗壮，不易掰下，就应该用准备好的锋利小刀把它割下来。千万不可强掰，以免损伤幼株。子株割下后，应立即用干木炭粉涂抹伤口，以吸干流液，防止腐烂。接着，将子株上盆种植。种植时，种植深度以埋住子株的基部假鳞茎为度，靠苗株的部位要使其略高一些，并盖上经过消毒的沙土。种好后随即浇一次透水，待到2周后伤口愈合时，再加盖一层培养土。一般须经1~2个月生出新根，1~2年开花。用分株法繁殖的君子兰，遗传性比较稳定，可以保持原种的各种特征。

栽培管理

1. 土壤 君子兰适宜用含腐殖质丰富的土壤，这种土壤透气性好、渗水性好，且土质肥沃，具微酸性（pH值6.5）。在腐殖土中渗入20%左右沙粒，有利于养根。栽培时用盆随植株生长时逐渐加大，栽培一年生苗时，适用3寸盆。第二年换5寸盆，以后每过1~2年换入大一号的花盆，换盆可在春、秋两季进行。

2. 浇水 君子兰具有较发达的肉质根，根内贮存着一定的水分，所以，这种花比较耐旱。不过，耐旱的花也不可严重缺水，尤其在夏季高温加上空气干燥的情况下不可忘记及时浇水，否则，花卉的根、叶都会受到损伤，导致新叶萌发不出，原来的叶片焦枯，不仅影响开花，甚至会引起植株死亡。但是，浇水过多又会烂根。所以要好好掌握，经常注意盆土干湿情况，出现半干就要浇一次，但浇的量不宜多，保持盆土润而不潮就是恰到好处。

在一般情况下，春天每天浇一次；夏季浇水，可用细喷水壶将叶面及周围地面一起浇，晴天每天浇两次；秋季隔天浇一次；冬季隔天浇一次；冬季每星期浇一次或更少。

3. 施肥 花卉中有不少是喜肥的，但对喜肥花卉施肥也要有一个限度，过多施肥，不利生长，甚至会成植株烂根或焦枯。君子兰也属于这类植物，必须做到适量施肥。

花卉在不同的生长发育阶段对养分的需要量也不同。所以，应该在各个时期采取不同的适合于植株需要的施肥方式。如施底肥、追肥、根外施肥等。

园林应用 由于大花君子兰花大色艳、四季葱绿、叶片宽大、脉纹清晰、整洁光亮、株形端庄等特点，被称为“花之君子”，是点缀宅室、装饰厅堂、布置场馆、友情馈赠、美化环境的比较理想的花卉。

二、鹤望兰（*Strelitzia reginage*）

别名 天堂鸟。

形态特征 常绿宿根草本。高达1~2m，根粗壮肉质。茎不明显。叶对生，两侧排列，革质，长椭圆形或长椭圆状卵形，长约40cm，宽15cm。叶柄比叶片长2~3倍，中央有纵槽沟。花梗与叶近等长。花序外有总佛焰苞片，长约15cm，绿色，边缘晕红，着花6~8朵，顺次开放。外花被片3个、橙黄色，内花被片3个、舌状、天蓝色。花形奇特，色彩夺目，宛如仙鹤翘首远望。

产地分布 南非、美洲南部。

生长习性 喜温暖湿润，生长适温25℃左右，也较耐寒，华南地区可露地栽培。冬季室温以10℃左右为宜。喜光照充足，若光照不足则生长细弱，出芽少，开花不良甚至不开花。每朵花开放近一个月，1个花序可开放约两个月，花期长达3~4个月。夏天宜放荫棚下栽培。耐旱力强，不耐水湿。盆土以肥沃、排水良好的稍黏质土壤为宜。可分植或种子直播，分植需2~3年开花，直播则需4~5年。

繁殖方法　鹤望兰栽培容易，投资省，效益好。根据其生理特点，目前多采用种子育苗和无性分离两种方法进行繁殖，组织培养也取得了成功。

1. 种育苗方法　鹤望兰种子如豌豆大小，圆形，黑亮而坚硬，脐小而尖，附橘红色绒毛。播前处理：鹤望兰种子播前需用药液清洗消毒，再用30～40℃温水浸种3～4d，每天换水一次，利于发芽。也可用极细的砂纸轻擦种子表面以加速其吸水发芽，但需注意避免擦去过多内部白色营养物。种子育苗和培养土宜采用透气性好的基质，但水分不宜过多，否则不利于透气和种子发芽。播种方法：用小花盆（或透气性好的大盆、木槽），先将细沙和培养土相混合，装盆口以下4cm处，再盖一层1cm厚的细沙，放上浸过的种子，种子间保持10cm间隔，然后盖上2cm的细沙土并浇水。也可以用深12cm左右的有排水孔的硬塑料盘作播种箱，装入8cm厚的经过消毒的蛭石作基质，按2cm×3cm规格点播后盖一层2cm厚的蛭石细粒。将播种后的花盆或播种箱置于温度较高、阳光不直射的地方，保持环境温度为20～32℃，空气湿度在65%～90%。9d后种子开始萌动，18d后开始出苗，大量出苗在播种后32～38d，此时室温应保持20～25℃，夜间不低于12℃，同时注意通风和用两只200W的日光灯补充光照。出齐苗后26d转入塑料棚内，稍加遮阳，10d后自然光照。细心养护，每周一次浇施淡水粪肥或0.2%复合液肥，勤浇水。

2. 无性分离　分株宜在温度不高不低的早春或晚秋进行，可用利刀从植株根部切下10cm以上的幼芽或小株，切口用草木灰消毒防腐，上盆养护10～20d后即可成活，最好在养护期间套塑料袋。从10年龄老植株上切下的带8～10片叶的小株，栽培6个月后即可开花。

3. 组织培养　受其生物学点的限制，鹤望兰种子育苗和无性分离均不能适应大批量生产的需要。鹤望兰种子繁殖因其幼龄期太长，需4～7年后才开花，且易产生遗传变异。种子也不易取得，需要在花期进行人工授粉（用毛笔），80d后才能得到成熟的种子。种子寿命不长，需即采即播；种子发芽率不高，发芽后6个月才长成小苗。无性分株繁殖多采用10年龄以上的植株，但每枝每年仅能分出0.5～1.5个小株，因效率太低而受到限制。

栽培管理

鹤望兰性喜阳光充足、温暖湿润的气候。充足的阳光有利植株的生长发育，阳光不足易导致花芽坏死；生长适温18～24℃，不耐寒。虽耐旱，但亦不可过分干燥，持续高温会导致生理障碍和花芽枯死。土壤以土层深厚、排水良好、富含有机质的沙质土为佳，pH值为5.5～6.5。在碱性土壤中栽培该花，易黄叶直至烂根而死。

1. 棚植技术　鹤望兰作为切花生产，一般栽植在塑料大棚内。定植前土壤要消毒，深耕使土壤膨软，并施入足够的经腐熟的有机堆肥，开好排水渠，以利雨季及时排水。在大棚内，3月至11月都可栽植，株行距80～120cm，每公顷栽9 000～13 500株。也可先行密植，3～4个后再移栽。定植苗多采用二年生健康的实生苗或分株苗，定植前先将苗在水中浸泡1h以提高成活率。定植已开花的植株，植坑直径为60～100cm，栽植不宜过深，以植株基部的芽齐土面为好，以利于新芽萌发。

植后管理：定植后浇足定根水，第一周每天浇水一次，以后见干就浇，应视气候和土壤情况而定，保持土壤微湿，不宜过分干燥。鹤望兰生长期较喜肥，植前应施足基肥，开花前后需经常浇施，以“勤施薄施”为原则，切忌几种肥料一并施用。光照和温度对鹤望兰的生长和开花影响很大，光照越强越有利于生长开花，但在烈日曝晒下叶片易黄，应注意在夏季遮荫降温和通风透气。花期尤其要控制好温度，夜间温度过高会抑制花芽的形成，应掌握在15～24℃。低于5℃时植株将停止发育，冬季盖膜防冻也很有必要。鹤望兰栽培容易，很少发生病虫害。但排水不良，梅雨季节和植株过大都易导致病害发生。开好排水沟，摘除病叶，抽取清洁的水灌溉均可减少或避免病害感染。害虫主要有金龟子、介壳虫、袋蛾等，可用人工捕捉或药剂防治。

2. 盆植技术 鹤望兰也可作盆花种植，其土壤要求排水良好，富含有机质，春秋季可置于全光照下，科季需搬进温室中并提供足够的光照。生长期间，每半月施腐熟肥一次，花期施2～3次过磷酸钙。成年鹤望兰两年换一次盆。盆中植后管理及病虫害防治均和棚植相似。

园林用途 因其花观赏价值极高，宜布置厅堂或做室内装饰，鹤望兰又是珍贵的切花，插瓶水养可欣赏15～20d。

三、非洲菊（*Gerbera jamesonii*）

别名 太阳花、嘉宝菊。

形态特征 非洲菊花朵硕大，花色丰富，管理省工，在温暖地区能常年供应鲜切花。主要类型可分现代切花型和矮生栽培型，有白、粉、红、黄等各种花色。

产地分布 原产南非。

生长习性 非洲菊适应温和气候，耐热、稍耐寒，喜冬季温暖、夏季凉爽、空气流通、阳光充足的环境。生长适温白天为20～25℃，夜间16℃左右。开花适温不低于15℃，白天不超过26℃的生长环境可周年开花。冬季休眠期适温为12～15℃，低于7℃时停止生长。对光周期的反应不敏感，自然日照的长短对花数和花朵质量无影响。非洲菊要求疏松肥沃、排水良好、富含腐殖、土层深厚、微酸性的沙质壤土。

繁殖方法 目前非洲菊多采用组织培养快繁，也可采用分株法繁殖，每个母株可分5～6小株；播种繁殖用于矮生盆栽型品种或育种；可用单芽或发生于颈基部的短侧芽分切扦插。

栽培管理 采用人工培养土栽培非洲菊可明显提高产量和质量，参考配方：腐殖质5份；珍珠岩2份；泥炭3份自配培养土进行栽植，但此法生产成本相对较高。亦可进行大田栽植，应选择至少具有25cm以上深厚土层适合非洲菊生长的壤土进行定植。定植前应施足基肥，一般每亩施畜牧肥5吨，鸡粪600kg，过磷酸钙100kg，草木灰300kg，有机肥要充分腐熟。所有肥料要和定植床的土壤充分混匀翻耕，做成一垄一沟形式，垄宽40cm，沟宽30cm，植株定植于垄上，双行交错栽植。株距25cm。栽植时应注意将根茎部位略显露于土壤，防止根基腐烂。定植后在沟内灌水。定植后管理应注意以下因素。

1. 温度 应用栽培设施，尽量满足非洲菊苗期、生长期和开花期对温度的要求，以利正常生长和开花。除我国华南地区外均不能露地越冬，需进行温室栽培，长江流域以外可用不加温的大棚栽培。在夏季，棚顶需覆盖遮阳网，并掀开大棚两侧塑料薄膜降温。冬季外界夜温接近0℃时，封紧塑料薄膜，棚内一定要增盖塑料薄膜。遇晴暖天气，中午揭开大棚南端薄膜通风约1h。

2. 光照 非洲菊为喜光花卉，冬季需全光照，但夏季应注意适当遮阳，并加强通风，以降低温度，防止高温引起休眠。

3. 灌水 定植后苗期应保持适当湿润并蹲苗，促进根系发育，迅速成苗。生长旺盛期应保持供水充足，夏季每3～4d浇一次，冬季约半个月一次。花期灌水要注意不要使叶丛中心沾水，防止花芽腐烂。露地栽培要注意防涝。另外，灌水时可结合施肥。

4. 追肥 非洲菊为喜肥宿根花卉，对肥料需求大，施肥氮、磷、钾的比例为15∶18∶25。追肥时应特别注意补充钾肥。一般每667m^2施硝酸钾2.5kg，硝酸铵或磷酸铵1.2kg，春秋季每5～6d一次，冬夏季每10d一次。若高温或偏低温引起植株半休眠状态，则停止施肥。

5. 清除残叶 非洲菊基生叶丛下部叶片易枯黄衰老，应及时清除，既有利于新叶与新花芽的萌生，又有利于通风，增强植株长势。

6. 病虫害防治 非洲菊的主要病害有叶斑病、白粉病、病毒病。叶斑病可用70%的甲基托布津可湿性粉剂800～1 000倍或50%的多菌灵可湿性粉剂500倍液喷施。白粉病可用70%的甲基托布津1 500倍液或75%的粉锈宁可湿性粉剂1 000～1 200倍液进行防治，每7～10d一次，连续喷2～3次。病毒病防治应把进苗关，并及时防治蚜虫，减少传毒媒介，发现病株及时清除并销毁。非洲菊虫害主要有跗线螨、棉铃虫、烟青虫、甜菜叶蛾、蚜虫等。跗线螨可用40%的三氯杀螨醇1 000倍液进行防治。其他害虫可用2.5%溴氢菊酯或40%的氧化乐果1 000～1 500倍液进行防治，通常8～9d一次，但喷药对花色有不利影响，花期不宜采用。

园林应用 主要用于切花和盆花。切花适合在浅水盆中水养，供室内陈设，欧洲及东南亚各国每年的消费量非常大。

四、四季秋海棠（*Begonia semper. norms*）

别名 四季海棠。

形态特征 四季秋海棠为多年生草本。茎直立，多分枝，肉质，秃净光滑。叶互生，有光泽，卵形，边缘有锯齿，绿色或带淡红色。花淡红色，腋生，数朵成簇。栽培品种繁多，株型有高种和矮种；花有单瓣和重瓣；花色有红、白、粉红。叶有绿、紫红和深褐等色。常见品种有绿叶系的大使（Ambassador），株高20～25cm，分枝性强。奥林匹克（Olympia），花有粉、红、橙红、白、混色等色。洛托（Lotto），株高10cm。华美（Pizzazz），株高20～25cm。胜利（Victory），株高20～25cm。琳达（Linda），株高15～20cm。另外有大花、绿叶的翡翠和大花绿叶、耐热、耐雨的前奏曲。铜叶系的鸡尾酒（Cocktail）系列，耐阳光，不怕晒，有花粉红色的白兰地（Brandy）、花玫瑰红的杜松子酒（Gin）。花纯白的威士忌（Whiskey）、花鲜红的伏特加（Vodka）、花白色具玫瑰红边的朗姆酒（Rum）。聚会（Party），花大，花径5cm，分枝性好，株高30cm。里奥（Rio），株高20～25cm，是铜叶系中颜色最深的系列。适应性强，适合室外栽培。参议员（Senator）分枝性强。安琪，株高20～25℃，早生种，多花系列，适应性广。

产地分布 原产南美巴西。

生长习性 喜温暖、湿润和阳光充足环境。生长适温18～20℃。冬季温度不低于

5℃，否则生长缓慢，易受冻害。夏季温度超过 32℃，茎叶生长较差。但耐热品种前奏曲、鸡尾酒和安琪等系列，在高温下仍能正常生长。

四季秋海棠的枝叶柔嫩多汁，含水量较高，生长期对水分的要求较高，除浇水外，通过叶片喷水增加空气湿度是十分必要的。但盆内积水或空气过于干燥，同样对四季秋海棠的生长发育极为不利。特别在苗期阶段，易招致幼苗腐烂和病虫危害。

四季秋海棠对光照的适应性较强。它既能在半阴环境下生长，又能在全光照条件下生长，开花整齐、花色鲜艳。绿叶类在强光下生长，叶片边缘易发红，叶片紧缩；铜叶类则叶色加浓，具有光泽。

盆栽四季秋海棠宜用肥沃、疏松和排水良好的腐叶土或泥炭土，pH 值 5.5～6.5 的微酸性土壤。

繁殖方法 常用播种、扦插、分株和组培繁殖。

播种繁殖：以春、秋季为宜。种子细小，每克种子有 70 000 粒左右，短命，隔年种子发芽率显著下降。发芽适温为 20～22℃，播后不覆土，压平即可，约 7～10d 发芽。秋播，温室越冬，翌春开花。一般播种后 130～150d 开花。

扦插繁殖：春、秋季进行最好，剪取长 10cm 的顶端嫩枝作插条，插壤用细沙或膨胀珍珠岩，插穗一半插入插壤中，保持较高的空气湿度和 20～22℃室温，插后 16～20d 生根。若用 0.005% 吲哚丁酸处理 2s，可促进插穗生根。

分株繁殖：在春季换盆时进行，将母株切开，直接盆栽，放半阴处养护恢复。

组培繁殖：外植体用嫩茎，先以清水轻轻擦洗，在无菌室用 70% 酒精表面消毒 30s，再用 5%～10% 漂白粉过滤清液浸泡消毒 10min，最后用无菌水冲洗 4～6 次。将外植体接种于 MS 培养基加 6-苄氨基腺嘌呤 0.5mg/L 和萘乙酸 0.1mg/L，促进不定芽的产生。再使用 1/2 MS 培养基加入吲哚乙酸 0.2mg/L，促使不定根的分化，成为完整植株。从外植体接种至完整小植株产生需 4 个月。

栽培管理 四季秋海棠根系发达，生长快，每年春季需换盆，加入肥沃疏松的腐叶土。生长期保持盆土湿润，每半月施肥 1 次。花芽形成期，增施 1～2 次磷钾肥。或使用 20－20－20 通用肥，无土栽培时长期使用 15－15－18 无土栽培肥。幼苗期或开花期如从弱光地区转移到强光地区需要一个适应过程，否则叶片易卷缩，出现焦斑。相反情况，光线不足，花色显得暗淡，缺乏光彩，茎叶易徒长、柔弱。

四季秋海棠常用 10cm 盆。苗高 10cm 时应打顶摘心，压低株型，促使萌发新枝。同时，摘心后 10～15d，喷 0.05%～0.1% B9 约 2～3 次，可控制植株高度在 10～15cm。一般四季秋海棠作二年生栽培。两年后需进行更新。

园林应用 四季秋海棠在园林中应用十分广泛，因其株型圆整，花多而密集，非常适宜小型盆栽观赏，点缀家庭书桌、茶几、案头和商店橱窗、会议条桌、餐厅台桌摆放，枝繁叶茂，娇艳色彩，可谓妖媚动人。还可布置城市中心广场、花坛、花槽，组成景点，花繁似锦，惹人触目。若加工成立体花柱、花伞及吊盆悬挂，七彩斑斓，异常新奇。

第四节 温室球根花卉

一、仙客来（*Cyclamen persicum Mill.*）

别名 萝卜海棠、兔耳花、一品冠。

形态特征 仙客来属多年生宿根草本，具扁圆形多肉球茎。叶丛生球茎顶端，具长柄，近心形；表面绿色，有银白色斑纹。花单朵腋生；花梗细长，高15～30cm；花稍下垂，花瓣向外反卷职僧帽状；有白、粉红、洋红、紫红等色，还有齿边及具香气的类型和品种。蒴果球形，内含种子多数。花期自秋至春。

产地分布 原产南欧及突尼斯和近东等地。

生长习性 性喜温暖湿润的气候和肥沃、疏松、排水良好的沙质壤土。忌夏季高温高湿，休眠期喜冷凉干燥；为半耐寒性球茎花卉。

仙客来为冬季生长开花花卉，最低温度应保持在12℃以上栽培，是重要的温室花卉之一，深受人们喜爱。华南地区冬季低温时间短，可以用作岩石园布置露地栽培。

繁殖及栽培 播种或分割球茎均可繁殖。播种繁殖，春秋均可，但以9月为好。播种土要求肥沃、疏松和排水良好：播后置于18～20℃温度条件下，保持黑暗，约4～5周可发芽。如播前用30℃温水浸种2～3h，可促进发芽，能提早半月左右出土。发芽后应将盆移至光照充足处，并充分浇水，保持湿润使不干燥，幼苗生出3片真叶时，应及时移苗分栽；分栽时株间距离5cm左右，并注意栽植深度。一般出土幼苗很快形成小球茎，栽时不能埋入土内，要露出2/3；为保护球茎，防止老化，可用木炭屑或苔藓放置周围，还能促进球茎迅速生长。幼苗生长7～8片叶时，即可定植花盆中。定植时，应将球茎2/3埋入土内；盆土同样要求肥沃、排水好的中性土或微碱、微酸土（pH值6.5～7.5），定植后植株生长较快，应特别注意通风，盆土不可过湿，但要求空气湿度高。分割繁殖，一般在秋季休眠期后进行：将老球茎用利刀切成两瓣或四瓣，切时要预先选好下刀处，使每瓣都带有顶芽，切割后要在切面伤口上涂上草木灰，然后栽植，过1d后再浇水，以免伤口腐烂。但因分割球茎操作较难，且生长及开花都不如播种好，故多不采用。仙客来花后结实，5～6月果实成熟，采种应在果实开始由绿变黄时即采，不能待到蒴果开裂后才采，因一开裂，种子极易弹落。收得的种子尖在冷处贮藏，一般在2℃下保存，可放4年半之久仍能发芽良好。为使种子品种纯正，开花期间应将不同品种分隔开，并进行人工辅助授粉，选择健壮株为亲本，进行同品种异株授粉。

园林应用 冬、春季节优美的名贵盆花，用于室内摆花。

二、马蹄莲（*Zantedeschia aetiopica*）

别名 慈姑花、水芋。

形态特征 多年生草本。具肥大肉质块茎，株高约70cm。叶茎生，具长柄，叶柄一般为叶长的2倍，上部具棱，下部呈鞘状折叠抱茎；叶卵状箭形，全缘，鲜绿色。花梗着生叶旁，高出叶丛，肉穗花序包藏于佛焰苞内，佛焰包形大、开张呈马蹄形；肉穗花序圆柱形，鲜黄色，花序上部生雄蕊，下部生雌蕊。果实肉质，包在佛焰包内；自然花期从11月直到翌年6月，整个花期达6~7个月，而且正处于用花旺季，在气候条件适合的地方可以收到种子，一般很少有成熟的果实。

产地分布 原产南非南部。

生长习性 常生于河流旁或沼泽地中。性喜温暖气候，不耐寒，不耐高温，生长适温为20℃左右，0℃时根茎就会受冻死亡。冬季需要充足的日照，光线不足着花少，稍耐阴。夏季阳光过于强烈灼热时适当进行遮荫。喜潮湿，稍有积水也不太影响生长，但不耐干旱。喜疏松肥沃、腐殖质丰富的黏壤土。其休眠期随地区不同而异。在我国长江流域及北方栽培，冬季宜移入温室，冬春开花，夏季因高温干旱而休眠；而在冬季不冷、夏季不干热的亚热带地区全年不休眠。

繁殖方法 繁殖以分球繁殖为主。植株进入休眠期后，剥下块茎四周的小球，另行栽植。也可播种繁殖，种子成熟后即行盆播。发芽适温20℃左右。栽培马蹄莲通常在秋后植球。床植行距25cm，株距10cm。用肥沃而略带黏质的土壤，如：可用园土2份、砻糠灰1份、再稍加些骨粉或厩肥；也可用细碎塘泥2份、腐叶土（或堆肥）1份、加入适量过磷酸钙和腐熟的牛粪配制的土。植后覆土3~4cm厚，20d左右即可出苗。马蹄莲生长期间喜水分充足，要经常向叶面、地面洒水，并注意叶面清洁。每半月追施液肥1次。施肥后还要立即用清水冲洗，以防意外，霜前移入温室，室温保持10℃以上。在养护期间为避免叶多影响采光，可去除外叶片，这样也利于花梗伸出。2~4月是盛花期，花后逐渐停止浇水；5月以后植株开始枯黄，应注意通风并保持干燥，以防块茎腐烂。待植株完全休眠时，可将块茎取出，晾干后贮藏，秋季再行栽植。

栽培管理 马蹄莲适宜8月下旬至9月上旬栽植，地栽是用作切花生产。将健壮根茎3个一组栽于肥沃田中，元旦左右即能开花供应市场。盆栽每盆栽大球2~3个，小球1~2个，盆土可用园土加有机肥。栽后置半荫处，出芽后置阳光下，待霜降移入温室，室温保持10℃以上。生长期间要经常保持盆土湿润，通常向叶面、地面洒水，以增加空气湿度。每半月追施液肥1次。开花前宜施以磷肥为主的肥料，以控制茎叶生长，促进花芽分化，保证花的质量。施肥时切勿使肥水流入叶柄内，以免引起腐烂。生长期间若叶片过多，可将外部少数老叶摘除，以利花梗抽出，2~5月是开花繁茂期。5月下旬天热后植株开始枯黄，应渐停浇水，适度遮阴，预防积水。盆栽应移至通风、半荫处，使盆侧放，免积雨水，以保干燥，促其休眠。叶子全部枯黄后可取出球根，晾干后贮藏于通风阴凉处。秋季栽植前将球根底部衰老部分削去后重新栽培。大球开花，小球则可养苗。病虫害主要病害是软腐病。防治方法有拔除病株，用200倍福尔马林液对栽植穴进行消毒；尽量避免连作；及时排涝；空气宜流通；发病时喷洒波尔多液。虫害主要是红蜘蛛。可用三硫磷3 000倍液防治。

园林应用 马蹄莲花、叶俱佳，佛焰苞白色，是重要的切花品种，用作插花、花束和花篮的好材料，也适应花坛和花境布置或盆栽作室内装饰。

三、朱顶红（*Hippeastrum vittatum*（*Ait.*）*Herb.*）

别名　朱顶兰、孤挺花、华胄兰、百子莲。

产地分布　原产热带和亚热带美洲。

形态特征　球根花卉，鳞茎卵状球形。叶 4～8 枚，二列状着生，扁平带形或条形。与花同时或花后抽出。花葶自叶丛外侧抽生，粗壮而中空，扁圆柱形，伞形花序；花大型，漏斗状，平展或略下倾，红色、白色或带有白色条纹。花冠短筒状，喉部常有小鳞片，蒴果近球形。

生长习性　喜温暖湿润和半荫环境，夏季适宜凉爽气候，温度在 18～22℃，冬季则冷凉干燥，气温为 10～13℃。稍耐寒。要求腐殖质含量丰富、疏松肥沃并且排水良好的沙质土壤。花朱顶红（*H. vittatum*），鳞茎为较大的球形，叶 6～8 枚，与花同时抽出或花后抽出。叶片带状，长约 50cm。花 3～6 朵，平深或略下倾；花被片红色，中心及边缘具白色条纹，或白色具紫色条纹；花被长及花径皆为 10～15cm，喉部有小而不明显的副冠。孤挺花（*H. paniceum*），株高 0～60cm，鳞茎呈洋梨状。叶带状，长约 50cm，平滑而有纵沟。花葶比叶长，实心。伞形花序着花 6～12 朵，稍下垂，漏斗状，花淡红色有深红色斑纹，具芳香。短筒孤挺花（*H. reginae*），株高 30～50cm。大型鳞茎球状。叶片于花后生长，长约 60cm。花葶着花 2～4 朵，鲜红色，无条纹。喉部后大型带白色的星状纹，无副冠。花被片倒卵形，锐头。朱顶红（*H. rutilum*），鳞茎近球形。具匍匐枝及短茎。叶片 6～8 枚，花后深长，约 30cm。总花梗中空，稍扁，具白粉，着花 2～4 朵，花被筒长约 2cm，绿色，喉部具一小的副冠，花被片长圆形，端尖，洋红带绿色。白勒朱顶红，是朱顶红的一个变种，叶片中央有一条纵向白条纹，从叶基延伸至叶片顶端。网纹白枝莲（*H. reticulatum*），鳞茎中大。叶片 4～6 枚，与花葶同时抽出，倒披针形，长约 30cm，花葶园筒形，着花 3～6 朵，花被片倒卵形，无副冠花鲜红紫色，具暗红色条纹。杂种白枝莲（*H. hybridum*），园艺杂交种，其亲本有朱顶红、白枝莲、望白枝莲、网纹白枝莲等，其园艺品种很多，一般分为两类，一为大花圆瓣型，花大，花瓣先端圆钝，多用于盆栽观赏。另一类为尖瓣型，花瓣先端尖，生性强健，多用于切花。

繁殖方法　常用播种和分株繁殖。

播种繁殖：在 5～6 月采用室内盆播，发芽适温为 18～22℃，播后 20d 左右发芽。苗期注意肥水管理，待真叶 3～4 片时，进行第一次移栽，保持一定的株距。播种至开花需 3～4 年。

分株繁殖：盆栽朱顶红于 2～3 月换盆时进行，分栽前先去除老根和宿土，将母球旁生的小鳞茎分开，视鳞茎大小分类盆栽，一般开花鳞茎周径在 24～26cm。栽植时鳞茎的 1/3 露出土面。3 月栽植，4～5 月开花。

近年来，国外已广泛采用鳞片扦插、刻伤法和组织培养法繁殖朱顶红。

鳞片扦插繁殖：选发育良好的无病鳞茎，剥去外层过分老熟的鳞片，留下生长充实的中部鳞片供繁殖，但每个鳞片必须带茎盘。9 月将鳞片插植沙床，在 18～20℃下，保持湿润，当年形成小鳞茎、基部生根。翌春于小鳞茎上长出新苗，需继续培养 3 年成为开花的鳞茎。

刻伤法繁殖：选择鳞茎周径 24 ~ 26cm 种球，将鳞茎用 1% 硫酸铜液浸 5min，用水洗净后，切去鳞茎的 1/3，用刀轻轻刻伤鳞茎中心的主芽，平放在沙床上，室温保持 18 ~ 22℃，维持较高的空气湿度，两个月后在鳞片之间形成若干小鳞茎。

组培繁殖：常用 MS 培养基，以茎盘、休眠鳞茎组织、花梗和子房为外植体。经组培后先产生愈伤组织，30d 后形成不定根，3 ~ 4 个月后形成不定芽。

栽培管理 盆栽朱顶红，选用疏松、肥沃的微酸性腐叶土或泥炭土。周径 24 ~ 26cm 的开花鳞茎需用 12cm 盆，商品栽培也用 18 ~ 20cm 盆，栽植 3 个鳞茎。栽植深度以鳞茎 1/3 露出盆土为准。初栽时少浇水，出现花茎或叶片时，保持盆土湿润。生长期每半月施肥 1 次，抽出花茎后加施磷钾肥 1 次。花后继续供水供肥，促使鳞茎健壮充实。朱顶红在商品生产上常用促成栽培，采用低温 5℃预处理 50d 的开花鳞茎，在土壤温度 21℃、室温 17 ~ 19℃的条件下，栽植后 6 周开花。据试验报道，鳞茎用吲哚乙酸浸泡处理，可增加小鳞茎的重量和数量。用赤霉素（GA3）浸泡处理鳞茎，可增加鳞茎的重量和增大花径。用矮壮素（CCC）浸泡处理，可增加花的数量。用吲哚乙酸、赤霉素和矮壮素喷洒朱顶红叶面，同样可以增加小鳞茎和花朵的数量。

朱顶红如采收种子，应进行人工授粉，可提高结实率。由于朱顶红种子扁平、极薄，容易失水，丧失发芽力，应采种后即播。如种球生产，花后及时剪除花茎，以免消耗鳞茎养分。待长出叶片后，加强施肥，促使鳞茎增大和产生新鳞茎。鳞茎在 13℃条件可贮藏 8 ~ 10 周，在 5℃温度下，可长期贮藏。

园林用途 朱顶红花大色美，将花期控制在元旦和春节期间，成为少花季节的优质盆花，在盆花生产的同时，朱顶红还可做切花和种球生产，它具有生产成本低、产量高、切花品位高、装饰效果好、种球耐贮藏运输等特点。

四、大岩桐（*Sinningia speciosa* Benth.）

别名 六雪尼，落雪泥。

产地分布 原产巴西，现广泛栽培。

形态特征 多年生草本，块茎扁球形，地上茎极短，株高 15 ~ 25cm，全株密被白色绒毛。叶对生，肥厚而大，卵圆形或长椭圆形，有锯齿；叶脉间隆起，自叶间长出花梗。花顶生或腋生，花冠钟状，先端浑圆，5 ~ 6 浅裂，色彩丰富，有粉红、红、紫蓝、白、复色等色，大而美丽。蒴果，花后 1 个月种子成熟；种子褐色，细小而多。

生长习性 生长期喜温暖、潮湿，忌阳光直射，有一定的抗炎热能力，但夏季宜保持凉爽，23℃左右有利开花，1 ~ 10 月温度保持在 18 ~ 23℃；10 月至翌年 1 月（休眠期）需要 10 ~ 12℃，块茎在 5℃左右的温度中，也可以安全过冬。生长期要求空气湿度大，不喜大水，避免雨水侵入；冬季休眠期则需保持干燥，如湿度过大或温度过低，块茎易腐烂。喜肥沃疏松的微酸性土壤。

繁殖方法 大岩桐可用播种、叶插、枝插和分球茎等方法来进行繁殖。

1. 分球法 此法较简便：选择生长了 2 ~ 3 年的植株，于春季换盆前进行。待块茎发芽后，用利刀将块茎分割成块，要求每块都带芽眼，否则仅能生根，不能形成生长枝。分割后，切口涂抹些草木灰，以防止块茎腐烂。

2. 叶插法　在花落后，选取优良单株，剪取健壮的叶片，留叶柄1cm，斜插入干净的河沙中（如使用珍珠岩和蛭石混合的基质土效果更好），叶面的1/3插在河沙中，2/3留在地表面，适当遮荫，保持一定的湿度，在22℃左右的气温下，15d便可生根，小苗后移栽入小盆。

3. 枝插　大岩桐块茎上常萌发出嫩枝，扦插时剪取2～3cm长，插入细沙或膨胀珍珠岩基质中，注意遮荫，避免阳光趋向，维持室温18～20℃，15d即可发根。

4. 播种法　大岩桐留种必须进行人工授粉。大岩桐的花柱高于花药，雄蕊早熟，故自花难孕。人工授粉后，可剪取花瓣，以免花瓣霉烂影响结实。一般授粉后30～40d果实可成熟。

播种春秋两季均可。播种前，先用水将种子浸泡24h，以促使其提早发芽。用浅盆或木箱装入腐叶土、菜园土和细沙混合的培养土。将土平整后，均匀地撒上种子，盆底润水后，上面盖上玻璃。在18～20℃的湿度条件下，约10d后出苗。出苗后，让其逐渐见阳光。当幼苗长出3～4片真叶时，分栽于小盆。苗期应适当遮荫，避免阳光趋向，经常用水喷雾，以保持较高的湿度。每隔10d左右施一次稀薄的饼肥水，一般播种后6个月可开花。

栽培管理

1. 适宜的温度　大岩桐生长适温在1～10月为18～22℃，10月至翌年1月为10～12℃。冬季休眠期盆土宜保持稍干燥些，若温度低于8℃、空气湿度又大，会引起块茎腐烂。

2. 适当遮光　大岩桐为半阳性植物，喜半阴环境。故生长期间要注意避免强烈的日光照射；环境也不可过于干燥。在夏季，要放置在荫棚下有散射光且通风良好的地方养护，否则极易引起叶片枯萎。供水应根据花盆干湿程度每天浇1～2次水。

3. 适当施肥　大岩桐较喜肥，从叶片伸展后到开花前，每隔10～15d应施稀薄的饼肥水一次。当花芽形成时，需增施一次骨粉或过磷酸钙。大岩桐叶面上生有许多丝绒般的绒毛。因此，施肥时不可沾污叶面。否则，易引起叶片腐烂。

4. 花期　要注意避免雨淋，温度不宜过高，可延长观花期。开花后，若培养土肥沃加上管理得当，它又会抽出第二批蕾。花谢后如不留种，宜剪去花茎，有利继续开花和块茎生长发育。

5. 大岩桐不耐寒　在冬季，植株的叶片会逐渐枯死而进入休眠期，此时可把地下块茎挖出，贮藏于阴凉（温度不低于8℃）干燥的沙中越冬。待到翌年春暖时，再用新土栽植。块茎可连续栽培7～8年，每年开花两次。老块茎需淘汰更新。

6. 土壤　盆栽大岩桐，常用腐叶土、粗沙和蛭石的混合基质。

园林应用　大岩桐花大色艳，花期又长，一株大岩桐可开花几十朵，花期持续数月之久。是节日点缀和装饰室内及窗台的理想盆花。用它摆放会议桌、橱窗、茶室，更添节日欢乐的气氛。

第五节　温室亚灌木花卉

一、倒挂金钟（*Fuchsia hybrida Voss.*）

别名　吊钟海棠、灯笼海棠。

产地分布　原产秘鲁、智利、墨西哥等中、南美洲国家，现广泛栽培。

形态特征　半灌木或小灌木，株高30～150cm，茎近光滑，枝细长稍下垂，常带粉红或紫红色，老枝木质化明显。叶对生或三叶轮生，卵形至卵状披针形，边缘具疏齿，花单生于枝上部叶腋，具长梗而下垂。萼筒长圆形，萼片4裂，翻卷。花瓣4枚，自萼筒伸出，常抱合状或略开展，也有半重瓣或带皱褶的，花色有粉红、紫、橘黄、白色等，四季均可开花，但以夏秋两季开花最盛。果为浆果，成熟后为酱紫色，内含多数种子。

生长习性　喜温暖，湿润，冬季阳光充足，空气流通，夏季高燥凉爽半荫的环境。忌酷暑、闷热及雨淋日晒。气温达30℃时，生长明显较差，呈半休眠状态，在35℃以上，枝叶枯萎，甚至死亡。冬季温室最低温度应保持10℃，在5℃的低温下，易受冻害，生长室温为10～25℃，要求有较高的空气湿度。

繁殖方法　繁殖倒挂金钟，一般采取扦插法，全年都可进行。10月份扦插的最好，幼苗经半年的培育即能长成枝繁、叶茂、花多的植株。早春2～3月扦插的。须经一年多的培育才能开花。4～8月扦插的，一般生长缓慢。

扦插时，从母株上截取带顶尖的枝条7～9cm长，插入素沙土的沙床中3cm深，经常喷水保持湿润，2周即能生根，再经3～4周即可栽入花盆。

栽培管理　倒挂金钟喜凉爽湿润环境，生长期最适温度在15～25℃，超过30℃以上的高温生长就受到抑制。在我国东北、西北以及云南等地区生长良好，当地群众普遍栽培。而在长江流域以南地区，由于夏季炎热对其威胁，植株生长受阻，处于半休眠状态，往往难以度过这一阶段。因此，在南方的夏季要给它创造一个凉爽、遮荫的条件下，或置于室内不受日光直射而又通风之处，经常打开电扇降温，叶面喷水提高空气湿度，盆土保持稍干。秋凉时，对植株要进行修剪，进行短截，促发新梢，新芽长出后再恢复正常的肥水管理，并移至向阳处。

冬季在不低于5℃的室内可以安全越冬。倒挂金钟喜疏松肥沃土壤，每年春季出房后翻盆换新土，生长旺期，勤施腐熟液肥，每半月1次，则叶茂花繁。

倒挂金钟具有生长迅速，在新梢上开花的习性，因而需适时摘心，留取饱满侧芽，并借以调整株形，保持姿态优美。

园林应用　倒挂金钟开花时，垂花朵朵，婀娜多姿，如悬挂的彩色灯笼，盆栽适应于客厅、花架、案头点缀，用清水插瓶，既可观赏，又可生根繁殖。

二、天竺葵（*Pelargonium hortorum*）

别名　洋绣球、入腊红。

产地分布　原产南非。

形态特征　株高 30 ~ 60cm，全株被细毛和腺毛，具异味。茎肉质。叶互生，圆形至肾形，通常叶缘内有马蹄纹。伞形花序顶生，总梗长，花有白、粉、肉红、淡红、大红等色，有单瓣重瓣之分，还有叶面具白、黄、紫色斑纹的彩叶品种。花期 5 ~ 6 月，除盛夏休眠，如环境适宜可不断开花。喜冷凉，但也不耐寒。忌高温，喜阳光充足，喜排水良好的肥沃壤土；不耐水湿，湿度过大易徒长，稍耐干旱。生长适温为白天 15℃左右，夜间不低于 5℃。夏季休眠或半休眠，应置半阴处，并控制水分。

生长习性　天竺葵生性健壮，很少病虫害；其适应性也强，各种土质均能生长，但以富含腐殖质的沙壤土生长最良；喜阳光，好温暖，稍耐旱，怕积水，不耐炎夏的酷暑和烈日的曝晒。入夏植株停止生长，叶片老化，呈半眠状，此时可转至室外阴凉处，停施液肥，按时浇水，雨天将盆放倒，防止积水烂根。

繁殖方法　播种繁殖：春、秋季均可进行，以春季室内盆播为好。发芽适温为 20 ~ 25℃。天竺葵种子不大，播后覆土不宜深，约 14 ~ 21d 发芽。秋播，第二年夏季能开花。经播种繁殖的实生苗，可选育出优良的中间型品种。

扦插繁殖　除 6 ~ 7 月植株处于半休眠状态外，均可扦插。以春、秋季为好。夏季高温，插条易发黑腐烂。选用插条长 10cm，以顶端部最好，生长势旺，生根快。剪取插条后，让切口干燥数日，形成薄膜后再插于沙床或膨胀珍珠岩和泥炭的混合基质中，注意勿伤插条茎皮，否则伤口易腐烂。插后放半阴处，保持室温 13 ~ 18℃，插后 14 ~ 21d 生根，根长 3 ~ 4cm 时可盆栽。扦插过程中用 0.01% 吲哚丁酸液浸泡插条基部 2s，可提高扦插成活率和生根率。一般扦插苗培育 6 个月开花，即 1 月扦插，6 月开花；10 月扦插，翌年 2 ~ 3 月开花。

天竺葵也可用组织培养法繁殖。以 MS 培养基为基本培养基，加入 0.001% 吲哚乙酸和激动素促使外植体产生愈伤组织和不定芽，用 0.01% 吲哚乙酸促进生根。组培法为天竺葵的良种繁育和选育新品种提供了新的途径。

栽培管理　天竺葵苗高 12 ~ 15cm 时进行摘心，促使产生侧枝。盛夏高温时，严格控制浇水，否则半休眠状态的天竺葵如盆土过湿，叶片常发黄脱落。茎叶生长期，每半月施肥一次，但氮肥不宜施用太多。茎叶过于繁殖，需停止施肥，并适当摘去部分叶片，有利于开花。花芽形成期，每两周加施一次磷肥。或"卉友"15 - 15 - 30 盆花专用肥。为了控制挖株高度，达到花大色艳的目的，除选择矮生天竺葵品种以外，生长调节物质的应用十分重要。当天竺葵定植于 12cm 或 15cm 盆后 2 周，可用 0.15% 矮壮素或比久喷洒叶面，每周一次，喷洒两次，每天光照 14 ~ 18h，这样可以有效地控制天竺葵的高度，提供优质的商品盆花。

花谢后应立即摘去花枝，以免消耗养分，有利于新花枝的发育和开花。一般盆栽 3 ~ 4 年老株需要重新进行更新。冬春花期，应放阳光充足处，否则叶片易下垂转黄。雨雪天增加人工辅助光照，对开花更为理想。

园林应用　天竺葵盆栽适用于厅室、餐车、会场等公共场所摆放，形成一种热烈的气氛。点缀家庭阳台、窗台和案头效果更佳，全年开花不断，呈现欣欣向荣的景象。露地散植或摆设，装饰岩石园、花坛或花径，也能表现出天竺葵的株形和色彩的美。

三、文竹（*Asparagus plumosus*）

别名 云片竹。

产地分布 原产南非，现各国园林均有栽培。

形态特征 文竹为多年生草质藤本，茎柔嫩伸长具有攀缘性；根部稍肉质；叶状枝纤细而簇生，形如羽毛，水平开展；叶长3～5mm，6～12枚簇生，圆柱形，成刺状鳞片；花小，两性，白色，花期2～3月或6～7月；浆果球形，紫黑色。

生长习性 性喜温暖湿润，略耐阴，不耐干旱，忌霜冻，冬季室温不低于5℃。喜生于疏松肥沃的沙质土壤中。

繁殖及栽培 用播种或分株繁殖。播种繁殖首先要培养种株，一般盆栽多不能开花结实，所以种株多在室内地栽：将2～3年健壮植株，选略庇荫处（多在温室拐角处）种植，搭好支架，任其自然攀缘。将成熟的种子于春季播于浅盆中，加盖薄膜或玻璃，并保持土壤湿润，在20～25℃时约30天即可发芽，待苗高4～5cm时移植，8～10cm时即可单株定植于盆中或栽培畦中。对生长4～5年的大株可进行分株繁殖，可将生长过密的丛生株分为2～3株一盆或一丛。置半阴养护，直到发出新叶或新株时为成活。但新分的植株株形不够完美，需养护整形后才能投放市场。

盆栽文竹用土多用腐叶土、园土、沙、厩肥或磷钾肥按5∶2∶2∶1（体积比）配制成肥沃的混合土。栽培过程中，盆土要求半干半湿。夏季要置于半阴处，常向叶面喷雾，以保持空气湿度；冬季室温不得低于5℃，否则将会死亡。

为了大量地生产插花用叶材料，可将文竹进行大面积地栽。地栽通常是利用塑料大棚越冬，夏季则加盖遮阳网为其创造半阴的生长条件。地栽时土壤要求与盆栽相同，但地栽文竹枝繁叶茂，生长较迅速，故需及时搭架，以利通风和高产。同时要及时修剪，防止开花前增施骨粉或磷肥。在文竹生长期间内可每10d追施一次以氮、钾为主的稀薄液体肥。施肥时注意勿侵染叶片，或在施肥后向叶面喷雾清洗，以免肥料对叶面产生肥害。

园林应用 羽状叶呈片状斜展，形似一片飘浮的绿云，是观叶类植物中的佼佼者，适宜于厅堂、会场及案头装饰，也是插花、花篮等常用的极好的陪衬材料。

四、香石竹（*Dianthus caryophyllus* L.）

别名 麝香石竹、康乃馨。

产地分布 原产南欧及希腊。

形态特征 多年生宿根草本。茎丛生，质坚硬，灰绿色，节膨大，高度约50cm。叶厚线形，对生。茎叶与中国石竹相似而较粗壮，被有白粉。花大，具芳香，单生，2～3朵簇生或成聚伞花序；萼下有菱状卵形小苞片4枚，先端短尖，长约萼筒1/4；萼筒绿色，5裂；花瓣不规则，边缘有齿，单瓣或重瓣，有红色、粉色、黄色、白色等色。花期4月至9月，保护地栽培四季开花。

生长习性 喜阴凉干燥，阳光充足与通风良好的生态环境。耐寒性好，耐热性较差，最适生长温度14～21℃，温度超过27℃或低于14℃时，植株生长缓慢。宜栽植于富含腐殖质，排水良好的石灰质土壤。喜肥。

繁殖方法　用播种、压条和扦插法均可，而以扦插法为主。扦插除炎夏外，其他时间都可进行，尤以 1 月下旬至 2 月上旬扦插效果最好。插穗可选在枝条中部叶腋间生出的长 7～10cm 的侧枝，采插穗时要用“掰芽法”，即手拿侧枝顺主枝向下掰取，使插穗基部带有节痕，这样更易成活。采后即扦插或在插前将插穗用水淋湿亦可。扦插土为一般园土掺入 1/3 砻糠灰或沙质土。插后经常浇水保持湿度和遮阳，室温 10～15℃，20d 左右可生根，一个月后可以移栽定植。

压条在 8～9 月进行。选取长枝，在接触地面部分用刀割开皮部，将土压上。经 5～6 周后，可以生根成活。

栽培管理

1. 土壤　要求排水良好、腐殖质丰富，保肥性能良好而微呈碱性之黏质土壤。

2. 浇水　康乃馨生长强健，较耐干旱。多雨过湿地区，土壤易板结，根系因通风不良而发育不正常，所以雨季要注意松土排水。除生长开花旺季要及时浇水外。平时可少浇水，以维持土壤湿润为宜。空气湿润度以保持在 75% 左右为宜，花前适当喷水调湿，可防止花苞提前开裂。

3. 施肥　康乃馨喜肥，在栽植前施以足量的烘肥及骨粉，生长期内还要不断追施液肥，一般每隔 10d 左右施一次腐熟的稀薄肥水，采花后施一次追肥。

4. 其他　为促使康乃馨多枝多开花，需从幼苗期开始进行多次摘心：当幼苗长出 8～9 对叶片时，进行第一次摘心，保留 4～6 对叶片；待侧枝长出 4 对以上叶时，第二次摘心，每侧枝保留 3～4 对叶片，最后使整个植株有 12～15 个侧枝为好。孕蕾时每侧枝只留顶端一个花蕾，顶部以下叶腋萌发的小花蕾和侧枝要及时全部摘除。第一次开花后及时剪去花梗，每枝只留基部两个芽。经过这样反复摘心，能使株形优美，花繁色艳。喜好强光是康乃馨的重要特性。无论室内越科、盆栽越夏还是温室促成栽培，都需要充足的光照，都应该放在直射光照射的向阳位置上。

园林应用　香石竹（康乃馨）是优异的切花品种，花色娇艳，有芳香，花期长，适用于各种插花需求，常与唐菖蒲、文竹、天门冬、蕨类组成优美的花束。矮生品种还可用于盆栽观赏。花朵还可提香精。这种体态玲珑、斑斓雅洁、端庄大方、芳香清幽的鲜花，随着母亲节的兴起，正日益风靡世界，成了全球销量最大的花卉。

第六节　温室木本花卉

一、山茶（*Camellia japonica Linn.*）

别名　茶花。

产地分布　原产中国的浙江、江西、四川及山东；日本、朝鲜半岛也有分布。

形态特征　灌木或小乔木，高至 15m。叶倒卵形或椭圆形，长 5～10cm，宽 2～6cm，短钝渐尖，基部楔形，有细锯齿，叶干后带黄色；叶柄长 8～15mm。花单生于叶腋或枝顶，大红色，花瓣 5～6 个，栽培品种有白、淡红等色，且多重瓣，顶端有凹缺；花丝无毛；子房无毛，花柱顶端3裂。蒴果近球形，直径2.2～3.2cm。

生长习性 为常绿灌木或小乔木。喜半阴、忌烈日。喜温暖气候，生长适温为18～25℃，始花温度为2℃。略耐寒，一般品种能耐－10℃的低温耐暑热，但超过36℃生长受抑制。喜空气湿度大，忌干燥，宜在年降水量1 200mm以上的地区生长。喜肥沃、疏松的微酸性土壤，pH值以5.5～6.5为佳。一年有两次枝梢抽生，第一次为春梢，于3～4月开始；夏梢7～9月抽生。花期长，多数品种为1～2个月，单朵花期一般为7～15d。花期2～3月。

繁殖方法

用扦插、嫁接、压条、播种和组织培养等法繁殖。通常以扦插为主。

山茶花的茎枝再生能力强，因此扦插和嫁接成活率都很高，而且繁殖速度快，操作方便，经济效益高，在生产上广泛应用。

山茶花在较好的生长条件下，一年四季均可扦插，一般多在夏季和秋季进行，而在6月份前后梅雨季扦插，成活率更高，因此时高温、高湿，有利插枝生根和萌芽生长。

根据不同生产规模和经营范围，可采用不同的方法进行扦插繁殖。

1. 盆箱扦插法 将扦插用的花盆、木箱或塑料箱，在盆或箱底打1～3个排水孔，每孔大小为2～3cm，要求排水良好。孔上盖碎瓦片，在底层铺一层小石子，中层铺一层粗沙，上层铺5～10cm培养土。

培养土一般选用酸性红黄壤，pH值5～6.5，如黏性过重可掺入细沙或锯末屑。若条件许可时，在培养土中掺入适量腐殖土、蛭石、腐熟有机肥或磷肥、骨粉。在培养土偏碱时，加硫酸亚铁溶液进行调节，使之呈微酸性反应。培养土可在日光下曝晒数天，或用甲醛溶液消毒后，用塑料薄膜闷数日，均有灭菌消毒的效果。

盆或箱装培养土时，应高出盆或箱面，使之成为馒头形，防止盆或箱内积水，同时有利插枝通风，提高成活率。扦插时用手指稍揿实培养土，并随时用细咀壶浇透水，进行遮阳、保湿管理。

2. 苗床扦插法 苗床地宜选择酸性至微酸性沙壤土，翻耕后，作床宽1.2m左右，沟宽40～50cm，畦高20cm，整细、耙平，床面喷药消毒，用薄膜覆盖2～3d后扦插，有利防治病虫。

在扦插前，用水泥柱或毛竹搭成1.5～2m高的棚架，上盖芦帘或黑色遮阳网（遮光率为60%～70%），四周由上而下垂至地面，并固定好，这样可兼顾遮光、防风、保湿的作用。如用塑料大棚扦插育苗，可在大棚内搭4条30～40cm高、80cm宽的小拱棚，小拱棚间距约为50cm，扦插后盖上遮阳网。

扦插时应注意叶片排列整齐有序，扦插后浇足定植水，在小拱棚上加盖一层地膜，可提高保湿效果。

3. 全光雾扦插法 全光雾扦插法需要一定的设施和生产规模，育苗成本低，生根快，成活率高。全光雾扦插苗床多采用基质材料或细沙，下铺石子，底部有排水设施。在苗床上装有喷雾设备，通过设定间隔喷雾、保持相对湿度、调节苗床温度等措施，以保证插枝正常吸收水分，防止插枝和叶芽干枯。

栽培管理 山茶花在苗床的扦插密度，依据品种和叶片的大小而定，要求扦插后叶片相互不重叠，一般采用株距为4～5cm，行距为10cm左右，插入床土3cm左右，浅插有利于生根。扦插后要及时喷水、遮阳，防止阳光直射，保持温度为25～30℃，相对湿度为85%～95%。因此，在山茶花扦插时多采用塑料棚保温、保湿，并在棚顶上覆盖遮阳网或帘子，并喷水降温。当扦插后30～40d（不处理）或15～20d（经植物生长激素处理），插枝生长新根，要逐渐减少遮荫，增加光照，直至揭去塑料薄膜，进入苗期正常培育，加强肥水管理和松土除草，使山茶花扦插苗有一个良好的生活环境。可分为地栽和盆栽两种栽培方式。如作园林绿化栽培，需要有蔽荫树作伴。盆栽以深瓦盆为好，盆土则以疏松，肥沃，易透水为佳。幼苗每隔2～3年换盆一次。施肥要掌握3个关键时期，即2～3月以追施氮肥为主。花蕾过密要进行疏蕾，以保持每枝1～2个花蕾为宜。浇水次数视气候情况而定，以保持土壤湿润为原则。北方盆栽冬季宜放置冷室光照良好而通风处；夏季移出，在室外荫棚或树梢旁放置。主要病害有茶花炭疽病、茶花饼病；常见虫害有红蜘蛛及介壳虫类。

园林应用　山茶树冠多姿，叶色翠绿，花大艳丽，花期正值冬末春初。江南地区可丛植或散植于庭园、花径、假山旁、草坪及树丛边缘，也可片植为山茶专类园。北方宜盆栽，用来布置厅堂、会场效果甚佳。

二、杜鹃（*Rhododendron simsii Planch*）

别名　杜鹃花、红杜鹃、映山红、艳山红、艳山花、清明花、格桑花（藏语）、金达莱（朝鲜语）、山踯躅、红踯躅、山石榴等。

产地分布　原产我国云南。

形态特征　落叶灌木，高约2m；枝条、苞片、花柄及花等均有棕褐色扁平的糙伏毛。叶纸质，卵状椭圆形，长2～6cm，宽1～3cm，顶端尖，基部楔形，两面均有糙伏毛，背面较密。花2～6朵簇生于枝端；花萼5裂，裂片椭圆状卵形，长2～4mm；花冠鲜红或深红色，宽漏斗状，长4～5cm，5裂，上方1～3裂片内面有深红色斑点；雄蕊7～10，花丝中部以下有微毛，花药紫色；子房及花柱近基部有糙伏毛，柱头头状。蒴果卵圆形，长约1cm，有糙伏毛。花期4～5月，果熟期10月。为酸性土指示植物。叶含黄酮类（杜鹃花醇）、三萜成分、乌苏酸。

生长习性　杜鹃花喜欢酸性土壤，在钙质土中生长得不好，甚至不生长。因此，土壤学家常常把杜鹃花作为酸性土壤的指示作物。杜鹃花经过人们多年的培育，已有大量的栽培品种出现，花的色彩更多，花的形状也多种多样，有单瓣及重瓣的品种。杜鹃性喜凉爽、湿润、通风的半阴环境，既怕酷热又怕严寒，生长适温为12～25℃，夏季气温超过35℃，则新梢、新叶生长缓慢，处于半休眠状态。夏季要防晒遮阳，冬季应注意保暖防寒。忌烈日暴晒，适宜在光照强度不大的散射光下生长，光照过强，嫩叶易被灼伤，新叶老叶焦边，严重时会导致植株死亡。冬季，露地栽培杜鹃要采取措施进行防寒，以保其安全越冬。观赏类的杜鹃中，西鹃抗寒力最弱，气温降至0℃以下容易发生冻害。

繁殖方法　播种、扦插、嫁接均可。播种多用于培育杂种实生苗时进行，在生产上多采用扦插和嫁接繁殖。

1. 扦插　是应用最广泛的方法，优点是操作简便，成活率高，生长快速，性状稳定。插穗取自当年生嫩枝刚刚木质化的枝条，带踵掰下，修平毛头，剪去下部叶片，留顶端

4~5叶，如枝条过长可截取顶梢。若不能随采随插，可用湿布或苔藓包裹基部，套以塑料薄膜，放于荫处，可存放数日。扦插以梅雨季节前成活率最高，一般西鹃5月下旬至6月上旬，毛鹃6月上旬至下旬，东鹃、夏鹃6月中旬至下旬，此时插穗老嫩适中，天气温暖湿润，成活率可达90%以上。基质可用泥炭、腐熟锯木屑、黑山土、黄山土、河沙、珍珠岩等，大面积生产多用腐熟锯木屑+珍珠岩，插床底部应填7~8cm排水层，以利排水，扦插深度为插穗的1/3至1/2。用萘乙酸300mg/kg、吲哚丁酸200~300mg/kg快浸处理，可促进生根。插后管理重点是遮阳和喷水，使插穗始终新鲜，高温季节要增加地面、叶面喷水，注意通风降温。毛鹃、东鹃、夏鹃发根快，1个月左右，西鹃需40~70d。长根后顶部抽梢，如形成花蕾，应予摘除。9月后减少遮阳，使小苗逐步壮实，10月可施薄肥，下旬即可上盆。

2. 嫁接 在繁殖西鹃时采用较多，其优点是：接穗只需一段嫩梢，可随时嫁接，不受时间限制，可将几个品种嫁接在同一株上，比扦插苗长得快。最常用的嫁接方法，是嫩枝顶端劈接，以5~6月最宜，砧木选用二年生独干毛鹃，要求新梢和接穗粗细相仿，嫁接后要在接口处连同接穗用塑料薄膜袋套住，扎紧袋口。然后置于荫棚下，忌阳光直射，注意袋中有无水珠，若无，可解开喷湿接穗重新扎紧。接后7d不萎即有成功把握，两个月后去袋，次春松绑。

栽培管理 常绿杜鹃和栽培品种中的毛鹃、东鹃、夏鹃，可以盆栽，也可以在蔽荫条件下地栽。唯西鹃娇嫩，全行盆栽。现将西鹃栽培管理方法介绍如下，其他品种可参照掌握。

1. 场地 栽培西鹃需室内和室外两种环境：室内是为冬季防寒用，最冷不低于-3~-2℃，室外是为了度过炎夏，江南地区从4月中旬至11月上旬均养在户外，要求有落叶树的自然蔽荫，或人工搭置荫棚，创造一个半阴雨凉爽的生长环境。地面要有排水坡度，花盆搁在搁板上。

2. 选盆 生产上都用通气性能好的、价格低廉的瓦盆。大规模生产也可用硬塑料盆，美观大方，运输方便，国外和国内大型企业均用之。杜鹃根系浅，扩张缓慢，栽培要尽量用小盆，以免浇水失控，不利生长。

3. 用土 常用黑山土，俗称兰花泥，也可用泥炭土、黄山土、腐叶土、松针土，经腐熟的锯木屑等，pH值5~6.5，通透排水，富含腐殖质，均可。

4. 上盆 一般在春季出房时或秋季进房时进行，盆底填粗粒土的排水层，上盆后放于阴处伏盆数日，再搬到适当位置。幼苗期换盆次数较多，每1~2年一次，10年后，可3~5年换一次，老棵只要不出问题，可多年不换。

5. 浇水 要根据天气情况，植株大小，盆土干湿，生长发育需要，灵活掌握。水质要不含碱性。如用自来水浇花，最好在缸中存放1~2d，水温应与盆土温度接近。11月后气温下降，需水量少，室内不加温时3~5d不浇不成问题。2月下旬以后要适当增加浇水量，3~6月，开花抽梢，需水量大，晴天每日浇1次，不足时傍晚要补水，梅雨季节，连日阴雨，要及时侧盆倒水。7~8月高温季节，要随干随浇，午间和傍晚要在地面、叶面喷水，以降温增湿，9~10月天气仍热，浇水不能怠慢。

6. 施肥 杜鹃要求薄肥勤施，常用肥料为草汁水、鱼腥水、菜籽饼。草汁水用嫩草、菜叶沤制而成，可当水浇。鱼腥水系鱼杂等加水10倍，密封发酵半年以上，施用时要兑水，浓度以3% ~5% 为宜。此肥富含磷质，可使叶亮花艳，但次日应以清水冲洗一次。菜籽饼为综合肥料，应沤制数月，冲水施用。大面积生产杜鹃盆花，可采用复合肥或缓施肥料，一年施1 ~2 次即可。

7. 遮阳　西鹃从5 ~11 月都要遮阳，棚高2m，遮阴网的透光率为20% ~30% ，两侧也要挂帘遮光。

8. 修剪　幼苗在2 ~4 年内，为了加速形成骨架，常摘去花蕾，并经常摘心，促使侧枝萌发，长成大棵后，主要是剪除病枝、弱枝以及紊乱树形的枝条，均以疏剪为主。

园林应用　杜鹃较耐阴，是一种非常适宜居室栽培的花叶俱美的植物。花期长，盛花时一片红艳，可陈设于室内较矮的几架上，或布置会场、剧院大厅、宾馆的内庭。花谢后，又是美丽的观叶植物。杜鹃的枝叶耐修剪，根桩奇特，又是一种极佳的盆景树材。

杜鹃也可地栽装饰庭院，或单棵点缀或成片铺植。用杜鹃组成花篱、花坛、花带，能形成一种云蒸霞蔚的景观。

三、栀子（*Gardenia jasminoides Ellis*）

别名　黄栀子、山枝子、大红栀、白蜂花、黄枝。

产地分布　原产于我国长江流域以南各省、自治区，越南、日本也有野生。

形态特征　常绿灌木，高达2m。叶对生或3 叶轮生，叶片革质，长椭圆形或倒卵状披针形，长5 ~14cm，宽2 ~7cm，全缘；托叶2 片，通常连合成筒状包围小枝。花单生于枝端或叶腋，白色，芳香；花萼绿色，圆筒状；花冠高脚碟状，裂片5 或较多；子房下位。花期5 ~7 月，果期8 ~11 月。

生长习性　多生于海拔1 000m 以下的谷地、林缘、溪边及灌木丛中。性喜温暖湿润气候，好阳光但又不能经受强烈阳光照射，适宜生长在疏松、肥沃、排水良好、轻黏性酸性土壤中，是典型的酸性花卉。

繁殖方法　常用扦插和压条繁殖。扦插，在梅雨季节用嫩枝15cm 长，插于苗床，10 ~12d 生根。压条，4 月选取二年生枝条，长20 ~25cm，压埋在土中，保持湿润，约30d 生根，夏季与母株分离，翌春分栽。移植苗木或盆栽，以春季为好，在梅雨季节进行，需带土球。生长期保持土壤湿润，花期和盛夏要多浇水。每月施肥一次，开花前增施磷钾肥一次。翌年早春修剪整形，并及时剪去枯枝和徒长枝。

栽培管理　盆栽用土以40% 园土、15% 粗沙、30% 厩肥土、15% 腐叶土配制为宜。栀子苗期要注意浇水，保持盆土湿润，勤施腐熟薄肥。浇水以用雨水或经过发酵的淘米水为好。生长期如每隔10 ~15d 浇一次0. 2% 硫酸亚铁水或矾肥水（两者可相间使用），可防止土壤转成碱性，同时又可为土壤补充铁元素，防止栀子叶片发黄。夏季，栀于花要每天早晚向叶面喷一次水，以增加空气湿度，促进叶面光泽。

盆栽栀子，8 月份开花后只浇清水，控制浇水量。十月寒露前移入室内，置向阳处。冬季严控浇水，但可用清水常喷叶面。每年5 ~7 月在栀子生长旺盛期将停止时，对植株进行修剪去掉顶梢，促进分枝萌生，使日后株形美、开花多。栀子花多采用扦插法和压条法进行繁殖，也可用分株和播种法繁殖，但很少采用。扦插可分为春插和秋插。春插于2月中下旬进行；秋插于9 月下旬至10 月下旬进行。插穗选择2 ~3 年的枝条，截成10 ~

12cm 的段子，留顶上两片叶子，各剪去一半，然后斜插入插床中，土面上只留一节，注意遮荫和保持一定湿度，一般 1 个月可生根，一年后移植。南方还有采用水插法繁殖的，即将插穗插在用苇秆编织的圆盘上，任其漂浮在水面上，使其下部在水中生根，再移植栽培。压条可在 4 月清明前后或梅雨季节进行。选三年生母株上一年生健壮枝条，将其拉到地面，刻伤枝条上的入土部位，如能在刻伤部位蘸上 200mg/kg 粉剂案乙酸，再盖上土压实，则更容易生根。一般个把月生根后即可与母株分离，到第二年春再带土移栽。

园林应用　栀子花叶色四季常绿，花芳香素雅，绿叶白花，格外清丽可爱。它适用于阶前、池畔和路旁配置，也可用作花篱和盆栽观赏，花还可做插花和佩带装饰。

四、一品红（*Euphorbia pulcherrima*）

别名　圣诞树、猩猩木、象牙红、老来娇。

产地分布　原产墨西哥及热带非洲。

形态特征　直立灌木。株高可达数米。茎色灰褐而嫩茎绿色，光滑，含白色乳汁。叶互生，卵状椭圆形至披针形，长 10～20cm，叶缘具钝齿、浅裂或全缘，茎顶花序下的叶片较狭，呈苞片状，通常全缘，开花时呈红色。顶生的杯状花序呈聚伞状排列，总苞淡绿色，具黄色腺体，整个花序为红色苞叶衬托。

喜温暖湿润及阳光充足，对土壤要求不严，而在微酸性（pH 值 6）肥沃沙壤土中生长更佳。不耐寒，霜前需入温室，保持 16～18℃为最好。低于 15℃时则叶黄脱落，夏季宜避强光直射。花芽分化适温为 15～19℃。一品红为短日性植物，日照 10h 左右、高于 18℃的温度可开花。18～20℃每天光照 8～9h，约 50d 可开花。

生长习性　喜温暖、湿润和阳光充足环境。

一品红的生长适温为 18～25℃，4～9 月为 18～24℃，9 月至翌年 4 月为 13～16℃。冬季温度不低于 10℃，否则会引起苞片泛蓝，基部叶片易变黄脱落，形成“脱脚”现象。当春季气温回升时，从茎干上能继续萌芽抽出枝条。

一品红对水分的反应比较敏感，生长期只要水分供应充足，茎叶生长迅速，有时出现节间伸长、叶片狭窄的徒长现象。相反，盆土水分缺乏或者时干时湿，会引起叶黄脱落。因此，水分的控制直接关系到一品红的生长和发育。

一品红为短日照植物。在茎叶生长期需充足阳光，促使茎叶生长迅速繁茂。要使苞片提前变红，将每天光照控制在 12h 以内，促使花芽分化。如每天光照 9h，5 周后苞片即可转红。

土壤以疏松肥沃，排水良好的沙质壤土为好。盆栽土以培养土、腐叶土和沙的混合土为佳。

繁殖方法　主要采用扦插繁殖。一品红开花以后，即进入半休眠状态。为了采取插条，把植株放在 2～3℃的环境里，保持适当的干燥状态。到 3 月份时，提高温度和浇水量，打破休眠，并取出植株，除去部分老根和盆土，换肥沃的新土，浇足水分，放置在较高温度的室内，促使萌发生长。4～5 月即可采条扦插。扦插时期，决定于栽培目的，如果作为切花栽培，扦插时期应早于盆栽观赏者，一般 4 月下旬至 7 月下旬均可进行。盆栽者以 7 月扦插较为适宜，因扦插过早，生长期长，枝条长，植株高，降低观赏价值。如扦插迟于8月，冬季虽能开花，但苞片短小，观赏价值降低。春季也可用未萌发的老枝进行扦插，将老枝剪成10～12cm的插穗，插入干燥的基质中，经过1d以后再行浇水，使伤口乳汁在干燥状态下停止外流。

嫩枝扦插，采条之前，须控制浇水，使盆土保持微干状态，抑制嫩枝生长，使其组织充实，有利于插穗成活。插条一般用带生长点的顶端枝段，这种枝段比其下部的枝段容易生根，成活率高，根系发达。插穗长度通常12～15cm或带4～5片叶子。插条基部的剪口位置与扦插成活率有着明显的关系。据试验，剪口在节下的比在节间剪断的成活率高。插条下部的叶片剪去2～3片，保留上面2～3片，插穗剪好后立即直立浸泡在清水中，一是防止凋萎，二是浸去剪口分泌出的乳汁。浸泡时间1～2h，不宜太长，然后插入基质，扦插深度约为插穗长度的1/2。

基质一般可用蛭石、珍珠岩、纯河沙或园土加沙。插后第一次浇足水，以后浇水不宜太多，可于叶面每天喷水1～2次，注意遮阳并需适当通风。水多、高温、空气不流通，是引起插穗基部腐烂的主要原因。在15～20℃的条件下，插后1周便开始生根，3～4周后便可移栽。

栽培管理　一品红的根系，对于水分、温度、氧气和肥料浓度比较敏感。盆土通常用园土加腐叶土和堆肥土，一般调制比例为园土2份，腐叶土1份，堆肥土1份。扦插苗上盆后需遮阳5～7d后再给予充足阳光。经3～4周生长后即可进行摘心，从基部往上数，留4～5片叶子，把枝端剪去，使其发出3～4个侧枝，形成一盆具有3～5个花头的植株。

夏天浇水每天早晚各一次，随着气温的下降，浇水次数也要适当减少。一般宜盆土见干后再浇。浇水宜在午前进行，午后浇水会使土温下降，不利植株生长，每次浇水要求浇透。

一品红喜肥，生长期内主要需氮肥较多，氮肥不足会引起下部脱落。除施足基肥外，在摘心后7～10d，即应开始追肥，每周一次。追肥以清淡为宜，忌施浓肥，肥料可用腐熟的饼肥水等。在接近开花时宜施一些过磷酸钙等水溶液，可使苞片色泽艳丽。

一品红生长强健，在正常管理下植株往往偏高，栽在花盆中有损观赏价值。可采用药剂处理，给以控制，一般用0.5%的B9浇灌盆土或1 500～3 000mg/kg的矮壮素（CCC）进行叶面喷布，都能使一品红节间缩短，植株矮化。用多效唑（PP333）喷布，效果也很好。浓度一般200～300mg/kg。

秋冬气温下降，约在10月下旬需搬入室内，晚间保持在15℃左右，开花后，室温降低至12℃左右，可以延长观赏时间。

园林应用　临冬季正值百花凋谢之时，一品红却以独特娇艳的色彩装饰环境。如盆栽布置公共场所，可使厅堂场馆生辉，在南方可露地栽培，一品红还是冬季和重要切花材料。

五、金橘（*Fortunella margarita*（*Lour.*）*Swingle*）

别名　金柑、金枣、金弹、罗浮。

产地分布　原产于我国南方暖温带和亚热带地区。

形态特征　常绿小乔木，也常长成灌木样，盆栽株高50～150cm。枝杈细弱、密生，先端常下垂，节间短，节部无刺。叶互生，小型革质，阔披针形至长椭圆形，顶端具不明显的波状齿，中脉两侧向上略翻，叶柄上无翼叶。花单生或数朵簇生于叶腋间，多着生在枝梢部位，花被五瓣裂，乳白色，雄蕊多数。果小，长约3cm，倒卵形或椭圆形，先端钝圆，基部稍狭，果皮光滑，初期为青绿色，成熟后为金黄到橙黄色，密生油点，有香味。夏末开花，秋冬果熟。

生长习性 性喜温暖湿润和日照充足的环境条件，稍耐寒，不耐旱，南北各地均作盆栽。要求富含腐殖质、疏松肥沃和排水良好的中性培养土，如果土壤偏酸也生长不好。通常嫁接繁殖，用其他柑橘类植物的实生苗作砧木，选择一年生粗壮的春梢作接穗。随采随用，剪去叶片保留叶柄。在4～5月用切接法，芽接在6～9月操作，靠接在4月间。嫁接方法和代代、香圆相同，注意去除砧木苗发出的根蘖，经45～60d愈合。

繁殖方法 金橘常用嫁接法繁殖。砧木用枳壳（枸橘），能使金橘耐寒、丰产、矮化。嫁接方法有靠接、枝接和芽接。枝接在春季，用切接法进行，芽接可在6～9月间进行，成活率很高。具体操作同常规嫁接（见“怎样进行嫁接繁殖”），嫁接后管理也和一般嫁接苗相同（见“嫁接后怎样管理”）。重点抓住抹砧芽、培肥促进幼苗生长。当接芽后长出5～6片叶时即进行摘心，留4叶片，使萌发二次梢，二次萌芽5～6叶时，又留4叶摘心一次，使一年生苗分校两次，具有4～6个主枝，形成株形紧凑、分枝匀称的优质苗。当年10月就可以上盆或定植，翌年5月底至6月中旬，即进入正常结果。

盆栽金橘常用靠接法嫁接，应提前一年盆栽砧木，在4～7月间进行靠接，接穗选用两年生健壮枝条。

栽培管理 苗期每年翻盆换土1次，下垫鸡鸭羽毛做基肥。结果以后可每两年翻盆换土。金橘的隔年结果（大小年）现象不明显，如养护得法，可年年硕果挂满枝头。除水肥管理适度外，从春季萌发到挂果之前需适时适度进行三次修剪。第一次在早春果实采收后，应对所有枝梢进行重剪，每枝仅留侧芽2枚。50d后，约在4月上旬抽生新梢的叶片已经生长健壮，应及时进行第二次短剪，促发二次枝。至6月上旬再对二次枝适时摘心，促发三次枝扩大株冠，增加着果部位。这3次修剪的做法是广东花农促使金橘挂果迎春的传统经验。不同地区可根据自然气候和环境条件，调节金橘生长发育，总为适时开花坐果，达到春节观赏的目的。第三次摘心后长出的新梢，经40～50d的生长，形成壮实枝条，叶片浑厚，叶色正常，表明金橘的主芽和预备芽都积累了孕育花芽的丰富营养物质。此时开始进行“扣水”，促发花芽。在8月中旬（处暑前10多天），逐日减少浇水量，使枝梢生长逐渐停止。到8月下旬（处暑前4～5d）停止浇水，经3～4d日晒，叶片发蔫下垂，进而因缺水叶缘向内翻卷。盆土处于相对干旱状态时，可在早晚向叶片洒些水，中午稍向盆中点些水，以防止叶片萎蔫到不可逆转的程度。当植株的主芽及预备芽都已膨胀，从绿转白时，即为花芽分化完成。此时逐步恢复浇水量，并追薄肥，从8月末到9月初就陆续开花。

金橘容易形成花芽，但开花量多时，坐果率低，因而保果很重要。开花时，应适当疏花，每枝留花蕾2～3个，同一叶腋内，如抽生2～3个花芽，可选留1个。花期和坐果初期，浇水要比平时偏少。水大、水小或施大肥都会引起落花、落果。花期不可淋水，可在午前、傍晚在周围环境洒水防尘，保持空气清新湿润。待幼果长到黄豆粒大坐稳后，才可增加浇水量和适度追肥，以磷钾肥为主。发现抽生新梢，要及时摘除。除华南地区外，在入冬前应及时移入低温或中温温室养护。观果期室温不宜偏高，盆土不可太干或太湿，保持空气清新湿润，可延长观赏时日。

园林应用　金橘在春节期间，以盆栽观赏为主，果实甜酸，皮肉可食。四季橘从果熟到自然脱落，可达半年之久，如当年秋挂的果可观赏到来年5月间。

第七节　温室观叶植物

一、龟背竹（*Monstera deliciosa*）

别名　蓬莱蕉、电线兰、龟背芋。

产地分布　原产墨西哥。

形态特征　龟背竹为常绿藤本植物。茎粗壮。幼叶心脏形，无孔，长大后成广卵形、羽状深裂，叶脉间有椭圆形的穿孔，叶具长柄，深绿色。佛焰花序，佛焰苞舟形，11月开花，淡黄色。常见栽培的有迷你龟背竹（*var. minima*），叶片长仅8cm。石纹龟背竹（*Marmorata*），叶片淡绿色，叶面具黄绿色斑纹。白斑龟背竹（*Albo-Variegata*），叶片深绿色，叶面具乳白色斑纹。蔓状龟背竹（*var. borsigiana*），茎叶的蔓生性状特别强。

生长习性　常附生于热带雨林中的高大榕树上。喜温暖湿润环境，切忌强光暴晒和干燥。生长适温20～25℃，冬季夜间温度幼苗期不低于10℃，成熟植株短时间可耐5℃，低于5℃易发生冻害。当温度升到32℃以上时，生长停止。夏季需经常喷水，保持较高的空气湿度，叶片经常保持清洁，以利于进行光合作用。生长期间，植株生长迅速，栽培空间要宽敞，否则会影响茎叶的伸展，显示不出叶形的秀美。盆栽土要求肥沃疏松、吸水量大、保水性好的微酸性壤土，常以腐叶土或泥炭土最好。

繁殖方法　龟背竹常用播种、扦插和分株繁殖。

播种繁殖　龟背竹夏季开花，为了提高种子的结实率，需人工授粉，以上午9～10时和下午3～4时二次授粉最好，授粉成功率高。授粉至种子成熟需要15个月。种子发育阶段注意通风和肥水管理，以促使结实饱满。播种前先将种子放40℃温水中浸泡10h，播种土应高温消毒。龟背竹种子较大，可采用点播，播后室温保持20～25℃，箱口盖上塑料薄膜，保持80%以上湿度，播后一般20～25d发芽。播种过程中如室温过低，不仅影响出苗，甚至种子发生水渍状腐烂。

扦插繁殖　春、秋两季都能采用茎节扦插，以春季4～5月和秋季9～10月扦插效果最好。因此期气温适宜茎节切口愈合生根，成活快。插条选取茎组织充实、生长健壮的当年生侧枝，插条长20～25cm，剪去基部的叶片，保留上端的小叶，剪除长的气生根，保留短的气生根，以吸收水分，利于发根。插床用粗沙和泥炭或腐叶土的混合基质，插后保持25～27℃和较高的空气湿度，插后1个月左右才开始生根。插条生根后，茎节上的腋芽也开始萌动展叶，为了加速幼苗生长，室温保持10℃以上，加强肥水管理，插后第二年幼苗成型可作商品。如需悬挂点缀，可配制木框或铁架容器，内装棕榈皮，放上肥沃的腐叶土，将生根成活的龟背竹栽上，作为吊盆商品。

分株繁殖　在夏秋进行，将大型的龟背竹的侧枝整段劈下，带部分气生根，直接栽植于木桶或钵内，不仅成活率高，而且成型效果快。1980 年，丹麦用龟背竹的茎顶和腋芽作外植体进行组培繁殖。采用 MS 培养基加上 10mg/L 6-苄氨基腺嘌呤和 2mg/L 吲哚乙酸，在 30℃条件下，6 周开始长出愈伤组织和不定芽。再将不定芽转移到 MS 培养基加 2mg/L 的吲哚乙酸的三角瓶中，4～6 周诱导生根。

栽培管理 龟背竹栽培容易，为了缩短生长周期，提高观赏效果，养护上应注意以下几点。

1. 怕强光暴晒 龟背竹是典型的耐阴植物，规模性生产须设遮阳设施，可用 50% 遮阳网，尤其播种幼苗和刚扦插成活苗，切忌阳光直射，以免叶片灼伤。成型植株盛夏期间也要注意遮阳，否则叶片老化，缺乏自然光泽，影响观赏价值。

2. 畏空气干燥 龟背竹自然生长于热带雨林中，喜湿润，但盆栽土积水同样会烂根，使植株停止生长，叶子下垂，失去光泽，叶片凹凸不平。浇水应掌握宁湿不干的原则，经常保持盆土潮湿，但不积水，春秋季每 2～3d 浇水一次。盛夏季节除每天浇水外，需喷水多次，以保持叶面清新，悬挂栽培应喷水更勤。冬季叶片蒸发量减弱，浇水量要减少。

3. 薄肥勤施 龟背竹是比较耐肥的观叶植物，为使多发新叶，叶色碧绿有自然光泽，生长期每半月施一次肥，施肥时注意不要让肥液沾污叶面。同时，龟背竹的根比较柔嫩，忌施生肥和浓肥，以免烧根。最好使用“卉友”20－8－20 四季用高硝酸钾肥和 20－20－20 通用肥，对龟背竹的生长更为有利。

4. 需绑扎整形 龟背竹为大型观叶植物，茎粗叶大，特别成年植株的分株时，要设架绑扎，以免倒伏变型。待定型后支架拆除。同时，定型后茎节叶片生长过于稠密、枝蔓生长过长时，注意整株修剪，力求自然美观。

园林应用 龟背竹叶形奇特，孔裂纹状，极像龟背。茎节粗壮又似罗汉竹，深褐色气生根，纵横交差，形如电线。其叶常年碧绿，极为耐阴，是有名的室内大型盆栽观叶植物。龟背竹在欧美、日本常用于盆栽观赏，点缀客室和窗台，较为普遍。南美国家巴西、阿根廷和美洲中部的墨西哥除盆栽以外，常种在廊架或建筑物旁，让龟背竹蔓生于棚架或贴生于墙壁，成为极好的垂直绿化材料。

二、绿萝（*Scindpsus aureus*）

别名 黄金葛、魔鬼藤、黄金藤。

产地分布 原产印尼所罗门群岛。

形态特征 茎蔓粗壮，可长达数米，茎节处有气根。幼叶卵心形，刚繁殖的幼苗叶片较小，色较淡，随着株龄的增长，成熟的叶片则为长卵形，长约 15cm，宽约 10cm。浓绿色的叶面镶嵌着黄白色不规则的斑点或条斑。因肥水条件的差异，其叶片的大小有别。

生长习性 性喜高温、多湿、半阴的环境，不耐寒冷，适生温度为 15～25℃，15℃以下生长缓慢，越冬温度不低于 10℃。它对温度反应敏感，夏天忌阳光直射，在强光下容易叶片枯黄而脱落，故夏天在室外要注意遮阳。冬季在室内明亮的散射光下能生长良好，茎节坚壮，叶色绚丽。生长期间对水分要求较高，除正常向盆土补充水分外，还要经常向叶面喷水，做柱藤式栽培的还应多喷一些水于棕毛柱子上，使棕毛充分吸水，以供绕茎的气生根吸收。可每两周施一次氮磷钾复合肥或每周喷施 0.2% 的磷酸二氢钾溶液，使叶片翠绿，斑纹更为鲜亮。

繁殖方法　通常绿萝的繁殖采用扦插和压条法。选取健壮的绿萝藤，剪成两节一段，注意不要伤及气根，然后插入素沙或煤渣中，深度为插穗的1/3，淋足水放置于荫蔽处，每天向叶面喷水或覆盖塑料薄膜保湿，只要保持环境湿度不低于20%，成活率均在90%以上。

栽培管理　绿萝以疏松、富含有机质的微酸性和中性沙壤土栽培发育最好。可用腐叶质70%，红壤土20%，油菜饼和骨粉10%混合沤制。每三年换盆一次。

绿萝属阴性植物，忌阳光直射，喜散射光，较耐阴。室内栽培可置窗旁，但要避免阳光直射。阳光过强会灼伤绿萝的叶片，过阴会使叶面上美丽的斑纹消失，通常以接受4h的散射光，绿萝的生长发育最好。

绿萝喜欢较大的空气湿度和湿润的环境。盛夏绿萝的生长高峰，每天可向绿萝的气根和叶面喷雾数次，既可清洗叶片的尘埃，利于绿萝的呼吸，又能使叶色碧绿青翠，还能降低叶面温度，增加小环境的空气湿度，使叶片更好地生长。盆土以湿润为度，发现盆土变白时，即可浇透水。冬季室温较低，绿萝处于休眠状态，应少浇水，保持盆土不干即可。

绿萝最适宜的生长温度为白天20~28℃，晚上15~18℃。冬季只要室内温度不低于10℃，绿萝即能安全越冬，如温度低于5℃，易造成落叶，影响生长。

绿萝的施肥，以氮肥为主，钾肥为辅。春季绿萝的生长期到来前，每隔10d左右施硫酸氨或尿素0.3%溶液一次，并用0.05%~0.1%的尿素溶液作叶面施肥一次，这样既能满足绿萝的生长需要，又能保持叶片的绿色光亮。冬季应停止施肥。

园林应用　绿萝是非常优良的室内装饰植物之一。萝茎细软，叶片娇秀。在家具的柜顶上高置套盆，任其蔓茎从容下垂，或在蔓茎垂吊过长后圈吊成圆环，宛如翠色浮雕。这样既充分利用了空间，净化了空气，又为呆板的柜面增加了线条活泼、色彩明快的绿饰，极富生机，给居室凭添融融情趣。

三、朱蕉（*Cordvline fruticosa*）

别名　千年木、红竹。

产地分布　原产于我国南部和马来西亚、新西兰等地。

形态特征　朱蕉为常绿灌木。茎直立。叶片长披针形，丛生于顶端，紫红色或彩色条纹。花白色。常见品种有亮叶朱蕉（*Aichiaka*），叶阔针形，鲜红色，叶缘深红色。斜纹朱蕉（*Baptistii*），叶宽阔，深绿色，有淡红色或黄色条斑。锦朱蕉（*Amabilis*），叶亮绿色，具粉红色条斑和叶缘米色。夏威夷小朱蕉（*Baby Ti*），叶披针形，深铜绿色，叶缘红色。卡莱普索皇后（*Calypso Queen*），叶小，深褐红色，中心淡紫色。娃娃（*Dolly*），矮生种，叶椭圆形，呈丛生状，深红色，叶缘红色。五彩朱蕉（*Goshikiba*），叶椭圆形，绿色，具不规则红色斑，叶缘红色。夏威夷之旗（*Hawaiian FIag*），叶绿色，具粉红和深红斑纹。织锦朱蕉（*Hakuba*），叶阔披针形，深绿色带白色纵条纹。彩虹朱蕉（*Lord Robertson*），叶宽披针形，具黄白色斜条纹，叶缘红色。黑叶朱蕉（*Negri*），叶披针形，褐铜色，接近黑色。红边朱蕉（*Red Edge*），叶缘红色，中央为淡紫红色和绿色的斜条纹相间，为迷你型朱蕉，株高仅40cm。三色朱蕉（*Tricolour*），叶有绿、黄、红等色条纹，根的切面白色。七彩朱蕉（KiWi），叶披针形，叶缘红色，中央有鲜黄绿色纵条纹。

生长习性 喜温暖、湿润和阳光充足环境。不耐寒，怕涝，忌烈日暴晒。

朱蕉的生长适温为20～25℃，夏季白天可25～30℃，冬季夜间温度7～10℃。不能低于4℃，个别品种能耐0℃低温。可见朱蕉的适应性较强。

朱蕉对水分的反应比较敏感。生长期盆土必须保持湿润。缺水易引起落叶，但水分太多或盆内积水，同样引起落叶或叶尖黄化现象。茎叶生长期经常喷水，以空气湿度50%～60%较为适宜。

朱蕉对光照的适应能力较强。明亮光照对朱蕉生长最为有利，但短时间的强光或较长时间的半阴对朱蕉的生长影响不大。夏季中午适当遮阳，减弱光照强度，对朱蕉叶片生长极为有利。

土壤以肥沃、疏松和排水良好的沙质壤土为宜，不耐盐碱和酸性土。盆栽常用腐叶土或泥炭土和培养土、粗沙的混合土壤。

繁殖方法 繁殖常用扦插法。于5月至6月间剪取枝顶带有生长点的部分作插穗，去掉下部叶片，插入素沙土与草炭土混合的基质中，蔬荫保温保湿管护，在25～30℃气温下，约30d即可生根。剪取插穗的母株可以从根际处萌发数个根蘖，这些根蘖在来年仍可作插穗使用。在专业单位常培养一些专供采取插穗用的母株供繁殖用。植株越老，采条越多。栽培数年的老株下部叶片脱落，可将其茎干从盆面上5～10cm处剪断，老植株换土重新栽植，让其萌发新枝，也可取其地下茎进行埋条。剪下的顶尖部分可进行枝插。枝插时要摘除部分叶片或剪短叶片，以防水分过度蒸腾而影响成活，然后直插。插后需用塑料膜保湿，底温30～35℃。2～3周可以生根。茎插或埋条时要把茎或地下茎截成2～3cm的短段，然后可以直插，也可以横插，无论哪种插法都要浅插，以看不到插条为准，但茎插直插时要稍深些，以防插条露出过多容易枯萎。直插时要注意插条不要上下颠倒。扦插时期一般在6～7月，用素沙土在浅盆内进行。

还可采取埋干扦插法，切取成熟枝条5～10cm，把叶子剪掉，横埋在纯净的河沙中，上部微露出沙面。也可切取约3cm粗的枝干，每隔5cm处切一伤口，深达干径1/2，横埋沙中，上部微露出沙面，放置疏荫、通风、湿润环境，约20d后即可自切口生根，节处发芽，然后切断分栽。家庭养花可于5月至6月间用广口瓶进行水插，约3周就能生根。

栽培管理 盆栽用土要求疏松，可用泥炭土、腐叶土加1/4河沙或珍珠岩，也可用泥炭土加少量针叶土及河沙和干牛粪配成培养土。生长时期每1～2周施一次液体肥，肥料不足容易出现老叶脱落、新叶变小的现象。应经常保持盆土湿润和较高的空气湿度，空气干燥是叶片干尖和边缘枯黄的主要原因。北方室内栽培，春、夏、秋三季应遮去50%～70%的阳光，如经烈日照射，叶片会干枯变色。冬季少遮光或不遮光。花叶品种如室内光线太弱，色彩不鲜艳，叶片发白，而光强又易出现日灼病，最好置于明亮散射光处。夏季除每天浇水，经常保持盆土湿润但不积涝外，还要喷水或喷雾1～2次。注意防烈日直射，否则叶片易灼伤。根据长势每月可追施稀薄液肥1～2次，保持叶片鲜艳光润。冬季浇水应十分留心，需盆土稍干后再浇水，低温和盆土潮湿往往造成根系腐烂。室温偏低时，要求光照充足，保持10℃以上即可安全越冬，但在低温温室内也不会死亡，只是常常脱叶。可在来年春季结合翻盆换土时进行更新修剪，促使母株再行发芽长叶复壮，剪下的茎可留下做繁殖用。朱蕉分枝力较弱，多年的植株往往形成较高的独干树形，下部的老叶脱落后株形显得相当单调，为促其多分枝，树形丰满，可于春天对老株实行截干更新，如能结合扦插繁殖更好。将其茎干自盆面向上约10cm剪截，换土重新栽植，不久即可自剪口下萌发4~5个侧枝，将其置于半阴处，忌直射光线，且注意避风，浇水掌握“宁湿勿干”的原则，这样原来单调的树形就会变得丰满，色泽也更加清新。

同属常见的栽培品种和变种有：晶纹朱蕉 *cv. Tricolour*，又称三色朱蕉，叶上有绿、黄、红等色条纹，叶色鲜明艳丽。亮叶朱蕉 *cv. Aichiaka*，新叶鲜红色，成长后叶有多种颜色，叶缘艳红色，非常美丽。五彩朱蕉 *cv. Goshikiba*，新叶淡绿色，间杂淡黄色，成长叶绿色底杂以不规则红色斑，叶缘呈红色，为近年引进品种。织锦朱蕉 *cv. Hakuba*，新叶淡绿色底，杂以白色纹条斑，成长叶浓绿色杂以灰白色纵斑条，叶柄乳白色。红朱蕉 *cv. BabaTi*，叶片短小，叶中部少量为绿色，大部分红色，丨分艳丽。

园林应用 朱蕉株形美观，色彩华丽高雅，盆栽适用于室内装饰。盆栽幼株，点缀客室和窗台，优雅别致。成片摆放会场、公共场所、厅室出入处，端庄整齐，清新悦目。数盆摆设橱窗、茶室，更显典雅豪华。

四、散尾葵（*Chrysalidocarpus lutescens H. Wendl*）

别名 黄椰子。

产地分布 原产非洲马达加斯加岛，世界各热带地区多有栽培。

形态特征 散尾葵为丛生常绿灌木或小乔木。性喜温暖湿润、半阴且通风良好的环境，不耐寒，较耐阴，畏烈日，适宜生长在疏松、排水良好、富含腐殖质的土壤，越冬最低温要在10℃以上。原产地可高达3~8m。茎干光滑无毛刺，上有明显叶痕，呈环纹状，基部多分蘖，呈丛生状生长。叶面滑细长，羽状复叶，亮绿色，长40~150cm。小叶及叶柄稍弯曲，先端柔软。小羽片披针形，长20~25cm，左右两侧不对称，叶轴中部有背隆起。花小，金黄色，花期3~4月。

生长习性 喜温暖多湿和半阴环境。怕寒冷，怕强光曝晒，对土壤要求不严格，但以疏松并含腐殖质丰富的土壤为宜。

繁殖方法 散尾葵可用播种繁殖和分株繁殖。播种繁殖所用种子国内不宜采集到，多从国外进口。常规的繁殖方法多用分株，于4月左右，结合换盆进行，选基部分蘖多的植株，去掉部分旧盆土，以利刀从基部连接处将其分割成数丛。每丛不宜太小，须有2~3株，并保留好根系；否则分株后生长缓慢，且影响观赏。分栽后置于较高湿温度环境中，并经常喷水，以利恢复生长。

散尾葵盆栽可用腐叶土、泥炭土加1/3河沙及部分基肥配制成培养土。它蘖芽生长比较靠根茎上，盆栽时，因较原来栽的稍深些，以免新芽更好地扎根。5~10月是其生长旺盛期，必须提供比较充足的水肥条件。平时保持盆土经常湿润。夏秋高温期，还要经常保持植株周围有较高的空气湿度，但切忌盆土积水，以免引起烂根。一般每1~2周施一次腐熟液肥或复合肥，以促进植株旺盛生长，叶色浓绿，秋冬季可少施肥或不施肥，同时保持盆土干湿状态。散尾葵喜温暖，冬季需做好保温防冻工作，一般10℃左右可比较安全越冬，若温度太低，叶片会泛黄，叶尖干枯，并导致根部受损，影响来年的生长。它喜半阴，春、夏、秋三季应遮阴50%。在室内栽培观赏宜置于较强散射光处；它也能耐较阴暗环境，但要定期移至室外光线较好处养护，以利恢复，保持较高的观赏状态。如果环境干燥、通风不良，容易发生红蜘蛛和介壳虫，故应定期用800倍氧化乐果液喷洒防治。

栽培管理 散尾葵怕寒冷，怕强光曝晒，以免灼伤叶片。散尾葵喜半阴环境，春、夏、秋三季应遮去50%左右的阳光。生长适温为20～25℃，冬季夜间温度应在15℃以上，白天25℃左右较好。若长时间低于5℃，必然受冻害，甚至死亡。

生长季节，需经常保持盆土湿润和植株周围较高的空气湿度。冬季应保持叶面清洁，可经常向叶面少量喷水或擦洗叶面。生长季节每月施肥1～2次。

对土壤要求不严格，但以疏松并含腐殖质丰富的土壤为宜。盆栽散尾葵可用腐叶土、泥炭土加1/3的河沙或珍珠岩及基肥配制成培养土。每2～3年春季换盆一次，施上基肥。换盆时，应清除枯枝残叶，还应根据生长情况，剪除过于密集的株丛，以利于株丛的萌发，保持优美的盆栽姿态。

园林应用 株形秀美，多作观赏树栽种于草地、树荫、宅旁，也用于盆栽，是布置客厅、餐厅、会议室、家庭居室、书房、卧室或阳台的高档盆栽观叶植物。在明亮的室内可以较长时间摆放观赏，在较阴暗的房间也可连续观赏4～6周，观赏价值较高。

第八节　兰科花卉

一、兰科植物形态、生活习性

兰花通常有广义和狭义的概念。广义的兰花是指具有观赏价值的兰科植物，狭义的兰花因不同的地区、时代而认识不同。中国宋代以前认为，菊科的泽兰或一种唇形科植物为兰花，共同点为有浓郁的香味。宋代以后认为，兰花为兰科兰属少数地生种，如江浙的春兰、福建的建兰、两广的墨兰；美洲印地安人以香荚兰（*Vanilla*）、欧洲以红门兰（*Orchis*）、马来西亚以蜘蛛兰（*Arachnis*）、印尼人以蝴蝶兰（*Phalaenopsis*）为兰花。

兰花是种子植物的大科。全世界有700多属，两万多种及天然杂种，人工杂交成的超过4万种，并且每年以1 000种的速度增加。杂交种的登记工作可查阅《国际散氏兰花杂种登记目录》（Sander's list of *orchid Hybrids*）。中国有173属，1 240多种。其中有些种为我国所特有，具有重要的科研价值，如兜兰属、杓兰属、虾脊兰属、独蒜兰属、石斛兰属、兰属和万代兰属的一些种。受《野生动植物濒危物种国际贸易公约》所保护的植物中，兰科占90%以上。

兰花分布广泛，自北纬72°至南纬52°，80%～90%分布在热带、亚热带地区，以热带亚洲为最多，热带中、南美洲次之。

兰花常生长在沙漠、沼泽地带、高山、岩石上、树干上、林荫树下、山坡下、沟边和水边。因此，兰花在形态、生理上（温度、光照、水分、湿度）都有较大差异。原产于热带地区的兰花有石斛兰、万代兰、卡特兰、蝴蝶兰和文心兰等，原产于温带地区的有春兰、建兰和蕙兰等，高寒地区的有杓兰、红门兰等。

通常根据生长习性分成两类，即中国兰和洋兰。中国兰是指兰科兰属中的部分地生兰，洋兰是指原产热带和亚热带地区森林中的附生兰和少数地生兰。

（一）兰花的生态习性有地生、附生和腐生 3 种

1. 地生兰　原产于温带地区，具有绿叶，根系生长在混杂落叶、腐殖土和沙石的土壤中，更像一般常见的花卉，根为肉质根，有丝状根毛，贮藏着水分和养料，耐旱性较强。生境为林荫树下、沟边、水边。常见种类有春兰、建兰、蕙兰、墨兰、兜兰、寒兰、杓兰、虾脊兰和白芨等。栽培的基本要求为温度低、光照弱、湿度大，疏松、透气、排水良好的环境。栽培基质可采用塘泥（两广地区），腐殖土、山泥（江浙、四川），砖块、水苔、蕨根（中国台湾），风化岩石（日本），沙和泥炭，沙和珍珠岩等。

2. 附生兰　原产热带和亚热带，生长在树干上、悬崖上、岩石上，具有粗壮的根系。常见种类有蝴蝶兰、卡特兰、石斛兰、文心兰、万带兰和大花蕙兰等。栽培的基本要求是温度高（不耐寒）、遮阳、湿度大、通风，要求疏松、透气、排水的基质。常用栽培基质有水苔、蕨根、椰子壳、蛇木板、木炭、炉渣、砖块和树皮块。

3. 腐生兰　生长于死亡且腐烂的植物体上，只有少数的几个属，但世界各地均有生长，尤其在热带和亚热带地区。如天麻常年生长在地下，只有开花时从地下抽出花序，靠蜜环菌提供水分和养料生长。

3 种兰花生态习性也不是绝然区分。附生兰由于树枝破损、腐烂而被迫生长在地下。如文心兰属、树兰属、兰属的某些种。

兰花的叶形因种类不同而有较大差异。春兰的叶细长线性，卡特兰和蝴蝶兰的叶肥厚、硬革质，文心兰的叶细长而薄。通常野外生长于阳光强烈地方的种类，叶片肥厚、革质、细长，并有较厚的角质层；生长在阳光少而阴暗的地方的种类，叶片薄而软，叶面积较大、叶色浓绿。因此，可以根据叶片的形态、叶色，粗略地判断某种兰花对光的需求。

地生兰常具有根茎或块茎，附生兰具有假鳞茎及气生根，气生根粗壮，白色或绿色，具有从空气中吸收水分及固着的功能。

（二）茎通常分成直立茎、根状茎、假鳞茎 3 类

1. 直立茎（单轴类）　如蝴蝶兰的叶片生长在茎的两侧，顶端新叶不断地生长出来，下部老叶逐渐脱落，茎秆直立或倾斜生长，在茎秆的下部不断有气生根长处。这一类兰花更接近于常见的植物。常见的还有兜兰、指甲兰和凤兰等。

2. 根状茎（合轴类）　可能是兰花真正最原始的茎，根状茎的形态随属的不同而有较大的差异。在根状茎的节上生有根，并能长出新芽。新芽经过一个生长季节发展成假鳞茎，如卡特兰。兰花在分株繁殖时需要剪断根状茎，将一株兰花分成数株。

3. 假鳞茎　是一种变态茎，在生长季节开始时从根状茎上长出的新芽，到生长季节结束时成熟。假鳞茎的顶端或各节上生有叶片，并且是花芽着生的地方。其形态变化大，如卡特兰（卵圆形至棒状），石斛兰（细长条形），小的似米粒，大的高达数米，是水分和养料的重要贮藏器官，也是兰花繁殖的主要材料。在兰花的栽培中，常用假鳞茎栽培法繁殖优良的品种。

大多数兰花的根呈圆柱状，常呈线性，分枝或不分枝，肉质根粗大而肥壮，大都呈灰白色。根的前端有明显的根冠，起到保护根尖生长点的作用。因此，在移栽的时候不能伤害根。在栽培中叶片不够舒展，一般是根系出了问题。附生兰的气生根变成绿色，具有进行光合作用的能力。在兰花的根组织内和根际周围，通常具有根菌，也有人称为兰菌，属真菌类。这些菌丝体侵入兰花根内部后，逐渐被兰花分解、吸收，作为兰花的养料和水分。这种现象对于根系生长在空气中的附生兰特别重要。因为根在空气中无法直接吸收养分，只有靠根菌固定空气中的氮气，再消化吸收根菌所含的养分。尤其是兰花的种子仅有发育不完全的胚而无胚乳，无法自行发芽生长，在自然界中兰花种子发芽需要根菌的侵入，把所含养分供给胚才能发芽生长。

兰科植物为进化的最高级阶段的有花植物，但它的花的结构却是比较简化的。花由7部分组成即萼片3枚、花瓣3枚、蕊柱1枚。萼片已经瓣化，形似花瓣，而一般植物花萼都是绿色的。中间的花瓣称唇瓣，观赏价值最高，高度特化且富有变化，也是分类的重要依据。如卡特兰、雷利兰、鹤顶兰的唇瓣呈筒状，文心兰的唇瓣扩展成片状，上有突起和疣状物。位置一般对着地面，有利于传粉。蕊柱是兰花的繁殖部分，是兰科植物与其他植物相区别的主要特点。着生雄蕊和雌蕊两部分。蕊柱顶部或靠近顶端通常只有一个雄蕊生有花粉块，花粉块外面由花粉囊盖在上面。花粉块一般为2、4、6、8块。蕊柱上部有一个黏性的凹陷部分（有时是突起的），称为柱头区。

果实为蒴果，成熟期因不同种类而定，当颜色转为褐色随后即开裂。果实里有大量种子，一个果实含1 300~5万（60万）粒种子。通常种子长470~560μm，宽80~130μm。果实成熟即开裂，但种子未成熟，无胚乳，胚未分化发育，仅为一团未分化的细胞。

兰花栽培始于何时，无准确记载。目前认为古籍上记载的具有芳香性的所谓兰花，可能并不是兰花。唐朝末年880~890年，中国开始有文字记载的兰花栽培。世界上最早的兰花专著是南宋赵时庚1223年著的《金漳兰谱》。1737年，林奈把兰科植物分类为8属21种。古希腊与古罗马只注意兰科植物的药用价值。兰科植物的广泛栽培是近代的事，始于英伦三岛，且发展很快。兰花的商品生产开始于1812年。兰花的切花生产始于20世纪初。由于地理条件的优势，东南亚成为世界兰花切花的主要产地，如菲律宾、新加坡、马来西亚、泰国、美国夏威夷等地。我国兰花虽有悠久的历史，但长期以来局限于私家苗圃及公园中少量栽培，少有商品化生产，品种也以耐寒性的兰属为主。20世纪80年代末、90年代初，洋兰热在沿海大城市逐渐兴起，成为近年来春节花市上最为畅销的花卉品种。

兰花的价值主要在于观赏，其次是药用。

二、繁殖方法

（一）分株繁殖法

分株繁殖又称分盆，将生长过于密集的一盘兰花分栽成二至数盘。分株繁殖法在兰花的栽培中应用较多，尤其在种植量不大或家庭少量栽培时，主要用分株繁殖法。此法适合于具有假鳞茎和丛生的兰花，如中国兰、兜兰、文心兰、石斛兰和卡特兰。优点在于比较简单、容易掌握、不损伤兰苗、通常也不影响开花，而且能确保品种的固有特性，不会引起变异，但繁殖系数较低。

中国兰是多年生具假鳞茎的常绿草本植物，每年从新生的假鳞茎基部长出1~2个新芽，生长季节结束时完成生长，基部再形成假鳞茎。通常盆栽2~3年以上的兰花，盆内兰苗过于密集，影响生长时可将1盆兰苗分成二丛至数丛，每丛单独盆栽成为新植株。

1. 适宜季节 一般说来，只要不是兰花的旺盛生长季节，均可以进行分株，但比较适宜的季节是兰花的休眠期，即3~4月新芽没有出土之前和9~10月兰花停止生长以后。不同种类的兰花应当不同对待。早春开花的种类，如墨兰、春兰、寒兰、蕙兰，应在花开过后，生长势相对减弱时分盆不影响看花，或者在休眠期花芽尚未伸出来之前分盆，操作时需十分小心，不要损害花芽。夏秋季开花的种类，如建兰，最好在早春分盆。兰花在旺盛生长季节的5~8月份需要水分较多，分株时过分干燥对植物生长不利，并且新芽新根都很幼嫩，分株操作极不方便，稍不留心就会碰伤。

2. 准备工作　为了操作方便，可以在分株前让盆土适当干燥，使根系发白，产生不明显的凋萎，这样脆而易断的肉质根变得柔软，分株和盆栽可以减轻伤根，但不能过于干燥。还要准备培养土、碎瓦片、碎砖块、粗沙、铜窗纱、塑料窗纱、兰盆（清洁、浸透）和剪刀等。

3. 分株　繁殖用的兰花应当生长良好、无病虫害。建兰2~3年分一次盆，蕙兰有8~9个筒叶（假鳞茎）时才能分株，春兰可以稍少一些。不同地区有不同的习惯，四川省喜欢用大盆，盆栽数十筒叶，生长和开花均十分茂盛。如分株过勤，根伤得太多，分株后管理不好，恢复比较慢，新芽长不大，形不成花芽或开花不正常。

分盆时首先用左手五指靠近盆面伸进兰苗中，用力托住盆土，右手将盆倒置过来，并轻轻叩击盆的四周，使盆与盆土脱离，再用右手抓住盆底孔，使盆与盆土分离。然后将兰苗及盆土平放，不能使土坨突然散裂，以免导致兰花根系折断。再细心将土坨轻轻拍打松散，逐步将旧盆土抖掉，使盆土与苗分离。小心抓住没有嫩芽的假鳞茎，不要伤及嫩芽和叶，剪除已枯黄的叶片、假鳞茎上的腐烂苞叶、腐烂干空的老根。但有新芽的假鳞茎上的叶片应尽量保留，否则新芽生长慢而小。叶片已经完全脱落的假鳞茎也应剪掉，需要时还可以作为繁殖材料使用。选择已经清理好的较大丛植株，找出两假鳞茎相距较宽、用手摇动时又容易松动的地方，俗称"马路"，用利剪剪开。伤口涂抹碳末和硫磺粉，防止伤口腐烂。剪开的两部分假鳞茎上都应有新芽，各自能单独发展成新的植株，每一部分最少应有3个假鳞茎，太少对新芽生长不利，也不易开花。

4. 盆栽方法　在盆栽前应根据盆的大小，选定几丛兰苗，拼成一盆相称的一撮苗，拼苗时注意使有新芽的部分向着盆沿，栽植时要留有2~3年的生长空间。具体过程是：首先找一个有孔兰盆，为了防虫，铺一层尼龙网、铜纱网，排水孔盖碎盆片、蚌壳数片。其次铺排水层，如碎盆片、碎砖块、炉灰渣，厚度为盆深的1/5~1/4。培养土可先加至盆深的一半，然后用手将盆土压实，盆中央的土略高于四周，再将拼好的苗置于盆中心，逐步添加培养土，根据苗栽植的深浅向上轻提兰苗，以便把兰花的根系在盆中理顺，并同时将根系间的孔隙填满土、压紧。最后上面铺一层碎石粒、陶粒、卷柏，浇透水后、置荫棚中缓苗。

（二）假鳞茎培养法

1. 直接栽植法　在分株繁殖时常常剪下一些老的假鳞茎，这是很宝贵的繁殖材料。中国兰和虎头兰通常每个假鳞茎下部有两个芽（上部还有隐芽），一般每年只萌发1个，另一个处于休眠状态。将这些无根无叶的假鳞茎剥除上面的叶鞘，用清水洗尽后，用苔藓栽植于小花盆中，保湿、保温，每个老鳞茎能长出1~2枚新叶，而后在新芽基部生根，细心培养可以成为新的植株。此法在贵重的兰花品种和艺兰品种栽培应用较多。有时故意将老株的根叶剪掉，将多数假鳞茎栽植在大花盆或木箱中，以促进其萌生新芽，加速繁殖或促其产生叶片。

2. 扦插繁殖 石斛兰可选择未开花而生长充实的假鳞茎，从根际剪下作扦插用。每2～3节成一段，直立扦插在用泥炭和苔藓做成的小插床上，一半露出在外面，放在半荫、潮湿和温度较高的环境中，待苔藓表面变干后，喷水少许，以保持苔藓湿润。1～2个月后待新芽生出、且有2～3条小根时，栽植在新盆中，成为新植株。

（三）种子无菌播种繁殖

在20世纪以前，主要靠无性繁殖（分株繁殖）以及到原产地采集野生植物来供应市场。为了获得理想的杂交种，许多植物学家和园艺学家及兰花爱好者都试图用种子培育兰花，为此，他们把种子播种在母本植株下面的土壤中，或利用这种土壤来播种。有偶然成功者，但所得幼苗甚少，无实用价值。经过多年的研究，1903年，Bernard，Burgeff弄明白兰花种子的发芽需要在胚中有真菌的存在。由此产生了一种较为完备而实用的方法即共生法：在无菌的培养基中既接种兰花种子又接种特定的真菌。但设备较贵，菌种分离、保藏和接种时期难以掌握。Kundson在1922～1930年的研究中发现，人工营养培养基补充糖类能促进兰花种子的发芽，并且证明在没有共生真菌的作用下，这些播种苗能健康成长直至开花。由此，种子无菌播种便成为当前兰花繁殖的主要方法。下面介绍种子无菌播种繁殖的主要技术环节。

培养基可采用kundson c（kc）+蔗糖2%+琼脂7.5～8g+香蕉汁10%+活性炭1～2g，MS+蔗糖2%+琼脂7.5～8g+香蕉汁10%+活性炭1～2g或者花宝1号+蔗糖2%+琼脂7.5～8g+香蕉汁10%+活性炭1～2g。

培养过程：用75%的酒精擦拭朔果，再用0.1% $HgCl_2$ 灭菌12～15min，无菌水冲洗5～7次、切开，种子散布在培养基上。种子萌发具有群体效应。中国兰保持23～26℃，洋兰25～28℃。萌发前散射光，萌发后光强2 000lx，小苗阶段光强3 000～5 000lx。中国兰3～6个月萌发，蝴蝶兰15～25d萌发、石斛兰15～20d萌发，卡特兰3～12个月萌发。3～4个月转瓶一次。幼苗高度5～8cm，根3～5条，叶4～6片可移栽出瓶。移栽前在光强5 000～10 000lx，温度30～32℃的环境条件下炼苗。中国兰3～4年开花，蝴蝶兰1.5～2年开花，卡特兰5年左右，文心兰、石斛兰1.5～2年开花。

（四）兰花的组织培养

1960年，法国人Morel观察到兰科兰属的茎尖在无菌的培养基上，能形成扁圆球状的小球体，这些小球体与种子胚发育成的圆球体非常相似，故称为圆球茎状体，简称原球茎。目前有近70个属、数百种兰科植物可以用组织培养的方法进行繁殖。

1. 蝴蝶兰的组织培养 蝴蝶兰的组织培养常用的外植体有花梗顶芽、侧芽、蒴果、根、叶片，无菌苗的茎尖、茎段、叶片、根尖等。

（1）*花梗培养*：花梗的采集和灭菌：花梗伸长至30cm，开花前、后均可。采集花梗后流水冲洗1～2h，用75%的酒精擦试，后用0.1% $HgCl_2$ 灭菌9～12min，无菌水冲洗5～7次，无菌吸水纸吸干，然后把花梗切成3～5cm长，每一段带一侧芽，插入培养基中。

培养基：初代培养（诱导培养）常用花宝1号3g/L+胰蛋白胨2g/L+蔗糖3%+琼脂7.5～8g/L，MS+BA3mg/L+蔗糖3%+琼脂7.5～8g/L，花宝1号3g/L+胰蛋白胨2g/L+蔗糖3%+琼脂7.5～8g/L+BA5mg/L。继代培养用MS+BA3～5mg/L+椰子汁

10% + 蔗糖 3% + 琼脂 7.5 ~ 8g/L。生根与壮苗培养用花宝 1 号 3g/L + 胰蛋白胨 2g/L + 蔗糖 2% + 琼脂 7.5 ~ 8g/L + 活性炭 1 ~ 2g + 香蕉汁 10% ~ 15%。

培养条件：温度 26 ~ 28℃，光照 2 000 ~ 3 000lx，后期成苗培养光强 3 000 ~ 5 000lx，40d 为 1 周期。

生长情况：花梗接种到诱导培养基后 30d 左右即可以萌发成单芽或丛生芽，这主要决定于激素的量以及外植体的生理状态。如果激素偏高、外植体处于幼嫩状态容易产生丛生芽，否则只产生单芽。形成丛生芽后多次切割并移植到增殖培养基后就可以大量增殖，一般 45d 作为一个继代周期，增殖率在 3 ~ 4 倍即可以满足生产上的需要。形成足够繁殖基数后把比较大的芽（3 ~ 4cm 长）移植到成苗培养基上，30 ~ 40d 就可以长根。经过炼苗后就可以进行假植。

（2）无菌苗的茎尖、茎段、叶片、根尖培养：通过花梗培养获得的无菌苗是一种很好的繁殖材料。

茎尖培养：在无菌超净工作台上借助体视显微镜剥取茎尖，茎尖大小一般为 0.5 ~ 1mm。太小则不容易成活，太大只形成单芽而不能形成丛生芽或原球茎。茎尖培养形成原球茎可以采用培养基 MS + BA3 ~ 5mg/L + 椰子汁 15%，原球茎及丛生芽的增殖采用 MS + BA3mg/L + 椰子汁 15% 培养基。形成足够繁殖基数后把比较大的芽（3 ~ 4cm 长）移植到成苗培养基上，30 ~ 40d 就可以长根。经过炼苗后就可以进行假植。

叶片培养：把无菌苗的幼嫩叶片切成 2cm × 2cm 大小的小块，平放到诱导培养基上，培养基采用 KYOTO（改良培养基） + 肌醇 100mg/L + 烟酸 1mg/L + VB11mg/L + NAA1mg/L + Ad（腺嘌呤）10mg/L + 6-BA10mg/L + 蔗糖 20g/L + 琼脂 10g/L + 活性炭 1g/L。40 ~ 50d 左右叶片边沿长出颗粒状的原球体，而后分化出幼叶和芽。切割原球体即进入增殖阶段。增殖培养基采用 MS + BA3mg/L + 椰子汁 15% 即可。形成足够繁殖基数后把比较大的芽（3 ~ 4cm 长）移植到成苗培养基上，30 ~ 40d 就可以长根。经过炼苗后就可以进行假植。

2. 中国兰茎尖组织培养

外植体：3 ~ 4 月新抽出来的新芽（9 ~ 13cm），经表面灭菌后（肥皂水清洗、流水冲洗，75% 的酒精浸泡），再用 0.1$HgCl_2$ 灭菌 9 ~ 12min，无菌水冲洗 5 ~ 7 次，在超净工作台上双筒解剖镜下，无菌剥取茎尖（1 ~ 2mm，0.2 ~ 0.4mm）和侧芽接种。

诱导培养：春兰类：White + BA1mg/L + NAA5mg/L + 椰子汁 10% + 蔗糖 3% + 琼脂 7.5 ~ 8g/L，或 B11 + BA1mg/L + NAA2mg/L + 椰子汁 10% + 蔗糖 3% + 琼脂 7.5 ~ 8g/L。蕙兰、建兰类：MS + BA0.5 mg/L + NAA1 mg/L + 活性炭 5g/L + 椰子汁 10% + 蔗糖 3% + 琼脂 7.5 ~ 8g/L。

继代增殖培养：White + BA2 ~ 3 mg/L + NAA0.2 mg/L + 椰子汁 10% + 蔗糖 3% + 琼脂 7.5 ~ 8g/L，B11 + NAA1 ~ 2 mg/L + 椰子汁 10% + 蔗糖 3% + 琼脂 7.5 ~ 8g/L。

分化培养（先长芽、后长根）：原球茎：B5 + BA2 ~ 3 mg/L + NAA0.2 mg/L + 椰子汁 10% + 蔗糖 3% + 琼脂 7.5 ~ 8g/L，培养条件为温度 25℃，光照强度 1 000lx，光照时间 8 ~ 10h/d。

壮苗培养（让根和芽成比例的生长）：芽长到 2 ~ 3cm，转入 B5 + NAA2 mg/L + 活性炭 3g/L，培养条件温度 28℃，光照强度 2 000lx，光照时间 12h/d。

试管苗的移栽养护：在温度30℃，光强5 000～10 000lx的条件下炼苗7d。洗净附着在根上的培养基，晾苗后栽植在水苔中，在高湿、弱光缓苗6～10d，以后放在温度15～25℃，相对湿度80%以上的环境中养护，定期补充营养液。

三、蝴蝶兰的栽培方法

蝴蝶兰（*Phalaenopsis*）是兰科蝶兰属植物，花形奇特，色彩艳丽，花期很长，具有较高的观赏价值，近年来在国内外花卉市场上颇受欢迎。同属植物有20个原生种。主要分布区域从喜马拉雅山经印度、缅甸、中国南部、马来西亚、菲律宾至澳大利亚和新几内亚，我国云南南部、西藏南部、广东南部、海南和台湾一线为该属植物分布的最北缘，菲律宾分布的原生种最多，主要分布在热带低海拔和沿海。附生在林中的树干上或岩石上，根系发达，呈绿色，具有进行光合作用的能力。茎短而肥厚，无假鳞茎，顶部为生长点，每年生长期间从顶部长出新叶，下部老叶变黄脱落。根从节部生长出来。叶片肥厚多肉，互生，排列在两侧。花序从叶腋中抽出，可作切花和盆花。

栽培管理技术主要从以下环节入手。

1. 栽培方式 盆栽和蛇木板栽。

盆栽常用素烧陶瓷盆、塑料盆栽植，宜用浅盆、不用深盆，盆高小于直径。盆栽材料常用水草、蕨根，也可用树皮块、椰子壳块、蛭石，但不能用沙、土、陶粒。只要基质排水和透气良好均可栽培蝴蝶兰。

蛇木板栽：蛇木板即树蕨板，30cm长，20cm宽，将用水草包好的蝴蝶兰植株，用尼龙绳固定在板上。湿度难以控制，应经常淋水。还可以用木框种植或悬挂种植。

2. 换盆 蝴蝶兰的单株寿命可达5～15年。一般以水草为主的盆栽基质可维持一年，每年换盆一次。换盆的时间在春末夏初之间，花期刚过，新根开始生长时。换盆时的温度最好在20℃以上，温度太低植株恢复慢。管理不当就易引起植株腐烂。

小苗换盆：4～6个月左右即要换盆，忌小苗直接种在大盆中。小苗换盆时不需要将原植株根部的基质去掉，以免伤根。只需将根的周围再包上一层水草即可，栽种到大一号的新盆中即可。放阴凉处缓苗，不施肥。

成苗换盆：栽培一年以上需换盆。首先将兰苗从盆中取出，用镊子将根周围的旧盆栽基质去掉，注意不可伤根。用剪刀将已枯死的老根剪去，再用盆栽基质将根部包起来，注意使根均匀地分散开，不能将几条根靠在一起包。最后，按前面的方法栽种在盆中。

3. 温度 最适温度为白天25～28℃，夜间18～20℃。蝴蝶兰对低温比较敏感，15℃时停止生长，10℃则受寒害（叶片发红），高于32℃的温度对蝴蝶兰生长不利。降温的办法主要采用通风、遮阳、风扇水帘系统。增温的办法可用加温机的方法。

4. 光线和遮阳 蝴蝶兰生长在森林中的树上，有良好的遮阳条件。因此，在栽培中忌阳光直射，否则会得日灼病。小苗阶段光强10 000lx，中大苗阶段光强15 000lx，成苗、开花植株阶段光强20 000～30 000lx。

5. 浇水和空气湿度 蝴蝶兰忌根部积水，喜通风和干燥，如果水分过多，容易引起根部腐烂。不同的栽培基质浇水的间隔不同。水草可以间隔数日一次。蕨根、蛇木板、树皮块等保水能力差可每日浇水一次。15℃以下应严格控制浇水。保持空气相对湿度

70% ~80%，温度18℃以下时要降低空气湿度。

6. 施肥 施肥时固体肥、液体肥均可。施肥量为常见植物的1/3 ~1/4。春季只给少量肥料、花期停止施肥，新根、新芽开始生长时施以液体肥料，1 000 ~2 000倍液，夏季多施肥，秋季减少施肥，幼苗期和旺盛生长期应施N肥，花芽形成期和开花期多施P、K肥。具体指标为幼苗期可采用花朵朵（peters）30：10：10，2 000 ~3 000倍液，7 ~10d一次；生长期可采用花朵朵（peters）20：10：20或5：11：26轮换，1 000 ~2 000倍液，7d一次；开花期可采用花朵朵（peters）10：30：10，1 000 ~1 500倍液，7d一次。

7. 通风 喜通风良好的环境，忌闷热，通风不良引起腐烂且生长不良。通风设备应加装风扇水帘系统、侧窗、天窗和大功率的风扇。

8. 开花和花期管理 7月份上到500m的高山上（每天小于23℃的温度10h以上），8 ~9月花芽分化，10月后花梗长到15cm后下山，11月保温，元旦、春节开花。

四、中国兰的栽培管理

中国兰是我国传统名贵花卉，叶姿优美，花色淡雅，幽香四溢，素有“花中君子”之称，深受人们喜爱。中国兰的栽培管理技术主要从以下环节入手。

（一）兰盆

常用瓦盆种植，主要优点为透气性较好，但不太美观。也可用紫砂盆种植。花盆矮而宽，根须活动范围大，但台湾、日本、广东使用细而高的兰盆。通常看花用矮而宽的兰盆，观叶用细而高的兰盆。

（二）盆栽基质

中国兰原产于温带地区，具有绿叶，根系生长在混杂落叶、腐殖土和沙石的土壤中，更像一般常见的花卉，根通常具有丝状根毛。生长在林荫树下、沟边、水边。具有肉质根、贮藏着水分和养料，耐旱性较强。栽培的基本要求为温度低、光照弱、湿度大、疏松、透气、排水良好的环境。

不同地区由于传统习惯不同采用的基质不同。如广东、广西地区常用塘泥，江浙、四川一带用腐殖土、山泥，我国台湾地区用砖块、水苔、蕨根相混合，日本采用风化岩石。

（三）栽培场所

栽培中国兰宜选择空气流通而清新的地方，场地四周多树木、水池。最好在城市的郊区或无工业区及交通污染的农村，严重的空气污染对中国兰的栽培十分不利。在北方的当年9月底至翌年的5月上旬一般要进温室。春兰、蕙兰进5℃左右的低温温室，建兰、墨兰、寒兰进10℃左右的中温温室，地面用沙地，不用水泥地面，屋顶有自动遮阳的设备。冬季保持20% ~30%的遮阳。每年3月份后保持40% ~50%的遮阳。台架用木材或钢材做成，以利盆地通风和防止害虫从盆底孔侵入，伤害兰根。

兰花夏季生长要进入早晨能见到阳光、午后能避开烈日的荫棚。荫棚用竹帘、苇帘或遮阳网搭在顶部，其荫蔽度最好能自由调节，早晚拉开透气，并能承受夜间的露水湿润，遮阳度在50% ~60%。

（四）浇水和空气湿度

兰花的浇水应保持湿润，但切忌含水量过多。俗语说“干兰湿菊”也就是这个道理。

不同种类应有所区别。盆土的湿润程度是浇水的直接依据。水质以清洁、无污染、微酸（pH 值 5.5 ~ 6.5）为好，以雨水、雪水为上。不含盐碱的河水、井水和自来水也可用。浇水的次数与盆栽材料的种类有关。空气相对湿度保持在 70% ~ 80%。

（五）施肥

基肥：将腐熟的干牛粪加到培养土中，并加入少量的磷肥。

追肥：各种饼粕加水发酵后取出冲稀 5 ~ 10 倍，结合灌水时使用。

化肥：1 000 ~ 3 000 倍液。施肥时注意勤施、薄施。

第九节　温室其他花卉

一、肾蕨（*Nephnolepis Cordifoolia Presl*）

别名　蜈蚣草。

产地分布　原产于热带及亚热带地区。

形态特征　肾蕨为多年生草本。株高 30 ~ 50cm，根状茎有直立的主轴，主轴上长出匍匐茎，匍匐茎的短枝上生小块茎，主轴和根状茎上密生钻状披针形鳞片。叶簇生，无毛，叶片披针形，一回羽状，羽片无柄，基部圆形，其上方呈耳形。孢子囊群背生上侧小脉顶端，囊群盖肾形。

生长习性　肾蕨原产热带和亚热带地区。常地生和附生于溪边林下的石缝中和树干上。喜温暖潮润和半阴环境。生长适温 3 ~ 9 月为 16 ~ 24℃，9 月至翌年 3 月为 13 ~ 16℃。冬季温度不低于 8℃，但短时间能耐 0℃低温。也能耐 30℃以上高温。

肾蕨喜湿润土壤和较高的空气湿度。春、秋季需充足浇水，保持盆土不干，但浇水不宜太多，否则叶片易枯黄脱落。夏季除浇水外，每天还需喷水数次，特别悬挂栽培需空气湿度更大些，否则空气干燥，羽状小叶易发生卷边、焦枯现象。

肾蕨喜明亮的散射光，但也能耐较低的光照，切忌阳光直射。规模性栽培应设遮阳网，以 50% ~ 60% 遮光率为合适。

繁殖方法　常用分株、孢子和组培繁殖。

分株繁殖：全年均可进行，以 5 ~ 6 月为好。此时气温稳定，将母株轻轻剥开，分开匍匐枝，每 10cm 盆栽 2 ~ 3 丛匍匐枝。15cm 吊盆用 3 ~ 5 丛匍匐枝。栽后放半阴处，并浇水保持潮湿。当根茎上萌发出新叶时，再放遮阳网下养护。

孢子繁殖：选择腐叶土或泥炭土加砖屑为播种基质，装入播种容器，将收集的肾蕨成熟孢子，均匀撒入播种盆内，喷雾保持土面湿润，播后 50 ~ 60d 长出孢子体。

组培繁殖：常用顶生匍匐茎、根状茎尖、气生根和孢子等作外植体。在母株新发生的匍匐茎（3 ~ 5cm）上切取 0.7cm 匍匐茎尖，用 75% 酒精中浸 30s，再转入 0.1% $HgCl_2$ 中表面灭菌 6min，无菌水冲洗 3 次，再接种。培养基为 MS 培养基加 6-苄氨基腺嘌呤 2mg/L、萘乙酸 0.5mg/L，茎尖接种后 20d 左右顶端膨大，逐渐产生一团 GGB（即绿色球状物），把 GGB 切成 1mg 左右，接种到不含激素的 MS 培养基上，经 60d 培养产生丛生苗。将丛生苗分植，可获得完整的试管苗。

栽培管理　盆栽肾蕨宜用疏松、肥沃、透气的中性或微酸性土壤。常用腐叶土或泥炭土、培养土或粗沙的混合基质。盆底多垫碎瓦片和碎砖，有利于排水、透气。生长期每旬施肥1次，又可用“卉友”20－20－20通用肥或20－8－20四季用高硝酸钾肥。同时，生长期要随时摘除枯叶和黄叶，保持叶片清新翠绿。吊钵栽培时要多喷水，多根外追肥和修剪调整株态，并注意通风。

园林应用　四季常青，叶形秀丽挺拔，叶色翠绿光滑，是制作花篮和插花极好的配叶材料。

二、多浆花卉

多浆花卉又称多肉植物，主要是指它们的根、茎、叶具有肥厚的贮水组织，看起来根、茎膨大呈球形或柱状，叶片特具肥厚肉质。

（一）仙人掌（*Opuntia dillenii*）

别名　仙巴掌、霸王树、火焰、火掌、玉芙蓉、仙人扇、仙桃、月月掌。

产地分布　原产美国弗罗里达、西印度群岛、墨西哥及南美热带地区。中国、印度、澳大利亚及其他热带、亚热带地区。

形态特征　丛生成灌木状多年生肉质植物。茎扁平呈掌状，椭圆形，直立。株高可达1～2m，茎基部近木质，稍圆柱状，上部茎秆肉质，扁平色绿，有绒毛状硬刺。从根基部向上，由一个个大小不等，横竖交错的不规则的扁圆形茎块生长而成。古朴宛转如手掌，且有仙掌之传说，故得“仙人掌”之美名。仙人掌的植株是由许多茎块连接而成，中间形成节状起连接作用。茎块中间与边缘，以及茎节间生出许多小瘤体，每个小瘤体上簇生着黄褐色或暗褐色的锐刺。花，春夏开放，单生或数朵分别聚生于茎块顶端或侧旁。花色黄，鲜艳，花柱直立，喇叭形，近似石榴花。果实紫黄色，呈梨形或卵形，内有白色种子数粒。

生长习性　喜阳光，耐干旱，故有“懒惰花”之称。对水、肥、土的要求也不高。好管理，易繁殖。若行盆栽，用沙质土壤加少量腐熟堆肥即可。水过勤，肥过多，容易烂根。盆土要通风透气，表土要疏松，冬季要入室，夏季可稍遮阳。

繁殖方法　仙人掌及其同科属类植物仙人球、仙人辫、仙人指、蟹爪兰、令箭荷花、昙花等，种类颇多，繁殖简单，栽培容易。繁殖方法多用扦插、分株、嫁接进行。种子播种也可以，但生长缓慢，容易变种，故人们多不采用。扦插、分株、嫁接，一年四季均可进行，以春夏为好。现将此3种繁殖办法分别介绍于下。

扦插：选取1～2节强壮无病虫害的茎块，取好后可在取掉的缺口处涂上一层草木灰以防腐烂，然后放置阴凉处晾3～5d，使所含水分有所蒸发，再扦插在装好土的花盆里或畦地。在新株苗插好后，置阴凉处，待过3～5d后，再行浇水。15～20d即可生根。

嫁接：先选择好砧木与接穗，一般常以棒形、球形、楔形仙人掌类肉质植物为砧木，以花色艳丽的蟹爪兰，及形状、颜色均为美观的仙人球，或者根据自己所爱和所需作为接穗，进行嫁接。在嫁接时要特别注意：①接穗和砧木的切口要平整，大小要相同，高低要适当，才易于吻合和促进成活；②在切口与切口处，对准缝合后，固定要牢靠，绑线要扎紧，不至于使接穗动摇或掉下，影响嫁接的成活率；③嫁接好的植株要放在阴凉处7～

10d，待接口愈合后，才可移至阳光充足的地方接受日光直接照射。

栽培管理

1. 选择土壤 仙人掌属多肉类花卉，栽植土壤要求排水、透气性能良好。可以2∶1的比例配置原土与粗沙，再辅以腐熟堆肥，可加入少量磷肥。

2. 节制浇水 仙人掌多汁，体内可保存大量水分，耐旱性强，因此，在其休眠的12月至翌年3月可基本不浇水或少浇水，越冬温度越低，越要保持盆土干燥；4月份进入生长期，每周浇水一次；6～8月份每1～2d浇一次水。

3. 掌握温度 越冬温度要保持在2～5℃，保持清凉干燥，促其休眠。

4. 光照充足 盆栽仙人掌喜欢阳光，但怕曝晒，夏季要注意避荫，冬季则要保持充足的阳光。

室内盆栽仙人掌，以选择小型、花多的球型种类为宜，栽培中不能认为这类植物耐旱，而忽略对它的正常浇水与施肥。室内栽培，可在窗台上用铅丝与塑料薄膜营造一个高温、高湿的封闭式空间，大多数仙人掌在这样的条件下不仅生长快而且色泽晶莹。

盆栽用土，要求排水透气良好、含石灰质的沙土或沙壤土。新栽植的仙人掌先不要浇水，每天喷雾几次即可，半个月后才可少量浇水，一个月后新根长出才能正常浇水。冬季气温低，植株进入休眠时，要节制浇水。开春后随着气温的升高，植株休眠逐渐解除，浇水可逐步增加。每10d到半个月施一次腐熟的稀薄液肥，冬季则不要施肥。

在一般的住宅条件下，充分利用空间，培养几十盆各种各样的仙人掌，布置一个小小的“仙人掌花园”并不困难。当春夏之交，窗台上形形色色的仙人掌开放出琳琅满目的花朵，人们工作之余，在这样的条件下休息，不仅可以消除疲劳，而且可以说是一种对自然美的享受。

园林应用 仙人掌可盆栽观赏，热带地区可作绿篱。

（二）芦荟（*Aloe vera* var. *chinensis*）

别名 龙角、草芦荟、油葱、狼牙掌。

产地分布 原产于非洲热带干旱地区，现在几乎遍及世界各地。

形态特征 多年生常绿多肉植物，叶在圆柱形肉质茎上轮生，基部抱茎，节间很短，节部明显而呈圆环状，叶片长披针形，先端渐尖，呈长尾状，并略向下弯，中央主脉处下凹，两侧翘起，边缘有犬牙状锯齿，总状花序，自叶丛生中抽生，小花密聚。橙黄色，并带红色斑点，花期2～4月。

生长习性 喜温暖、湿润气候，不耐寒，冬季不得低于5℃，对土壤要求不严，喜阳光，耐干旱和盐碱，不耐荫，不需大水大肥。

繁殖与栽培 繁殖主要分蘖扦插和分株移栽为主，因生根容易，最初几年春季翻盆换土1次，夏天在荫棚下养护，冬季入低温温室越冬，全年需追肥4～5次。

1. 繁殖时间 芦荟喜温怕冷，耐旱怕湿，繁殖的最佳气温是15～28℃，湿度为75%～85%，因此，繁殖芦荟的最佳时间应掌握在上半年5月上旬至6月上旬，下半年9月中旬至10月下旬，这段时间成活率可高达100%。时间上要特别注意避开6月中旬至7月中旬的梅雨季节，因这段时间湿度太大、温度过高，不利于芦荟生根，并易造成烂苗。

2. 苗床选择及整理 选择地势高燥、排水畅通、肥活疏松的田块做繁殖芦荟的苗床。扦插前每平方米施腐熟有机肥5～7kg，与土壤充分混合。如土质黏性重，还需掺入适量黄沙，提高土壤通透性，使成肥沃疏松、干湿适中的苗床。

3. 掰苗和扦插　芦荟繁殖的小苗是从芦荟母株上分蘖和根基上分株获得的，掰苗时需注意两点：一是幼苗长至3～5叶左右时最适宜掰苗，苗太小或太大都不利芦荟生根成活；二是苗掰下后要在室内放2～3d，等伤口干燥后再扦插，可提高成活率，提早生根长叶。扦插时要注意三点：一是扦插的田块不宜过湿，如果湿度过高，扦插后苗易腐烂死亡；二是扦插时尽量避免强光照射；三是扦插后不能浇水过多。

4. 扦插后的管理　芦荟苗扦插后一般不需要浇水，到土壤发白时才可浇水。苗生根后可喷施0.1%磷酸二氢钾50kg/667m^2，以达到株壮根多。芦荟苗在苗床上培育两个月左右即可出圃定植，遇上强光时，需采取遮光措施。特别在夏季，遮光率应达70%～80%，并且经常喷雾降温。

园林应用　可盆栽，既观花又可观叶。

第七章　切花花卉

切花是指从植物体上剪切下来的花朵、花枝、果枝、叶片以及干枯枝条等的总称。它们都是插花用的素材，亦称花材，用于制作花束、花篮、花圈、新娘捧花及其他插花作品。如以花为主的菊花、月季、唐菖蒲、香石竹、百合、非洲菊、郁金香、鹤望兰等被称为切花；以绿叶为主的天门冬、蜈蚣草、苏铁等被称为切叶；腊梅与银柳等为被称为切枝。

切花在世界花卉业生产和销售中占有非常重要的地位，在一些发达国家和地区，切花的生产和消费乃是花卉业中最主要的一个方面。花卉的生产和应用在我国有着悠久的历史，但切花却是一个“年幼”的分支，不过是近20多年开始形成产业并迅速发展，但与国外发达国家相比，无论是科研、生产，消费和经营管理水平，都还处于较初级的阶段。要想在国际市场中获得一席之地，对于花卉生产和经营者来说，不仅需要新的种类和品种，更重要的是需要有关切花生产、保鲜等方面的应用技术。为了便于学生更好地掌握主要切花生产技术，本章将按照四大切花和新兴切花进行讲述。

第一节　月　季

月季（*Rosa chinensis*）属蔷薇科蔷薇属植物。享有“花中皇后”之美誉，深受世界人民喜爱，被一些国家选为国花，在我国有30多个城市将月季选为市花。切花月季为现代月季中的一个重要组成部分，是国际市场非常流行的切花种类。

图7－1　切花月季

一、形态、生活习性

（一）形态特征

切花月季属于常绿灌木。其枝条粗壮、直立性较强，茎节表皮上满生刺瘤。切花月季的株高可以达到1.5～2.0m。叶片属于具有托叶的羽状复叶，表面光泽，叶幅在5～10cm，叶长为8～20cm。花蕾为顶生单花，花色有白、黄、橙、粉、红、紫、复色等多种。花朵为重瓣花，花型为杯状，花瓣为高芯剑瓣或半剑瓣，花径为15～20cm（图7－1）。

（二）生态习性

切花月季是四季开花的灌木型品种。喜日光充足，相对湿度70%～75%，空气流通的环境与排水良好、肥沃而湿润的疏松土壤，pH值6～7为宜。最适的生育温度白天为20～27℃，夜间为15～22℃，在5℃左右也能极缓慢地生长开花。

虽然能耐35℃高温，5～15℃低温也不至于死亡，但30℃以上高温与低温潮湿环境则病害严重。过于干燥与低于5℃的寒冷即进入休眠或半休眠状态。

（三）常见品种

表7－1是目前我国市场上主要切花月季品种。这些月季是由中国月季、茶香月季、突厥蔷薇等杂交而成，已非任何自然原种；花色、花型多姿多彩。现有品种万种以上。

表7－1　部分切花月季品种

色系	品种名称	花型	花枝长度	产量（枝/(m^2·年)）	栽培季节
红花系	卡尔莱德 Carl Red	大中型	中－长	150～160	冬季
	卡拉米亚 Cara Mia	大型	中－长	170	冬季
	萨曼莎 Samantha	大型	长	150	夏、秋
	卡蓝宝 Carambole	大型	长	110～120	夏
	劳苔劳哉 Roteroze	大型	中-长	130～150	冬季
	奥丽拉乌 Only Love	大中型	较短	180～190	冬季
	宾高 Bingo	中－大型	中－长	170	冬季
朱红花系	巨星 Super Star	大型	中－长	140～150	春、夏、秋
	帕塞蒂娜 Pasadena	中－大	中－长	150	夏季
粉花系	玛丽娜 Marina	中型	中－长	170	冬季
	玛德隆 Madelon	大型	长	180	冬季
	索尼亚 Sonia	中－大	长	180	冬季
	布利德 Bridal Pink	中－大	中－长	170	冬季
	卡丽娜 Carina	大型	长	160	冬、夏
	卡丽乃拉 Carinera	大型	长	160	冬、夏
黄花系	阿尔斯麦·高尔德 Aalsmeer Gold	中－大	中－长	160	冬季
	金徽章 Golden Emblem	大型	长	130	夏季
	福丽斯考 Frisco	小型	长	180	冬季

二、繁殖方法

切花月季繁殖主要有扦插、嫁接和组织培养3种方法，以前两种为主，生产中则以嫁接苗应用最普遍。

（一）扦插繁殖

1. 夏季扦插　于6月前后扦插，30d内生根长芽。可结合浇水喷洒0.2%的尿素和磷酸二氢钾水溶液，以后酌情再喷洒1～2次，9月底就可开花。

2. 秋冬季扦插　9～10月份是扦插月季最佳季节，扦插方法与夏季扦插相同，但管理不同，扦插后必须用塑料膜搭棚覆盖，这不仅有利于初期保湿，而且有利于冬季保温，在此期间土壤含水量不低于85%，空气相对湿度不低于90%。进入初春气温回升，及时喷洒1~3次液肥促进生长，3月前后可选择晴天无风中午，开棚炼苗，4月份可移栽。

营养袋育苗 可用腐叶或锯末、粗沙、过磷酸钙按5:3:0.5混合后，过筛堆积，杀菌后备用，这种基质中性偏酸，疏松透气，富含营养，将其装入扦插袋进行扦插，成活后上盆可减轻苗木损伤，增加其商品性。

(二) 嫁接

嫁接苗经济寿命可长达6~9年，切花生产中常用嫁接苗。砧木可用蔷薇、粉团蔷薇、白玉堂、日本无刺蔷薇等，砧木可用扦插繁殖，但用种子繁殖的实生砧更好，当砧木根颈部粗8~10mm时即可嫁接。

1. 根接 12月间掘取野蔷薇，修短根部，并在根颈上约5cm处截断，削成2.5~3.0cm斜面，取优良品种的健壮枝条削成等长斜面，上留两个芽截断作接穗，将砧木与接穗形成层对准，用塑料薄膜带扎牢，以株行距10cm假植于苗床内，充分浇水后，另用松泥土堆埋没嫁接处，只留出顶芽，待到组织愈合后再移出定植。

2. 芽接 芽接部位尽量靠近地面，在嫁接前一天可采开过花的充实枝条长5~8cm，留叶柄去叶水养1d，一般用“T”形芽接法，其芽接在7~8月最好。

(三) 组织培养

自20世纪60年代开始，国外研究者开展了大量月季组培工作。我国起步较晚，从20世纪80年代进行月季的组培生产。对于一个新品种来说，采用常规的扦插或者嫁接法繁殖时，由于增殖率很低，想得到大面积栽培所需要的种苗数量，要经过很长的时间。利用植物组织培养技术生产月季苗的优点是可以在短时间内生产出大量的植株，使新的月季品种尽快投放市场。月季组培的步骤可分为如下几步。

1. 取材 选取当年生健壮饱满的中部芽作为外植体。

2. 灭菌 将取回的材料用手术刀片切去叶片和叶柄，切成1~2cm的带芽茎段。用自来水冲洗，转入超净工作台，用0.1%~0.2%升汞溶液灭菌15~20min，再转入1%~1.5%的次氯酸钠溶液中浸泡10min，取出用无菌水冲洗2~4次备用。

3. 诱导培养 诱导培养基选用MS+BA 0.5~1.0mg/L。将材料接种到诱导培养基上，7d后芽萌发，茎尖展叶生长，20d后长至1~2cm。

4. 增殖培养 增殖培养基采用MS+BA 1~2 mg/L+NAA 0.2mg/L。将萌生芽切割成每段1~2个芽的茎段，接种到增殖培养基上，4周左右可长出3~4个不定芽。待不定芽长到3~4cm后，可根据生产计划保留一定健壮的芽继续接种到增殖培养基上增殖，其余可转入生根培养。

5. 生根培养 生根培养基采用1/2MS+NAA 0.1~0.2mg/L+IAA 1.0mg/L或NAA 0.5mg/L。将增殖出来的丛生芽切成2~3cm的单株，转入生根培养基中，12d后即可生根，当根长达到0.5cm，有2~4条白色根系时即可出瓶移栽。

无论进行诱导、增殖、生根培养，培养室温度都以21℃为好，诱导萌芽的光照800~1 200lx，光照时间为10~12h/d。增殖及生根培养的光照以2 000~3 000lx为宜。

三、切花生产技术

（一）定植技术

1. 土壤的准备　月季根系比较发达，根系深度一般可以达到100cm以上。因此，栽培土壤的翻耕深度至少在50～70cm。当采用栽培床栽培时，每株月季需要30L左右容积的床土，在采取岩棉进行营养液栽培时，每株月季至少需要5L左右的培养液。月季的根系越发达，根系越深，切花的产量就越高。一般说来，为了取得高产优质的切花，有效土层的深度最好达到100cm左右。为避免根癌肿病和线虫病的发生，在定植前土壤最好进行消毒处埋，可采用化学试剂（氯化苦、溴甲烷、棉隆），蒸气、热水等方法。

1987年以后，在荷兰开始普及和推广月季无土栽培技术，利用月季组培苗直接定植在岩棉块上，再通过营养液栽培取得了成功。根据扦插苗、嫁接苗和组培苗的切花生产比较实验，发现组培苗的生产性能最佳。因此，在荷兰利用月季的组培苗栽培已经开始大面积普及。我国许多地区也采用无土槽式栽培技术，即将月季种苗栽植于填入泥炭加珍珠岩混合的基质的种植槽中，采用营养液进行切花月季栽培。

2. 定植　定植用高床，高出地面15～20cm，宽45cm，床间距40～45cm，株行距（双行植）35cm ×（12～15）cm，每床栽两行“之”字型栽植，栽苗8～10株/m^2。嫁接部位应高于土面0.5cm防止接穗部位生根，定植后立即浇透水并使室温升高，以利萌发新根。

（二）栽后管理技术

1. 整形修剪技术　整形修剪是月季生产中的基本操作，修剪结合温度和光照管理可控制产花期，同时正确的整形修剪，有利于维持树势及植株的更新，提高切花的产量和品质。幼苗期应及时除去花蕾促使基部萌生健壮枝条，当枝条直径达0.6～0.8cm时，才可留作开花母枝，母枝高度一般60～80cm才可进行正常采花。两年以上的高植株不能直接回剪至60～80cm高，应用折枝法，待新枝足够强壮时才断枝。其方法有以下几种。

（1）摘心：在花蕾豆粒大时，去掉花蕾或摘除上部三小复叶部分，这种方法用于幼苗期，保留较多叶片，增加光合作用，以促进骨干枝的形成，以便形成开花母枝。

（2）轻剪：在树势基本形成或枝条基本成熟时从花蕾以下5个小叶处修剪，该部位腋芽饱满，萌发快，可迅速形成花枝，并对弱枝进行轻剪留大量叶片作辅养叶，供花枝迅速生长。

（3）中剪：在成熟枝的中下部进行修剪，留下饱满的芽和较多的叶片，每个开花母枝留2～3个开花芽可集中供养，使之形成花枝，在相对短的时间内形成较长的花枝。

（4）重剪回缩：重剪即在枝条下部或基部修剪，回缩则在主枝上修剪，两者一般用于控制植株高度或采花，低位重剪还可刺激更新枝的形成。

（5）折枝：在枝条一定部位将枝条弯曲折下不折断韧皮部，可分为高位折枝和低位折枝，该技术不但可抑制顶端优势又可保留大量的辅养叶片，有利于新枝的生长发育。

2. 水分管理　如何判断和决定浇水次数和浇水量非常重要。目前国内大部分生产者基本是根据经验判断浇水次数和浇水量。国外进行月季栽培时，通常采用土壤水分张力计测定土壤水分张力，协助判断浇水次数和浇水量。从实验结果来看，当水分张力pF为

1.5 时需要每日浇水，pF 为 1.8 时每隔 2 ~ 3d 浇水一次，pF 为 2.2 时每隔 7 ~ 8d 浇水一次，浇水次数差别虽大，切花的产量和质量却没有显著差别。这也许是由于表层活动土壤较深，或地下水位较高而没有产生显著性差异。总之，在土壤水分张力 pF 为 1.8 时比较适宜。在使用土壤水分张力计测定时，如果只设 1 ~ 2 个测试点往往不能代表整个温室的情况。研究表明日照强度与植株蒸腾和土壤水分蒸发的相关性最大，怀特（1987 年）根据这个参数计算出了月季年浇水次数和浇水量。基本在冬季相隔 9d，春季和秋季相隔 4 ~ 5d，夏季相隔 3 ~ 4d 浇水一次，这样一年浇水 104 次，330m^2 温室总浇水量为 633t，平均每次浇水量为 30mm 左右。

3. 温度控制 月季产量，质量最佳的温度是 14 ~ 25℃，较耐寒的品种在最低夜温 5℃时仍可产花，但产花量及质量均下降，夏季高温时可适当遮荫降温。高温会使花头变小，颜色变淡，所以，尽量降温至 30℃以下。

（三）病虫害防治

1. 白粉病

（1）*症状*：白粉病的病原菌首先侵染植株的叶片、花梗和花蕾。幼叶最容易发病，开始发病时出现白色粉末状霉点，随着病情的加重，白色的霉点会布满全叶，叶片变得凸凹不平，或者扭曲，叶色也开始变成灰色。新梢的发育不良，花枝和花茎变得柔软弯垂，花蕾下部密生霉菌，花茎变色。对月季的危害非常严重，特别在多氮、多磷条件下，植株的叶片大而薄就容易被病菌感染。

（2）*防治方法*：关于白粉病的防治方法，主要是选择具有抗病性的品种，及时除去患病枝叶，改善施肥条件，控制设施内湿度和喷洒杀菌剂等。白粉病主要发生在早春和初秋，要尽可能多换气，降低温室或大棚内的空气湿度，如果在气温允许的情况下，即使在夜间也应该适当打开天窗通风。

采用药剂防治时，一般运用 1 000 倍的多氧霉素 PS 乳剂液、1 000 倍的杀破隆乳剂液、1 000 倍的多菌灵可湿性粉剂以及石灰硫磺合剂等进行叶面散布，可以比较有效地防治白粉病。在发病时可以每隔 2 ~ 3d 喷洒一次，连续喷洒 2 ~ 3 次就有效，要特别注意喷洒叶片的背面，细致均匀地喷洒后，就可以抑制白粉病的继续发生。

2. 霜霉病

（1）*症状*：霜霉病的病原菌主要从月季叶片的气孔侵入植物体。发病初期一般表现在新梢的下部叶片，开始发病时在叶片上产生黄灰色或暗紫色的不定形水浸状病斑，不久就变成灰褐色或紫褐色病斑，其症状很像药害。在湿度较高的情况下，具有病斑的叶片背面会产生白色的霉状苗丝。此时叶片很容易脱落，腋芽和花梗部位发生变形，并且与叶片一样出现病斑。危害严重时新梢的基部会出现裂口，采取夏季剪枝后会引起生长不良或沿切口向下枯死。叶片的发病症状为在叶脉之间出现清晰的紫褐色病斑。

在露地栽培时霜霉病主要发生在多雨季节，在温室栽培时主要发生在春季的 3 ~ 4 月和秋季的 9 ~ 10 月，由于此期间的日夜温差较大，而且在温室或大棚密闭的情况下，温度较高，叶片边缘容易积水，所以容易发病。

（2）*防治方法*：主要防治方法是从环境管理上下工夫。首先采用科学的浇水方法并控制有效的浇水量，避免大水漫灌。在夜间最好将天窗适当打开换气，尽可能降低空气湿度。在使用暖气供暖的情况下，温室内比较干燥，但在早晨停止供暖后，设施内外温差加大，最容易造成屋面结露或叶片形成水滴，这时最好及时通过换气扇，将高温空气换掉。在夜间室外气温达到12℃左右的情况下，可以将天窗全都打开，以降低室内湿度。在夜间室外气温较低的情况下，为了保温一般都将温室或者大棚密闭，这样最容易发生霜霉病，为了预防，最好在夜间也要适当打开天窗换气有利于防病。在无加温温室或者大棚栽培时，更容易发生病害，最好选择抗霜霉病或具有免疫性的品种。

采用药剂防除一般效果不好，发病后即使喷洒药剂也无济于事。为了防止霜霉病的发生，可以事先喷洒2 000倍的代森胺、500倍的代森锰锌或代森锰进行预防。其中代森锰锌或代森锰容易污染叶片，在开花期要避免使用。

3. 灰霉病

（1）症状：发病的环境条件与霜霉病一样，就是多湿和水滴。发病部位有叶片、花朵、花蕾、幼茎等，叶片被病原菌侵染后表现为叶片变色，并且密生灰色霉点。在花上发病时，会出现小型火燎状斑点，不久变成大型褐色斑而腐败，如果不及时除去，整个植株都会被灰霉包围。病原菌在开花前可以侵染花蕾，开始时从花托部位发生腐烂现象，最后整个花蕾都会腐烂掉下。病原苗一旦侵染幼茎，伴随着茎节中间的腐烂，上部枝条萎蔫枯死。如果设施内空气湿度较高，连续两日叶片上水滴不干，非耐病性品种的100%都要在花瓣上发病。在发病初期如果不十分注意，很难发现灰霉病的斑点，收获切花后，即使放在冷藏室内，1～2d就会迅速表现出病状，这样切花品质会严重下降。

（2）防治方法：空气湿度和叶片水滴是发病的最重要环境因素。所以，必须从设施环境管理方面下工夫。首先要通过通风换气降低设施内湿度，避免水滴在叶片上的滞留时间过长。及时除去发病的叶片、花朵、花蕾以及枝条等。可以事先喷洒药剂预防，主要有1 500倍的甲基托布津液、1 000倍的多氧霉素AL乳剂液、2 000倍的苯来特水合剂液等。

4. 根系癌肿病

（1）症状：在植株基部和根系形成大小不规则肿块，地上部较少发病。根系癌肿病的肿块形成以后，一般植株的生长势下降，新芽发育不良，容易产生盲花，即使开花，切花的质量也很差。在夏季剪枝后对于植株的伤害较大。

这种病原菌从伤口侵入。由于月季要进行嫁接和定植过程，这样在接口或者砧木的断根处就容易被病原菌侵染。病原菌侵入植物体后，其中一部分遗传基因能够自动转入植物细胞，并且能够与植物的基因组发生重组，整合在植物的染色体上，其结果是大量产生植物内源生长激素，破坏了植物体内的激素平衡，使根系的某些部位犹如癌组织一样发生异常分裂，形成癌肿。

（2）防治方法：由于根系癌肿病病原菌感染月季的唯一途径是伤口，所以，从砧木种植、种苗生产到土壤栽培都要彻底进行土壤消毒。另外，嫁接过程是感染病菌的重要途径之一，所以嫁接所使用的枝剪和枝接刀都要进行消毒处理，通常利用开水加5%的福尔马林或者用10%的次氯酸钠溶液消毒8～10min。

5. 红蜘蛛

（1）症状：红蜘蛛是一种寄生性螨类害虫。在月季的切花生产过程中，最容易受棉红蜘蛛的危害。红蜘蛛主要寄生在叶片背面用针状口器吸取叶片的汁液，发生虫害后在叶片正反面都出现不规则的白色微型斑点，严重时叶片黄化脱落。有时在叶片形成蜘蛛网一样的黏丝。红蜘蛛是月季地上部危害性最大的害虫，也特别难以彻底防除。

（2）防治方法：由于红蜘蛛的防治非常困难，在栽培初期就要进行重点防除。一旦大量发生以后就再也不能根治。为了防止红蜘蛛产生抗药性，最好购买几种杀虫剂交替使用。喷洒杀虫剂时要添加1/3 000倍的表面活性剂，以叶片背面为中心细致地喷洒。一次喷洒以后，7~10d虫卵开始孵化，要进行第二次喷洒。比较有效的杀螨剂有1 500倍的开乐散乳剂液，1 000倍的氟蚜螨V乳剂液，2 000倍的氟蚜螨水和剂，1 000倍的除螨灵水和剂，1 500倍的三氯杀螨醇和1 000倍的乐果乳剂液等。其中除螨灵是欧美长期使用的杀螨剂之一，具有一定的迟效性，间隔7d喷洒两次后，3个月内都具有防治效果。

（四）切花采收与保鲜

1. 适时采收 适时采切很重要，既关系到切花质量，又关系到瓶插寿命。月季切花的收获适期因品种、采收季节不同，对于花蕾的开放程度要求不同。另外，市场的要求或者消费者的需求也是重要的参考因素。近几年由于月季切花保鲜剂的使用，即使在开放前采收，花蕾也能够开放到一定开度。但是，为了使切花保持原有的花色和花型，最好还是等花蕾开放到一定程度之后再采收。当然，对于生产者来说，要了解不同品种在不同季节的保鲜性，根据花卉市场的要求，正确把握采收时机。一般多在清晨采切，此时天气凉爽，湿度大，采后损失小。从花的发育程度看，一般在花开前2d采收较好，采收过早，由于花枝发育不够充分，易产生花枝弯颈现象，影响花的开放。从形态上看，一般以萼片向外反折到水平以下，有1~2个花瓣微展时采切为宜。

2. 采收方法 月季切花的收获方法与菊花等不同，不仅要采到切花，而且还要考虑以后能否继续采收切花。所以，采花技术的好坏会直接影响切花的产量和质量，也可以说每次采花过程就相当于1次深摘心或者是1次生长发育调节过程。采花的方法有几种，如图7－2所示，一般采用5枚叶留2采收、5枚叶留1采收、3枚叶留1采收等方法。一般新梢最基部的叶片由3枚小叶组成，其上位叶片由5枚小叶组成，中间部位的叶片由7枚小叶组成，花蕾下部的叶片又是由5枚或者3枚小叶组成。所谓5枚叶留2是指在采收切花时，将花枝基部具有5枚小叶的复叶留下2枚在其上的节间处剪断采收，5枚叶留1是指留下1枚具有5枚小叶的复叶，3枚叶留1是指留下1枚具有3枚小叶的复叶，节位采收是指从新梢伸出的节位部剪断采收、主枝采收是指将新梢连同部分主枝剪掉采收。其中节位采收和主枝采收可以降低植株高度。最常用的采收方法是5枚叶留2采收。但是，在初秋开始收获时，或者在夏季剪枝后树势还没有完全恢复的情况下，最好采用5枚叶留3采收。另外，在气温较高的季节，摘心30d以后，就可以再次开始采收切花，但由于切花的长度不够，如果采用5枚叶留3采收，切花的长度会更短，大

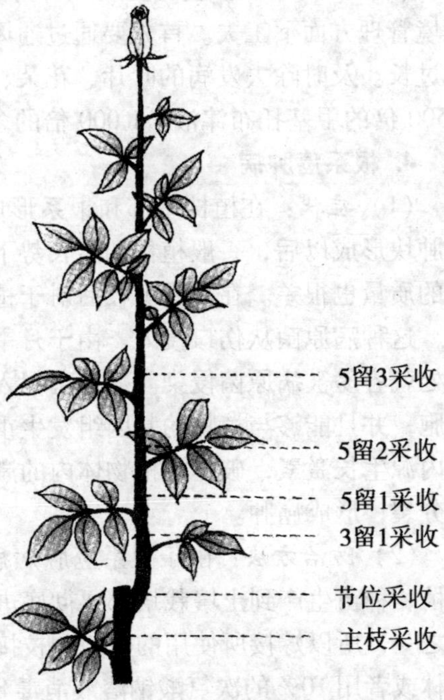

图7－2 月季切花采切（郭志刚，2001）

体只有 30 ~ 40cm。在这种情况下，如果强行收获也没有商品价值，这时可以尽早将花蕾摘除或者采取浅摘心，留下 4 ~ 5 枚叶片作为营养枝，在下次收获时可以得到更高品质的切花。

3. 采后处理　采花以后要根据切花的长度、花朵的大小、花茎的粗细、花茎弯曲与否、茎叶平衡状况以及充实感等进行分类，并且将切花下部的叶片和表皮的刺瘤去掉，然后每 10 枝为 1 束或 20 枝为 1 束捆好，放在清水中吸水。在荷兰、美国、日本等国开始利用自动选花机进行切花的分类和调整，主要根据切花的长度和重量分类，有些机械种类也具有除去下位叶片和表皮刺瘤的功能。自动选花机的选花速度为 2 000 ~ 3 500 枝/h，相当于 30 个人左右的工作能力。

采收后马上放在装有清水的清洁容器内吸水，至少在每栋温室或者大棚内都要设有这种容器。当然在面积很小，采花量不多的情况下，利用水桶也可以代替。根据最新研究成果，采收月季的切花后，在温室内用 41 ~ 43℃ 的温水加入柠檬酸将 pH 值调至 3. 0 ~ 3. 5，并将采收的切花放入这种温水中吸水，然后运到冷藏室内冷藏。或者在温水中加入一些保鲜剂，再用柠檬酸将 pH 值调到 3. 5，切花吸水后移到冷藏室内冷藏。

采下的切花经处理后就可以装在纸箱内出售，箱的大小、样式等根据生产者和产地各不相同。装箱后用卡车直接送往市内花卉市场或附近飞机场。如果不能及时运往花卉市场或者花店，可以放在冷藏库内冷藏 1 ~ 2d，但冷藏时间不能过长。

第二节　菊　花

菊花（*Dendranthema × grandiflorum*）又名九花、鞠花、节花、帝女花、秋菊。原产我国，栽培始于周、秦，迄今已 3 000 多年历史，是我国栽培历史最悠久的传统名花之一。切花菊作为当今国际花卉市场上四大切花之一，以其色彩清丽、姿态高稚、香气宜人等特点深受广大群众喜爱，应用相当广泛，是最大众化的一种切花。

一、形态、生活习性

（一）形态特征

菊花为多年生草本植物。株高 60 ~ 180cm。茎直立、粗壮，多分枝，青绿色或带有紫褐色，上被灰色柔毛，具纵条沟，呈棱状，半木质化，节间长短不一。叶形大、互生、呈绿色至浓绿色，叶片有深缺刻，基部楔形，表面较粗糙，叶背有绒毛，叶表有毛，能分泌一种特殊的菊叶香气。头状花序，花单生或数朵聚生，边缘为舌状花，中部为筒状花，共同着生在花盘上，也有全为舌状花或筒状花的。花序的形状、颜色及大小变化很大，有球形、托桂形、卷散形、松针形、莲座形、翎管形等。花色极其丰富，可分成黄、白，红、紫、粉等几个色系。小型花单花直径 2 ~ 5cm，大型花直径可达 10 ~ 20cm。种子为极细小的瘦果，黄褐色，中间膨大，两端略突出，上端呈扁平楔形，外表有纵行棱纹，种子寿命 3 ~ 5 年（图 7 - 3）。

（二）生态习性

菊花适应性强，分布地域很广，从华南到华北都有栽培。菊花喜阳光充足气候凉爽、地势高燥、通风良好的环境条件。要求富含腐殖质、肥沃疏松、排水良好的沙质壤土，pH 值 6.5 ~ 7.2，耐旱也耐弱碱，但不耐潮湿忌低洼积水，否则会导致整个植株枯黄而死。菊花还忌重茬，连作易发生病虫害和土壤养分缺乏症。菊花具有一定的耐寒力，地下宿根在华北地区可露地越冬。不同的品种耐寒力不同，据记载，某些菊花的宿根能耐 -30℃的低温。

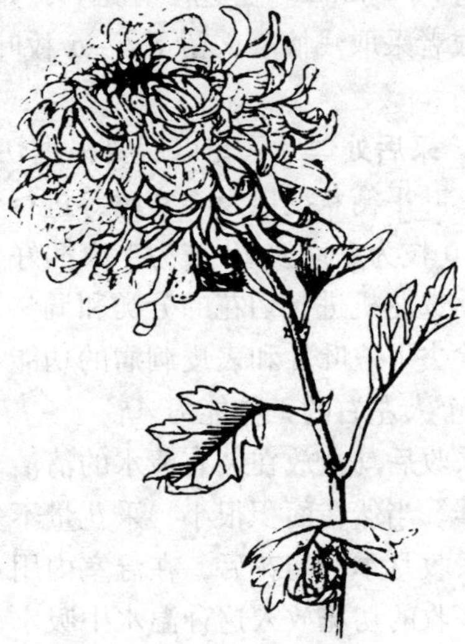

图 7-3　菊花形态

菊花大部分为短日照植物，只有当日照长度在 12h 以下时才会开花，具有明显的日照界限。另有一部分菊花品种在长短日照条件下均可开花，没有明显的日照界限，只是相对地分为短日照或长日照种类。

（三）常见品种

目前，做切花用的优良品种，多数在日本培育，我国已引入部分日本切花菊品种，包括秋菊、夏菊、寒菊系列，近百个品种，弥补了国内切花菊生产和供应的不足，丰富了我国的菊花市场。切花菊品种见表 7-2。

表 7-2　切花菊品种

品种类型	品种名	花色	上市期
秋菊	祝	粉	8 月下旬
	秋晴水	白	9 月上旬
	千代姬	紫、粉	9 月中下旬
	花言华	粉	9 月中下旬
	都	粉	9 月中下旬
	秋樱	粉	9 月中下旬
	深志	黄	9 月中旬
	红之华	紫、红	9 月下旬
	秋之风	白	10 月上旬
	琴	粉、白	10 月下旬
	秋之山	黄	9 月下旬
	花甬	红、色	9 月下旬
夏菊	银香	白色	6 月中旬
	新明光	黄色	6 月中旬
	朝之光（小菊型）	黄色	6 月下旬
	宝珠	黄色	7 月中旬

（续表 7－2）

品种类型	品种名	花色	上市期
寒菊	银御园	白色	12 月
	金御园	黄色	12 月
	寒樱	红	12 月
	美雪	白	1～2 月
	春之光	黄色	1～2 月
	红正月	红	1～2 月

二、繁殖方法

（一）扦插繁殖

作为大规模切花生产的菊花，一般都采用无性扦插的繁殖方法。一方面可以保持品种的优良性状；另一方面可以减少育苗周期，繁殖系数高。而且菊花再生能力很强，扦插简单易行，成活率高。

3 月下旬，将种株挖出，定植到露地，株行距 30cm×40cm 即可，然后对种株整形修剪，此时可以得到第一批插穗作为繁殖材料。给予种株良好的水肥管理，以便获得高质量的插条。

一般秋菊在 4 月中旬至 5 月上旬为扦插适期，利用宿根萌发出来的新芽，可以反复剪取繁殖材料。截取顶部 8～10cm 长的健壮嫩梢作为插穗。插穗采下后，应立即浸入水中，并应做到随采随插。扦插之前，插条还须进一步加工，去掉基部 1/3 的叶片，如上部叶片过密，也应摘去 1/2，以减少水分蒸发。再将插穗基部的切口修成马蹄形，即可供扦插之用。

扦插可在插床或育苗盘中进行。扦插基质应具有沙质疏松、通透性好、保湿力强等优点，一般可以选用蛭石、珍珠岩、普通田园土掺入少量沙质土上，或者草炭土与沙性黄土，插时先用竹签开洞，然后将插条插入土中，以减少土壤对插条切口的摩擦。插入土中的深度约为插条全长的 1/3。插后将土按实，使土壤与插条密切接合。然后立即用喷壶浇水，水量要足，饱和后停止浇水。同时向插床四周喷水，增加空气湿度。浇完水后应立即搭设荫棚或加盖苇帘、遮阳网等物，防止阳光直射，减少水分蒸发。一般刚扦插的插条需要罩上薄膜，既可保湿又能保温，尤其在刚插完的前几天，一定要做好遮阳及保湿工作。7d 后，插条开始愈合发根，水量可逐渐减少，保持土壤湿润即可，早晚可接受些阳光。经 15d 左右，大部分插条即可生根，浇水量再减少些，保持不干即可。并撤掉薄膜，逐渐见光。

扦插菊花除了选择适宜的扦插基质、保证湿度及必要的遮光措施外，温度也起着相当重要的作用。菊花在 4℃以上即有发根的可能性，最适宜的发根温度在 15～20℃。温度过低，生根所需时间延长；温度过高，则易造成插穗腐烂。

（二）组织培养

1. 材料准备　外植体取菊花老根抽生的新枝嫩茎，或在当年扦插成活的植株，取其嫩茎。将嫩茎上的叶片连同叶柄一起摘除。

2. 外植体消毒 将嫩茎在清水中冲洗数次，再用洗涤剂洗涤、漂清，进入接种室；先用0.1%的吐温浸泡2~3min；然后，在70%的酒精中浸30s，再用10%的漂白粉溶液消毒8~10min。最后用无菌水漂洗6~7次，即可作为接种材料。

3. 接种 将接种材料切成0.5~1cm长的小段，在超净台上的火焰控制范围内，将其接种在已准备好的培养基。

4. 培养基 菊花培养基为MS+6-BA 2mg/L+NAA 0.2mg/L（或附加激动素KT 2mg/L+NAA 0.2mg/L），培养基pH值6~6.5，在常规灭菌条件下，经20min高压灭菌后冷却备用。

5. 培养条件 在室温25℃±1℃并用日光灯加光8h的恒温室中培养，经14d左右可陆续产生愈伤组织及绿苗，30d左右经过转移，绿苗继续丛生、伸长，再经转移增殖。

6. 生根培养 生根培养基为MS+NAA 2mg/L。将绿色小苗茎段转移到生根培养基上，约10d后生根。

7. 试管苗移栽 将已生根的试管苗（根长1cm时）适时移栽；试管苗自试管中取出，洗去苗上的培养基，移栽到蛭石（或珍珠岩、细泥炭颗粒等）培养基质中，浇灌清水，10d左右发出新根后，就可以移入培养土中进行常规栽培。

三、切花生产技术

（一）栽培管理技术

1. 定植 定植之前应将扦插成活的菊花苗从荫蔽的环境中移置室外通风处锻炼2~3d，称之“炼苗”，为一逐渐适应环境的过程。定植前，先要深翻，敲碎、拉平土壤，再筑畦，施足农家肥。一般做成1~1.2m宽的畦。定植的株行距为20cm×25cm，过密影响植株通风透光，妨碍植株的正常生长；过稀则会减少单位面积的切花产量。

2. 摘心 地栽菊花缓苗后，应及时进行一次摘心，只留最下部5~6片叶，以保证每棵植株抽生5~6个分枝，即每株菊花产生5~6支切花。若每株留花枝数过多，会影响单支切花的质量，并有可能推迟花期；每株留花枝数少于3个，不但会降低产量，还会消耗过多的养分，使茎秆过于粗壮，与花头的大小不成比例，不符合切花品质的要求，并且重量加大，不便运输。因此，应适当选择保留花枝数。

3. 中耕除草 菊花在生长前期，需要多次中耕除草。中耕即松土，可以避免土壤板结，增强土壤的通透性，促进土壤微生物活动及有机质的分解，便于根部吸收养分。中耕还可切断土壤表面的毛细管，防止土壤水分蒸发，增加土壤保肥、保墒能力。中耕应结合除草同时进行。尤其雨季，杂草生长迅速，又值菊花生长初期，大约15d就应中耕一次。小苗，近苗根处中耕宜浅；大苗，距根苗远处宜深耕。

4. 防涝 为防止七八月间雨季积水，影响菊花正常生长，应在生长前期及时采取措施防涝，将普通畦改为深沟高畦。具体做法是；当植株长至20~30cm高时，及时上土，即将畦埂上的土翻出，均匀地撒入畦内，直到原来的畦埂变为畦沟，深度大约20cm。上土可结合施肥同时进行，将麻酱渣或颗粒肥等肥料撒在畦埂上，每米畦埂施入150~200g，然后随土一并翻入畦内。上土时应注意，撒土的动作一定要轻，避免碰折菊花枝叶。这样做成的高畦可以有效地防止菊花根部积水，使菊花能很好地生长。

5. 张网　切花菊生长茂盛、植株高大、茎秆硬挺，高度为 80 ~ 150cm。为使菊花茎秆挺直，成品率高，防止植株倒伏或折断，应及时加设 1 ~ 2 层切花网。上网的时间可安排在上土之后。在畦四周间隔 1m 左右插 1 根竹竿或铁棍，将切花网穿上铁丝固定于其上。切花网的高度应随着植株生长的高度随时加以调整。

6. 剥蕾整枝　切花菊在摘心以后腋芽很快萌发，形成多个分枝，此时要及时整枝。每株选留 5 ~ 6 个生长健壮、长势均匀的分枝，其余全部除去。为使养分集中，保证每支切花的质量，对每个分枝上抽生的侧枝要随时摘除。现蕾后，也要及时剥除主蕾以下所有的侧蕾，使主花蕾有足够的养分供应（指独头大花型品种）。

7. 施肥　菊花喜肥，在整个生育期内需要大量养分供应。在栽培过程中，应根据土壤的肥力程度适当增施肥料，农家肥与化肥配合使用。除施足基肥以外，还要根据不同季节、不同的生长发育时期，适时、适量地追肥。

在定植之前，一定要施足底肥，一般多选用腐熟的畜粪、饼肥、麻酱渣及少量的骨粉、过磷酸钙等混合使用。每公顷施入农家肥 15 000 ~ 22 500kg。

菊花生长初期，应追施含氮量高的肥料，如尿素、麻酱渣等，以促进植株的营养生长。菊花生长后期，进入花芽分化阶段，尤其在孕蕾期间，应增施磷钾复合肥。每 7d 一次，喷施 0.2% ~ 0.5% 的磷酸二氢钾或硝酸钾水溶液和 0.1% 尿素溶液。采用根外追肥的方法见效快，可加速植株生长，促使叶色浓绿、花色鲜艳、富有光泽。

施肥时应注意：苗小时生长缓慢，施肥量要少，随着植株的生长可逐渐增加施肥量和施肥次数。高温季节应少施肥，否则会引起烧根。施肥时，浓度不宜过大，应掌握薄肥勤施的原则。

（二）切花菊的采收及处理

为了使切花保持更长的花期及较好的品质，在采收时应注意以下几点：①尽量在清晨或傍晚采收，因此时植株内水分含量较高，有利于切花保鲜，避免在正午或午后采收；②选择适合的采收期，随开随采。一般情况下，在早春及晚秋季节，温度较低时，花开四至五成时剪切，夏季温度较高时，花开一至三成时剪切，远途运输的在花开一成，即有 1 片舌状花外展时采收；③采收切枝的位置应距离地面 10cm 以上的部位，以保证地下部分更好地生长，抽生脚芽。切枝长度在满足上述条件的情况下，应尽可能长一些，以便更好地满足不同市场的需求。适宜的切花长度在 50 ~ 120cm。采收时切口要整齐一致，使每批切花具有上 1/3 部分的叶片，以减少水分蒸发，防止插水后叶片腐烂；④尽快放入水中或冷凉处。

切花菊采收后，自然花期的维持时间比较长，一般为 15d 甚至更长一些。如果要获得更长更好的观赏效果，还应对切花进行采后处理。切花采收下来时可能会携带部分热气，应立即进行低温处理，并使用优良的技术包装。将花头用薄膜罩起，10 支或 20 支扎成 1 束，再行低温贮藏。菊花在 1 ~ 2℃ 的条件下贮藏效果最好，贮藏时注意冷风不能直接吹在花枝上。湿度应维持在 80% 左右。

切花的品质与贮藏性也有关系。品质较好的切花耐贮藏：而在高温多湿、多氮素、多渍水的栽培条件下生产出的切花菊贮藏性显著降低。品质好的切花可以适时上市，品质劣的切花经贮藏后要根据其表现再决定如何上市。因此，应尽量选用品质优良的切花作贮藏应市之用。

菊花对乙烯的敏感性较低。用不同浓度的乙烯在25℃的条件下对菊花进行处理后观察发现，不同浓度的乙烯对菊花的寿命不会产生很大影响。因此，不必担心菊花在低温贮藏过程中的乙烯障碍。

第三节 唐菖蒲

唐菖蒲（*Gladiolus hybridus*）是鸢尾科唐菖蒲属多年生球茎类植物。唐菖蒲花形别致，花色丰富，通常称“十样锦”；其花梗修长，花序高大，叶片挺拔，犹如长剑，又称“剑兰”；其花期长，时间长达15d之久，还有“步步高升、长寿”之意；唐菖蒲是世界著名球根花卉之一，主要用于切花插瓶，制作花束、花篮，被列为世界四大切花之一，有“切花之王”的美誉。

一、形态、生活习性

（一）形态特征

唐菖蒲的地下部是一种变态的短缩成球状的地下茎，扁圆形，这种茎在植物学上称为球茎，外面包有4~6层干鳞片，每一鳞片下有一腋芽，顶部芽最大并首先发育，可萌发一至数芽。叶剑形，2列，7~8片，长达60cm，宽2~4cm。穗状花序直立，单生，每穗着花8~24朵。每花基部为两叶状苞片所包；花被6片，上方3枚较大，花冠基部具短筒，呈偏漏斗状。花瓣边缘有皱褶或波状等变化。花大，直径7~17cm，花色有白、粉、黄、橙、红、蓝、紫等，还有洒金、斑纹等变化，下部花朵先开，逐次向上开到顶，先开的花朵亦较大（图7-4）。

图7-4 唐菖蒲

（二）生态习性

唐菖蒲原产于非洲热带和地中海地区，北美、西欧各国、日本及中国各地部有广泛栽培。属喜光性长日照植物。怕寒冷。不耐涝。夏季喜凉爽之候，不耐过度炎热。

1. 温度

球茎在4℃萌动。20~25℃生长最好，开花多，更新球与仔球发育均较佳。凡一年中具有4~5个月生长期的地区都能露地栽植；虽可忍受日平均气温27℃以上，但生长受阻，花色减退，花瓣亦易遭灼伤。温度低于10℃，则生长缓慢。

2. 日照

在长日照条件下能促进花芽分化。栽培地要求阳光充足，半阴处虽可栽植，但生长不良，开花也少。在冬季促成栽培或早春延期栽培中，对光照条件要求更严格。

3. 土壤

对土壤要求不严，但以排水良好的肥沃沙壤土为最合适。要求 pH 值 5.8 ~ 6.7，但 pH 值 7 的土壤上亦可适应。生长期要求土壤潮湿。在黏重的土壤上，虽可开花，但更新球发育不良，易引起烂根死亡。

（三）品种

现今人们常见的唐菖蒲是由主要产于非洲的 250 个野生原种中的一部分种类，经过漫长而复杂的人工引种、杂交育种和选种，形成了如今品种万千的现代唐菖蒲，而且每年均有新品种投放市场。我国不同地区，栽培环境条件相差甚大，品种的适应性亦各有异同，在未进行区域化品种试验之前，难于确切肯定哪些品种最适宜我国不同地区栽培。仅就有关资料简介如下。

荷兰出售的主要品种有："彼得梨" Peter Pears，花橙黄色；"夏威夷人" Spic&Span，花水粉色；"杰西特" Jester，花黄色，下瓣内有红彩斑；"前进" Adrance，花鲜红色；"普丽西拉" Priscilla，花瓣白色，边缘具有较宽的玫瑰红色与微皱的彩环，下瓣内有黄晕斑。其他有："白花女神" White goddes，"繁荣"（白色）White Prosperite，"早黄" Early Yellow，"金色原野" Gold Field，"金色杰克逊"（黄）Jacksonville Gold，"欢呼" Applause，"魅力"（粉）Pink Attraction，"钻石红" Diamond，"玛什加尼" Mascagni，"奥斯卡" Oscar，"红美人" Red Beauty，"玫瑰红" Rose Delight，"戴高乐" Presidentde Ganlle，"胜利" Victor Borge，"青骨红" Trader Hore，"粉友谊" Friendship，"新星" Nova Lx，"白友谊" White Friendship，"红土地" Red Woud，"荷兰黄" Holland Yellow。

二、繁殖方法

唐菖蒲切花所用球茎，以分球繁殖为主。大多数是消耗性栽培，特别是促成或抑制栽培的种球。通常在春植球的大田栽培中，更新球可再次作生产种植用外，还需大量利用仔球培养成生产用种球，供促成栽培用。

（一）仔球的繁殖

仔球繁殖是快速增殖种球和防止退化的有效方法。直径 0.8cm 以下的仔球，当年一般不能开花，到翌年即可全部开花。仔球直径在 1.3 ~ 2.3cm，当年都可开花，但并非最佳开花球。仔球越小退化率越低。用仔球繁殖培育为开花种球，其大小以 0.1 ~ 0.5g 重的球（相当于高粱粒、黄豆粒大小）为好，当年就可获得 10 ~ 20g 重的新球。此种球直径为 3 ~ 3.5cm，可达到国际市场上作切花生产用种球的标准。唐菖蒲单个球茎发生仔球的数量多少与品种的遗传特性、栽培管理条件、仔球发生因素有关（图 7 - 5）。

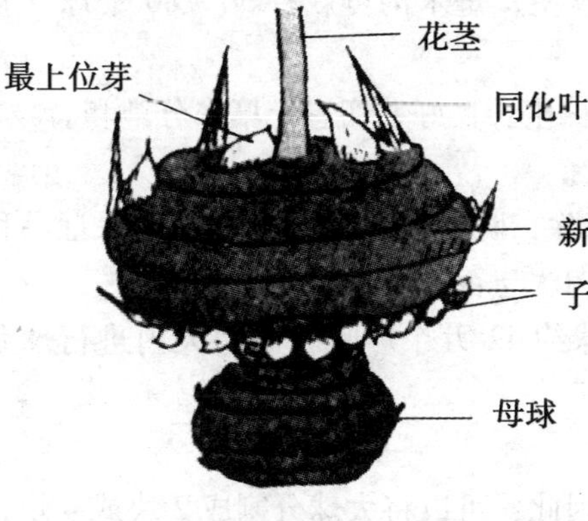

图 7 - 5　唐菖蒲球茎（义鸣放，2000）

1. 仔球的生产

(1) 仔球的分级：依大小分为 3 级，

大的大于或等于 1cm（直径）；中的大于或等于 0.6cm，或小于或等于 1cm；小的小于 0.6cm。

(2) 仔球的选择：仔球质量关系到翌年切花的质量，因此，要细心选择繁殖用的健康无病的材料来培养种球。在繁殖过程中，要注意淘汰低劣的仔球。合格的仔球，培养一年就可以成为生产切花用的仔球。

2. 仔球的栽培管理

(1) 栽种前处理：仔球种植前两天，须用药剂浸泡。处理方法：100L 水加 100g 苯菌灵，外加 180g 克菌丹或 80g 福美双，水温保持在 53 ~ 55℃，30min。为便于仔球吸进药液，在用药液处理前，宜用 32℃水浸软仔球的外皮，并剔除个别漂浮的仔球。药液处理过的仔球，用凉水冲洗 10min，置于消毒过的浅盘上晾干，贮藏在 2 ~ 4℃条件下待用。为使仔球发芽整齐，在种植前两天处理仔球最为合适。

(2) 土壤：要选择阳光充足、排水良好、疏松肥沃的地块，进行土壤消毒，pH 值 5.8 ~ 6.5；每公顷施化肥（氮：磷：钾 = 10：4.4：8.3）2 700kg，或相当于这种有效肥料量的腐熟农家肥，均匀混合耕翻后平整土地，开沟，沟距 60 ~ 70cm，沟深 3cm，沟宽 10 ~ 13cm，沟底要平。

(3) 栽植：沟内双行栽种撒播，仔球覆土深 2 ~ 3cm。每平方米沟内种 130 个仔球。栽后平土略镇压。

(4) 栽后管理：①保持土壤潮湿，保证出芽整齐而迅速，芽出齐后，适当控制水分，促进新根生长；②每月追肥一次，务使植株在 5 ~ 6 个月的生长期间处于最佳营养生长状态。

(5) 收获：秋末，叶片将枯黄时，可用机械收获小球茎。每米沟内可有 1.3cm 直径小球约 100 个。小球茎直径在 1.3 ~ 2.5cm 间的叫栽植材料；用栽植材料再培养一个生长期，就成为优质的开花用种球。

（二）栽植材料的生产

(1) 栽植材料栽种前的处理与仔球处理相似，但药剂温度由 55℃降至 46℃，浸泡时间可由 30min 减少至 15min；直径小于 2.5cm 的球茎，每米沟可栽种 50 ~ 80 个球（视球的大小略作调整）。

(2) 土壤应保持潮湿与充足的营养，保证植株生长良好，切忌土壤水分饱和。

(3) 收获种球前 15 ~ 20d 停止灌溉。

(4) 栽植材料生育期中长出的花茎应及时摘除，防止营养消耗，但为了保证品种的纯度，也可以让第一朵小花开放，确定优劣混杂淘汰与否，再作处理。

(5) 每公顷可收获大于或等于 2.5cm 的种球约 42 万个。收获后两天内进行球茎消毒，效果最好。

（三）分切球茎繁殖

发育充实的大球均具有可以萌发的数个芽。因此，可以将大球分割成 2 块或 4 块，每块均需带有一充实的芽及根盘的一部分，切面涂以木炭粉或草木灰以防腐烂。切后应立即栽植不宜久放。栽植时，宜偏斜栽放，使外侧芽高于内侧芽，这样两芽均能很好地萌发。

三、切花生产技术

（一）定植

1. 土壤　栽培区环境应通风良好，要求土层深厚、有机质丰富、排水良好的沙壤土。土壤结构性能良好，则水气平衡状况好。若土壤黏重，栽植前整地时应施入腐热农家肥，每公顷需要补充氮 90kg、磷 120kg、钾 105kg，亦可参考下列种类比例：绿肥加 60% 人粪尿 75 000kg，再加 2：2：3 氮磷钾复合肥 225kg，或圈杂肥 15 000kg 加饼肥 300kg、过磷酸钙 225kg，切忌氮肥过多。并采用高畦或垄栽植；在松散的沙壤土上，栽植后应采用泥炭、稻草或其他疏松有机物覆盖土壤表面，防止土壤流失。土壤 pH 值 6～7。

2. 栽植方法　地下水位高的地方，采用垄栽或高畦栽种。植床宽 1m，高 5～10cm，干燥地区可做平畦。

（1）*栽植深度*：通常球茎越大，应种植越深，土质黏重，种植要浅。覆土标准为球茎高的 2～3 倍，最厚覆土可达 12cm。浅种有利于新球生长，但易倒伏，不利于切花花枝的发育，抗旱力也差；深种不易倒伏，但新球小，仔球少。作切花栽培的种球应深植，一般覆土厚 8～10cm，但春季宜浅，5～10cm；夏季宜深，12～14cm。

（2）*栽植密度*：通常大球生长期植株高大，宜稀植；反之，小球可适当密植。温暖季节可适当用较小的球茎，直径 2.5～3.8cm 的种球，均可获得满意的收花效果。

下列数据，供参考。

球茎大小（周长：cm）	每平方米栽植数（个）
6～8	60～80
8～10	50～70
10～12	50～70
12～14	30～60
14 以上	30～60

每公顷用量在 40.5 万～59.5 万个之间。

3. 花期调节　为了保证周年供花，可采取分批栽种的方法进行，通常是按照每隔 15～20d 分批栽种，以保证均衡供花。若 10 月至翌年 2 月在温室栽种，元旦至“五一”开花；3 月栽于温床或冷床，6 月开始有花。保护地栽种的种球，种植前须先浸种处理，8～9 月栽于地畦，秋凉加盖塑料薄膜防寒保温，可于 11～12 月开花。

（二）栽后管理

种植后的唐菖蒲球茎，在正常温度下约 15d 发出苗。1～3 叶期开始花芽分化，至 7 叶期花序基本分化完全。在 3～5 叶期间小花数迅速增加，达到最高值；5 叶期后小花数增加逐渐停止，而单个小花的生长发育加快，同时花序最上端分化的小花随着生长出现退化消失现象，使每个穗上的花数下降。此时随叶片数的增加，花茎开始快速伸长。可见，唐菖蒲花序分化和发育过程中，各个部位存在一定的先后顺序（图 7－6）。对唐菖蒲花序分化过程的了解，有助于采取适当的水肥管理及环境条件控制，提高切花质量。

1. 水分

唐菖蒲在出苗前要保持土壤湿润以便球茎迅速生根。一般土壤持水量要在 25% 左右，

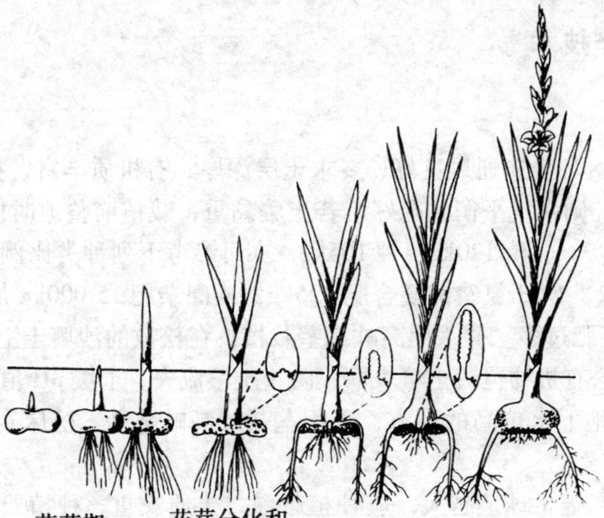

图7-6　唐菖蒲生长周期（义鸣放，2000）

同时土壤的通气条件保持孔隙度在5%～10%。3～7叶期是花芽分化和花序伸长时期，也是牵引根形成和迅速生长时期，一旦水分供应不足，将明显影响切花质量。若花后收获种球，在起球前10d停止浇水。

唐菖蒲田间灌溉以喷灌和滴灌为好，这样既能保持较好的土壤结构，提高环境空气湿度，防止叶片枯尖，又节约用水。灌溉可在早晨进行，有利于降低白天叶片附近温度，提高空气相对湿度，而夜间植株较为干爽利于减少病害的侵袭。在露天种植时，雨水较多的地区和季节要特别注意排水防涝，避免发生根茎腐烂。特别在3～4叶期被水淹，则花枝不能抽出。长期淹水会使花枝脆弱而易折断，花朵小，叶尖的焦枯会加重，使切花失去商品价值。

2. 施肥

唐菖蒲喜肥沃的土壤，但施肥也不应太多。正确的施肥应根据土壤类型、土壤肥力、含盐量等具体情况进行。施用有机肥利于土壤结构的改善，同时可避免大量施用化肥而使土壤盐分含量太高。唐菖蒲对土壤盐分很敏感。盐分过高，会抑制根的生长和吸收水分，进而影响整个植株的生长，降低切花的质量。氟与氯对唐菖蒲的副作用应当特别注意，在使用磷酸盐肥料时，切不可含有氟。为此，应尽量少用三磷酸盐（易含较高浓度的氟），而用其他磷肥代替，以防叶尖焦枯。

（1）*施用时间*：唐菖蒲全部生长周期可进行多次施肥，包括种植前的基肥和生长期的3次追肥。第一次在唐菖蒲植株长到2～3叶期。此时为花芽分化阶段，球茎中储存养分也已大量消耗，若水肥缺乏，花序的小花数将减少，切花品质下降。此次施肥以氮、钾肥为主。第二次在5叶期。这时花茎迅速伸长，单个小花发育加快，肥料以磷、钾肥为主，可以促进花枝粗壮，花朵大而鲜艳，采后瓶插寿命长。第三次在切花采收之后。这时为新球和子球生长发育时期，需要肥来供球茎生长。球茎的充实度和贮藏养分的多少直接影响着下一年的生长势，而子球的多少则影响着繁殖率。所以花后追肥非常重要，不能忽视。追肥可采取根部施肥与叶面施肥补充进行，并与灌水相结合充分发挥肥效。

（2）*肥料种类与施肥*：用于唐菖蒲追肥的化学肥料有硝酸铵、硝酸钾、过磷酸钙、磷酸二氢钾、硫酸铵、硫酸钾、尿素等。少用氯化钾和含氟磷肥。种植地的施肥量要根据土壤情况而定，还应注意 pH 值对肥效的影响。当土壤偏碱时，过磷酸钙会被固定而不易被根吸收；若为酸性土壤，则磷又容易淋失，导致磷的缺乏。

3. 防倒伏　唐菖蒲植株高大，可达 1.2 ~ 1.5m，在生长后期，随着花序的生长，植株重心升高，遇到风雨，容易出现倒伏。倒伏后的花茎向上弯曲，影响切花质量。因此，生产上常设尼龙网或塑料网，网随植株生长不断提升，以保持植株直立生长。

（三）病虫害防治

1. 球腐病

（1）*症状*：球腐病是贮藏期间唐菖蒲球茎经常发生的一种真菌病害。球茎受青霉菌感染后，开始出现淡褐色稍有凹陷和皱纹的病斑，病斑周围呈黑色，病部逐渐枯软，其上产生青绿色霉层，病斑的内部组织为暗灰色，球茎萎缩干硬。带有这种病菌的种球种植后不发苗或植株矮小，叶片发黄，不能开花。该病由青霉属真菌侵染所致，此菌广泛分布于土壤和空气中，空气潮湿非常容易发生此病。分生孢子可通过机械接触和空气传播，特别容易通过伤口传染唐菖蒲的球茎。侵染先发生于球茎的外皮，然后向上下侵染。

（2）*防治方法*：在球茎的挖掘和运输过程中尽量避免机械损伤，减少病菌的侵入，刚收获的球茎应迅速晾晒促进伤口愈合。球茎应贮藏在阴凉、干燥、通风的地方，并保持较低的温度（0 ~ 10℃），及时查看和清除发霉的球茎。在球茎收获后和种植前都要严格检查，去除带病球茎，并用 0.3% ~ 0.4% 的硫酸酮溶液浸 1h 取出晾干后种植，或用多菌灵等杀菌剂进行球茎消毒。

2. 根腐病

（1）*症状*：唐菖蒲的植株和球茎都易受到根腐病的危害，贮藏时也时常发生。植株受侵染后，幼嫩叶柄弯曲、皱缩，叶片过早变黄，花梗弯曲，色泽较浓。球茎受侵染后出现水渍状不规则小斑，逐渐变为淡褐色至红褐色，病部形成同心圆状皱折，温度高时病斑上产生白色菌丝，为病原菌尖镰孢菌的分生孢子。贮藏期间，球茎未经彻底干燥或未经消毒处理，常发病较严重。

（2）*防治方法*：球茎贮藏前置于 30℃ 下 10 ~ 15d 促进伤口愈合，贮藏期间要保持通风干燥。选用无病球茎，种植前消毒，生长过程中及时除去病株。氮肥施用不能过多。发病初期可喷施多菌灵、百菌清和托布津。

3. 茎腐病

（1）*症状*：茎腐病由灰葡萄孢菌侵染，多在冷（10℃）湿条件下发生。前期叶片产生白色之褪色小斑点，以后转变成红色，病斑部稍凹陷。中期病斑逐渐扩大，颜色加深。后期病斑转为褐色，呈长方形。严重时病斑相互愈合造成叶片干枯。湿度高时病斑上易出现灰色霉状物，为病原菌孢子。花朵发病初期产生白色小斑点，严重时整个花朵呈水渍状腐烂，其上着生灰色分生孢子，温度高时会产生菌核颗粒。

（2）*防治方法*：种植地点要保水良好，空气流通。及时摘除病株并销毁。球茎的收获不要太迟，减少感病机会，选择干燥天气进行球茎的挖掘，贮藏于干燥通风环境。生长季节定期施苯来特、克菌丹等杀菌剂防止病菌侵染。

4. 叶斑病

(1) 症状：叶斑病由弯孢菌侵染造成。发病初期在叶片上产生白色针状褪色斑，逐渐变为红色小点。之后病斑逐渐扩大，呈纺锤形大病斑，其四周呈赤褐色，内部鲜褐色，典型的病斑长约1cm。严重时多个病斑相连，使叶片干枯。后期病斑上产生黑色霉状物，为分生孢子，用以传播。球茎也会被侵染。花茎被严重侵染时小花不能开放，失去观赏价值。本病在夏季高温时容易发生。分生孢子借水传播。

(2) 防治方法：种植前进行土壤消毒或实行轮作，轮作至少3年以上。发现发病株及时拔除销毁以防其随浇水迅速传播。定期喷施代森锌和百菌清等防止植株受侵染。

5. 锈病

(1) 症状：锈病由单孢锈菌侵染所致。病菌可侵染叶片和叶鞘，初期出现褪绿小白斑，然后在叶片的两面小白斑逐渐变成圆形或椭圆形小凸起，呈黄色，破裂后散出黄色粉状物，使叶片呈现锈褐色。后期病部变成黑色或深褐色的小颗粒。本病多在夏季和热带地区发生。

(2) 防治方法：及时发现、清除并烧毁有病残体。种植地加强通风，降低温度。发病期喷施25%萎锈灵乳油400倍液；65%代森锌可湿性粉剂500倍液；0.2～0.4波美度石硫合剂。每10d一次。

6. 软腐病

(1) 症状：此病由假单胞菌侵染引起，也称茎腐病或疮痂病。植株感病后，叶片上呈圆形小斑点，植株近地部危害严重，形成大片腐败，使整个组织坏死，叶片黄化干枯。此菌侵染球茎，在球茎上出现白黄色水渍状圆形斑点，病斑渐变为褐色或近于黑色，凹陷，边缘突起，并有胶黏物质渗出。

(2) 防治方法：保持田间卫生，预防为主，发现病株立即清除。实行轮作或土壤消毒。目前无特效杀菌剂。

7. 根螨

(1) 症状：根螨是球根花卉中最重要的害虫之一，并能传播其他真菌性病害。根螨喜欢潮湿环境，在水中仍能存活10d以上，但在干燥环境下容易死亡。根螨能直接取食唐菖蒲球茎的根系和球茎，造成植株生长不良，严重时造成叶片干枯。拔起植株可见根部种球腐烂，无须根。

(2) 防治方法：选用无螨种球，防止少数带螨种球大面积扩散，造成严重危害。发病时用40%三氯杀螨醇乳油1 000倍液喷注于球茎部；或50%乙酯杀螨醇1 000倍液，25%亚胺硫磷乳油1 000倍液进行浇灌。采用轮作。

8. 叶螨（红蜘蛛）

(1) 症状：叶螨是许多农作物的主要害虫，主要危害唐菖蒲的茎叶部。叶螨性喜高温低湿的环境，28℃适于其生长发育，而10℃以下和40℃以上会抑制叶螨生长。在干燥炎热时往往造成叶螨大发生。叶螨无翅不能飞行，主要靠爬行，或借助气流及其他物体的运动携带传播。可通过丝结网或下垂。成虫及幼虫均具刺吸式口器，吸食叶内部养分，使叶片呈现许多灰白色斑点。叶面皱缩不平，严重时叶片会变为黄褐色而干枯脱落。

(2) 防治方法：清除田间杂草，减少其寄主。采用喷灌，改善田间湿度，降低叶螨爆发几率。发病期可用20%三氯杀螨砜可湿粉剂800倍液或40%三氧杀螨醇乳油1 000倍液喷雾防治。但喷药时应注意多数叶螨活动于叶的背面，药液要均匀喷至叶背，雾粒要细。最好在叶螨增殖高峰前施药，并连续喷施 2～3 次，间隔 5～7d。并且药液最好交替使用。可利用天敌如草蛉、食螨瓢虫、隐翅虫等进行生物防治。

9. 叶蛾

（1）症状：叶蛾幼虫昼伏夜出，啃食嫩叶和花序，造成叶片和花器官残缺不全，影响切花外观。

（2）防治方法：保持田间卫生，清除田间杂草和枯枝败叶，减少害虫栖息繁殖和化蛹的场所。幼虫发生数量不多时可捕杀幼虫。发生严重时，可用 80% 敌敌畏乳油 1 000 倍液，90% 敌百虫 1 000 倍液或 50% 杀螟松乳油 1 000 倍液喷雾防治。

10. 花蓟马

（1）症状：花蓟马是一种直接危害花器官的害虫。以若虫和成虫锉吸花的汁液，在花瓣上产生灰白色的点状食痕和产卵痕，发生严重时常引起花瓣卷缩。花蓟马在 5～6 月份发病较为严重。成虫和若虫于花中活动，怕见光，卵产于花瓣和花蕊中。

（2）防治方法：可利用花蓟马对色泽的偏好性，以悬挂蓝色黏带诱杀。用 2.5% 溴氰菊酯乳油 4 000 倍液喷雾防治，注意喷雾时要使药液到达花蓟马隐匿之处。

11. 介壳虫

（1）症状：介壳虫卵乳化后的若虫在植株各部位爬行，寻找适宜部位后固定，并继续危害。常寄生在种球上，吸食汁液。危害严重时可造成种球的黄化、皱缩，甚至使种球无法发芽。同时分泌蜜露引来蚂蚁和霉病。

（2）防治方法：介壳虫怕水，保持一定的湿度一般不会发生此病。用 40% 氧化乐果乳油 1 000 倍液或 25% 亚胺硫磷乳油 1 000 倍液喷雾或种球浸泡防治。

（四）切花采收与保鲜

1. 切花采收、分级、包装

（1）采收：在适宜的发育阶段采收切花，则在采后能更长时间地保持其新鲜状态。最佳的采切期应选在能保证花朵正常开放又不影响品质的前提下，尽可能在花蕾期采切。在花蕾期采切有许多优点：能缩短生产周期，切花提早上市；花朵紧凑，易于运输；对机械损害耐受性强；延长切花的采后寿命。唐菖蒲切花采收期一般在花序上下数 1～5 个花蕾显色时，又称卷花期。采切时间一般选在傍晚，因为经过 1d 的光合作用，切花茎中积累了较多的碳水化合物，质量较高。而上午采切，虽然可保持切花细胞高的膨压，但因露水多，切花较潮湿，采后易受细菌、真菌的感染。采切花枝，通常在植株上留两片叶子，注意尽量不伤及留下的叶片，因为新球的生长发育还需地上部叶片光合产物的供应。

（2）分级：唐菖蒲在采切后要进行分级。

（3）包装：唐菖蒲切花在贮运前先要进行包装，每 10 支或 20 支捆成一扎，放入纸箱中。各层切花需反向叠放，花朵朝外，离箱边 5cm，避免损伤花序。箱子可以分为大箱、小箱两种，大箱中装切花 20 扎，小箱装 15 扎。在装箱时，中间需用绳子捆绑固定。纸箱的两侧需打孔，使箱内的空气流通，孔距离箱口 8cm。纸箱的宽度可以采用 30cm 或 40cm。在装完箱后，必须在箱子表面注明切花种类、品种名、花色、级别、花梗长度、装箱容量、生产单位、采切时间等。

2. 贮运技术

（1）贮运前的处理：刚刚采收的唐菖蒲，温度接近于环境气温，呼吸速率很高，如果不将其降温就进行贮藏运输，这将影响花的寿命。因此，在切花贮运前必须先进行预冷。所谓预冷，就是切花采后在运输和冷藏前进行快速冷却到适宜的贮运温度的过程。预冷的方法很多，主要可以分为以下几种：①强制通风冷却，这是一种最常用的预冷方式，可以使切花迅速冷却。方法是：使用接近0℃的空气直接通过切花，带走田间热，使切花迅速冷却；②真空预冷，就是把切花放在密封容器中，迅速抽出其中的空气和水蒸气，使切花水分在真空容器低压状态下蒸发，带走热量，而使切花迅速冷却的预冷方式。由于真空预冷过程中会使切花丧失一部分水分，为了防止切花组织失水过多，可给真空器预先加湿或设置喷雾装置；③冷库冷却，就是切花采收后，直接放在冷库中，使其温度降到所要求的范围。当冷库中的冷空气以60～120m/min流速循环时，预冷效果较好。唐菖蒲切花在预冷的同时，结合20%浓度的蔗糖溶液处理，则对贮运后的切花品质的改善，包括花朵顺利开放、花径增大、花穗维持挺立、出库外观鲜度提高等都有很好的效果。

（2）贮藏技术：①低温贮藏，切花在采后的贮藏期间，采用较低的贮藏温度，能减弱呼吸强度，能量消耗少，抑制乙烯的产生，从而延缓了衰老进程。同时，低温在一定程度上能避免切花变色、变形及微生物的侵袭。唐菖蒲的贮藏温度为1.7～4.5℃。在此温度下，经14d贮藏后，仍有较长的瓶插寿命。低于1℃就要受冻害；②气调贮藏，是指将花材放在一特定的混合气体中（其中二氧化碳和氧气的浓度与空气中的比例不同），并将给定的气体浓度维持在一个很狭小的范围内。因为适当降低环境空气中氧分压和提高二氧化碳分压，可以明显地抑制切花和微生物的代谢活动，延缓切花的衰老进程。一般氧气的含量应在2%，二氧化碳浓度控制在5%。也可以通过输入氮气来达到保鲜的目的，但要注意氮的浓度，否则易造成切花伤害；③减压贮藏，这种贮藏方式是气调冷藏的进一步发展。它是把贮藏场所的气压降低，造成一定的真空度，一般降到正常大气压的1/10，空气中的各种气体组分的分压都相应地降低，二氧化碳、氧气、乙烯等的分压降至原来的1/10。这时空气各组分的相对比例并未改变，但它们的绝对含量只为原来的1/10，氧气的含量只相当于正常气压下的2.1%，所以，减压贮藏也能够造成一个低氧条件，从而起到类似气调贮藏的作用。有试验表明，唐菖蒲切花在减压条件下可贮藏30d，但费用太高。

第四节　香石竹

香石竹（*Dianthus caryophyllus*）是石竹科石竹属的多年生草本植物。又名馨香石竹、康乃馨。花色娇艳，具芳香，单朵花花期长，是当代世界各国重要切花植物。康乃馨是著名的“母亲节”之花，代表慈祥、温馨、真挚、不求代价的母爱；欧洲一些人士认为它“富有永不褪色和永不变迁的爱”，是“穷人的玫瑰”。

一、形态、生活习性

（一）形态特征（图7-7）

茎直立，多分枝，株高70~100cm，基部半木质化。整个植株被有白粉，呈灰绿色，茎秆硬而脆，节膨大。叶线状披针形，全缘，叶质较厚，上半部向外弯曲，对生，基部抱茎。花通常单生或2~3朵聚伞状排列，花蕾橡子状，花冠石竹形，花萼长筒形，萼端5裂，裂片剪纸状；花瓣扇形，花朵内瓣多呈皱缩状，数多，具爪；有粉红、大红、鹅黄、白、深红、紫红、牙黄色，还有玛瑙等复色及镶边等，有香气。

图7-7　香石竹

（二）生态习性

香石竹原产于南欧，地中海北岸的法国到希腊一带。

1. 土壤　喜保肥、通气和排水性能好，腐殖质丰富的黏壤土。最好掺有占土壤体积30%~40%的粗有机物，也可用泥炭加珍珠岩。最适宜的土壤pH值6~6.5。土壤宜保持湿润状态，切忌连作，忌低洼、水涝湿地。

2. 温度与湿度　喜冷凉气候，但不耐寒。最适宜的生长温度白天为20℃左右，夜间10~15℃；对白天25℃以上的高温适应力弱。适于比较干燥的空气环境，理想的栽培场地应该是夏季凉爽、湿度低，冬季温暖而又通风良好的环境；忌高温、多湿环境。

3. 光照　香石竹是中日性花卉，需阳光充足才能生长良好。

4. 开花习性　香石竹花期长每朵花开放的时间也长，通常在15~25d。露地栽培的主要花期在5~6月和9~10月。温室或保护地栽培的，低温时通过保温加温，给予适宜的温度；高温时，保持冷凉干燥，尽量提供适合香石竹生长发育的环境条件，则可能达到全年有花开。

（三）常见品种

香石竹栽培品种甚多，有的耐寒力较强，适宜于露地栽培，在长江流域以北、黄河以南可以露地越冬，常作二年生花卉栽培；有的耐寒力较弱，须温室栽培，略呈亚灌木状，可以四季开花，适宜于保护地作切花栽培。

1. 品种分类　按花茎上花朵大小与数目，分为以下两类。

（1）*大花香石竹*：即现代香石竹的栽培品种，花朵大，每茎上1朵花。由美国的威廉·西姆栽培，在1938~1939年育成。经美国、荷兰、瑞典、丹麦等国育种家的努力，威廉·西姆 系的芽变品种已达250个以上。近年来，主要致力于抗病品种的选育。如有斯塔纳沙Stanarthnr，斯塔诺卡Stanoker，斯塔托纳Statorna。

荷兰近年来培育的新品种，有淡粉西姆（Light Pink Sim）、粉比萨（Pink Pisa）、红橘（Tangerine）、橙后（Queen's Orange）、黄尘（Yellow Dusty）、黄西姆（Yellow Sim）等。

（2）*散枝香石竹*：即在一主花枝上有小花数朵的品种群。主要品种有：粉戴安娜

(Pink Diana)、粉利安娜(Liannei)、桑塔纳(Santana)、李奇(Riqi)、红艾西(Eisy)、红卡普利(Capni)、银星(Siluer Star)、阳光(Sunray)、黄格恩斯(Guernse Yellow)、花玛丽塔(Marita)等。

2. 品种的选择 香石竹花枝的质量、产量在一定程度上受品种本身遗传性的支配。而遗传性的表现,在很大程度上与环境条件有密切关系。生产栽培区要结合本地区的主要气候环境因子,选择更适宜于当地生长的品种。在生产中,结合市场消费的需要,作花色的适当比例搭配,如红、白、粉3色各占30%,黄、橙与斑杂色共占10%。由于白色易于染色,亦可将白花品种提高到50%,以便达到能周年供应香石竹鲜切花的目的。

二、繁殖方法

香石竹繁殖方法很多,在生产常采用扦插和组织培养两种繁殖方式。

(一)扦插繁殖

1. 建立母本圃(采穗圃)

脱毒后的试管苗,10d左右长至4~5cm高时,即可摘心扦插。摘心后,用MS大量营养元素配制成10倍母液,加水稀释至7倍,并加腐熟的稀饼肥水,经高压灭菌后,施入母本种植圃地,使其生长迅速、苗壮,15d后又可进行摘心扦插。1株母本可摘心5~6次,一直到翌年5月份。摘下的嫩芽3~4cm高,扦插在消毒过基质的间歇喷雾床上,温度维持在14~25℃,10d可发根,15d根长0.5~1cm,可假植、移苗,成活率达到80%~90%。生产中,一般3年更换一次母本,采用新脱毒组培苗作母本。

2. 采穗

通过品种栽培试验,从鉴定植株中,选择出最优良的单株作为繁殖母株,母本在隔离网纱罩下,阳光充足处培养。扦插繁殖母本成为母株,其数量为必要苗株的1/25~1/20,1母株可采穗20~25个,再从母本上采取大量扦插材料,作为生产用接穗。采穗前1~2d,先将母株喷洒800倍液的百菌清、克菌丹等杀菌剂,防止从母株带入病原菌,采穗应在连续有2~3个晴天的傍晚进行,保留下部2~3节。

3. 标准香石竹插条规格

(1)插条长12~14cm,重约10g,具有健全的4~5对叶片与完整的茎尖。无病虫,长势健壮,茎粗,节间紧密,叶片质厚,坚挺,色泽浓绿,叶面蜡质保护组织形成良好。

(2)插穗茎叶内含有丰富的营养物质,对低温、病害等抗性强,生理活动旺盛,扦插后能迅速形成愈伤组织和生根。

4. 繁殖母株栽培管理

(1)栽培地应用蒸气消毒的介质做成的高种植床,有充足的有机质与优良肥水供应,能保持植株营养生长活力。

(2)用滴灌方式进行灌溉,避免弄湿叶面。

(3)定期喷洒药剂,防止病害发生。

(4)繁殖母株定植后15~20d,苗高40cm时摘梢,留下10cm(4~5芽)植株,让其以后由侧枝生长,使长成的植株控制在20~30cm间。

(5)每周掰一次壮芽(插穗)作扦插用,同时去除弱芽。具体操作是左手握住母株,右手抽侧芽中部弯曲侧芽，侧芽与母株茎对生叶形成直角，使侧芽弯曲而脱下。

（6）插条基部应略带主干皮层，但又不损伤母株。避免用刀造成伤口带菌。

（7）保留插穗顶端叶片4～5片，其余全部摘除。整理好的插穗按每20支或30支1把，浸入清水中30min，使插穗吸足水分后再扦插。

（8）保持母株生长势，生长季节要追肥，用量可参照每公顷用硝酸铵15kg，硝酸钾45kg，硼5kg，亚硝酸钙35kg，配制成100mg/kg的液体，每30d喷洒一次。优质的繁殖苗，通常由专门机构进行繁殖。切花生产者一般购买扦插苗，而不自己繁殖。因此，种苗费是生产费用中的一项主要开支。为提高生产效益，通常一年更换一次种苗。

5. 扦插用介质

用1/2泥炭加1/2珍珠岩，或用焦糠、用碳酸钙pH值调到7，气温维持在13℃。插床应有底温装置，在15℃地温介质中，21d生根，若将底温提高到21℃，15d就可生根。

6. 生根激素

用吲哚丁酸（IBA）0.2%溶液浸泡基部，或将基部1cm蘸上0.5%IBA粉剂，再插入基质中3cm左右。

7. 插穗的贮藏

如果插穗不能立即扦插，需要贮藏，可将插穗放在1℃的冰箱内，用湿布覆盖，防止失水，可维持3个月不死。这种贮藏方法，可以保证从有限的母株上不同时间分别采取的插条，集中一次扦插繁殖，使插穗同时开始生长，并应用同步优质管理。

8. 扦插管理

先用与插条同等粗细的竹签在扦插基上打洞，然后将插穗垂直插下，深度为插穗长的1/3。插后立即浇水，使插穗下部与土壤密接。插穗的间距为2cm×3.5cm。插床必须有间歇喷雾的设备，喷雾量控制在使叶片刚好湿润的程度。通常在天气温暖、阳光充足时，每5min喷雾5s。寒冷阴暗的雨天每10min有3～4s喷雾就足够了。若无喷雾设施，则必须在插床上覆盖保湿纸或塑料薄膜，防止叶片水分蒸腾与土壤水分丧失。1周后可改换苇帘遮挡，要注意不要遮光过多，以防插条软弱徒长。

9. 移栽

插条根长约1cm时要移栽，如果必须在苗床上滞留较长时间，可按每8L水加30g肥料作追肥。

10. 扦插繁殖的时间

主要根据种植期而定，并保证幼苗有足够的生长总时数与优良的管理措施。通常12月至翌年1月扦插，2月定植，幼苗约有1个月的生长时间，此段时间应将幼苗假植。

11. 假植　假植床的用土应施用腐熟堆肥与发酵分解后的饼粕细粉等农家肥，使假植苗在起苗时根部易于带土又不遭受损伤。假植床务必日照充足，既能保温又便于通风，为培养健壮的定植苗创造良好的环境条件，假植间距4cm。

（二）组织培养繁殖

近年来，香石竹病毒病日益严重，用组织培养法培养香石竹的茎尖，可以得到去毒苗。

1. 接种

按常规操作将外植体消毒后，切下0.2～0.5mm的茎尖，接种到MS＋NAA0.2mg/L＋

6 – BA0.5mg/L 的培养基上，3d 后颜色转绿，3 ~ 30d 茎尖伸长，50d 后可形成丛生苗。

2. 丛生苗继代

将丛生苗分割转移到新鲜培养基上，继续培养。

3. 生根

待苗高 2 ~ 3cm 时，可转移到 MS 大量元素减半的培养基上，培养 20d 左右可以发根。

4. 移栽

新发根长 0.5 ~ 1cm 时可出瓶移栽。移栽后，将培养的温度控制在 18 ~ 20℃，空气湿度保持在 90% 以上才能安全成活。这样培养成活的去毒苗，通过检测，确定其无毒，并保持其原有的优良品质后，可作为母本。

三、切花生产技术

（一）定植

1. 土壤的选择与准备

选择栽培地的土壤条件是，表土层（30cm）要能很好排水通气，保护地栽培土若不符合要求应全部更换；若通气排水条件差，应在种植床中央表土层下铺设排水管或做台式植床；定植地应有避免雨水、冰雹的袭击和灼热阳光直射的棚、膜与遮阳防护。必须大量施用农家肥，每平方米施用的基肥可以参考；菜籽饼 30kg（或豆饼 20kg，麻酱渣 20kg）、鸡粪 60kg、圈肥 500kg、过磷酸钙 19kg、草木灰 50kg（或骨粉 10kg）。使土壤疏松肥沃，达到一定的孔隙度。然后将土地整平，筑畦，以备定植。有线虫、杂草及危害香石竹的病原菌的土壤，在种植前必须进行土壤消毒。

2. 定植时间与方式

（1）时间：香石竹定植后到开花所需时间，会因光强、温度与光期长短而变化，最短 100 ~ 110d，最长约 150d。根据市场供花需求情况，可以适当调节定植的时间。一般 3 月移植的苗，5 月定植在大田，9 月中下旬开花，5 月份移植苗，最迟 6 月定植，12 月开花。

（2）密度与苗用量：定植株行距 25cm × 25cm 或 30cm × 30cm。每公顷分别定植数 150 000、105 000 株。每平方米 28 株或 24 株。因品种习性的不同，分枝性强的品种应略稀，分枝数少的可适当密植，或仅采用单摘心的措施。白色西姆品种不摘心，不易发侧枝，大多数品种在主茎顶芽不摘心情况下，易发侧枝，平均每株 4.4 个。

在香石竹的生产实践中，有多种不同的定植方式，大多数种植床宽 1m，走道 60cm，实际种植面积约 65%。种植密度 35 株/m^2，每公顷约需用苗 210 000 株。

（3）栽植操作：香石竹已生根的插条，栽植的深度是种植成败的关键。由于香石竹对立枯病最敏感，易引起茎的腐烂。合理的深度是，栽植后原有插条生根介质稍露出土表。具体操作时土壤必须湿润，做到尽可能浅栽，但要保持苗壮直立，栽植位置整齐，栽植穴挖大点，不要弄掉幼苗所带的根土，轻轻栽入然后按压根蔸。栽植结束后，用手指在行间土表划浅沟，沟内浇入适量水。切忌从根蔸浇水，易引起茎腐病。栽植时，可用防治真菌病害的药剂喷淋。

（二）栽植后的管理

1. 张网

定植后，幼苗易倒伏，而且侧枝开始生长后，整个株丛就展开，因而要尽早张网，使茎能正常伸直发育。一般用尼龙绳编织的网格，网格大小与栽植苗的株行距相等，使每一根植株在合适的网格内，这样植株就不会倒伏。第一层网格距地面约15cm，随着植株的生长，网格要逐渐升高，并经常把茎拢到网格中，一般可增加到4～5层，层间距约20cm；保持茎的直立生长。

2. 肥水管理

合理的肥水管理是保证优质切花的关键环节，通常需注意如下几个方面。

（1）基肥要足，追肥要淡而勤施。

（2）苗期要注意栽培基质的干湿交替，定植浇水，中耕缓苗后，要进行2～3次适度"蹲苗"，促使植株根系向土壤下层发展，形成强壮的根系。夏季浇水宜在清晨或夜间地温凉爽后进行。

（3）冬季保护地栽植，在温度适合香石竹生长发育时，其养分需要量为夏季的2～3倍。作为常用参考的追肥量，100L水溶液中所用化学肥料量：硝酸钾411g、硝酸钙245g、硝酸铵82g、硫酸镁164g、磷酸82g、硼砂41g。施肥间隔15d。

（4）科学的施肥方法应是定期对香石竹叶片作营养分析，从而调整追肥中各项元素的比例。栽培中容易缺少硼，表现的症状是节间短，花茎末端稍微有点变粗，刺激上部花茎分枝，出现畸形花朵，严重时大多数花瓣消失，花朵严重残缺。

（三）病虫害防治

1. 香石竹病毒病

（1）*病原*：香石竹病毒种类很多，国外已报道10余种，目前国内发生较普遍，造成一定危害的有以下5种：①香石竹斑驳病，病原为香石竹斑驳病毒（CaMV）。②香石竹叶脉斑驳病，病原为香石竹叶脉斑驳病毒（CaVMV）。③香石竹坏死斑点病，病原为香石竹坏死斑点病毒（CaNFV）。④香石竹潜隐病，病原为香石竹潜隐病毒（CaLV）。⑤香石竹蚀环病，病原为香石竹蚀环病毒（CaERV）。

（2）*传染途径和方式*：①接触传染或汁液传染；②蚜虫传播；③线虫传播；④种苗传播。

（3）*防治方法*：由于目前尚无一种对病毒有特效的药剂出现，因此，对于香石竹病毒主要是通过减少病毒侵染源，切断其传播途径等方法进行防治。

1）*减少侵染源*：插条、幼苗必须确定不带毒才能用作母本，进行大量繁殖。生产中采穗圃与生产切花的栽培地应相互分开，要设立无病毒母本园专供摘取繁殖插条。母本栽培期间应定期进行病毒检查，一旦发现中心病株应及时拔除。

2）*防治传毒介体*：蚜虫是香石竹病毒主要的传播介体，及时防治蚜虫是预防病毒病的有效手段。所以应定期喷洒氧化乐果、西维因等杀虫剂，并加强对大棚、温室防虫设施的检查，及时堵住可能的进虫通道。此外线虫也是重要的传毒介体，在茬间进行蒸汽灭菌或施用杀线虫剂可有效杀死土壤中的有害线虫，预防线虫传毒。

3）*强化卫生意识*：扦插、摘心、抹蕾及切花等操作时，对工具和手指应经常用肥皂水清洗、消毒，工作服要定期清洗，尽量减少人为造成的接触传染。及时清除田间杂草，因为苋科、藜科等杂草是香石竹病毒的自然寄主。

2. 香石竹镰刀菌枯萎病

为世界性病害，全世界的香石竹栽培中都面临着由镰刀菌属引起的维管束萎蔫病。尤其是栽培历史长的老生产区，此病的发病十分严重，甚至发生毁灭性灾害，造成不能栽培香石竹而改种其他作物。

(1) 症状：初期表现为地上部生长缓慢或停止，常造成植株的一侧枝枯萎，最终导致整株死亡。在枯死过程中，植株叶色变黄，最后呈稻草色，同时根茎表面腐烂。将受侵染的植株茎削开，可见维管束有变褐的条纹，从根部一直向上延伸。温暖潮湿时病部可以看到白色的菌丝体和淡粉色的孢子堆。

(2) 防治方法：

1) 园艺防治：选用抗性品种，采用健康无病的繁殖材料。种植前土壤进行蒸汽灭菌，有条件的可采用离地苗床和栽培床。注意清洁田园，发现病株立即拔出，清除周围的带苗土壤，并马上对附近的土壤用福尔马林进行消毒。注意平衡施肥，以提高植株自身的生长势和抗性。加强田间排水，合理补水，保持植株在适宜的水分条件下生长发育。

2) 药剂防治：病菌一旦侵入植株，药剂防治很难奏效。种植前或发现少量病株时，用克菌丹或多苗灵 500 倍液灌根有一定效果。交换施用苯菌灵、二嗪农、涕必灵等对枯萎病也有一定防效。

3) 生物防治：用荧光假单孢苗根部处理，或用抑菌土处理土壤，可控制病害的发生。

3. 香石竹叶斑病

香石竹链格孢属引起的，此病为世界性病害，在中国香石竹生产区均有发生。也是目前昆明、上海等香石竹主产区最严重的病害之一。

(1) 症状：主要危害叶、茎，花蕾和花瓣也会受害。发病多从下部叶片开始，初为淡绿色水渍状小圆斑，后变紫色，以后随病斑的扩大形成中央白色、边缘褐色，呈近圆形或半圆形病斑，直径 5mm 左右。有些品种边缘内部有紫色环。随着病情的发展，叶部病斑愈合成片，斑点之间组织变黄、枯萎，整片叶枯死，呈枯草色。茎部病害多在节上发生，初期灰褐色。病斑进一步发展环割茎部形成干腐，使其上枝叶枯死。花蕾上病斑圆形，黄褐色水渍状，严重者花蕾枯死。

(2) 防治方法：

1) 园艺防治：选用无病插条和健康组培苗。通过采用滴灌，提高棚顶、使用抽风机等方法降低棚内空气湿度。改进浇水方法，避免从顶部淋浇。合理密植，提高栽培环境的通风、透光性。栽培期内，应注意对整个环境的卫生管理，及时清除病叶、老叶、落叶、杂草，避免二次侵染。实行轮作，或茬间进行土壤灭菌和棚内熏蒸消毒。在选择栽培品种时，应尽量选用抗病品种。

2) 药剂防治：定期进行药剂防治，冬、春季 10 ~ 12d 可喷洒一次杀菌剂，夏、秋季 7 ~ 10d 一次，发病较重时可每周两次。在不同季节，可结合蚜虫、红蜘蛛等害虫的发生，采用杀虫剂、杀菌剂混用，既能病虫兼治又可省时省工。目前常用于叶斑病防治且防效好的药剂有 1% 波尔多液、75% 百菌清 500 倍液，也有报道石硫合剂、灰霉灵、福美双、施宝灵对叶斑病效果较好。此外，利用硫磺的广泛杀菌、杀虫作用及便宜的价格，国外已广泛把硫磺粉用于包括叶斑病在内的多种香石竹病虫害的防治，但由于此法对设备要求高，国内直接使用硫磺用于花卉病虫害防治并不多，还有待于进一步推广。

（四）切花采收与保鲜

1. 合适的采收时间　当外层花瓣已打开与花茎近成直角时为适采期。由于花枝不一定立刻进入商品市场，其间往往需贮藏、中转、处理等，因此，比较好的采收时间是花朵花瓣呈较紧裹状态，花瓣的露色部位长 1.2 ~ 2.5cm 时，这个阶段的香石竹花蕾，在常温下 2 ~ 4d 后开放。花苞比花朵耐贮藏，在贮运中也耐压。多头型香石竹的花枝，则宜当第一朵花开放，其他花蕾现色时采收。

2. 采收方法　用利刀或小修枝剪剪下花枝，剪口部位既要考虑到切花花柱的长度又要考虑下一茬花枝有足够发侧枝的部位，以便为下茬 2 ~ 3 个侧花枝的生长提供条件，使其长成品质好的花枝。通常第一茬花枝较短，为冬季花枝留下较好的侧枝。在隆冬或早春剪花时，可将花茎剪长，以减少仲夏的生长量，提高早春花的质量。如果打算 7 月换茬，那么 1 月份后，尽可能按需要长度来剪取花茎。剪下的花枝顺序地放到两头有支撑的帆布兜上，将两头支撑放到框架推车上，使花枝舒坦放置，集中到分级包装处。

3. 分级　科学的收获与分级包装处理，约占上市前整个生产费用的 30%。好的分级与绑束可比质量相同但分级绑束差的花枝价格高。但分级不可能提高劣质产品的质量。花卉分级的基本要求：无病虫害，花叶上无污点，花朵有光泽，茎秆挺直，蕾发育正常，花瓣无退色现象，这些标准由人来掌握，机械分级仅仅能控制花茎的长度。

4. 绑束　每级花枝分别按 25 支绑成 1 束，基本上有下列 3 种方式：第一、二种，花朵在同一平面上，第三种为每行 5 支，分列 2 层，下层 3 行，上层 2 行，这种绑扎方法费工较多，但适于装纸箱运输。

5. 花枝绑束的处理　花枝收获后，花朵寿命受收获后的环境条件与处理方法影响，变化很大。在大多数地区，冬夏季花朵寿命只有春秋季的一半。在花枝绑束后，由于花枝条件可得到控制，有利于花枝寿命的延长。主要操作程序如下。

（1）绑束后，将花茎末端剪齐（齐茎）。

（2）修剪后，立即将茎端放入盛有 37℃保存液的塑料桶中 2 ~ 4h，室温 21℃。

（3）从上述处理中转移到 −2℃的冷冻室中 12 ~ 24h，然后才适宜上市。

（4）上市前将花枝浸入 10% 的蔗糖液中 12 ~ 18h，使花枝增加营养，保持挺直，提高销售质量。

（5）自然界中还没有的香石竹色，都可用染料染色，如绿、蓝、棕黑等。染色的花朵在花瓣边缘出现诱人的浅色镶边，主要利用白色品种花枝染色。将少量专门用于花朵染色的染料溶于 37℃的纯净水中，并添加少量吸湿剂，增加染液在茎内的移动速度。略萎蔫的花枝更易吸收染液。因此，欲染色的花枝在作染色前几个小时要从水中取出。在花枝插入盛有 8 ~ 10cm 染液的塑料桶内前，花茎末端再重剪一次，在染液中维持 20 ~ 40min 即可。染色程度受花枝在染液中维持时间长短、染液浓度的控制，染过色的花枝可以保存在常规保存液中，并冷藏待用。

（6）为调节市场用花，优质花枝开放的花朵收获后至上市前可以贮藏 2 ~ 4 周；应在上市前 24h 从贮藏室取出，做处理分级与绑束等工作。少许花瓣现色的“紧蕾”，需要 4 ~ 5d 才可以开放；从花萼中完全伸出花瓣，需要 2d 才开放。花维持 4 ~ 5 周到需要开花时，再插入保鲜剂内，加温至23~26℃，加光2 000lx，每天8h，相对湿度90%以上，催花。有些品种不适于贮藏。冷藏条件是保持温度0℃，均匀一致，相对湿度90%~95%，通气良好，与外界蒸气、不良烟雾严格隔离。乙烯能使香石竹迅速衰老。乙烯主要是由贮藏中的水果、疏莱和染病或腐败有机物产生的，在贮藏中要特别注意隔绝。

（7）准备上市的花束，用充气纸板箱包装。纸箱必须先预冷。装箱前内垫聚乙烯膜垫衬，花朵头干放在箱两头，箱中间有两个横楔，固定在箱底，可防止花头移动。装好花枝后，将膜松松地折到上部，再盖上盖。纸板箱规格高30cm，宽50cm，长122cm，每箱装800支花。装箱后，暂存贮藏时，为了保证空气流通，纸板箱垛间应用板条隔开，箱垛应与贮藏室的墙保持一定距离。花枝若放在不经预冷的纸板箱中，只要几分钟就会发热，在运输过程中散发出大量的热就像在蒸花枝。如果运输途中与其他非冷冻货物在一起，必须很好隔离。纸箱预冷温度为0℃，相对湿度不小于95%；冷气通过纸板箱的速度是180~275m/min。

第五节　新兴切花

一、非洲菊

非洲菊（*Gerbera jamesonii*）系菊科扶郎花属多年生草本植物。别名扶郎花，葛白拉。非洲菊花朵硕大，花枝挺拔，花色丰富，切花率高，栽培管理省工，在温暖条件下能周年不断地供应鲜切花，因此，生产规模愈来愈大。非洲菊四季有花，春秋皆宜，适应性强，被赋予“喜欢追求丰富的人生，不怕艰难困苦，有毅力”的含义。它的单瓣品种代表着“温馨”，重瓣品种则表示“热情可嘉”。

（一）形态、生活习性

1. 形态特征（图7-8）

非洲菊株高30~40cm。叶多数基生，叶柄长10~20cm，叶片矩圆状匙形，羽状浅裂或深裂，顶端裂片往往最大，裂片缘具有疏齿，圆钝或尖，常反卷或翘起，叶背被白绒毛。头状花序单生，直径10cm；花序梗长，高出叶丛。总苞盘状，钟形；苞片数层，线状披针形，尖端具有细毛。舌状花1~2轮或多轮，位于外层的舌状花二唇形，外唇舌状伸展，线状披针形，先端具3齿裂，内唇细小2裂，位于内层的舌状较短，近管状；通常雌性。管状花亦呈2唇形，外唇3裂，内唇2裂。冠毛丝状，乳黄色。花朵橙红、黄红、淡红至黄白等色。盛花期5~6月或9~10月，如栽培环境条件合适，全年均可开花。

图7-8　非洲菊

2. 生态习性

原产于南非德兰士瓦（省）。性喜冬季温暖，夏季凉爽，空气流通，阳光充足的环境，要求疏松肥沃、排水良好、富含腐殖质的深厚土层、微酸性的沙质壤土。对日照长度无明显反应，在强光下花朵发育最好。略有遮阳，可使花茎较长，取切花更为有利。生长期最适温度为20～25℃；白天不超过26℃的生长环境，可周年开花。冬季休眠期适温为12～15℃，低于7℃停止生长。耐寒性不强，在华南地区可露地越冬，华东地区需覆盖越冬；北方寒冷地区需在秋季霜降前后，带土球移至保护地越冬。

3. 常见品种

非洲菊的品种可分为3个类别：窄花瓣型、宽花瓣型和重瓣型。常见的有玛林：黄花重瓣；黛尔非：白花宽瓣；海力斯：朱红花宽瓣；卡门：深玫红花宽瓣；吉蒂：玫红花瓣、黑心。目前，尤以黑心品种深受人们喜爱。

（二）繁殖方法

1. 组织培养方法　该法是非洲菊的主要繁殖方法。

（1）材料准备：由于非洲菊的茎尖数目少，剥取技术较困难，又容易被污染，所以常用花托为外植体。采取直径1cm左右的花蕾（此时花蕾上的苞片应处于紧包状态，苞片已经张开的花蕾易受污染），用脱脂棉蘸清水，将花蕾洗净后，在超净台上用70%酒精消毒45s，然后再放在10%的漂白粉液中15～20min，进行表面消毒，消毒完毕再用无菌水冲洗3次。用镊子和手术刀剥去苞片，拔去全部小花，留下花托。将花托切成2～4块，接种在预先配制好的培养基上。

（2）诱导培养基：MS + BA 10mg/L + IAA 0.5mg/L。

（3）培养条件：温度25℃，光照16h/d。逐渐形成愈伤组织，经1～2个月由愈伤组织形成芽，但某些黑心花品种与白花品种分化出芽较慢，甚至要半年以上。

（4）增殖培养：将已分化出芽的材料通过继代培养而大量增殖。培养基为MS + KT 10 mg/L + IAA 0.5mg/L。每月以1∶10的速度增殖。

（5）生根培养：当试管苗叶片长达2cm时，便可将其分出转移至生根培养基上。转移时要剔除苗基部的愈伤组织。不足2cm长的小苗可连同愈伤组织仍然转接在增殖培养基上，继续增殖。生根培养基配方：1/2MS + NAA 0.03mg/L，或1/2MS + IBA 1mg/L，均有很好的生根效果。

（6）试管苗移栽：移栽基质：木屑 + 泥炭（1∶1）或蛭石 + 珍珠岩（1∶1）均可。栽后要防雨水。在空气湿度大的地区每天浇（淋）水一次；每周供给一次营养液。2～3周后，可以定植。空气干燥的地区，最好间歇喷雾，以提高移栽成活率。

2. 扦插繁殖

（1）繁殖母株的准备与养护：将优选的健壮母株挖起，除去根部泥块，截取根部的粗大部分，去除叶片，切去生长点，保留根颈部，将其栽植在种植箱内培养。种植箱放在温度22～24℃，空气相对湿度70%～80%条件下。以后根颈部会陆续长出叶腋芽和不定芽，形成扦插用插条。

（2）插条的剪取和扦插：插条在具4～5片叶后剪下，扦插在土壤基质中，土壤基质表面盖上1～2cm厚的珍珠岩。扦插时，室温控制在25℃，相对湿度保持80%～90%。1棵母株上可反复采取插条3～4次，共可取10～20条。插条培养30d后便可生根。生根后的插条，即可移栽。

（3）扦插时间：最好是在3～4月，这个时节培养的新株当年就能开花；如在夏季扦插，则新株要等到第二年才能开花。在四季温暖的地区，则不受季节的限制。

（4）激素处理：对不易生根的品种，用的浓度为100mg/L的BA，浸泡插条基部12～24h。在去除非洲菊植株生长点后，对根颈部喷以浓度为100mg/L的BA溶液，可促进芽的萌发生长，增产率可达30%～50%。

3. 播种繁殖

非洲菊有些品种亦可用种子繁殖。种子千粒重4.1～4.8g。在21～24℃条件下10d可发芽。最适宜的播种时间为1月，在温室播种。若温室面积周转困难，亦可于3月后露地育苗，秋季移入温室栽培。

（三）切花生产技术

1. 栽植床的准备

非洲菊根系发达，栽植床至少需要有25cm以上的深厚土层，土质为疏松肥沃、富含有机质的沙质壤土，虽可耐受中性土，但以微酸性为好。定植前应施足基肥。施入的基肥要和植床的土壤充分混匀耕翻，做成一垄一沟形式，垄宽40cm，沟宽30cm。

2. 定植

植株定植于垄上，双行交错栽植。株距25cm。栽植时应注意将根颈部位略显露于土表，否则易引起根颈腐烂。定植后灌溉，只在沟内灌水。

3. 定植后的管理

（1）温度：植株生长期最适宜的温度为20～25℃。土表温度应略低，根部维持在16～19℃的状态，最有利于根的生长发育。冬季若能维持在12～15℃以上，夏季不超过26℃，可以终年开花。

（2）光照：冬季应有强光照，夏季则应注意适当遮阳，并加强通风，以降低温度，防止高温引起休眠。

（3）灌溉：露地栽植苗要注意防涝。生长旺盛期应供水足。小苗期则宜保持适当湿润与蹲苗，促使根系发展好，迅速成苗。花期灌溉（浇水）要注意勿使叶丛中心沾水，否则易引起花芽腐烂。

（4）追肥：非洲菊为喜肥宿根花卉，特别是切花品种花头大，重瓣度高，要求肥料量大，其氮、磷、钾比例需用量为15∶8∶25。追肥时要特别注意钾肥的补充。在每$100m^2$种植面积上每次施用硝酸钾0.4kg，硝酸铵0.2kg或磷酸铵0.2kg。春秋季每5～6d追肥一次，冬夏季每10d追肥一次。若高温或偏低温引起植株半休眠状态，则应停止施肥。

（5）清除残叶：非洲菊基生叶丛下部叶片易枯黄衰老，应及时清除，既有利于新叶与新花芽的萌生，又有利于通风，增强植株生长势。

4. 非洲菊主要病虫害及其防治

（1）病害：由土壤所带的病原菌对非洲菊的生产性栽培造成的威胁最大。主要病原有腐霉菌、疫霉菌、丝核菌、葡萄孢菌等。

防治方法：轮作；土壤消毒；防止定植苗栽植过深；7～10d喷一次杀菌剂，如75%百菌清、50%克菌丹等任选一种，均为500倍液；选择抗病品种；严格栽培管理技术措施，保证植株生长健壮。

(2) 虫害：危害非洲菊的主要害虫有白粉虱、蚜虫、叶蝉、潜叶蛾、叶螨和蓟马、毛虫等。

防治方法：定期喷杀虫药剂：2.5% 溴氰菊酯或 10% 二氯苯醚菊酯 1 000 ~ 1 500 倍液；或用 40% 氧化乐果 1 000 ~ 1 500 倍液，通常 8 ~ 9d 喷一次，连续喷 3 次。但对花朵色彩有不利影响，在花期不宜采用；40% 三氯杀螨醇 1 000 倍液，对治螨有特效；用黄色塑料板涂重油，诱粘白粉虱成虫、蚜虫等。

5. 采花

切花花枝最适宜采收的时间为最外轮花的花粉开始散出时。采切花的植株应维持最旺盛的生长势，植株挺拔，花茎直立，花朵开展。切忌在植株萎蔫或夜间花朵半闭合状态时剪取花枝，切花质量的优劣极大地影响着切花的瓶插寿命。非洲菊瓶插寿命为 3 ~ 8d。

6. 采后处理

非洲菊花盘大，花枝长，采后处理不当，舌状花瓣易受损伤，为此，要准备支撑花枝的硬纸板，纸板长约 60cm，宽约 40cm，上有 5 排圆形孔眼，每排 10 个，共 50 个孔眼，孔眼直径约 2cm。切的花枝按花茎长短分级后，每 50 支一板，每支花茎分别插入一孔眼中，使花盘在纸板上孔眼部位固定，而花茎在纸板下垂直悬挂，一板插满（50 支）后，随即将纸板平提起移到浸有保鲜液的水槽上，将花茎基部浸入保鲜液中，保鲜处理后装盒上市。通常每盒中装 100 支花，即将两张纸板对放于盒中，花盘朝上，纸板下的花茎整齐地向盒中间倾斜，然后盖上盒盖。

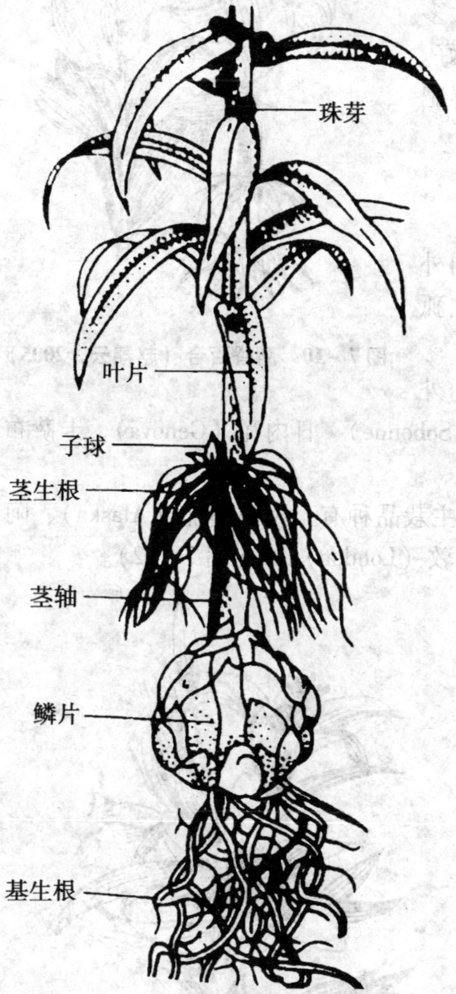

图 7-9　百合（国重正昭，1993）

二、切花百合

百合（*Lilium spp*）为百合科百合属多年生球根花卉。花色彩鲜艳、花姿雅致，是一种高品位、高档次的切花，被人们视为“百年好合、幸福祥和”的象征，广泛应用于各种庆典、节日和人们的日常生活中，备受消费者的青睐，已成为鲜花市场的主要品种。

（一）形态、生活习性

1. 形态特征（图 7-9）

百合为多年生草本植物，由地下部和地上部两部分组成。地下部由鳞茎、子鳞茎、茎根、基生根组成；地上部由叶片、茎干、珠芽（有些百合无珠芽）、花序组成。百合鳞茎形状为球形、扁球形、卵形、长卵形、椭圆形、圆锥形等。鳞茎无外皮包被。百合类的根是由茎生根和基生根组成。百合叶多散生，稀轮生；披针形、矩圆状披针形、矩圆状倒披针形、条形或椭圆形，先端渐尖，无柄或有短柄，全缘。

百合花单生或成总状花序排列；苞片叶状，但较小。花下垂、平伸或向上。花形有：喇叭形、漏斗、杯形、球形。花被片6枚，2轮，离生；雄蕊6枚，中部与淡绿色的花丝相连，花丝明显短于花柱；花柱较细长，柱头膨大，3裂。子房上位，中轴胎座。花色极为丰富，有白色、粉色、粉红色、红色、黄色、橙红色、紫红色、紫色、杂色等。

2. 生态习性

百合喜冷凉湿润气候，生长适宜温度白天为20～25℃，夜间为13～17℃，5℃以下或28℃以上生长都会受影响，生长前期适当低温有利于生根和花芽分化。喜光照充足，但略有遮阴的环境对大多数百合更为合适，以自然光照的70%～80%为好。百合缺水和水分过量均不利于百合生长发育，喜肥沃、腐殖质高、保水性和排水性良好的沙质壤土。

图7－10　麝香百合（赵翔云，2005）

3. 常见栽培类型与品种

常见做切花栽培的类型有：

（1）麝香百合杂种系：喇叭形，先端1/3向外反卷。主栽品种有：白雪皇后（Snow Queen）、白狐（White Fox）、雪山（Snow Hill）等（图7－10）。

（2）东方百合杂种系：漏斗形，先端1/3向外反卷。主栽品种有：西伯利亚（Siberia）、索蚌（Sobonne）、日内瓦（Genova）、卡萨布兰卡（Casa Blanca）等（图7－11）。

（3）亚洲百合杂种系：杯形，先端微反曲。主栽品种有：阿拉斯加（Alaska）、阿凡提（Avanti）、伯尔尼（Bern）、精粹（Elite）、伦敦（London）等（图7－12）。

图7－11　东方百合（赵翔云，2005）

图7－12　亚洲百合（赵翔云，2005）

（二）繁殖方法

1. 鳞片扦插繁殖

（1）鳞片的准备：通常用健康鳞片扦插繁殖小鳞茎，选用秋季成熟的健壮种球，剥去外围的萎缩鳞片瓣后，健康的第二三轮（层）鳞片肥大，质厚，贮存的营养物质最丰富，是最好的繁殖材料。剥取下的鳞片用水冲洗干净，然后进行扦插。内层小而薄的鳞片不适宜做扦插繁殖材料，留下的中心小轴可单独栽培，自成一个新的鳞茎。

（2）扦插基质：以直径0.2～0.5cm的颗粒泥炭为最好，有利于鳞片的存活，并在伤口形成子球，新子球的增大也最快。

（3）扦插管理：将鳞片的1/3（或3cm）插入泥炭介质中，要防止碰伤鳞片。鳞片间距约为3cm。插后，基质保持湿润，忌水湿，防止鳞片腐烂，空气相对湿度保持在90%左右，温度维持在21～25℃之间，头10d温度可高至25℃，以后，则不超过23℃为宜。对日照无特殊要求，小鳞茎的形成、生长与发育。两周后，鳞片基部就有可见的小鳞状物突起，3周后，小鳞茎基部逐渐长出1条或数条肉质根，1个月后，有的小鳞茎可抽生出细小叶片，成为一个可独立生活的由鳞片扦插所获得的小鳞茎，大的可达2cm以上，小的约在0.8cm以上。所获得的子球数量、大小与扦插所用鳞片肥壮程度有密切关系。

2. 小鳞茎繁殖

在地上茎（花茎）基部的土中部位上，会形成若干小鳞茎，具有健全的根系，可以单独栽种，培养成商品用切花种球。

3. 播种繁殖

新铁炮百合品系有杂种种子，播种繁殖6个月，就可达到开花种球大小（球径2cm以上），有花1～2朵。作为商业种球，还需要培养一年以上。

（1）播种方法：播种用土由2份肥沃壤土、1份粗沙和1份泥炭配制而成，或用现代播种用商品基质。有温室（温床）条件的，可于2～3月播种。播种前种子用60℃温水浸种，播种后覆土厚1cm，温度维持在20～24℃；保持播种基质的适当潮湿。

（2）分苗：种子出芽后至第一片真叶出现时间，应进行分苗移栽。分苗前准备好培养区的土壤，以富含腐殖质的疏松土为宜，并添加适当磷、钾肥。使土壤保持适当潮湿。分苗时，将基质浇透，用竹夹将幼苗剔出，注意切勿伤根，然后将移苗区定点部扎一个种植孔，孔深比幼苗的根系约深1cm，随之将幼苗（或带着尚未脱落的种皮）缓缓放入穴中，再用竹夹轻轻合拢穴口。分苗后，用细眼喷壶喷水。

（3）追肥管理：约两周后，从新的叶片出现起，每10～14d应追肥一次，保持土壤的疏松与适当的潮湿，严格控制杂草滋生。在24～28℃条件下，约7个月后可进入开花期。作商业种球生产的，如有花蕾出现，要及时去除，继续培养成大球。

4. 叶片扦插繁殖

选择长势健壮、正在开花的植株，从植株上拉下肥壮的叶片（注意使其略带茎部皮层分生组织），用清水冲净后，扦插在蛭石中，叶片插入基质中1.5cm，保持85%～90%以上的相对湿度，每天17h光照，温度21℃。约经27d，由叶片基部形成小鳞茎，48d后，小鳞茎形成新根，生长成独立个体。

5. 组织培养繁殖

（1）外植体的选用：通常利用经过低温处理的健康鳞茎，选用近外部及中间部位的健壮鳞片（或生产期的幼嫩花蕾）作外植体。鳞片灭菌法：鳞片用软刷在肥皂液中洗净，并用水冲洗，表面用含70%酒精的脱脂棉擦拭，后用水冲洗，在10%的中性肥皂中浸渍10min，再用水冲洗后置无菌条件下，用10%漂白粉过滤液或次氯酸钠消毒20min，无菌水冲洗2~5次，吸去鳞片表面的水分备用，接种。

（2）培养基：

①MS + NAA 0.3mg/L。

②MS + NAA 0.5 mg/L + KT0.5mg/L 均可。

（3）培养条件：在30℃温度，16h/d光照下培养，光强度为1 200lx。

（三）切花生产技术

1. 切花栽培技术

（1）设施选择：日光温室是我国北方生产百合鲜切花的常用设施。塑料大棚是我国南方生产百合鲜切花的常用的设施。不同品种采用的设施也有不同，一般生产出口的东方百合多采用现代化大温室生产。通常温室的结构类型有很强的地域性，在很大程度上，受到本地区气候条件的制约。不同地区要结合当地气候特点，自主设计和建造适合本区需要的栽培设施。

（2）土壤或基质准备：在种植前6周取土壤样品，以获取关于土壤pH值、总含盐量、含氯量和矿质营养总量等方面的资料，并要保证土壤（尤其是上层土）具有良好的团粒结构。采用蒸汽消毒或化学消毒方法对土壤进行消毒。

当土壤物理性状不好或不能采用轮作时，在保护地内更换土壤。含沙重和黏性强的及表土熟化不够的土壤可用稻草、稻糠、松叶、泥炭混合物等来改良。施用充分腐熟的有机肥，如每$100m^2$土壤施$1m^3$（或每平方米施3~4kg）的腐熟牛粪肥。不要用新鲜的有机肥，否则容易烧根。施用泥炭混合肥效果更好。在定植后的前三周，是幼根发育期，要避免盐分过多伤害根系。pH值高，可在表土施加草炭土、硫磺粉等进行改良，泥炭$3m^3/100m^2$，撒施硫磺粉5~7.5$kg/100m^2$，使之达到适宜的酸碱度；或加入充分腐熟牛粪1~1.5$m^3/100m^2$。若pH值偏低，施用石灰，施后至少应过7d后才能种植。

（3）整地作畦：整地是切花百合生产前的一项重要工作，通常包括翻耕、地面整理、犁耙平整及清除杂物等。作畦的目的主要是有利于排灌。畦的高低依当地气候、地势、土壤性质不同而异。雨水较多、地势较低的地区，以高畦为主，以利于排水；雨水较少、地势较高、干燥的地区，宜采用平畦，以利于灌水和保水。平畦是畦面和地面高度一致，畦和畦之间埂高出地面20cm，人在畦埂上通行。畦面宽100~120cm，畦的长度根据地块的情况而定。高畦的畦面高出地面25cm，畦宽100~120cm，畦与畦之间的通道在沟里；通路取30~40cm。多雨地区应在塑料大棚外围开深40cm的排水沟，以防雨水过多时流入棚内。

（4）定植：从理论上讲，温室在一年中任何时期都可以定植百合，但在实际生产中，往往由于夏季高温对百合根系生长不利，如果没有强有力的降温措施做保证，定植百合则应避开夏季炎热季节。

百合的定植时间要根据供花时间而定。各种百合的生长期如下。

东方百合70~125d，其中春季80~125d；夏季70~100d；秋冬季80~120d。

亚洲百合65~90d，其中春季70~90d；夏季60~75d；秋冬季65~90d。

麝香百合70~110d，其中春季75~110d；夏季70~100d；秋冬季70~95d。

经冷藏处理的百合种球，可在一年内的任何时期种植，若能满足其生长的温度条件，就能正常开花并错开花期。

种植季节土壤温度在12~15℃范围时，将球根箱从冷库内取出，放在10~15℃暗室内缓慢解冻，解冻后对种球消毒，用50%甲基托布津600倍液，或70%百菌清600倍液消毒，消毒30min。

覆土厚度冬天为6~8cm，夏天为8~10cm。为防止种球根系受损，不要把土壤压得太紧。栽植深度还应根据品种和鳞茎的大小而定，一般周径10/12cm球的种植深度为3~5cm，周径14/16cm球的种植深度为5~8cm，周径16/18cm球的种植深度为8~12cm。

百合切花生产的株距为10~15cm，行距为15~20cm。一般来说，亚洲系和麝香百合的12/14cm规格种球，每平米可种植55~65头；东方系百合14/16cm规格的种球，每平米可种植40~50头；东方系百合16/18cm规格的种球，每平方米30~45头。

（5）张网：由于切花的商品特性，决定了切花植株要长的高而直。因此，必须及时设支架。在畦的四周立上支柱，在畦面上拉支撑网，网眼的大小14cm×14cm或12cm×12cm，网固定在支架上，要求拉的紧直。百合从种植到20cm株高时就要张网，随着茎的生长，支撑网不断向上提高。这样可以一直保证植株在网眼中生长。基质栽培可以先张网，然后按网眼定植鳞茎。

（6）温度管理：亚洲百合杂种系，白天温度维持在20~25℃，夜晚温度10~15℃；东方百合杂种系，白天温度维持在20~25℃，但夜晚温度必须在15℃以上。若低于15℃会导致落蕾或叶片黄化现象；麝香百合杂种系，白天温度25~28℃，但夜晚温度不能低于18℃。秋、冬、春三季对以上温度要求容易控制，而夏季较为困难，高温会降低植株的高度及每枝花的花蕾数。因此，夏季栽培百合要选耐热品种，发根期要采取措施降温，栽培后还要利用遮阳网、喷水、风扇降温等方法达到温度要求。

（7）肥水管理：百合种植后的前3~4周不施肥，如果土壤过分干燥，可以喷水保持土壤湿润，但水分不能过多，以免影响根系生长。正确的湿度以用手握泥土时不会有水分溢出，握到一起的土团轻轻一抖又能散开为好。

百合发芽出土后要求及时追肥，每7~10d追肥一次。土壤干旱时，肥料溶解到水里洒灌到土中；土壤湿度大时，肥料溶解到水中直接喷到叶面上。常用的肥料有尿素、硝酸铵、硝酸钾、硫酸镁、磷酸二氢钾、整合铁和硼砂。

（8）光照管理：夏季生产百合要用遮阳网遮光，亚洲百合杂种系和麝香百合杂种系遮光50%、东方百合杂种系遮光70%。秋、冬、春三季在百合生根时也要遮光，目的是降低土壤的温度。

秋、冬季切花生产，首先应根据地区的纬度和气候状况保证有充足的光线进入温室。在花蕾长到0.5~1.0cm时开始补光，日照长度应达到16h，并需持续到花蕾发育到3cm以上为止，特别是亚洲百合品种，对光照长度要求严格，然而冬季的日照时数较短，无法满足百合的正常生育要求，必须采用灯光照明来延长光照时间。简易办法是在百合植株上方约1m处，安装带有铝箔反射罩的白炽灯，每5m^2装一盏100W灯泡，每晚补光4~6h，使全天光照时间达16h。

2. 病虫害防治

（1）细菌病害：目前并不认为细菌病害是百合的重要病原物。

防治方法：避免在发生过该病害的土壤上种植。若不可避免，则土壤必须消毒；避免产生伤口，发现病株应立即清除焚毁；发病期间喷洒 0.2% 的高锰酸钾液或农用链霉素 100～500 倍液。

（2）真菌病害：

1）百合灰霉病：又称叶枯病，该病是百合栽培中最常见的病害，病害最初的症状主要发生在茎、叶和花上。常危害幼嫩茎叶的顶端部，使生长点变软、腐败。在叶片上出现红棕色的小斑块，以后斑块发展成椭圆形，长达 6.35mm，斑块中央变成黄褐色，而后扩展至整个叶片，在坏死部位可能形成黄色的晕环，湿度大时病斑上产生灰色的霉；花蕾发病则产生褐色斑点，斑点逐渐扩大腐烂成粘连状，有时可见到孢子块和黑色菌核。在麝香百合杂种系老叶片上有时出现黄色的斑块，而亚洲百合杂种系病叶则为红色。

防治方法：露地栽培首先注意栽培地的通风、透光和干燥，避免过分密植、拥挤；温室栽培要注意通风换气，保持清洁的栽培环境；注意尽量不重茬，做好土壤消毒工作；科学施肥，注意增施钾肥，以增加植株的抗病力；一旦发病，应清除、焚毁带病残体，以防止蔓延。

药剂防治是在百合生长期每 10d 喷洒一次等量或 100～150 倍波尔多液，或 65% 代森锌 600 倍液，发病后每 7～10d 叶面喷一次速克灵 1 000 倍 + 多菌灵 800 倍液，连喷 2～3 次。

2）百合根腐病：百合根腐病首先在麝香百合杂种系上发现，发病初期引起植株下部叶片死亡，后向上发展，造成上部叶片死亡。症状表现为根淡棕色、部分根腐烂，严重时造成整个鳞茎腐烂。当鳞茎腐烂后，引起茎根腐烂。

防治方法：种植前用 40% 的福尔马林 100 倍液进行土壤消毒；鳞茎用 70% 代森锰锌 800 倍 +25% 多苗灵 500 倍液浸泡 20～30min；发病初期可用 50% 代森铵 200～400 倍液或用敌克松 800 倍 + 代森锌 1 000 倍 + 恶霉灵 3 000 倍灌根。

3）百合炭疽病又称鳞片黑腐病：主要危害百合的叶片、花和鳞茎。在叶片上和花蕾发病则产生几个至十几个卵圆形或不整齐形、周围黑褐色中间淡黄褐色下陷的病斑，成熟后病斑中央稍透明。鳞茎发病则外层的鳞片形成棕褐色不整齐的病斑。病部与未受害部界限清楚，不久变暗褐色干枯。收获时在鳞茎上可以看到许多棕色的凹陷，在贮藏期间凹陷变大，外围鳞片变黑萎缩，并造成腐烂，从而降低了种球的商业价值，贮藏期介质水分过多或受冻时，更易于发病。

防治方法：种植前用 40% 的福尔马林 100 倍液进行土壤消毒；鳞茎可放在 50% 的苯来特 1 000 倍液或 25% 多菌灵。500 倍液中浸泡 20～30min。严格选用无病害的种球；种植后避免鳞茎周围过分潮湿或受冻，减少发病的机会；加强田间管理，创造通风透光的栽培环境，以增强植株的抗病力。发现少量病株时，应及时剪去或拔掉。

（3）百合虫害：

1）蚜虫：主要危害百合茎秆、叶片，特别是叶片展开时，蚜虫寄生在叶片上，吸取汁液，引起百合植株萎缩、生长发育不良、花朵畸形；同时传播瓜类花叶病毒、百合无症状病毒等病毒，造成百合植株感病。

防治方法：清除杂草；剪除严重受害的叶片、茎秆，并集中焚毁；喷洒1 000～2 000倍的10%吡虫啉（一遍净）。

2）根螨：成群寄生在百合鳞片中，取食鳞茎基盘组织和破坏根部，使鳞片腐烂、叶片枯黄，严重时抑制全株的生长发育。根螨如果寄生于母鳞茎内，很容易从母鳞茎爬入新鳞茎中，并逐渐蔓延开来，危害特别严重。

防治方法：种植前仔细挑选鳞茎，剔除受根螨侵染的鳞茎，将鳞茎于40℃温水浸泡24h或用73%克螨特1 000～1 300倍喷洒；进行轮作，防止百合根螨传播。

3）非洲蝼蛄：危害百合的鳞茎、咬食根系，使植株萎蔫枯死。成虫白天隐蔽在土壤深处，夜晚活动，有强趋光性，雨后活动频繁，喜栖息于潮湿而多腐殖质的场所。

防治方法：种植地要适当深翻，清除杂草；使用有机肥必须充分腐熟；采用毒饵诱杀，用5kg麦麸、豆饼等傲饵料炒香后拌200g的2.5%敌百虫，每公顷用毒饵30kg或200倍的25%西维因液，浇灌根际；人工捕杀幼虫和成虫。

3. 切花采收技术

（1）切花采收、分级和包装：

采收期：百合切花必须适时采收，一般在基部第一朵花蕾充分膨胀并着色时采收最合适。采收太迟，花朵开放，运输时易受损伤，而花粉也易污染花瓣。

如果采收的花茎有10个以上的花蕾，则必须有3个花蕾着色后再采收。百合切花的采花时间，一般宜在上午进行，这样可保持切花细胞的高膨胀压，切花的含水量最高。夏季最适宜的采收时间是晚上8点左右，因为经过1d的光合作用，切花中积累了较多的碳水化合物，质量较高。

采收方法：采收时最好用锋利的刀子切割。为了使鳞茎在土中继续生长一段时间，切割的部位不要太低，保留5～6片叶子，离地面约15cm处切割，30min内放到清水中冷藏。

分级捆扎：百合切花分级是根据花茎长短，花苞多少，茎的硬度及叶片与花蕾正常程度分级。一般分一级、二级、三级和等外级4个标准。分完级后，捆扎花茎。每10枝一扎，先将花茎基部10cm内的叶片去除，然后捆在一起，再用刀子将枝茎切齐，放入水中。

（2）包装与运输：切花包装有小包装和大包装，近距离运输多采用小包装，即10支捆扎一束后，用薄膜袋或包装纸将花束包裹起来，便于销售。大包装是针对远距离运输，用纸箱包装。纸箱必须坚固耐压，规格为100cm×30cm×40cm，两侧开孔，以防切花发热和方便搬运。

将小包装好的切花，每20扎1箱，花蕾应向箱的两头，一边10扎，交互放置，花朵距纸箱内壁5cm。每扎花的中部用固定带固定，花枝间用碎纸削填充密封。

运输　主要靠卡车和飞机运输，短距离用一般卡车运输，长距离用冷藏卡车和飞机运输。运输注意事项：

1）温度：切花装箱后要尽快运走，最好用温度保持在2～4℃的冷藏车运输。

2）湿度：在百合切花的预冷和运输期间，空气相对湿度应保持在95%～98%。

3）乙烯：百合切花在运输过程中，由于乙烯的产生而经常造成严重损失。为此在运输过程中要适当通风和保持低温，以抑制切花中乙烯的产生。百合切花也不要和水果、蔬菜一起运输，因这类产品会产生大量的乙烯。

4）切花运到目的地后，应立即开箱；更新切口，保鲜贮藏。

三、郁金香

郁金香（*Tulipa gesneriana*）属百合科郁金香属多年生草本植物。花朵象征着“神圣、幸福”与“魅惑”；郁金香于16世纪传入西欧，荷兰有“郁金香王国”之称。荷兰栽培了各种类型花色品种的郁金香，并大量生产优良品种鳞茎，销售世界各地，成为荷兰重要出口产品之一，球根产量占世界产量60%以上。切花郁金香的应用备受消费者的青睐，市场上最畅销的为红黄二色的花朵。

（一）形态、生活习性

1. 形态特征（图7-13） 郁金香鳞茎卵形，横径2~4cm，外层鳞茎皮纸质，鳞茎皮内面基部和顶端有少数伏贴毛。叶3~5片，条状披针形至卵状披针形，顶端有少数毛。花茎高20~50cm，常顶生一大花，花瓣6片，有红，黄，白、橙、紧，粉色及复色等变化，长5~7cm，多数为单瓣，亦有重瓣品种；瓣多为椭圆形，全缘，但亦有波状、缺刻等多种变化的瓣型。

图7-13 郁金香

2. 生态习性 原产于伊朗、土耳其山区及我国新疆等地。生长在夏季干热、冬季严寒环境中成为春季开花、入夏休眠的多年生短命植物。耐寒性极强，冬季可耐-35℃低温，在冬季最低温8℃的地区也可生长，适应性强。几乎所有品种的花朵都在阳光充足时开放，阴天及傍晚时闭合。1朵花一般只能开5~6d，如果天气冷凉、湿度大，可延长到10~14d。

3. 常见品种 郁金香属植物共有150多种，我国约产14种。目前，大量栽培的郁金香是长期人工杂交选育而获得的栽培品种。

（二）繁殖方法

切花用郁金香鳞茎主要用培养小鳞茎方法获得的适宜于作切花促成栽植用的材料。首先应选择适宜地点。

1. 建立种球繁殖基地 适宜郁金香生长的生态环境应阳光充足，春季冷凉时期长，最适宜的营养生长温度为10℃，空气湿度较高，夏季来临迟，而且没有酷暑，同时相对湿度较低。冬季又有一段相对长时间的低温。此种环境既有利于营养生长期光合作用产物的积累。促使种球能迅速增大。又能使球茎在夏季休眠中为内部分化提供较合理的温度条件。最适宜的环境为土壤pH值6.5~7，疏松肥沃而排水良好的山坡、丘陵地，通常海拔较高的山地最为适宜。

2. 子鳞茎的培养 用母球周围分生的小球培养成大的切花用栽植材料。直径1cm左右的球需要培养两个生长季，直径1.5~2cm的球，培养一年就可以达到周长12cm的生产用球。

（1）基肥：腐熟人粪尿或牛粪，每100m^{2}用800~1 000kg，并增加骨粉20kg均匀翻入土中。耕作层应维持在不少于20cm。

（2）培养用土壤：要求有机质丰富、排水良好、疏松肥沃的沙质土壤，培养用地最忌低温黏重土壤。

（3）栽植：小于球栽植距离为5cm×10cm；覆土厚为鳞茎直径的3倍，小球栽植时间以9～10月间为合适，通常要在冬季来临前1个月将种球栽植下地，因为根生长的温度在5℃以上。若晚种，小球在严冬季节往往不能生根，迟至翌年春季才发根、长芽，在短暂的春季中也就大大缩短了郁金香的生长与发育的时间，不利球茎的增大。

（4）管理：栽植后，若土壤墒情适当，可不必立即灌溉，鳞茎即能自然发根。入冬前后，无地上部分生长。在冬季干燥地区，入冬前应灌溉一次。自开春土壤解冻后，叶芽出土时起，每两周追一次肥，用浓度1%～2%硝酸钙或硝酸钾，水溶液作土壤灌溉。在植株进入休眠前2～3周停止水肥，整个春天的生长季节中，可追肥5～6次。灌溉水与追肥相结合，用量适中，使土壤基质始终保持既潮润又有良好的通气状态，防止过湿或过干。

（5）种球的收获：地上茎叶枯萎时进行种球的收获，收获日宜选择晴朗天气，土壤不潮湿时收挖。这种天气挖出的子球，其表皮上泥土自行脱落，表面清洁干净。挖出的鳞茎要轻拿轻放，防止碰伤，切忌弄破鳞茎表皮。若受太阳曝晒或鳞茎皮过快受干，均易使鳞茎皮破裂。破皮的鳞茎在贮藏期间极易感染病害。

（三）切花生产技术

1. 定植与准备　在定植前要准备好温室或大棚等保护栽培设施，并且提前1个月进行施肥，一般使用充分腐熟的有机肥，平均每公顷地施入的氮、磷、钾含量各105kg左右做基肥，并通过翻耕与土壤充分混合。同时保持适度的土壤湿度。如果进行超促成栽培或促成栽培，而自然气温又较高的情况下，可以提前数日采用遮阳网将设施覆盖，降低地温，以促进球根发芽。

2. 温度调节　栽培中利用人工控制温度的生根室，将室温维持在预定郁金香根系生长的理想状态。这种做法有以下优点：开花期可以自12月中旬至翌年5月中旬，冬季可以在温室中有两茬收成。圣诞节前一茬，节后还可增养晚季作物。鳞茎栽植（假植）在种植槽中，无论天气如何，可根据花期的需要，将栽植材料转移到温室中促成。

3. 光照条件　郁金香对于日照条件的反应不十分敏感，但是，如果光照不足，叶片和花瓣的色泽将受到较大影响。特别是红色、白色和黄色等原色品系能否发出鲜明的色彩与光照的强弱有关。粉色和紫色系统也同样存在花色淡化和花色不均称等现象。光照强度一般维持在20 000～30 000lx有利于体现出不同品种的花色。光照过强或者过弱，花色暗淡无光，就没有新鲜感。特别是从荷兰进口的球根，最好在上午10时到下午2时采用银色遮阳网遮光50%左右。在温室的两端也要适当遮光。

4. 水分管理　定植后充分浇水可以促进发根并降低地温，从萌芽到展叶不能缺水。当花茎开始伸长时，逐渐减少浇水量。浇水方式最好采用手控管道浇水，也可以采用滴灌或喷灌。自动浇水时要注意浇水量适当。

5. 病虫害防治　在定植前期主要防止灰霉病和青霉病的发生，生育后期注意预防褐色斑点病的发生。前期使用1 000倍的乙烯菌核利+600倍的克菌丹可湿性粉剂每周喷洒一次预防，后期采用百菌清熏蒸剂、异菌脲熏蒸剂和敌菌灵熏蒸剂等每周熏蒸处理。为了防止病原菌产生抗药性，要间隔使用不同杀菌剂。

发现蚜虫危害，要马上利用敌乙混剂（DDVP）进行熏蒸处理。

6. 死蕾的发生与预防 在郁金香的促成栽培过程中，经常发生死蕾现象，是切花生产中较大的问题，发生的主要原因如下：

（1）由于不同品种的花芽分化条件不同，在不了解品种特性的情况下，处理方法不正确，致使花芽分化失败；

（2）在球根的储藏过程中，由于长期高温或病原菌的侵害，影响花芽正常发育；

（3）低温处理期间不恰当，或低温处理不充足以及在2℃以下低温时间过长；

（4）栽培管理温度过高，浇水不足造成植株根系受伤等。

为了预防死蕾的发生，在注重以上原因的同时，选择死蕾发生较少的品种，改善贮藏环境，做好定植后的温度管理，或采取赤霉素处理可以减少死蕾的发生。

7. 收获与销售 不同品种可以根据花蕾着色情况决定采花期，“粉宝石”和“麦莉温道”等在花蕾着色期采收，达尔文杂种群和开放型品种在花蕾着色一半时采收。采花后进行吸水处理，待花茎伸长以后抑制吸水，将切花捆在一起，每10支为1束，重叠放在纸箱中，每箱100支。大规模生产可以采用包装机械进行机械化筛选包装。在出售前不必吸水，吸水后叶片变硬，包装时叶片容易受伤。但是，为了保持切花的保鲜性，要选择不吸水也具有良好保鲜性的品种或开发适宜的栽培方法。

四、红掌

红掌（*Anthurium andraeanum*）属天南星科花烛属植物，因其花形独特、花色艳丽、瓶插期达20~30d，周年开花而成为备受欢迎的高档热带花卉。

（一）形态、生活习性

1. 形态特征（图7-14） 株高可达1m左右。根略肉质，节间极短，近无茎。叶自根颈抽出，具长柄，单生，长圆状心形或卵圆形；纸质，深鲜绿色，有光泽，叶脉凹陷。花葶自叶脉抽出，长约50cm；单花顶生，佛焰苞直立开展，蜡质，正圆状卵圆形，长10~15cm以上，橙红或腥红色，向穗花序兀柄，圆柱状，直立，略向外倾，先端黄色下部白色。花两性，花被具4窄裂片，雄蕊4，子房2室，每室具1~2胚珠。小浆果内有种子2~4粒，粉红苞，密集于肉穗花序上。

2. 生态习性 红掌原产于南美洲热带雨林中。性喜温热，空气湿度高，而又排水通畅的环境。生长最适温度日温22~32℃，夜温21~24℃，温度超过35℃时，会造成烧叶、苞片颜色淡、花朵寿命缩短的现象。温度低于10℃时，生长缓慢，并造成下位叶片黄化。

3. 常见品种 按佛焰包色泽不同可分为以下几种。

（1）鲜红色：光荣（Gloria），亚历克西斯（Alexia）等，肉穗花序先端绿色的如莫里西亚（Mauricia），坎迪埃（Candia），梯诺拉（Tinora）及英格里特（Ingrid）等。

（2）绯红色：罗泽达（Rosetta），内蒂（Nette），安妮卡（Anneke），吉诺（Gino），肉穗花序先端均为绿色；莉迪娅（Ly-dia）的肉穗花序全为粉红色。

（3）白色：玛格丽莎（Margaretha），肉穗花序肉红色等。另外，还有粉色、绿白色佛焰苞品种。

（二）繁殖方法

1. 播种繁殖　原种可用种子播种繁殖。在高温环境中栽培的植株，经人工授粉可以收到种子。

（1）人工授粉采种：花朵上花粉成熟时，会散落出白色花粉，此时，用清洁干燥的毛笔蘸上花粉进行人工辅助授粉，促进雌蕊受精结籽。浆果成熟时粉红色，随即采收。

（2）播种：种子随采随播。播种前，用清水洗净种子外残留的种皮，并使种子吸收水分后再播种。播种皿内放入1/2消毒过的泥炭，其上覆盖一层1cm厚的粉末状清洁青苔，然后再将种子均匀播下。播后，再用细筛轻轻敷撒5～10mm青苔碎末。置于无阳光直射的遮荫处，保持温度25～30℃，湿度控制在80%以上，两周可出芽。此法多用于选育新品种。

图7－14　红掌

2. 分株繁殖　4～5月间，可将开花后的成龄植株旁有气生根的子株剪下，单独分栽。分下的子株至少应有3～4片叶。子株培养一年可形成花枝。1株成龄株一年只能分1～2株，繁殖率极低。

3. 扦插繁殖　将较老的枝条剪下，每1～2节为一插条，去除叶片，将插条直立或平卧插于底温25～35℃的插床中。几周后长出新芽和根，成为独立植株。

4. 组织培养繁殖　这是国内外目前应用的主要繁殖方法，也是红掌切花生产获得种苗的惟一好方法。

（1）愈伤组织的诱导：取红掌无菌苗叶片或幼嫩叶柄和叶片，经常规消毒后做外植体。将外植体切成4mm见方小块，接种在1/2 MS＋BA 1mg/L的诱导培养基上。约1个月后，叶肉组织逐渐膨大，颜色变浅，并逐渐出现颗粒状突起物。每隔40d继代培养1次。两个月后可得到大量浅黄绿色匀质愈伤组织，继续培养增殖愈伤组织。

（2）芽的诱导：培养基为MS＋BA 1mg/L，利用愈伤组织表面形成的锥状突起物继续培养成幼芽。自出现不定芽后，生长就开始加速，并不断在基部产生不定芽，每45d可增殖2～3倍。从接种到芽产生约3个月。

（3）芽的生长：当芽伸长到1cm长后，叶柄伸长，叶片开展，形成幼苗，继续培养。

（4）根的诱导：培养基为1/2 MS＋NAA 0.1mg/L，在苗的下端第一张叶片包茎基部产生根原基，由根原基长出根，形成完整植株。小植株长到2cm时，便可移栽。

（5）各培养阶段的主要条件：培养基中葡萄糖（最好不用蔗糖）3%，大量元素中硝酸铵的浓度由206mg/L增加到825mg/L，培养条件：温度25℃±1℃，光照12h/d，光强度1 000lx。

（6）出瓶苗的移栽与管理：根已长成的幼苗出瓶时，用微温水洗净琼脂，移栽到栽培基质中。

1）出瓶的小植株培养温度亦应维持在25～30℃间，空气湿度80%～100%，空气湿度低与秋冬春季节温度难以保证的地区，在生产中必须采取自动喷雾插床和床内底部铺电热丝加温的措施，利用电子仪器控制自动喷雾系统，使湿度维持在80%以上。

2）每日光照仍可以12h或较长，光照强度应增加到不少于2 000lx，或者在散射的自然光条件下。

3）每周应喷施MS大量元素50倍稀释液一次。两个月后，植株长出新叶片。从接种到出苗约需半年。

（三）切花生产技术

1. 栽培基质 红掌的栽培基质要求透气性良好，排水良好，能有效保持水、肥，不易腐烂能支撑植株。可用树皮、锯末和蔗渣按2∶2∶1比例混合使用。基质混合放到苗床上，移栽前1周用多菌灵500倍液基质消毒。

2. 定植 按苗的大、中、小分类移栽，栽后喷水保湿，忌干燥。种植密度37 500株/hm^2，规格30cm×40cm。

3. 水、肥管理 红掌要求相对湿度80%以上，每次喷水时间以5～10min为宜，每天喷水次数视天气及棚内湿度而定。施肥：移栽后两周开始施肥。采用叶面喷施及撒施交替施肥，每周采用一种施肥方法。撒施用N15－P15－K15颗粒状复合肥，每公顷用量150kg，叶面肥配对如下：用$Ca(NO_3)_2$ 3.24kg、NH_4NO_3 1.09kg、KNO_3 1.43kg、$FeSO_4 \cdot 7H_2O$ 0.28kg对水100kg配成A药液；用KH_2PO_4 1.36kg、KNO_3 1.1kg、K_2SO_4 0.87kg、$MgSO_4$ 2.46kg、$MnSO_4$ 5.06g、$ZnSO_4$ 8.7g、$CuSO_4$ 1.2g、腐殖酸钠1.2g对水100kg配成B药液，每次用A、B两种药液1∶1混合对水100倍进行常规喷施。

4. 温、光管理 夏季温度高时通过喷淋降温增湿调节，冬季温度低时上膜增温。夏季光强，遮盖双层遮光网，光照控制在10 000～20 000lx，超过20 000lx会造成叶片及光日灼，冬季光照减弱，加上棚内盖膜，揭去内层网，以保证适度的光源。

5. 植株修剪 红掌理想的株型是每个叶片都能充分受光，按我们的栽培密度，一般每株留4片叶，其余的黄叶、老叶、病叶及时修剪。为了保证花的质量，如出现分蘖苗则进行摘除，杂草及时拔除。

6. 病虫害防治 坚持预防为主的防治方针，每两周用多菌灵、百菌清、甲基托布津等杀菌剂预防，发现斜纹夜蛾等虫害，用乐斯本防治。

7. 采花 当佛焰苞花色充分展开，而肉穗花序色变1/3时，为适合采花的时期。过早、过迟均对瓶插寿命有不利影响，早采收的，花苞色、形不理想；迟采收的，又会增加植株的负担，对下一枝花的发育不利。在最好的栽培管理条件下，高产品种每株年产花可达12枝以上。

复习思考题

1. 什么是切花？有哪些类型？代表花卉有哪些？
2. 月季切花修剪和采切要点？
3. 唐菖蒲种球繁殖要点？
4. 菊花生态学特性与栽培要点？
5. 目前常见百合切花品种有哪些？各有何特性？

第三篇　草坪与地被植物生产

第八章　草坪与地被植物生产

第一节　草坪的建植

建植草坪的主要方法是种子建植和营养体（无性）建植。选择使用哪种建植方法依费用、时间要求、现有草坪建植材料及其草坪草的生长特性而定。种子建植费用最低，但速度较慢。无性建植材料包括草皮、草皮条、草块、枝条和匍匐茎。其中直铺草皮速度最快，但费用最高。对于某些草种，例如：匍匐翦股颖用上述任何方法建坪都可。而另外某些草种由于得不到纯正或具有活力的种子，则不能通过播种种子的方法建坪。某些草坪草，由于草块和匍匐茎缺乏足够的扩展能力，则不能使用无性建植方法。

一、草坪的有性繁殖方法及操作技术

大部分冷季型草坪草能用种子建植法建坪。暖季型草坪草中，假俭草、美洲雀稗、地毯草、野牛草和普通狗牙根均可用草坪建植法来建植，也可用无性繁殖法来建植。马尼拉结缕草、杂交狗牙根则一般常用无性繁殖的方法建植。

（一）播种时间

冷季型草坪草适宜的播种时间是初春和晚夏，而暖季型草坪草最好是在春末和早夏之间播种。这主要考虑播种时的温度和播后 2 ~3 个月内的温度状况。在晚夏，土壤温度适中，非常有利于种子发芽。此时，冷季型草发芽很快，如果温度、土壤肥力和光照不受限制，出苗后幼苗能旺盛生长。同样，此时也有利于杂草种子发芽，但秋季冷凉温度和霜冻会限制恶性杂草的生长和生存。如在早夏播种，冷季型草幼苗因受热和干旱不易存活。同时，夏季一年生杂草也会与冷季型草发生激烈竞争。反之，如果播种延误至晚秋，温度会不利于种子的发芽和生长。幼苗越冬时出现的发育不良、缺苗、霜冻和随后的干旱脱水会使幼苗死亡。最理想的情况是：在冬季到来之前，新播种的草坪草已成坪，草坪植物的根和匍匐茎纵横交错，这样才具有抵抗霜冻和土壤侵蚀的能力。植株苗期发育不良，经受不起踏踩而死亡。

如果在早春和仲春播种冷季型草坪草，仲夏之前草坪就可形成良好覆盖。但是，由于土壤温度低，草坪草早期通常也要比晚夏播种生长得慢。如不采取适当措施控制一年生杂草和阔叶杂草，同样也会引起特别严重的问题。另外，冷季型草坪草幼苗通过夏季胁迫期

时，比健壮的成苗更易染病。在有树遮阴的地方建植草坪时，由于光线不足，会使草坪稀疏或导致建坪失败。在此条件下，春季播种建植比秋季要好。春季可以在落叶树叶子较小、光照较好时播种建植。当然在有树遮阴的地方种植草坪，所选择的草坪草品种必须适于弱光照条件，否则生长将受到影响。

暖季型草适宜的生长温度要比冷季型草高。因此，当春秋天气对冷季型草生长有利时，此时的暖季型草生长缓慢。当晚春或夏季气温增高时，有利于暖季型草的种植。为了快速成坪，暖季型草坪草播种后须有很长一段时间的温暖天气，以保证有足够的时间成坪。因此，暖季型草坪草在晚夏播种，根系发育不完善，植株不成熟，冬季常发生冻害。在建植暖季型草坪草时可能会出现夏季一年生杂草，但由于暖季型草在夏季竞争力很强，不会引起大的问题。如有必要的话，可使用选择性除草剂来控制杂草。建植暖季型草坪草最担心的一个问题是在冷凉的秋天会出现冬季一年生杂草，特别是一年生早熟禾。因此，在夏季结束之前要形成致密的草坪，这样才可抵御这些杂草的入侵。

对于到晚秋以后才能完成整地时，有时可用地膜覆盖的方法播种建植冷季型草坪。地膜可吸收太阳热能，提高低温，保持土壤水分。

（二）播种量

播种所遵循的一般原则是要保证足够的种子发芽，每平方米出苗应在 1 万 ~2 万株。根据这项原则，如果草地早熟禾种子的活力为 72%（纯度 90%，发芽率 80%）、每千克种子 4×10^6 粒时，播种量应为 4 ~ 7g/m²。这个计算是假定所有的纯活种子都能出苗。但是，由于种子的质量、播种后环境条件的影响，幼苗的死亡率可达 50% 以上，因此，要播 8 ~ 14 g/m² 以上才能达到要求的出苗数。

影响播种量的其他因素还有幼苗的活力、所播草坪草品种的生长习性、要求的建坪速度、种子价格、杂草竞争力、潜在病害以及建坪后的栽培管理强度。每个草坪草品种的生长特性各不相同。匍匐茎型和根茎型草坪草一旦发育良好，其蔓伸能力将强于母体。因此相对低的播种量也能够达到所要求的草坪密度，速度也要比种植丛生型（非匍匐型）草坪草形成草坪的速度快得多。由于草地早熟禾具有较强的根茎生长能力，在草地早熟禾草皮生产中，播种量常低于推荐的正常播种量，因为目标是尽可能获得根茎和根系发达的草皮，此时的播种量可减少为 5g/m²。

有人研究了播种量对草地早熟禾种植后 8 个月内植株种植密度的影响。在播种后较短时期内，枝条密度与播种量成正比。每平方米播种 4. 5g 种子的地块，大约每平方米有 1. 5 万株草坪草。播种量为 36g/m² 的地块内达 12 万株/m²，两者相差约 8 倍。但是，在接下来的几个月内，苗的种群密度有所调整，到第八个月底所有的地块中枝条密度大约相近，平均为 3. 5 万株/m²。结果表明（至少对草地早熟禾来讲），成坪的草坪草群落枝条密度是由环境的承载能力所决定的，而不是由播种量所决定。苗稀疏时，密度最终会增加。苗密时，密度最后会降低到主要环境条件所能保持的一般水平。“足够苗数”这个要领主要是基于两个短期的目标：建坪和与杂草竞争的最优枝条数量。因为很多草坪是用于体育和娱乐目的而建植的，这无疑要求成坪期要尽可能短。虽然很低的幼苗密度最终也会长成所需要的密度，但通常要求幼苗的密度大致要等于成坪的枝条密度。在存在杂草种子的地方，杂草随着草坪草苗密度的增加趋向减少，因此，“足够苗数”这个概念同样也是对能否与正在萌发的杂草种子进行竞争来讲的。

在播种量很高的地方，出苗非常致密，可使单株植物生长不良，发病率增高。这可能是由于在高度竞争的压力下，幼苗更易受到病菌的侵染，形成有利于疾病发生的微环境所致。较大的种子易形成较强壮的幼苗。相同栽培品种的草地早熟禾，大种子要比小种子的苗强壮。相同质量时，虽然大种子的粒数比小种子的粒数少，但在田间种植时其幼苗的致死率也小。大种子与小种子播种量相同时，大种子幼苗的生存力要比小种子的生存力强。费用对播种也是一个重要的影响因素。假俭草一般播种 1.2 ~ 2.4g/m^2，这与出苗1万 ~2万株/m^2 的要求相差甚远，但这类种子价格昂贵，播种量不能太高。

（三）播种深度

草坪草种子一般播在坪床表面上，然后轻轻地用耙子耙，使种子混合与土壤中。播种深度主要取决于种子的大小。种子小，应播得浅一些，种子大应播得深一些。像匍匐翦股颖，种子特别小，应当播得非常接近地表，多数情况下，是播在地表，而后用少量细沙覆盖。高羊茅种子比较大，播到 0.5 ~ 1.0cm 的深度仍然正常出苗。

（四）播种方法

草坪草播种要求是把大量的种子均匀地撒于种床上，并把它们混入浅层表土中。播得深或者没把它们混入土壤中都会导致出苗减少。如播得过深，在幼苗进行光合作用和从土壤中吸收营养元素之前，胚内贮存的营养消耗殆尽，不能满足幼苗的营养需求而导致幼苗死亡。播得过浅，没有充分混合时，种子会被地表径流冲走或发芽后干枯。

土表疏松，播种后易于把种子混入土壤中，发芽出苗均匀一致。播种后，应对坪床滚压，以便使种子与土粒紧密接触。如不滚压，应覆盖地面覆盖物，以减少水分损失及防止发生土壤和种子侵蚀。

播种的关键技术是把种子均匀地撒于坪床上，只要能达到均匀播种，用任何播种方法均可。很多草坪是用手工播种的方法建成的。手工播种要求播种者技术熟练，并适宜小面积的播种。手工播种时，先把需要的种子分成两份，把第一份种子沿着一个方向来回尽可能地均匀播种。而后，再播剩下的另一份，播种时方向要与第一次行进的方向交叉，来回均匀播种。

二、无性繁殖的方法及操作技术

（一）无性繁殖的材料

利用草坪草的营养（无性）繁殖体建植草坪是常用的建坪方法。营养建坪材料必须具备能重新再生、形成草坪的能力，包括草皮、单株草坪草和草坪草的一部分（不包括种子）。对那些不能生产与活力种子或者用种子建成的草坪不能保持原草坪草基因性状的草坪草，常通过无性繁殖材料来建坪。最普通的建坪营养体包括草块、枝条和匍匐茎，能用这几种繁殖体建坪的草坪草种有匍匐翦股钝叶草、杂交狗牙根和结缕草等。

（二）繁殖方法及操作技术

用于建植草坪的营养体繁殖方法包括铺草皮、栽草块、栽枝条和匍匐茎。除铺草皮之外，以上方法仅限于在强匍匐茎和强根茎生长习性的草坪草繁殖建坪中使用。营养体建植与播种相比，其主要优点是见效快。对于某些草坪草来讲，由于不能生产出活性种子或者不能通过种子生产出所需要的基因型，营养体建植是很好的建植草坪的方法。无论是种子建植还是无性建植草坪草的健壮生长都要求良好的土壤通气条件、水分和矿质营养。因而，无论采用哪种建植方法都应细心准备坪床。

1. 铺草皮 虽然铺草皮是最昂贵的草坪建植方法，但它能在一年中任何时间内都能生成“瞬间草坪”。新铺就的草坪不能承受踏踩或娱乐活动，需要几周或几个月的时重新扎根生长。铺上草皮后，看起来同已建成的草坪一样。在较短的时间内要求看到草坪的场合，铺草皮是最理想的方法。铺草皮的坪床要求同播种建植一样，要认真准备好，否则将会给以后草坪管理带来麻烦。

2. 直栽法 直栽法是种植草坪块的方法。由通气打孔机打出草坪束和用打孔杯取出的草坪块，大小相差很大。最常用的直法是栽植正方形或圆形的草坪块，草坪块的大小约为5cm×5cm。栽植行间距为30~40cm，栽植时应注意使草坪块上部与土壤表面齐平。常用此方法建植草坪的草坪草有结缕草，但也可以用于其他多匍匐茎或强根茎草坪草。直栽法除了用在裸土建植草坪外，还可用在已经存在新品种的草坪中。

第二种直栽法是把草皮切成小的草坪草束，按一定的间隔尺寸栽植。这一过程一般可以用人工完成，也可以用机械。机械直栽法是采用带有正方形刀片的旋筒把草皮切成草坪草束，通过机器进行栽植，这是一种高效的种植方法，特别适用于不能用种子建植的大面积草坪。

3. 插枝条 不像直栽草块和铺草皮那样，草坪草枝条上不带土，因此，它们在干、热条件下易于脱水。插枝条法主要用来建植有匍匐茎的暖季型草坪草，但也能用于匍匐翦股颖草坪的建植。通常，把枝条种在条沟中，相距15~30cm，深5~70cm。每根枝条要有2~4个节，栽植过程中，要在条沟填土后是一部分枝条露出土壤表层。插入枝条后要立刻滚压和灌溉，以加速草坪草的恢复和生长。

4. 匍茎法 匍茎法是指把无性繁殖材料（草坪草匍匐茎）均匀地撒在土壤表面，然后再覆土和轻轻滚压的建坪方法。一般在撒匍茎之前喷水，使坪床土壤潮而不湿。用人工或机械把打碎的匍草茎均匀地撒到平床上，而后覆土，使草坪草匍匐茎部分遮盖，或者用圆盘犁轻轻耙过，使匍茎部分插入土壤中。轻轻滚压后立即喷水，保持湿润，直至匍茎扎根。

第二节　草坪的养护

一、草坪的修剪

（一）草坪草修剪原理

修剪是所有草坪管理措施中最基本的措施之一。修剪是指去掉一部分生长的茎叶。在一定的条件下，修剪可以维持草坪草在一定的高度下生长，增加分蘖，促进横向的匍匐茎和根茎的发育，增加草坪密度，使草坪草叶片变窄，提高草坪的观赏性和运动性。限制不抗修剪的杂草生长，抑制草坪草的生殖生长。然而，重要的是草坪草不喜欢修剪，而是能忍耐修剪。有时看到修剪过的草坪草非常美观、健康，常误认为修剪对草坪草有好处，实际上修剪对草坪草是一种胁迫。修剪对单株草坪草在生理上和形态上以及草坪草群落生态都产生较大的影响。它可引起根系暂停生长，剪去草坪草具有光和作用的叶片，减少了草坪草碳水化合物的生产和积累，从而影响草坪草的其他功能。修剪留下的叶片伤口，为病原微生物创造入侵机会。短时间内增加叶片尖部水分损失，影响根部对水的吸收等。但不要忘记，草坪草是由牧草驯化而来，本身就具有抗食草动物啃食的特点。草坪草对修剪也具有抗生，只不过修剪是放牧的现代化形式而已。

（二）草坪草修剪原则与方法

1. 修剪方法　在同一地点连续沿着同一方向多次重复修剪，会造成草叶偏向同一方向生长，使草坪生长不均衡，坪草长势变弱。在修剪时应改变修剪方向，避免剪草机沿同一方向修剪而轧实土壤，还可以保证草坪草的直立生长，在修剪后保持比较一致的修剪面。最后，可以沿着与初剪方向成45°的方向进行细剪，以保证修剪得更加均匀。

2. 修剪高度的确定　修剪高度是指草坪修剪后的植株高度，不同草坪草修剪高度因其遗传特性和用途而不同。修剪过高达不到控制的目的，过低则影响坪草的活力，恢复生长缓慢，导致地面裸露，甚至造成杂草滋生。

修剪原则草坪修剪时应掌握1/3的原则，对长得较高的草坪不能一次剪至所需高度，每次修剪时，剪去1/3的叶片，使保留的叶片能正常进行光合作用，为根系补充同化产物。若一次过度修剪会使地上部不能为根系提供足够的同化产物，阻碍根系的生长，草坪会因养分缺乏而死亡。

3. 修剪频率的确定　草坪草的修剪频率取决于草坪草生长的快慢。暖季型草修剪次数要求最少的为假俭草，其余依次为沟叶结缕草、细叶结缕草、日本结缕草，狗牙根和地毯草要求修剪次数较多。冷季型草中细叶羊茅和紫羊茅要求修剪次数较少，其他草种修剪次数较为频繁。肥料特别是氮肥的施用对草坪的生长快慢影响较大。一般氮肥用量越高，草坪的生长速度越快，修剪的频率就越高。此外，氮肥过量使用还会造成坪草对病虫害的抗性减弱。因此，应合理使用氮肥，既要保证草坪对氮的需求又要防止过量施氮，同时结合土壤测试结果，配合使用 P、K 和 Fe，在降低修剪频率的同时，保证草坪草的健康生长。

4. 草屑处理　修剪后的草屑留在草坪上，尽管能够把草屑中的养分归还到草坪，改善干旱状况和防止苔藓的着生，但通常情况下应及时清理，否则草屑在草坪上堆积不仅使草坪看起来不美观，而且会使下部坪草因光照、通气不足而窒息死亡。此外草屑在腐烂后会产生一些有毒的小分子有机酸，抑制草坪根系的活性，使草坪长势变弱，留下的草屑还利于杂草滋生，容易造成病虫害流行。在通常情况下应在每次修剪后及时清理草屑，但在高温条件下，若草坪本身生长健康，没有病害发生，也可以把草屑留在草坪表面，以减少土壤水分蒸发。

二、草坪的施肥

草坪施肥的合理与否和效果好坏，是由多方面的因素决定的，这些因素包括肥料的种类及性质，草坪草的生育特点、生长期、气候、土壤等各种生态因子，以及各项管理措施。

1. 养分的供求状况　养分的供求状况是判断草坪是否需要施肥和所需肥料种类的基

础，主要是指草坪草对养分的需求及土壤肥力的高低。通过植株营养诊断和组织测定可以确定草坪草的营养状况，通过土壤测试可以确定土壤的供肥能力，将两者结合起来则可以判断草坪草的养分供求状况，从而有的放矢地施用肥料。

植株诊断是一项非常重要的技术，特别是在氮肥的运用上，根据缺素症状可以判断出草坪草所需要的养分种类，但要注意排除其他可能性，如渍水、温度等。组织测试可以直接测定到草坪草实际吸收与转化的养分量，对微量元素尤其重要。

土壤测试可以全面了解草坪土壤肥力，从而确定肥料的养分组成、比例和施用量。为了降低成本，在施用基肥时，磷钾肥用量主要根据土壤测试结果来实施。在成熟草坪的养护过程中也要定期进行土壤测试，逐步完善肥料施用计划。

2. 草坪草对养分的需求特点 不同的草坪草种对养分的需求存在很大的差异，特别是对氮素的需求。相对来说，冷季型草坪草中，紫羊茅对氮素的要求较低，高氮条件下草坪密度和质量反而下降。而草地早熟禾则要求肥沃的土壤，在贫瘠的土壤上不能形成良好的草皮。需肥多的品种必须有足够的肥料供应，否则草坪质量下降。而需肥少的品种过量施肥不仅不能提高草坪质量，反而会降低草坪质量，而且还会增加管理成本。

在草坪草的不同生长时期，对养分的需求也不一样。在草坪建植时，基肥中必须含有 $5g/m^2$ 的纯氮，而磷、钾等则可根据土壤测试结果来确定是否施用及施用量。在成熟草坪上，旺盛生长期施肥以追施氮肥为主，磷肥可以不施。

而在不利的生长季节，则应少施氮肥，适当多施磷钾肥。为了维持现有高质量的草坪，可以选择较低的供氮水平。但为了促进草坪草生长，使密度较低、长势较弱或由于环境胁迫、病虫侵害的草坪草尽快得到改善，则需要较高的氮水平。

3. 环境对植物吸收养分的影响 当环境条件适宜草坪草快速生长时，要有充足的养分供应满足其生长需要。此时，充足的氮、磷、钾供应对植株的抗旱、抗寒、抗胁迫十分必要。但在胁迫到来之前或胁迫期间，要控制肥料的施用或谨慎施用。

当环境胁迫除去之后，应该保证一定的养分供应，以利于受伤害的草坪草迅速恢复。如夏季高温来临前冷季型草坪的氮肥施用要相当小心，氮素促进草坪草生长、组织含水量增加，却降低了对高温、干旱的胁迫和抗病能力，夏季氮肥用量过高常伴随严重的草坪病害发生。

土壤的质地和结构对施入养分的保持能力影响很大，也直接影响肥料的施用。颗粒粗的沙质土壤保肥能力差，易于通过渗漏淋失。施肥时应该采用少量多次的方式或施用缓释肥料，以提高肥料的利用效率。

4. 草坪用途及维护强度 草坪用途不同，其维护强度也不同，对肥料要求也不同。高尔夫果岭草坪的质量要求在所有草坪中是最高的，决定了其维护强度也是最高的。运动场草坪由于使用强度大，应注意施肥，促进草坪草恢复。对于水土保持草坪，其质量要求低，每年只需施一次肥，甚至可以不施。

5. 草坪管理措施 各项草坪管理措施中，修剪与施肥的关系最密切。为了美观，人们往往将修剪下来的草屑移走，同时也带走了大量养分。如果不增加施肥，草坪叶色将变淡，从而导致草坪质量下降。据报道，归还草屑可减少30%的施肥量。

三、草坪的灌溉及相应的辅助养护管理措施

（一）草坪的灌溉

要让草坪生长良好，灌溉十分必要。当草坪草失去光泽，叶色变为灰绿色，叶尖开始卷曲时，显示草坪水分不足。此时，若不及时灌水，草将变黄，在极端的情况下还会因缺水达到永久性萎蔫而死亡。

1. 灌水时间　草坪何时灌水是一个复杂但又必须解决的问题，可用以下方法确定是否需要灌水：a. 植株观察法，当缺水时，草坪草首先出现膨压改变征兆，表现出不同程度的萎蔫，进而失去光泽，变成青绿色或灰绿色，此时需要灌水。b. 土壤含水量检测法，用小刀或土壤钻分层取土。当土壤干至 10～15cm 时，草坪就需要灌水。土壤大多呈暗黑色，干旱的土壤呈浅白色。

2. 灌水次数　依据床土类型和天气状况，通常沙壤比黏壤易受干旱的影响，因而需频繁灌水。热干旱比冷干旱的天气需要灌水更多。草坪灌水频率无严格的规定，一般在生长季内，普通干旱情况下，每周浇水一次；在特别干旱或床土保水差时，则每周需灌水两次或两次以上。凉爽天气则可减至每隔 10d 左右灌一次；休眠期内需灌 2～3 次。

3. 灌水量　一般在草坪草生长季内的干旱期，为保持草坪鲜绿，大概每周需补充 30～50mm 的水分。在炎热和严重干旱的情况下，旺盛生长的草坪每周约需补充 60mm 或更多的水分。休眠期内的“封冻水”和“返青水”一定要灌足，大约每次需灌溉 100～150mm 的水。如果土壤保水性能差则少量多次，每次约补充 2～3cm 就可以，但灌水次数要增加。

4. 灌水方法　草坪浇水主要以地面灌溉和喷灌为主。地面灌溉常采用大水漫灌和用胶管浇灌等多种方式。这种方式常因地形的限制而产生漏水、跑水和不均匀灌水等现象，对水的浪费也大。在草坪管理中，最常采用的是喷灌。喷灌不受地形限制，还具有灌水均匀、节省水源、便于管理、减少土壤板结、增加空气湿度等优点，因此，是草坪灌溉的理想方式。

灌水技术要点：a. 草坪灌水，任何时候都不要只浇湿表面，而要一次浇透。b. 为减少病、虫危害，在高温季节应尽量减少灌水次数，应在早晨和下午浇水。c. 一年中要做好两次灌水工作。一次是入冬前的封冻水。封冻水应在地表刚刚出现冻结时进行，灌水量要大，充分湿润土层，以漫灌为宜，但要防止“冰盖”的发生。另一次是返青水，开春土地开始解冻之前，草坪要萌发时浇返青水。d. 若有霜，应该在霜融化之后再浇水。e. 一般施肥后应及时浇水，以避免可能出现灼伤草坪的现象，但不要浇得太多，以免肥料淋失而造成肥料浪费。

5. 浇水工具　a. 雾化管，雾化管是一种可以承受一定压力，上面均匀分布许多小孔的塑料软管，充水后均匀向两边喷射出雾状水。草坪种子出苗时要保持土壤湿润，但需要的水量又不大，因而采用雾化管灌水较好。b. 固定喷头和移动喷头，在管理水平较高的运动场上一般采用固定喷头。其优点是操作简单，喷水均匀，数量较少，省工省力。移动喷头常用于一般绿地，在一个地方浇完水后可移到另一个地方。其优点是投入成本低，但在操作上费时费工。

6. 特殊地形浇水 在有坡度的草坪上浇水时，为使草坪吸收到充足水分，浇水的速度应缓慢，坡顶的灌水量要加大。使水渗透到根系，以满足草坪生长发育的需要。因此，与平地草坪相比，在坡面浇水要花较长的时间。

（二）相应的辅助养护管理措施

1. 打孔 用实心的锥体插入草皮6cm以上，促进床体气体交换。

2. 取芯土 是利用除芯机械从草坪土壤中挖出芯土的过程。除芯土的主要作用是改善土壤的通气生，除芯土后，在土壤表面留下了一系列小洞，提高了土壤的粗糙面，扩大了土壤的表面积，所以，土壤的通气性和透水性均大大改善。

3. 划条和穿刺 划破是借助安装在圆盘上的一系列“V”形刀片刺入草皮7～10cm，以改良穿刺的通气透水性的过程。穿刺的深度限制在3cm以内。

4. 射水式中耕 指通过10m/s的高达5 000psi的高压水脉冲，把水流以近1 000km/h的速度射入草坪土壤中。此法可促进枝条生长，降低土壤容重，增加土壤饱和含水量，且不会引起土表层的扰动，对草坪无明显伤害，生长季可随时进行。

5. 垂直修剪（刈割） 垂直修剪是借助安装在高速旋转水平轴上的刀片进行近地表面垂直刈割或划破草皮，以清除草皮表面积累的芜枝层或改进草皮通透性为目的的一种培育措施。

6. 松耙 指通过机械方式将草皮层上覆盖物除去的操作。松耙通常用手动弹齿式耙来进行。手动弹齿耙是由高张力的铁丝制成的齿状系列。

第三节 主要草坪植物

一、狗牙根属

狗牙根属（*Cynodon* Rich.）约10个种，分布于欧洲、亚洲的亚热带及热带。我国产两种及1个变种。用作草坪草的一般指狗牙根，近年来常用的还有杂交狗牙根。

狗牙根（*C. dactylon*（L.）Pers.）是最重要的，也是分布最广的暖季型草坪草之一，又名百慕大草、绊根草、爬根草、行义芝、地板根。广布于温带地区。我国黄河流域以南各地均有野生。新疆的伊犁、喀什、和田也有分布。多生于村庄附近、道旁河岸、荒地山坡。欧洲和非洲也有广泛分布。

（一）植物学特征（图8－1）

多年生草本，具根茎和匍匐茎。秆细而坚韧，下部匍匐地面蔓延甚长，节上常生不定根，直立部分高10～30cm，直径1.0～1.5mm，秆壁厚，光滑无毛，有时略两侧压扁。叶片线条形，长1～12cm，宽1～3mm，先端渐尖，通常两面无毛。叶鞘微具脊，无毛或有疏柔毛，鞘口常具柔毛；叶舌为纤毛状。穗状花序，小穗灰绿色或带紫色。

（二）生态适应性

狗牙根一般包括普通狗牙根和改良后的狗牙根。普通狗牙根是最初从狗牙根属中选择出来并被广泛应用的草坪型狗牙根。质地较粗，颜色、生长速度、密度均中等，耐荫性很差，耐践踏；改良后的草坪型的狗牙根可形成茁壮的、侵袭性强、高密度的草坪，叶宽由中等质地到很细的质地不等。某些狗牙根品种具有多叶的节，草坪的颜色从浅绿色到深绿色，具有强大的根状茎、匍匐茎，可以形成致密的草皮，须根系分布广而深。

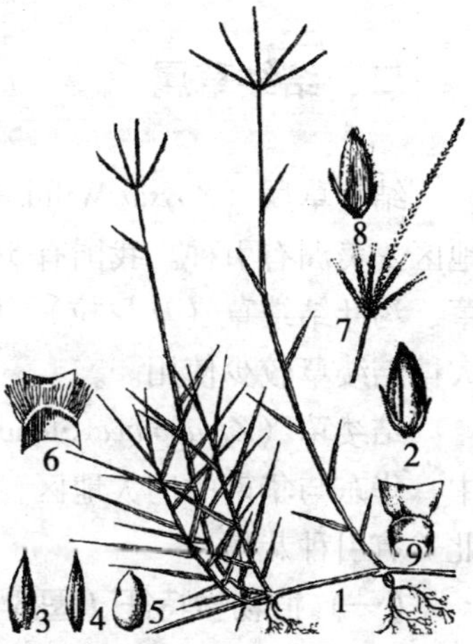

图 8-1　狗牙根

1. 植株　2. 小穗　3. 外稃　4. 内稃　5. 颖果　6. 叶舌

狗牙根是适于世界各温暖潮湿和温暖半干旱地区长寿命的多年生草，极耐热和抗旱，但不抗寒也不耐荫。狗牙根随着秋季寒冷温度的到来而退色，并在整个冬季进入休眠状态。叶和茎内色素的损失使狗牙根呈浅褐色。当土壤温度低于 10℃，狗牙根便开始退色，并且直到春天高于这个温度时才逐渐恢复。引种到过渡气候带的较冷地区的狗牙根，易受寒冷的威胁，4～5 年就会死于低温。狗牙根适应的土壤范围很广，但最适于生长在排水较好、肥沃、较细的土壤上，要求土壤 pH 值为 5.5～7.5。狗牙根较耐淹，水淹下生长变慢；耐盐性也较好。

（三）栽培与管理措施

主要通过短枝、草皮来建坪。普通狗牙根是惟一的可用种子来建坪的狗牙根。狗牙根是生长最快，建坪最快的暖季型草坪草。再生力很强，耐践踏。需要中等到较高的养护水平。耐低修剪，用作一般草坪时的修剪高度为 1.3～2.5cm。为保持草坪的质量，需频繁的修剪。修剪高度高于 3.8cm 会使植株直立，茎秆生长，引起芜枝层的形成。狗牙根需要施肥和浇灌，故要得到最优草坪必须提高管理水平。氮肥需要量为每个生长月纯氮 2.43～7.30g/m^2。由于狗牙根生长快，故易结芜枝层。为避免芜枝层的积累，周期性的施肥和频繁垂直修剪是很重要的，垂直修剪也可提高狗牙根的低温保绿性。

狗牙根常见的病有长蠕孢菌病、褐斑病、币斑病、穗赤霉病、腐霉枯萎病、锈病和春季死斑病等。常见的昆虫有草皮蛴螬、黏虫、蝼蛄、狗牙根螨类、无茎虎尾草介壳虫、狗牙根介壳虫和线虫。狗牙根不耐去莠津除草剂。

（四）应用特点

改良狗牙根在适宜的气候和栽培条件下，能形成致密、整齐的优质草坪，它用于温暖潮湿和温暖半干旱地区的草地、公园、墓地、公共场所、高尔夫球道、果领、发球台、高草区及路旁、机场、运动场和其他比较普通的草坪。狗牙根极耐践踏，再生力极强，所以很适宜建植运动场草坪。许多大型的暖季型球场都是采用狗牙根来建植的。进入晚秋狗牙根足球场很容易由于过度践踏而稀疏，这时可通过覆播冷季型草来弥补。由于狗牙根具有强大的匍匐茎，所以能在竖年春天重新生长形成一个完善的草坪。在用作果领时，形成的运动表面不如翦股颖。普通狗牙根有时与高羊茅混播作一般的球场和运动场。

休眠的狗牙根冬季褪色可以通过使用草坪着色剂来缓和，也可在狗牙根草坪中覆播冷季型草坪草如黑麦草、紫羊茅和粗茎早熟禾等。由于狗牙根既有根茎，又可不断地匍匐生长，故在某些草坪中狗牙根会成为杂草，例如：当狗牙根用作翦股颖果领四周的缓冲地带时，它会侵入到果领里，影响草坪的表面，它也能成为苗圃、灌丛和停车场中的杂草。

二、结缕草属

结缕草属（*Zoysia* Willd.）约10个种，分布于非洲、亚洲和大洋洲的热带和亚热带地区。美洲有引种。我国有5个种和变种。本属的大部分种类是优秀的草坪草种，有结缕草、沟叶结缕草（马尼拉）、中华结缕草、细叶结缕草（天鹅绒草）和大穗结缕草。其中大穗结缕草较少使用。

结缕草（*Z. japonica* Steud.）又称锥子草、日本结缕草。分布于我国东北、山东、华中、华东与华南的广大地区，生于平原、山坡或海滨草地上。日本和朝鲜也有广泛分布，北美有引种栽培。

（一）植物学特征（图8－2）

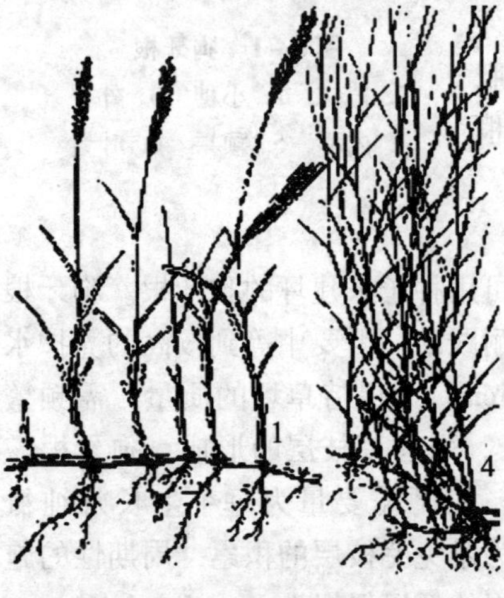

图8－2 结缕草

多年生草本，具横走根茎和匍匐枝，须根细弱。茎叶密集，植株高15～20cm，基部常有宿存枯萎的叶鞘。叶片扁平或稍内卷，长2.5～5.0cm，宽2～4mm，表面疏生柔毛，背面近无毛；叶鞘无毛，下部松弛而互相跨覆，上部紧密裹茎；叶舌纤毛状，长约1.5mm；总状花序呈穗状，长2～4cm，宽3～5mm；小穗柄通常弯曲，长可达5mm；小穗卵形长2.5～3.5mm，宽1.0～1.5mm，淡黄绿色或带紫褐色。

（二）生态适应性

结缕草广泛用于温暖潮湿、温暖半干旱和过渡地带。它靠强大的匍匐茎和根茎蔓生，形成致密的草坪。抗杂草侵入。结缕草比其他暖季型草坪草耐寒。低温保绿性比大多数暖季型草坪草强。在气温降到10～12.8℃之间时开始褪色，整个冬季保持休眠。

结缕草的抗旱性和抗热性极好。虽然较耐寒，但它不能在夏季短或太冷的地方生存。它最适合于温暖潮湿地区，耐荫性很好。由于结缕草有强大的根茎，粗糙、坚硬的叶子，故很耐践踏。结缕草适应的土壤范围很广，耐盐。最适于生长在排水好、较细、肥沃、pH值为6～7的土壤上。不适应排水不好、水渍的土壤条件。

（三）栽培与管理措施

所有结缕草的栽培种均可靠短枝、草皮建坪。结缕草所生产的种子数目不多，且硬实率高，为避免其低的发芽率，需对种子进行处理。由于植株尤其是侧枝生长缓慢，结缕草建坪速度很慢。

结缕草需要中等养护水平。作庭园草坪时修剪高度为1.3～2.5cm。由于低矮、匍匐的生长习性，使它耐低修剪。0.8cm的频繁修剪有利于阻止芜枝层的积累和不整齐草坪表面的形成。叶片坚硬，很难修剪。锐利、可调的轮式剪草机可提高修剪质量。结缕草需要施肥和灌溉，尤其当生长在粗壤上或半干旱地区时。氮肥需要量每个生长月纯氮1.0～2.5g/m^2。

结缕草不易染病。但在某些条件下，如高温潮湿，可能染上锈病、褐斑病和币斑病。

线虫对草坪的危害也很大。黏虫、草皮蛴螬、蝼蛄也能引起病症，但结缕草比大多数暖季型草坪更抗这些害虫的伤害。同时结缕草也耐大多数草坪除草剂，包括西玛通和阿特拉津等。

（四）应用特点

在适宜的土壤和气候条件下，结缕草形成致密、整齐的优质草坪。广泛用于温暖潮湿和过渡地带的庭园草坪、操场、运动场和高尔夫球场、发球台、球道及机场等使用强度大的地方。结缕草生长慢，可用于翦股颖果领和狗牙根球道的缓冲带，也可种在沙坑附近阻止狗牙根的侵入。在日本，结缕草用作高尔夫球道，而细叶结缕草（天鹅绒）用作果领。上海市也有用沟叶结缕草作高尔夫球道和果领的。由于结缕草具有极好的弹性和管理粗放的特点，在我国人部分地区是一种极住的运动场草坪草种，在某种程度上无与伦比。结缕草冬季枯黄的颜色可以通过应用草坪草着色剂或覆播冷季型草坪草来改善。

三、早熟禾属

早熟禾属（*Poa* L.）植物约有200多种，分布广泛，是应用最多的冷地型草坪草。最常用的有草地早熟禾、加拿大早熟禾、普通早熟禾、一年生早熟禾和林地早熟禾。从营养体上鉴别早熟禾属的最明显的特征是叶尖船型以及叶片主脉两侧的平行细脉浅绿色。

草地早熟禾（*P. pratensis* L.）原产欧洲、亚洲北部及非洲北部，后引种到北美洲，现遍及全球温带地区。我国华北、西北、东北地区及长江中下游冷湿地带有野生分布。草地早熟禾又名六月禾、肯塔基早熟禾、光茎蓝草、草原莓系、肯塔基蓝草等，是非常重要的草坪草种。

（一）植物学特征（图8－3）

多年生草本，具细长根状茎，多分枝。叶片“V”型偏扁平，宽2～4mm，柔软，多光滑，两侧平行，顶部为船形，中脉两侧各脉透明，边缘较粗糙。叶舌膜状0.2～1.0mm长，截形。叶环中等宽度，分离，光滑，黄绿色，无叶耳。圆锥花序开展，长13～20cm，分枝下部裸露。

（二）生态适应性

草地早熟禾广泛适应于寒冷潮湿带和过渡带，在灌溉条件下，它也可在寒冷半干旱区和干旱区生长。较高温度和水分缺乏的逆境条件下，它的生长会渐变缓慢，夏季休眠。当温度过高时会引起地面部分叶子发黄，没有生活力，但当温度、水分适宜时，它又会从地下根茎的节上长出新的枝条。

图8－3　草地早熟禾

草地早熟禾的根茎具有强大生命力，能形成茂盛的草皮。在6月中旬到11月中旬的5个月内，草地早熟禾能长出50～75cm的根茎，根茎能从每一个茎节上再长出茎和根，扩大的根系主要分布在土壤表层15～25cm处，在经常修剪的情况下，有些根可深入到40～60cm，根系常为多年生。

草地早熟禾的抗寒性、秋季保绿性和春季返青性较好，在全日照或轻微遮阳的条件下能正常生长，但当遮阳程度较强时生长不良，特别是寒冷潮湿条件下的严重遮阳会使其患白粉病。虽然草地早熟禾能够适应广大的温带地区，但它对这些地区土壤的适应性也是有限度的，潮湿、排水良好、肥沃、pH 值为 6 ~ 7，中等质地的土壤最为合适。草地早熟禾不耐酸碱，在酸性贫瘠的土壤上形成的草皮质量很差，但能忍受潮湿、中等水淹的土壤条件和含磷很高的土壤。

（三）栽培与管理措施

草地早熟禾可以通过根茎来繁殖，但主要还是种子直播建坪。它具有兼性无融合生殖的特性。它的建坪速度比黑麦草和高羊茅慢，但再生能力强。

草地早熟禾需要中等至中等偏高的栽植密度，成坪后应进行合理的修剪，高度一般为 2.5 ~ 5.0cm。生长点低的草地早熟禾品种能够忍受更低修剪高度，当修剪高度低于 1.8cm 时，大多数品种都能形成永久的高质量的草坪。

在草坪建植的过程中要注意肥料的施用，主要是氮、磷、钾 3 种肥料，施入量可根据具体情况而定。在水分不足的条件下要经常灌溉。草地早熟禾生长的时间过长，如 4 ~ 5 年或更长，便会形成坚实的草皮层，会阻碍返青萌发，这时应用切断根茎、穿刺土壤的方法进行更新或重新补播，以避免草坪的退化。

草地早熟禾对病虫害有一定抗性，但也易染病。主要病害有长蠕孢菌病、锈病、条黑粉病、白粉病、币斑病和褐斑病等。

（四）应用特点

草地早熟禾可用作绿地、公园、墓地、公共场所、高尔夫球道和发球台、高草区、路边、机场、运动场以及对草坪质量要求中等的各种用途的草坪。草地早熟禾强大的根系以及较强的再生能力，使得它特别适应于运动场和一些过度使用的场地。

草地早熟禾常与紫羊茅混合使用。它的建坪速度要比紫羊茅慢。紫羊茅作为一个建坪快的成分不会在建坪时与草地早熟禾过分竞争，但在遮阳、干旱环境下，尤其在栽培水平较低时，紫羊茅会占主导地位；而在全日照和土壤潮湿条件下草地早熟禾会占主导地位，两者混播对环境的适应性更强。草地早熟禾也可以与其他冷季型草坪草混播，如高羊茅和多年生黑麦草等。

四、羊茅属

羊茅属（*Festuca* L.）约 100 个种，分布于全世界的寒、温带和热带的高山区域。我国有 14 种，用作草坪草的仅少数几个种。各个草种在生长习性、叶子质地和寿命等方面有很大差异。一年生种类常常被认作杂草，但不少多年生种类具有草坪草的优良特性。羊茅属适宜于生长在寒冷潮湿地区，但也能在干燥、贫瘠、pH 值为 5.5 ~ 6.5 的酸性土壤上生长。此属中也包括了一些很耐践踏的冷季型草坪草种。常用作草坪草的有 6 个种（或变种）：高羊茅、紫羊茅、硬羊茅、羊茅、草地羊茅和细羊茅。高羊茅和草地羊茅是粗叶型的，其他则属细叶型。

高羊茅（*F. arundinaces* Schreb.）又称苇状羊茅，苇状狐茅。原产欧洲，草坪性状非常优秀，可适应于多种土壤和气候条件，是应用非常广泛的草坪草。在我国主要分布于华北、华中、中南和西南。

高羊茅在植物学上一般称为苇状羊茅，而植物学上的高羊茅（*F. elata* Keng.）与草坪用高羊茅（*F. arundinacea* Shreb.）是不同的种，这一点应引起注意。

（一）植物学特征（图 8－4）

多年生丛生型草本。茎圆形，直立，粗壮，簇生。叶鞘圆形，光滑或有时粗糙，开裂，边缘透明，基部红色；叶舌膜质，长 0.2～0.8mm，截平；叶环显著，宽大，分开，常在边缘有短毛，黄绿色；叶耳小而狭窄；叶片扁平，坚硬，宽 5～10mm，上面接近顶端处粗糙，叶脉不鲜明，但光滑，有小突起，中脉明显，顶端渐尖，边缘粗糙透明。花序为圆锥花序，直立或下垂，披针形到卵圆形，有时收缩；花序轴和分枝粗糙，每一小穗上有 4～5 朵小花。

图 8－4　高羊茅
1. 小穗　2. 第一小花
3. 叶横切面

（二）生态适应性

高羊茅适宜于寒冷潮湿和温暖潮湿过渡地带生长。由于抗低温性差，在寒冷潮湿气候带的较冷地区，高羊茅易受到低温的伤害，其草坪的密度逐渐降低，直至最后变成零星的粗质杂草。高羊茅对高温有一定的抵抗能力。高温下叶子的生长会受到限制，但仍能暂时保持颜色和外观的一致性。高羊茅是最耐旱和最耐践踏的冷季型草坪草之一，其耐荫性中等。适应的土壤范围肥沃、潮湿，在富有机质的细壤中生长最好，对肥料反应明显。pH 值的适应范围是 4.7～8.5，最适 pH 值为 5.5～7.5。

与大多数冷季型草坪草相比，高羊茅更耐盐碱，尤其在灌溉的条件下；高羊茅耐土壤潮湿，并可忍受较长时间的水淹。

（三）栽培与管理措施

高羊茅一般采用种子直播建坪，建坪速度较快，介于多年生黑麦草和草地早熟禾之间。冬季有冻害的地区，春播比秋播好。高羊茅再生性较差，修剪高度为 4.3～5.6cm，叶子质地和性状一般，在修剪高度小于 3.0cm 时，不能保持均一的植株密度，故不能用于需低修剪的草坪。氮的需要量为每个生长月纯氮 2～5g/m^2。在寒冷潮湿地区的较冷地带，高氮水平会使高羊茅更易受到低温的伤害。高羊茅一般不产生芜枝层，耐旱，但适当浇灌更有利于其生长。它对冠锈病和长蠕孢菌病有较强抗性，但易染褐斑病、灰雪霉病和镰刀菌枯萎病。

（四）应用特点

高羊茅适于生长在寒冷潮湿和温暖潮湿的过渡地带，耐践踏，适应的范围很广，然而叶片质地比较粗糙的特性使它不能成为高质量的优质草坪草，它一般用作运动场、绿地、路旁、小道、机场以及其他中、低质量的草坪。由于其建坪快、根系深、耐贫瘠的土壤，所以能有效地用于斜坡防护。高羊茅与草地早熟禾的混播产生的草坪质量比单播高羊茅的高，高羊茅与其他冷季型草坪草种子混播时，其重量比不应低于 60%～70%。高羊茅有时用作寒冷潮湿气候较冷地区的运动场的覆播，因为在那些地区，草地早熟禾等冷季型草不能忍受过度践踏，而高羊茅的耐践踏性比它们要好。在温暖潮湿地带，高羊茅常与狗牙根的栽培种混播用作一般的草坪。在这种地区，高羊茅与巴哈雀稗的混播也用作运动场和操场。

第四节　主要地被植物

一、地被植物的概念、范围

（一）地被植物的概念

所谓地被植物，是指某些有一定观赏价值、铺设于大面积裸地或坡地，或适于在阴湿林下和林间等各种环境覆盖地面的多年生草本和低矮丛生、枝叶密集或偃伏性或半蔓生性的灌木及藤本。

地被植物可用于防止水土流失，能吸附尘土、净化空气、减弱噪音、消除污染，并具有一定的观赏价值和经济价值。

（二）地被植物的范围

一般来讲，地被植物应具有如下几个主要特征。

1. 多年生植物，常绿或绿色期较长，以延长观赏和利用的时间。

2. 具有美丽的花朵或果实，而且花期越长观赏价值越高。

3. 具有独特的株型、叶型、叶色，叶色有明显的季节变化，从而能给人以绚丽多彩的感觉。

4. 具有匍匐性或良好的可塑性，可以充分利用特殊的环境进行造型。

5. 植株相对较为低矮。

6. 具有较为广泛的适应性和较强的抗逆性，耐粗放管理，能够适应较为恶劣的自然环境。

7. 具有发达的根系，有利于水土保持，更有利于自然更新。

8. 具有较强或特殊净化空气的功能。

9. 具有一定的经济价值。

我国具有丰富的地被植物种质资源，但应用的种类很少，对其研究还很不够。今后通过人们的深入研究，将会选育出更多更好的地被植物。其各种分类如下。

1. 按覆盖性质分　（1）活地被植物层；（2）死地被植物层。

2. 按生态环境分　（1）阳性地被植；（2）阴性地被植物；（3）半阴性地被植物。

3. 按地被植物种类分　（1）草本地被植物；（2）蔓藤类地被植物；（3）蕨类地被植物；（4）矮竹类地被植物；（5）亚灌木。

二、主要地被植物

四季常青的地被植物称为“常绿地被植物”，这类植物无明显的休眠期，一般春季交替换叶。常见种类有：

（一）铺地柏

1. 植物学特征（图 8－5）　匍匐小灌木。高达 75cm，冠幅 2m，贴近地面伏生。叶全为刺叶，3 叶交叉轮生，叶上面有两条白色气孔线，下面基部有两白色斑点，叶基下延生长，叶长6～8mm。球果球形，内含种子2～3个。

2. 生态适应性　常绿阳性树种，在干燥的沙地上生长良好，喜石灰质的肥沃土壤，忌低湿地。

3. 栽培管理措施　用扦插法易繁殖，管理也极为粗放。

4. 使用特点　在园林中可配植于岩石园或草坪角隅，又为缓土坡的良好地被植物。目前使用极为普遍。

图8－5　铺地柏

（二）石菖蒲

1. 植物学特征（图8－6）　多年生常绿宿根挺水植物。全株具香气。叶基生，剑状线形。肉穗花序直立或斜向上；佛焰苞与花序等长；花小型，淡黄色。

2. 生态适应性　喜阴湿、温暖的环境，在自然界常生于山谷溪流中或有流水的石缝中具有一定的耐寒性，在长江流域虽可露地过冬，但叶丛上不常干枯；在华北地区则变为宿根状，地上部分枯死，根茎在土中越冬。

3. 栽培管理措施　早春分株繁殖。适应性强，生长健壮，栽培水深5～10m，切勿干旱。生长期间注意松土，栽培管理粗放简单。

4. 使用特点　是人工湖、池塘水边绿化的好材料。

图8－6　石菖蒲

（三）常春藤

1. 植物学特征（图8－7）　常绿藤本植物。具较长的匍匐性茎，有气生根，嫩枝疏生锈色的鳞片。叶革质，互生，表面深绿色、背面浅绿色；叶两型，营养枝上的叶全缘或三裂，三角状卵形，花枝上的叶不裂，椭圆状卵形或卵状披针形；叶柄细长。伞形花序顶生，8～9月开花，浅绿白色，有香味。浆果球形，第二年3～5月成熟时呈红色或黄色。

2. 生态适应性　喜温暖气候条件，亦耐荫。

3. 栽培管理措施　一般均采用扦插法繁殖，于春季、梅雨季节和秋季进行。

亦可采用压条和播种方法。栽培地宜选择小气候环境好、排水良好的中性土壤。

4. 使用特点　点缀覆盖假山、陡坡等效果良好。亦可片植于林下，枝条交错，形成厚厚的地被层。

图8－7　常春藤

（四）葱兰

1. 植物学特征　常绿草本植物。植株矮小，15～20cm。叶基生，肉质线形，花白色，7～11月开花。

2. 生态适应性　喜土壤肥沃得土壤，稍耐荫。

3. 栽培管理措施　一般用分株、分球的方法繁殖。

4. 使用特点　可用于片植于林缘草坪、路旁。形成地被层，保持水土。常绿地被植物还有沿阶草、箬竹、红花酢浆草等。

观叶植物有特殊的叶色与叶姿，可供人们欣赏。常见种类有：

（一）连钱草

1. 植物学特征（图8－8） 多年生匍匐性草本植物。茎细长，四棱形，有分枝，枝梢直立，被短柔毛，节间着地后即生根。叶对生，具长柄，肾形或心形，边缘有锯齿，正反两面叶脉上有柔毛。花2～6朵轮生于叶腋间，花唇形，淡紫色或粉红色。果球形，褐色。

图8－8 连钱草

2. 生态适应性 喜阴湿环境，阳处亦能生长。在沙壤土中生长良好。北方地区略加覆盖能越冬。

3. 栽培管理措施 扦插、分株、播种均可。由于节处易生根，分根及为简便，常于春季进行分株移栽，浇水养护即成活。

4. 使用特点 极耐荫，可应用于疏林下栽培，是良好的耐荫观叶地被植物。

（二）菲白竹

1. 植物学特征（图8－9） 多年生地下茎复轴型低矮竹类。每秆二至数分枝或下部为1分枝，小枝有叶数枚。叶鞘淡绿色，一侧边缘有明显纤毛，鞘口有数条白色遂毛；叶片披针形，绿色底上有不规则的明显白色纵条纹；叶的边缘有纤毛，有很明显的细横脉，叶柄极短。笋期4～5月。

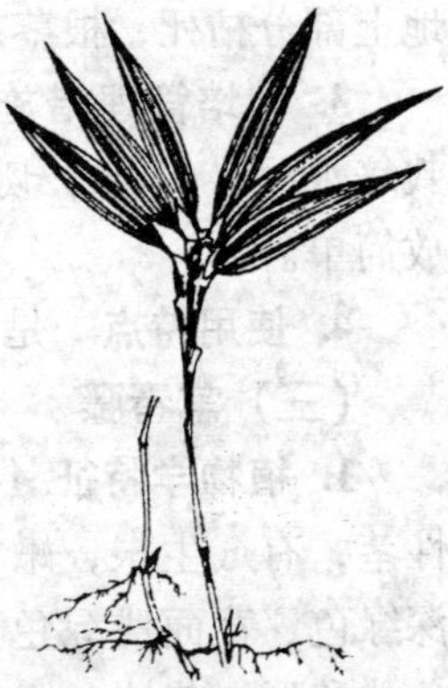
图8－9 菲白竹

2. 生态适应性 耐荫，浅根性植物，喜温暖湿润的气候，夏季怕炎热及烈日暴晒。由于根极浅，必须选择疏松肥沃、排水良好的沙壤土种植，才能生长良好。

3. 栽培管理措施 通常采用分株方法繁殖。一般在春季进行。分栽后应精心养护，加强浇水与管理，方能确保成活。平时要求精心养护管理。

4. 使用特点 由于茎秆低矮，在绿地中适宜作绿篱栽培，或种植于假山石旁作地被覆盖植物应用。

（三）八角金盘

1. 植物学特征 常绿。掌状叶，聚伞花序，夏秋开花，果黑色。

2. 生态适应性 较耐荫，喜温暖湿润的气候，畏惧酷热。

3. 栽培管理措施 一般播种、扦插、分株繁殖。适宜在荫蔽地种植。

4. 使用特点 可种植在有荫蔽的地方。如林下、背阴坡地。

观叶地被植物还有虎耳草、玉簪、罗布毛、地锦、蛇葡萄、金银花、雨久花、慈姑等。

观花地被植物指花期长、花色艳丽的低矮植物，在其开花期以花取胜。常见种类有：

（一）红花酢浆草

1. 植物学特征 常绿或半常绿多年生草本。植株丛生，高度仅20～30cm。叶具有长柄，基生，三小叶复生，小叶倒心脏形，叶面有时具有近似叶形的白晕。花瓣5枚，基部连合，花色玫瑰红或紫红色、粉红色，数朵构成伞房花序。4月下旬开始开花，持续至11

月上旬。其中4~7月和9~10月有两次盛花期，盛夏8月植株处于半休眠状态，故很少有花。

2. 生态适应性　喜阳光、湿润环境，阳光不足之处开花较少。对土壤适应性强，在肥沃土壤中生长旺盛，叶片肥大，株丛高大，花色亦艳丽。不耐旱，北方越冬需保护。

3. 栽培管理措施　酢浆草的地下茎蔓延迅速，分株繁殖十分容易，全年均可进行，甚至开花旺盛时期内也可边开花边分株。栽种后压紧根部泥土，浇足水分，成活率极高。栽培容易，管理粗放。

4. 使用特点　适于绿地花坛成片栽植，亦可在路边进行行植及山石石边丛植。

（二）毛地黄

1. 植物学特征（图8－10）　植株高大，茎直立，少分枝，除花冠外，全株密生柔毛和腺毛。叶粗糙、皱缩，由下至上逐渐变小。顶生总状花序着生着一串下垂的钟状小花，花冠紫红色，花筒内侧浅白，并有暗紫色细点和长毛。

2. 生态适应性　植株强健，喜温暖湿润，较耐寒，忌炎热。喜阳光充足、耐贫瘠土壤，喜中等肥沃、湿润、排水良好的土壤。

3. 栽培管理措施　多年生作二年生栽培，播种繁殖。春、夏播于疏松肥沃土壤中。老株可以分株繁殖，薄肥多施。夏季育苗应尽量创造通风湿润凉爽的环境，冬季在北方需冷床保护，次年5~7月开花，夏秋因高温而枯死。

图8－10　毛地黄

4. 使用特点　植株高大，花序挺拔，花型优美，色彩艳丽。早春开花，是难得的早春地被植物，同时又是优良的花境、花坛材料，丛植更为壮观。

（三）小冠花

1. 植物学特征（图8－11）　多年生草本植物，多分枝，匍匐生长，匍匐枝长达1m以上，茎半匍匐生长。根系粗壮，侧根发达，根及侧根上有很多不定芽，可形成新植株和新的地下茎，根上有根瘤。伞形花型似冠，花粉红色或紫红色，花期较长。

2. 生态适应性　喜温暖湿润的气候条件，但除北方高寒地区外，在北方可安全过冬。绿期中等，在北京170~180d。不抗热，在我国南方沿海地区，一般不能越夏。喜光不耐荫，病虫害少。对土壤要求不严，在贫瘠的土壤上也能生长，而以中性或微碱性生长发育较好。有较强的抗酸耐碱能力。耐湿性差。

图8－11　小冠花

3. 栽培管理措施　可用种子繁殖也可营养繁殖。种子繁殖时，播种前需对种子进行处理，同时还应进行根瘤菌接种。也可用根蘖或茎扦插繁殖，其根具有特殊的再生能力。不耐践踏和水淹，管理中需采取必要措施。

4. 使用特点　生长蔓延快，根系发达，繁殖率高，覆盖度大，能迅速形成草坪，抗逆性强。它既是草又是花，具有较高的园林价值。该草既可以防止水土流失，又可增加土壤肥力，可用来建植水土保持草坪。也适宜作观赏草坪。

（四）紫花地丁

1. 植物学特征（图 8－12） 多年生草本。无地上茎。根茎粗短，根白色至黄褐色。叶片长圆形或长圆状披针形，先端钝，叶基截形或楔形，叶缘具圆齿，中上部尤为明显；果期叶大，长达 10cm，宽 4cm，基部常为微心形；托叶基部于叶柄合生，叶柄具狭翅，上部翅较宽，小苞片生于花梗的中部。花紫色或紫堇色。蒴果无毛。花、果期 4 月中旬至 8 月。

图 8－12 紫花地丁

2. 生态适应性 喜光、耐寒、耐旱。生于路旁、山坡草地和荒地等处，对土壤适应性强。有一定的耐践踏能力。花期早，花色蓝紫，是较好的早春耐寒观花地被植物。

3. 栽培管理措施 繁殖用种子，秋播。当年实生苗用枯叶覆盖越冬更加安全。以后管理粗放。

4. 使用特点 一般可和禾草草种混播，建植缀花草坪。

（五）萱草

1. 植物学特征 多年生草本。根茎短，常肉质。叶基生，排成两列，带状。花茎高出叶丛，粗壮，上部有分枝；花序具花 6～12 朵，花大，漏斗形，橘红色或橘黄色。蒴果长圆形，花、果期 5～8 月。

2. 生态适应性 耐寒性强；喜光，亦耐半荫；耐干旱和低湿；对土壤的适应性强，喜深厚、肥沃、湿润及排水良好的沙质土壤。

3. 栽培管理措施 以分株繁殖为主，也可播种繁殖或扦插繁殖。分株多在秋季进行，次年夏天开花。播种需经冬季低温后萌发，一般秋播。栽培前施足底肥，适应性强，栽培管理简单，定植 3～5 年内不需特殊管理，以后分栽更新。

4. 使用特点 多年生宿根花卉，春天萌发。叶丛美丽，花茎高出叶丛，花色鲜艳。可丛植于路旁、篱缘、疏林下。观花地被植物还有鸢尾、马蔺、长药景天、白头翁、荷兰菊、金银花、茑萝、打碗花、百里香、慈姑等。

其他地被植物：

（一）蓝羊茅

1. 植物学特征 禾本科羊茅属常绿草本。叶线形，蓝绿色。矮小的蓝羊茅类（*Festuca glauca*）是最知名的蓝色观赏草，包括数个品种，其中颜色最蓝的是埃丽蓝羊茅（*F. g.*‘*ElijahBlue*’）。这是一种丛生状的常绿冷季型观赏草，夏季为银蓝色，冬季更绿一些。其冠幅是株高的 2 倍，形成约 30cm 高的圆垫。

各品种依据蓝色深浅程度和高度的不同，可区别开来，如迷你蓝羊茅（*F. g.*‘*minima*’）高仅 10cm；蓝灰蓝羊茅（*F. g.*‘*Caesia*’）与埃丽蓝羊茅相似，高 30cm，但是，叶子更细一些；铜之蓝蓝羊茅（*F. g.*‘*Azurit*’）高 30cm，偏于蓝色，银色较少；哈尔茨蓝羊茅（*F. g.*‘*Harz*’）呈现深暗的蓝色，可用于不同蓝色的深浅对比；米尔布蓝羊茅（*F. g.*‘*Meerblau*’）叶片蓝绿色，长势强健。

2. 生态适应性 喜光，耐寒，耐旱，耐贫瘠。

3. 栽培管理措施 可用种子或营养体分株繁殖，需要中等的养护管理，可以形成致密整齐的地被。蓝色的观赏草多为贫瘠干旱土壤的原生草种。蓝色可以减少蒸腾引起的水分损耗。故不要过度灌水施肥，否则会使它们失去特性。

4. 应用特点

蓝羊茅与白色植物配置应用可以加强冷感，而与红色、黄色或棕色的植物配置在一起则增加温暖的感觉。当然，它们还可以在少量其他颜色的植物间成丛成片种植可能会取得更好的效果。特别注意的是蓝色的观赏草应该种在阳光直射的地方不宜应用于荫蔽处。

（二）画眉草

1. 植物学特征 株高 50～70cm。花期 6～10 月，开放型圆锥花序，长约 40cm，展开度 80～100cm。品种弯叶画眉草：画眉草属多年生草坪草，中旱生暖季型。中等绿色，根系发达，株高 9～120cm，具有较多分枝，叶片细长。丛生性，根系深，常常形成较大的草丛；叶基生弯曲下，茎秆直立，高 60～120cm；圆锥花序长 15～40cm，宽 5～10cm；花期为 7～11 月。原产南非。

2. 生态适应性 生长能力极强，耐瘠薄土壤，在半干旱甚至沙漠地区也能够生长，具有较强的抗旱和抗寒性。抗病虫能力强。

3. 栽培管理措施 播种或分株繁殖，水肥管理中下。要求排水良好。

4. 应用特点 非常适宜于公路护坡种植。孤植，或用于花带、花境配置。

（三）香蒲

1. 植物学特征 别名蒲草、蒲菜。因穗状花序呈蜡烛状，故又称水烛。香蒲科多年生落叶、宿根性挺水型的沼泽草本单子叶植物，喜温暖、光照充足的环境。植株高 1.4～2m，有的高达 3m 以上。根状茎白色，长而横生，节部处生许多须根，老根黄褐色。茎圆柱形，极短且不明显，直立，质硬而中实。叶扁平带状，长达 1m 多，宽 2～3cm，光滑无毛。基部呈长鞘抱茎。花单性，肉穗状花序顶生圆柱状似蜡烛。雄花序生于上部，长 10～30cm，雌花序生于下部，与雄序等长或略长，两者中间无间隔，紧密相联。呈灰褐色。花小，无花被，有毛。雄花有雄蕊 3 枚，花粉黄色，每 4 粒聚成块，雌花无小苞片，子房线形，有柄，花柱单一。果序圆柱状，褐色，坚果细小，具多数白毛。内含细小种子，椭圆形。花期 6～7 月，果期 7～8 月。

同属植物约 18 种，常见的有东方香蒲（*T. orientalis Presl*）。普香蒲（*T. przewalskii Skv.*）和达香蒲（*T. davidiana Hand. Mazz*）雌雄花序不相接而离生，普香蒲植株大；达香蒲植株小。小香蒲（*T. minima Funk*）、狭叶香蒲（*T. angustifolia L.*）、长苞香蒲（*T. angustata Bory et Chaub.*）广泛分布于全国各地。

2. 生态适应性 对土壤要求不严，以含丰富有机质的塘泥最好，较耐寒。

3. 栽培管理措施 栽植香蒲的地方应阳光充足，通风透光。管理较粗放。可用播种和分株繁殖，一般用分株繁殖。分株可在初春把老株挖起，用快刀切成若干丛，每丛带若干个小芽作为繁殖材料。

4. 应用特点 香蒲叶绿穗奇常用于点缀园林水池、湖畔，构筑水景。宜做花境、水景背景材料。蒲棒常用于切花材料。嫩芽称蒲菜，其味鲜美，为有名的水生蔬菜。

（四）灯心草

1. 植物学特征 灯心草科灯心草属多年生草本，根茎横走，密生须根。茎簇生，高

40～100cm，直径1.5～4mm。褐色或淡黄色，长达15cm，叶片退化呈刺芒状。花序假侧生，聚伞状，多花，密集；总苞片似茎的延伸，直立，长5～20cm；花长2～2.5mm，花被片6，条状披针形，边缘膜质；雄蕊3，极少为6。蒴果矩圆状，3室，顶端钝或微凹，长约与花被等长或稍垂。种子褐色。花期5～6月，果期6～7月。

2. 生态适应性 生于湿地或沼泽边。主产江苏、四川、云南；浙江、福建、贵州亦产。较耐寒、耐旱、耐水淹。喜温湿。在肥沃壤土及黏质壤土中生长良好，常栽于肥沃浅水田中。

3. 栽培管理措施 繁殖以分株为主。

4. 应用特点 矮灯心草在园林中可作沼泽园布置，与山石配植，别有一番野趣。它还具有药用价值。

（五）芦竹

株高3～6m，茎秆直立。花序羽毛状，花期9～11月。植株刚劲挺拔，气势雄伟，片状或宽条带状种植于浅水区、水岸边，或用作背景材料。喜光，北京地区越冬需稍加保护。

（六）荻

荻属多年生草本。分布于东北、华北、西北、朝鲜、日本等地也有。在我国南方还有南荻。茎秆因土地肥瘠而粗细不一，其最主要的特征为叶下具白色粉及鞘身具明显密毛或细长毛，地下茎横走，地上茎分散。是营造田野风光的良好材料，景观功能近于芦苇。

（七）羊胡子草

羊胡子属蔓生性植物，丛生，高45cm左右，叶亮绿，花期为春季，轻盈的白色花序簇生在茎端，一直持续数月。全日照，喜湿润或潮湿土壤。

（八）澳洲漏斗花

多年生常绿草本，具鳞茎，叶丛生长条形，花茎高大，拱形，自叶中抽出，花钟形，粉紫红色，结实率高。高度1.2～1.5m，冠幅0.3m左右。花期为夏末。喜湿润至潮湿、富含腐殖质的土壤。

（九）臭藏红花

多年生草本，具鳞茎。借地下部分（鳞茎）蔓延扩展，形成大群丛。叶宽条形。穗状花序下弯，花被筒状，裂至近基部。需经常分株。高度0.6m左右，冠幅0.2～0.3m。花期为夏季至晚秋。喜湿润而不能太黏重的土壤。

（十）花叶虉草

蔓生性，高度0.6～0.9m，叶片坚挺，呈绿色，叶上有纵向的白色条带。全日照或部分荫蔽，适应性强，但喜欢终年湿润肥沃的土壤。

（十一）发草

多年生冷季型草。株高30～50cm。叶片狭细，深绿色，密簇丛生，早春即开始生长。圆锥花序开展，淡绿色，花期5～6月。片植、盆栽或作镶边材料。适宜中性或弱酸性土壤，稍耐盐碱。耐霜冻，不耐涝，全日照或部分荫蔽长势最好。

复习思考题

1. 分别列举出两种冷季型草坪草和暖季型草的无性建植方法。
2. 列举出5种地被植物，并说明在园林绿化中如何应用。

第四篇　园林树木

第九章　园林树木的分类

目的要求

掌握园林树木分类方法，掌握扎实的基础理论、基本知识；培养鉴别、研究树种分类的技能；具有识别树种的能力、配置树木的能力。

第一节　植物分类学方法

广义的植物分类学是研究植物的进化过程、进化规律和对植物进行具体分类的科学。如果把研究植物的进化过程和规律划分为植物系统学，则狭义的植物分类学只是研究植物的具体分类，包括种、种以上和种以下的分类方法。各种植物志就是应用植物分类学的方法的具体结果。

一、自然分类系统的基本原则

（一）分类系统

把所有分类的植物按照亲缘关系的远近、进化程度的高低，按照这样的原则排成系统表或系统林。

世界上有30多种分类系统，只有接近自然的分类系统而没有真正的自然分类系统。原因是：由于植物界在长期的历史发展过程中，许多植物种群已经灭绝，而已发现的化石材料又残缺不全，所以在建立完整的自然分类系统时存在很多困难。

（二）物种的概念

物种：又简称为种，它是分类的根据，但对物种的概念各学派之间的认识并不统一而有许多争论。目前，大家所接受的概念是：种是自然界中客观存在的一种类群，这个类群中的所有个体都有着极其相似的形态特征和生理、生态特性，个体之间可以自然交配产生正常的后代而使种族延续，它们在自然界中占有一定的分布区域。人们就将这种客观存在的类群称为种，也是作为分类的基本单位。

种：具有相对稳定性的特征，但它又不是绝对固定永远一成不变的，它在长期的种族延续中是不断地产生变化的。所以在同种内会发现具有相当差异的集团。分类学家根据差异大小，又将种下分为亚种（Subspecies）、变种（Varietas）和变型（Forma）。

亚种：是种的变异类型，这个类型在形态构造上有显著变化，在地理分布上也有较大范围的地带性分布区域。

变种：是种的变异类型，这个类型在形态构造上也有显著变化，但没有明显的地带性分布区域。

变型：是指在形态特征上变异较小的类型，如花色不同，花的重瓣、单瓣，毛的有无，叶面上有无色斑等。

（三）分类系统上的等级（以桃为例）

界--植物界
门--------------------------------------种子植物门
亚门----------------------------------被子植物亚门
纲---------------------------------双子叶植物纲
亚纲-----------------------------离瓣花亚纲
目-----------------------------蔷薇目
亚目-----------------------蔷薇科
亚科--------------------李亚科
属------------------梅属
亚属--------------桃亚属
种-------------桃

按上述的等级，植物分类学家把“种”定为基本单位，以种为分类的起点，然后把相近的种集合为属，又将类似的属集合为科，将类似的科集合为目，再将目集为纲，集合纲为门，集合门为界，这样就形成一个完整的自然分类系统。

品种（Cultivar）：这类由人工培育而成的植物，当达到一定数量成为生产资料时即可称为该种植物的“品种”。品种原来并不存在于自然界中而纯属人为创造出来的。所以，植物分类学家均不把此作为自然分类系统的研究对象。

达尔文认为物种起源于变异与自然选择，从而得知复杂的物种大致是同源的。物种表面上相似程度的差别，能显示它们的血统上的亲缘关系。因而，有了根据植物进化系统和植物之间的亲缘关系进行的分类方法，反映植物的自然历史发展规律。反映出植物界的亲缘关系和由低级到高级的的系统演化关系。

关于种子植物的自然分类系统，各学者的意见尚未统一，现将最常用几个系统特点介绍如下。

1. 恩格勒系统（A. Engler） 这是德国分类学家恩格勒（A. Engler）和勃兰特（K. Prantl）于1897年在其《植物自然分科志》巨著中所使用的系统，它是分类学史上第一个比较完整的系统，它将植物界分13门，第十三门为种子植物门，再分为裸子植物和被子植物两个亚门，被子植物亚门包括单子叶植物和双子叶植物两个纲，并将双子叶植物纲分为离瓣花亚纲（古生花被亚纲）和合瓣花亚纲（后生花被亚纲）。

恩格勒系统将单子叶植物放在双子叶植物之前，将合瓣花植物归并一类，认为是进化的一群植物，将柔荑花序植物作为双子叶植物中最原始的类群，而把木兰目、毛茛目等认为是较为进化的类群，这些观点为现代许多分类学家所不赞同。

恩格勒系统几经修订，在1964年出版的《植物分科志要》第十二版中，已把双子叶植物放在单子叶植物之前。共有62目，344科，其中双子叶植物48目，290科，单子叶植物14目，54科。其纲要如下。

种子植物门

裸子植物亚门：科得狄纲、本内苏铁纲、苏铁纲、银杏纲、松柏纲、买麻藤纲等6纲。

被子植物亚门：2纲，55目，304科。

单子叶植物纲：包括11目，45科。

双子叶植物纲：2亚纲，44目，259科。

原始花被亚纲（离瓣花亚纲）：33目，202科。

后生花被亚纲（合瓣花亚纲）：11目，57科。

恩氏系统的特点是：

（1）认为单子叶植物原始，双子叶植物进化；

（2）离瓣花原始，合瓣花进化；根据假花说的原理，认为无瓣花、单性花、风媒传粉、木本等性状是原始的特征；认为有花瓣、两性花、虫媒传粉是进化的特征。

（3）认为离瓣花中，由无被（葇荑花序）→单被→双被逐渐进化；为此把柔荑花序类植物（胡桃科、壳斗科、木麻黄科……）当作被子植物中最原始类型，而把木兰科、毛莨科等看作是较进化的类型。

（4）由子房上位→子房半下位→子房下位逐步进化。

（5）科与目的范围较大。

1964年，在《植物分科志要》第12版中，对原系统作了一些修订，将单子叶植物纲移到双子叶植物纲的后面，把植物界分为17门，被子植物独立成为被子植物门，目科作了调整，分为2纲，62目，344科。这个系统在世界各国影响极大。在我国，多数植物研究机关和大学生物系标本馆和出版的分类学著作，被子植物各科多按恩氏系统第十一版排列，如中国植物志、秦岭植物志、内蒙古植物志、河北植物志、北京植物志等。

2. 哈钦松系统（J. Hutchnson）　这是英国植物学家哈钦松（J. Hutchinson）于1926年和1934年在其《有花植物科志》Ⅰ、Ⅱ中所建立的系统。在1973年修订的第三版中，共有111目，411科，其中双子叶植物82目，342科，单子叶植物29目，69科。

哈钦松系统的特点是：

（1）认为单子叶植物比较进化，双子叶植物原始；

（2）在双子叶植物中，将木本与草本分开，并认为乔木为原始性状，草本为进化性状；多心皮的木兰目、毛茛目是被子植物的原始类群，但过分强调了木本和草本两个来源，认为木本植物均由木兰目演化而来，草本植物均由毛茛目演化而来，结果使得亲缘关系很近的一些科在系统位置上都相隔很远，如草本的伞形科和木本的山茱萸科、五加科；草本的唇形科和木本的马鞭草科等；

（3）两性花原始，单性花进化；雄蕊离生原始，合生进化；

（4）单叶原始，复叶进化；互生原始，对生进化；

（5）目和科的范围较小。

3. 塔赫他间系统（A. Takhtajan）　这是前苏联植物学家塔赫他间（A. Takhtajan）

于1954年在其《被子植物起源》一书中公布的系统，他首先打破了传统把双子叶植物分为离瓣花亚纲和合瓣花亚纲的分类；在分类等级上增设了"超目"一级分类单元。他将原属毛茛科的芍药属独立成芍药科等，都和当今植物解剖学、孢粉学、植物细胞分类学和化学分类学的发展相吻合，在国际上得到共识。

塔赫他间系统经过多次修订，在1980年修订版中，共有28超目，92目，416科，其中双予叶植物（木兰纲）20超目，71目333科，单子叶植物（百合纲）8超目，21目，77科，显得较繁锁。

4. 克朗奎斯特系统（A. cromquist） 这是美国植物学家克朗奎斯特（A. Cronquist）于1968年在其《有花植物的分类和演化》一书中发表的系统。在1981年修订版中，共有83目，388科，其中双子叶植物64目，318科，单子叶植物19目，65科。克朗奎斯特系接近于塔赫他间系统，把被子植物门（称木兰植物门）分成木兰纲和百合纲，但取消了"超目"一级分类单元，科的划分也少于塔赫他间系统。现我国有的教科书采用这一系统。

其中恩格勒系统和哈钦松系统是最常用的两个系统。系统演化的两大学派关于最古老被子植物的形态特征问题，原始类群和进化类群各自具有的形态特征问题，长期以来成为植物分类学家研究的中心，争论的焦点，尤其是对被子植物的"花"的来源上，意见分歧最大，形成两个学派，即所谓"假花学派"和"真花学派"，或者称"柔荑学派"和"毛茛学派"。前者以德国植物学家恩格勒为代表，后者以美国植物学家柏施及哈利尔，英国植物学家哈钦松为代表。

二、树木命名法

每一种植物，各国有不同的名称，即使在同一个国家内各地的叫法也常不同，例如北京的玉兰，在湖南叫应春花，河南叫白玉兰，浙江叫望春花，四川叫木花树。由于植物种类极其繁多，叫法不一，所以经常发生同名异物或同物异名的混乱现象。为科学上的交流和生产上利用的方便。1867年，规定以双名法作为植物学名的命名。

瑞典的林奈应用双名法最早。双名法规定用两个拉丁字或拉丁化的字作为植物的学名。头一个字是属名，第一个字母大写，第二个字是种名。这两部分作为一种植物的学名，但完整的学名要求后边有命名人的姓氏缩写。

（一）国际植物命名法规（双名法）

是根据瑞典植物学家林奈的倡导，并通过国际植物学专门会议讨论通过而固定下来的。即"双名法"。有"属名+种加词"构成，比较正规的材料还要加缀命名人。

常见命名表达式有7种。

1. 一般头一个字是属名，第一个字母应大写，多为名词；第二个字母是种名，多是形容词，双名之后附上命名人的姓氏缩写（第一个字符应大写），如华山松 *Pinus carmandii* Franch.

2. 由两个人命名的，这时应将二人的缩写均附上而且在其间加上连词"et"或"&"符号。如水杉 *Metasequoia glyptostroboides* Hu et Cheng.

3. 某植物由某一人命名，但由另一人代为发表的，则应先写原命名人的缩写，再写一前置词表示“来自”之意，最后再写代为发表论文的作者姓氏缩写。如榛 *Corylus heterophylla Fisch*. Ex bess.

4. 有些植物的学名后附上二人缩写人名，而前一人名括在括号之内，表示括号内的人是原命名人，但后来经后者研究而更换了属名之意。如青冈栎 *Cyclobalanopsis glauca*（Thunb）Oerst. （*Quercus glauca* Thunb）。

5. 拉丁学名之后写 syn 的缩写字，其后又写许多学名，同一植物有几个学名，为避免异名同物的误会起见，常将正式学名之后，附上缩写，再将其余的异名附上，本书各论部分则将主要的异名放在括号中列出，如新疆杨 *Populus alba* cv. *Pyramidalis*（*P. bolleana Lauche*，*P. alba* var. *bolleana* Lauche.）。

6. 种以下的变种，则在种名之后加缩写字 var 后，再写上拉丁变种名，如红玫瑰。*Rosa rugosa* Thuab. var. *rosea* Rehd。

7. 栽培品种，则在种名后加写 cv，然后将品种名用大写或正体字写出或不写 cv，而仅大写或正体写于单引号内，首字母均用大写，其后不必附命名人。例如：日本花柏的一个栽培品种叫绒柏的学名：

Chamaecyparis pisifera Endl. Cv. *Squarrosa.* 或写为 *Chamaecyparis pisifera* ‘Squarrosa.’

（二）应用学名的意义

（1）防止混淆：①同物异名：例如：北京的玉兰，在湖北省叫迎春花，在河南省叫白玉兰，在浙江叫迎春花，江西叫望春花，四川峨眉山叫木树花。叶子花又叫宝巾、三角花、九重葛。②同名异物：酸枣北方灌木，“棘”；南方大乔木，“南酸枣”。Zizyphus spinosus Hu（酸枣，鼠李科枣属）*Choerospondias axillaris*（Roxb.）Burtt et. Hill（漆树科酸枣属）。

（2）便于国际交流：Rose，月季（*Rose chinensis*），蔷薇（*R. multiflora*），玫瑰（*R. rugosa*）

三、树木分类检索表

（一）定距式检索表

本检索表中，对某一种性状的描述是从书页左边一定距离处开始，而与其相对的性状描述亦是从书页左边同一距离处开始；其下一级的两个相对性状的描述又均在更大一些的距离上开始，如此逐渐下去，距书页左方愈来愈远，直至检索出所需要的名称为止。

按形态特征两两分类群，直至最终检索项目（或科或属或种），通用表达式为（以4个项目为例）

1……………………………2
2……………………………①
2……………………………②
1……………………………3
3……………………………③
3……………………………④

如：植物界的分门检索表

1. 植物体构造简单，无根、茎、叶的分化，无多细胞构成的胚（低等植物）。
2. 植物体为藻类和菌类所组成的共生体 ………………………………… 地衣门 Lichens
2. 植物体不为藻类和和菌类所组成的共生体。
3. 植物体内无叶绿素或其他光合色素，营异养生活。
4. 原核生物 ……………………………………………………………………… 细菌门 Bacteria
4. 真核生物。
5. 营养阶段细胞无细胞壁，细胞质裸露 ……………………………… 黏菌门 Myxomycota
5. 营养阶段细胞具纤维素或几丁质的细胞壁，细胞质不裸露。
6. 细胞具纤维素细胞壁 ………………………………………………………… 卵菌门 Oomycota
6. 细胞具几丁质细胞壁 ………………………………………………………… 真菌门 Eumycota
3. 植物体内含叶绿素或其他光合色素，营自养生活。
7. 原核生物。
8. 植物体含藻胆素 …………………………………………………………… 蓝菌门 Cyanophyta
8. 植物体不含藻胆素 …………………………………………………… 原绿藻门 Prochlorophyta
7. 真核生物。
9. 仅具叶绿素 a（仅黄藻门无隔藻属还具叶绿素 c）。
10. 含水溶性藻胆素，无鞭毛 ……………………………………………… 红藻门 Rhodophyta
10. 不含藻胆素，具两条不等长的鞭毛 ………………………………… 黄藻门 Xanthophyta
9. 具叶绿素 a 和 c 或具叶绿素 a 和 b。
11. 具叶绿素 a 和 c。
12. 藻体具鞭毛。
13. 光合产物为金藻昆布糖和油滴 …………………………………… 金藻门 Chrysophyta
13. 光合产物为淀粉和油滴。
14. 无细胞壁 ………………………………………………………………… 隐藻门 Cryptophyta
14. 有纤维素质板片构成的细胞壁 …………………………………… 甲藻门 Pyrrophyta
12. 仅精子具鞭毛。
15. 具有纤维素细胞壁的大型、多细胞的海藻 ………………………… 褐藻门 Phaeophyta
15. 具有硅质细胞壁的小型、多为单细胞的藻类 ………………… 硅藻门 Bacillariphyta
11. 具叶绿素 a 和 b。
16. 无细胞壁，有的具囊壳 …………………………………………… 裸藻门 Euglenophyta
16. 具纤维素的细胞壁。
17. 单细胞，群体，叶状体或丝状体等，生殖结构为单细胞 …… 绿藻门 Chlorophyta
17. 藻体较大，有明显的节和节间，生殖结构为多细胞 ………… 轮藻门 Charophyta
1. 植物体构造复杂，有根、茎、叶的分化，有多细胞构成的胚（高等植物）。
18. 植物无花，无种子，以孢子繁殖。
19. 小形绿色植物，结构简单，仅有茎、叶之分或有时仅为扁平的叶状体，不具真正的根和维管束 ………………………………………………………… 植物门 Bryophyta
19. 通常为中形或大形草本，很少为木本植物，分化为根、茎、叶，并有维管束 ……………………………………………… 蕨类植物门 Pteridophyta

18. 植物有花，以种子繁殖。
20. 胚珠裸露，不为心皮所包被 ························ 裸子植物物门 Gymnospermae
20. 胚珠被心皮构成的子房包被························· 被子植物门 Angiospermae

（二）平行式检索表

按其形态特征，择其某一最终检索项目（或科或属或种）独有的特征与其余所有项目相区别一次描述直至检出，然后在其余项目中择其独有特征的项目一次描述直至检出，如此类推直至所有项目全部检出。通用表达式为：

1·························①
1·························2
2·························②
2·························3
3·························③
3·························④

如：1. 植物体构造简单，无根、茎、叶的分化，无胚（低等植物）·············· 2
1. 植物体构造复杂，有根、茎、叶的分化，有胚（高等植物）···················· 4
2. 植物体为菌类和藻类所组成的共生体 ·································· 地衣类植物
2. 植物体不为菌类和藻类所组成的共生体 ·· 3
3. 植物体内含有叶绿素或其他光合色素，自养生活方式 ······················ 藻类植物
3. 植物体内不含叶绿素或其他光合色素，营寄生或腐生生活 ·················· 菌类植物
4. 植物体有茎、叶和假根 ·· 苔藓植物门
4. 植物体有根、茎和叶 ·· 5
5. 植物以孢子繁殖 ·· 蕨类植物门
5. 植物以种子繁殖 ·· 种子植物门

第二节　园林建设中的分类法

一、依树木的生长类型分类

（一）针叶树类

树叶细长如针，多为常绿树，材质一般较软，有的含树脂，故又称软材。

1. 常绿针叶树　白皮松、油松、侧柏、红松、樟子松、雪松、黑松、龙柏、马尾松、桧柏、南洋杉、柳杉、香榧。

2. 落叶针叶树　落叶松、池杉、水杉、金钱松、落羽杉。

（二）阔叶乔木类

乔木类树形高大（H >6m），主干明显。

1. 常绿阔叶乔木类　女贞、广玉兰、石楠、香樟、棕榈、香樟、枇杷、杜英、深山含笑、红花木莲、金合欢等。

2. 落叶阔叶乔木类　毛白杨、柳、悬铃木、枫杨、悬铃木、泡桐、槐树、银杏、毛

白杨、乌桕、槐树、青桐。

（三）阔叶灌木类

灌木类树体矮小（H＜6m），主干低矮或无明显主干。

1. 常绿阔叶灌木类 黄杨、月桂、假连翘、珊瑚树、六月雪、小叶女贞、八角金盘、栀子、山茶、金丝桃、杜鹃。

2. 落叶阔叶灌木类 山桃、榆叶梅、迎春、樱花、白玉兰、桃花、腊梅、紫薇、紫荆、青枫、红叶李、贴梗海棠、钟吊海棠、八仙花、麻叶绣球、金钟花（黄金条）、木芙蓉、木槿（槿树）、石榴。

（四）藤本类

能缠绕或攀附它物而向上生长的木本植物。

依生长特点：绞杀类、吸附类（爬山虎、凌霄）、卷须类（葡萄）、蔓条类（蔷薇）。

1. 落叶藤本类 紫藤、葡萄、爬山虎。

2. 常绿藤本类 常春藤、金银花。

（五）竹类

禾本科，枝叶秀丽，幽雅别致，四季常青，庭园中广为应用，以其独特的优势在中国园林景观设计中扮演着重要的角色，是一种值得推广的园林绿化植物如：早园竹、黄糟竹、佛肚竹、慈孝竹、刚竹、毛竹、紫竹、观音竹、凤尾竹、黄金镶碧玉竹、碧玉镶黄金竹、斑竹、大箭竹、墨竹、淡竹等。

二、依对环境因子的适应能力分类

（一）按热量因子

1. 热带树种 咖啡、胡椒、香草兰、团花、榴莲、山竹子、椰子树、橡胶树、香蕉、番荔枝，番石榴等。

2. 亚热带树种 木荷、火力楠、杨梅、杉木、马尾松。

3. 温带树种 栎树、水腊、河南白榆、侧柏、绦柳、银中杨、榆树。

4. 寒带树种 白针叶林云杉、黑云杉、北美云杉、高山冷杉、新疆落叶松、兴安落叶松、欧洲赤松、欧洲云杉、欧洲冷杉、新疆冷杉和新疆云杉。

（二）按水分因子

1. 耐旱树种 这类树种的根系通常极为发达其叶常退化为膜质鞘状或叶面具发达的角质层、蜡质及绒毛，如梭梭树、沙拐枣、木麻黄及相思树等；具极强的耐旱能力。如紫穗槐洋槐、侧柏、酸枣、文冠果、旱柳臭椿、黄檀、黄连木、麻栎、栓皮栎、桑、马尾松、黑松、杏、火炬松、侧柏、榔榆、夹竹桃、海棠、紫薇、石楠、楝树、雪松、构树、栾树、山楂等。

2. 耐湿树种 为需要生长在潮润多湿环境中的树种，这类树种的根系短而浅，在长期淹水条件下，树干基部膨大，具有呼吸根，如水杉、绦柳、枫杨、水松、大叶柳、薄核山核桃、落羽杉、桅子、重阳木、池杉等。

3. 中生植物 介于两者之间，绝大多数树木都属此类，这类树种多生于湿润的土壤上，如油松、麻栎、杉木及枫杨等。

（三）按光照因子

1. 喜阳树种　茉莉、扶桑、石楠、柑橘、月季、牡丹、棕榈、苏铁、橡皮树、银杏、紫薇、杨属、松属。

2. 喜荫树种　文竹、万年青、蕨类、海桐、珊瑚树、冷杉属、云杉属、十大功劳。

3. 中性树种　对光强度的要求介于二者之间，既不耐荫又怕夏季强光直射如：杜鹃、山茶、白兰花、栀子花、七叶树、枫杨属。

（四）按土壤因子

1. 酸性土树种（pH 值 <6.8～7.2）　如：马尾松、山茶、橡皮树、棕榈、石楠、栀子花、柑橘、茉莉、含笑、苏铁等。

2. 碱性土树种（pH 值 >7.2）　如紫穗槐、沙棘、柽柳。

3. 中性土树种（pH 值 =6.8～7.2）　大多数树木属此类。

三、依树木的观赏特性分类

（一）观花类

指花色、花形、花香等有较高观赏价值的树木。如：梅花、腊梅、月季、牡丹、白玉兰等等。

（二）观叶类

树木叶之色彩、形态、大小等有独特之处，可供观赏。如银杏、鸡爪槭、黄栌、七叶树、椰子等。

（三）观姿类

指形体及姿态有较高观赏价值的一类树木，如雪松、龙柏、榕树、假槟榔、龙爪槐、老的白皮松、棕榈类等。

（四）观果类

果实的果色、果型具较高观赏价值的一类树，或果形奇特，或其色彩艳丽，或果实巨大等。如柚子、秤锤树、复羽叶栾树、腊杨树、秤砣树、佛手等。

（五）观干类

这类树木的枝干具有独特的风姿，或具奇特的色彩，或具奇异的附属物等。如白皮松、梧桐、青榨槭、白桦、栓翅卫矛、红瑞木等。

（六）观根类

这类树木裸露的根具有较高的观赏价值。如榕树、腊梅、具有板根的池杉和具有气生根的榕树。

四、依树木在园林绿化中的用途分类

（一）园景树（独赏树、孤植树、标本树）

具有较高观赏价值，在园林绿地中能独自构成美好景物的树木。园景树多形体高大，树姿优美或具有突出观赏特点，常见于公园入口内或园路交叉处，绿岛中心种植“金”字型的雪松。小池畔转折处孤植的枝垂水面的垂枝梅。中国园景树主要有：圆柏、雪松、紫薇、枫香、金钱松、鹅掌楸、南洋杉、龙爪槐、银杏。五大公园树种：南洋杉、雪松、金钱松、日本金杉、巨杉（长叶世界爷）。

（二）庭荫树

冠大荫浓，在园林、居住区或其他风景区中起庇荫和装点空间作用的乔木。庭荫树的遮阳效果，可用遮光率、降温率和荫度的数值高低来衡量。庭荫树应具备树形美观、枝叶茂密、有一定的枝下高、冠幅较大，且有花、果可赏等条件。中国园林中常见的庭荫树有梧桐、银杏、广玉兰、樟树、榕树、七叶树、悬铃木等。

（三）行道树

种植在各种道路两侧及分车带树木的总称。行道树的主要功能是为车辆及行人庇荫，减少路面辐射热及反射光，降温、防风、滞尘、减弱噪声、装饰并美化街景，以乔木树种为主，行道树是城乡绿化的骨干树，能统一、组合城市景观，体现城市与道路特色，创造宜人的空间。如：北京的洋槐、银杏；广州的榕树、羊蹄甲；南宁的果树行道树（榴莲、芒果、扁桃）。

欧洲五大行道树：银杏、悬铃木属、鹅掌楸属、椴树属、七叶树属。

（四）花果树

通常指有美丽芳香的花朵或色彩艳丽的果实的灌木和小乔木。这类树木种类繁多，观赏效果显著，在园林绿地中应用广泛，具有美化和改善环境的作用，是构成园景的主要素材，在城乡绿化和园林植物配植中，常占有重要地位。例如：梅花、桃花、樱花、海棠花、榆叶梅、锦带花、连翘、丁香、月季、山茶、杜鹃、牡丹、木芙蓉、金丝桃、紫珠、火棘、枸骨、山桃、迎春、玉兰等。

（五）垂直绿化树

以具有细长茎蔓的木质藤本植物为主，它们可以攀缘或垂挂在各种支架上，有些可以直接吸附于垂直的墙壁上，它们不占或很少占用土地面积，应用形式灵活多样，是各种棚架、凉廊、栅栏、围篱、墙面、拱门、灯柱、山石、枯树等的绿化好材料。对提高绿化质量、丰富园林景色、美化建筑立面等方面有其独到之处。特点：占地少，绿化面积大，在增加环境绿量，提高绿化指数，改善生态方面具有积极的作用。例如：紫藤、凌霄、络石、爬山虎（地锦）、常春藤、薜荔、葡萄、金银花、铁线莲、素馨、木香、山荞麦、炮仗花等。

（六）绿篱树

是适于栽作绿篱的树种。绿篱是成行密植、通常修剪整齐的一种园林栽植方式。主要起范围和防范作用，也可用来分隔空间和屏障视线，或作雕像、喷泉等的背景。用作绿蓠的树种，一般都是耐修剪，多分枝和生长较慢的常绿树种。例如：圆柏、侧柏、杜松、黄杨、女贞、珊瑚树等。也有以观赏其花、果为主而不加修整的自然式绿篱。常用树种有：小檗，贴梗海棠，黄刺玫，珍珠梅，枸橘，木槿等。要求：耐修剪、分枝多、生长缓慢、紧凑。按修剪形式分为：规则式、自然式；按绿篱本身特点分为：花篱（连翘）、果篱、彩篱（洒金荣）、刺篱（枸骨）；按修剪高度分为：高篱（屏障视线 150～200cm）、中篱（介于两者之间）、矮篱（分割空间 50～80cm）。

（七）木本地被树

是指用于对裸露地面或斜坡进行绿化覆盖的低矮、匍匐的灌木或藤木。例如：铺地柏、沙地柏、爬翠柏、匍地龙柏、平枝栒子、箬竹、常春藤、三叶地锦、偃柏、金银花、山荞麦、五叶地锦。

（八）工矿绿化树

适用于工厂及矿区绿化，这类树种对烟尘及有害气体的抗性较强，有些还能吸收一部分有害气体，起到净化空气的作用。例如：臭椿、榆、朴、构、桑、刺槐、槐、悬铃木、合欢、皂荚、木槿、无花果、圆柏、侧柏、广玉兰、棕榈、夹竹桃、女贞、珊瑚树、大叶黄杨等。

（九）盆栽盆景树

要求：耐干旱贫瘠、寿命长、耐修剪，枝叶细小，姿态古朴优美。如：榔榆、叶子花、三角梅、榕树、五叶松、苏铁。

五、依树木在园林结合生产中的主要经济用途分类

1. 果树类　如苹果、枇杷、梨、石榴、山楂、海棠、桃、李等。

2. 淀粉树类（木本粮食植物类）　如板栗、柿子等。

3. 油料树类（木本油料植物类）　如核桃、乌桕、文冠果等。

4. 木本蔬菜类　如香椿、花椒等。

5. 药用树类（木本药用植物类）　如牡丹、连翘、杜仲、辛夷、黄檗、枸杞等。

6. 香料树类（木本香料植物类）　如月季、玫瑰、茉莉、桂花、栀子等。

7. 纤维树类　桉树、木棉等。

8. 乳胶树类　如橡胶树等。

9. 饲料树类　如桑树、杨树等。

10. 薪材类　如松、杉、柏、泡桐、榆树等。

11. 观赏装饰类　如红枫、樱花、红叶李、垂柳、龙爪柳、雪松等。

12. 其他经济用途类　如棕榈、桑等。

复习思考题

1. 简述物种、亚种、变种、变型及栽培变种的含义。
2. 简述恩格勒系统和哈钦松系统的特点？
3. 依照树木的生长类型可以将其分为哪几类？各列举5种。
4. 依照树木在园林绿化中的用途可以将其分为哪几类？各列举5种。

综合实训　校园常见园林树木的分类与识别

1. 目的要求

了解校园内常见园林树木的种类、形态特征、生长习性，掌握其分类地位，拉丁学名及其在园林中的应用，复习课堂所学的知识，学会识别校园常见园林树木。

2. 材料用具

剪枝剪、记录本、调查表、尺等。

3. 方法步骤

（1）形态观测

性状：乔木，灌木，藤本；

树冠：形状；

树皮：颜色，开裂与否，开裂方式；

枝：小枝颜色，生长方式；

叶：叶形，正反面颜色，是否有白粉，着生方式；

芽：颜色，形状；

花：花色，雌花，雄花；

果实：颜色，形状，开裂方式；

种子：形状，大小，是否有翅。

（2）分类地位：根据形态特征确定其分类地位，并了解其生长习性。

4. 作业

对校园内常见园林树木进行分类地位的总结、识别种类、写出 80 种以上校园常见树木的科、属、拉丁名及生长习性的调查报告。

第十章　园林树木的栽培措施

第一节　园林树木的栽植

园林树木栽植工程是绿化工程的重要组成部分，是指按照正式的园林设计及一定的计划，完成某一地区的全部或局部的植树绿化任务。它不同于林业生产植树造林。只有了解它的特点，研究并掌握它的规律性，按照客观办事，才能做好这项工作。栽植有狭义和广义两种概念。狭义的栽植可以理解为种植。广义的栽植应包括起苗、搬运、种植和养护4个环节的作业。

一、园林树木栽植成活的原理和栽植季节

（一）栽植成活的原理

正常生长的树木，其地上部与地下部之间存在着一定比例的平衡关系。尤其是根系与土壤的密切结合，使植株能够维持水分和养分代谢的平衡。当植株被掘起后，丧失了大量的吸收根，并且全部或部分地脱离了原来的土壤环境，造成植株内以水分代谢为主的平衡关系受到一定程度的破坏，严重时会威胁到植株的生存。

植株的成活是多种因素综合作用的结果。就植株本身而言，具有关闭气孔等减少蒸腾的自动调节能力，并且在栽植后根系具有一定的再生能力，在适宜条件下，能逐渐恢复根量，增强吸收能力，维持较低水平的代谢平衡。只是这种自动调节能力有限，而且新根发生也需在一定的时间。就外部条件而言，起苗、运苗、种植及栽后管理都直接影响植株的成活。另外，其他影响植株生根和蒸腾的内外因素，如树种根系的再生能力、苗木质量、树龄、栽植季节也与植株成活有密切的关系。总之，栽植过程中，充分发挥植株本身和外部条件的作用，来维持和恢复树体以水分代谢为主的平衡是栽植成活的关键，否则就有死亡的危险。

因此，在植树工程中，必须抓住关键，采取有力的措施，达到保持和恢复树体的水分平衡。

（二）栽植季节的选择

为了保证植株顺利成活，应根据栽植地的气候、土壤条件及树种特性确定适宜的栽植季节。具体地说就是应选择温度适宜、湿度较大、遭受自然灾害的可能性小、适合植株根系再生、栽植省工、省力、省投资的季节进行栽植，但不同地区、不同树种又有一定的差异。

在四季分明的温带，一般以休眠期栽植最为适宜。大多数地区和大多数树种，以晚秋和早春为最好。因为在这两个时期内，树体贮藏营养丰富，土温适合根系生长，而气温较低，地上部分尚未开始生长，蒸腾作用较小，所以植株容易成活。

春栽适宜于冬季比较寒冷的地区和耐寒性较差的树种；秋栽适宜于冬季较温暖和耐寒性较强的树种。夏季气温较高，植株生命力活动旺盛，一般不适宜栽植，但在夏季可进行雨季栽植，因为这时降水充足，土温较高，而且空气湿度大，枝叶蒸腾作用减少，有利根系再生和植株成活。雨季栽植应选择春梢停长的树木，要掌握雨情，在连阴雨时期进行或配合其他减少蒸腾的措施（如遮荫），以确保成活。冬季是一年中温度最低、降雨量少的季节。北方地区一般不宜进行栽植，但对我国南方的大部分地区，冬季也是主要的栽植季节。

二、栽植前的准备

（一）了解设计意图与工程概况

首先向设计者了解设计思想，所要达到的预想目的和意境以及施工后所达到的效果，还要向设计单位和工程主管部门了解工程概况。

（二）施工现场踏查与清理

主要了解场内外交通、水源、电源情况；各种地上物的去留及必须保护的地物；施工期间生活设施的安排；施工地段的土壤调查等。按计划进行地形整理。

（三）编制施工方案

为保证各项施工项目相互衔接，互不干扰，应在施工前制定施工方案，内容包括工程概况、施工进度、施工方法、施工现场平面布置、施工组织机构、工程预算等。

（四）选苗

应根据设计图纸和说明书的要求，选择栽植树种、苗龄及规格，并加以编号。高质量的园林苗木应具备发达而完整的根系，主根短直，侧根和须根发达；主侧枝分布均匀，能构成完美的树冠；苗干粗壮通直，有一定的适合高度；无病虫害和机械损伤等条件。

三、栽植的程序与技术及非适宜季节的移植技术

（一）栽植的程序与技术

1. 定点、放线

（1）规则式配置种植：规则式配置种植多以某一轴线为对称排列，强调整齐、对称或构成多种几何图形。在园林中多以对植、行列植等种植类型。规则式定点放线比较简单，要求做到横平竖直，整齐美观，可以地面固定设施为准来定点放线，定点的方法以道路的路牙、绿地的边界、园路、广场和小建筑等平面位置为依据，定出行距，再按设计确定株距。

（2）自然式配置种植：运用不同的树种，以模仿自然、强调变化为主，有孤植、丛植、群植等种植类型。此类配置定点放线可采用以下几种方法：①网络法：按一定比例在设计图及现场分别按等距离打好方格，在图上标好在某方格的纵横坐标尺寸，按此方法测量现场相应方格位置，此方法准确，适用于面积大树种配置复杂的绿地。②仪器测量法：利用经纬仪、小平板仪依据当地原有地物将树木按图定在绿地位置上。③两点交汇法：利用两个固定地物与种植点的距离采取直线相交的方法定出种植点。

2. 挖穴　挖穴是树木栽植前的准备工作，改良土壤，使根系有一个良好的生长环境，有利于树木的成活和促进树木的生长。

种植穴的规格大小、形状和质量取决于树木类型、树木根系状况（或土球大小）、土壤状况和肥力状况等（表 10－1）。

表 10－1　乔、灌木栽植穴的规格

乔木胸径(cm)		3～5	5～7	7～10	
落叶灌木高度(m)		1.2～1.5	1.5～1.8	1.8～2.0	2.0～2.5
常绿树高度(m)	1.0～1.5	1.5～2.0	2.0～2.5	2.5～3.0	3.0～3.5
穴径(cm)×穴深(cm)	(50～60)×40	(60～70)×(40～50)	(70～80)×(50～60)	(80～100)×(60～70)	(100～120)×(70～90)

挖穴时要注意：挖穴时要保持上下垂直一致，切忌挖成上大下小的锅底形，否则易造成根系卷曲；挖穴的同时，要进行土壤改良，通过掺沙、施肥、改良土壤结构，促进土壤通气、透水、疏松；挖穴时表土底土分放，土质不好，要换客土。

3. 起苗与包装

（1）*裸根苗起苗与包装*：裸根苗起苗法是将树木从土壤中起出后，苗木根系裸露的起苗方法。该方法适用于秆径不超过 10 cm 的处于休眠期的落叶乔木、灌木和藤本，这种方法的特点是操作简便，节省人力、运输及包装材料，但损伤根系较多，尤其是须根，起掘后到种植前根系多为裸露，容易失水干燥，且根系恢复时间长。根据树种、苗木的大小，在规格范围外进行挖掘，用锋利的掘苗工具在规格外绕苗四周挖掘到一定深度并切断外围侧根，然后从一侧向内深挖，并适当晃动树干，遇到粗根较难切断的要用手锯断之，已劈裂的根系进行适当修剪，尽量保留须根，在允许的情况下，为保成活，根内粘的一些土壤可保留。苗木一时不能运走，可在原起苗穴内将苗木根系用湿土盖好。

裸根苗的包装视苗木大小而定，细小苗木多按一定数量打捆，用湿草袋、蒲包等包装，内部可用湿苔藓填充，也可用塑料袋或塑料布包扎根系，减少水分丢失，大苗可用草袋、蒲包包裹。

（2）*土球苗起苗法*：将苗木一定根系范围连土掘起，削成球状，并用蒲包等物包装起来，这种连苗带土一起起出的方法称为土球苗起苗法。这种方法常用于常绿树、竹类、珍贵树种、秆径在 10cm 以上的落叶树木及非适宜季节栽植的树木。优点是：土球内根系未受损伤，移植中土球内的根系不易失水，有利树木恢复生长。缺点是操作困难、费工、耗包装材料，耗资远远大于裸根栽植。

4. 装运　树木起掘包装后，应本着“随起、随运、随植”的原则，尽量在最短的时间内将树木运至栽植地栽植。在载运过程中，要注意在装车、卸车时保护好树体不受损伤，运输途中保护根系、秆茎免受失水。装车时车厢用湿草袋铺垫，避免苗木损伤，并起保湿作用。

5. 假植　树木起掘后或运到栽植地后，因主客观因素不能及时种植的，须先行假植。裸根苗假植挖宽 1.5～2.0m，深 0.3～0.5m 的沟假植；土球苗直立码放。

6. 树木修剪　修剪的主要目的是通过修剪保持树体水分代谢的平衡，移植树木不可避免地造成根系损伤，根冠比失调，为减少水分蒸腾，保持上下部水分平衡采取修剪，其次培养树形及减少树体起、运、栽过程中造成的伤害，剪除病虫枝、枯枝和损伤枝。

修剪时期和方法因不同树种、不同景观要求而不同。

（1）落叶乔木：长势较强容易抽生新枝的树种如：杨、柳、榆可以进行强修剪，树冠至少剪去1/2以上。

（2）常绿乔木：常绿阔叶树种，通过适量的疏枝保持树木冠形和树体水分、代谢平衡。常绿针叶树，不宜过多地进行修剪，只剪除病虫枝、枯死枝、生长弱枝、过密枝、轮生枝及下垂枝。

（3）花灌木：花灌木类的修剪要了解树种特性及起苗方法，酌情修剪。

7. 树木定植及栽植技术 定植时间：选择一天中光照较弱、气温较低的时间为宜，如上午11点以前，下午3点以后进行为好，阴天无风最佳。

树木种植前，再次检查穴的挖掘质量与树木的根系是否符合，坑小的要加大加深，并在坑底垫10～20cm的疏松土壤（表土），做成锥形土堆，便于根系顺锥形土堆四下散开，保证根系舒展开。将苗木立入种植穴内扶直，分层填土，提苗至合适程度，踩实固定。栽植技术因裸根苗、土球苗而异（图10－1）。

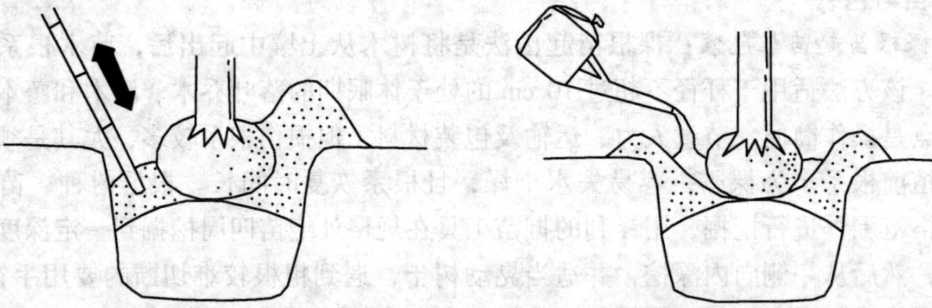

（a）　　（b）

图10－1　带土球苗栽植

（a）填土　　（b）灌水

8. 栽后管理 注意做树盘、浇透水、松土除草、除萌、修剪和病虫害防治。

（二）非适宜季节的移植技术

春、秋季及夏天的雨季是正常的植树季节，对移植成活是有利的时期，但有一些由于客观原因不能在正常季节植树，而又必须在指定的时间内完成的绿化工程任务，则必须设法突破季节限制，保证质量，按期完成植树工程任务。

1. 常绿树的移植方法 春季移植季节将树苗带土球掘好，运到施工现场的假植地区，装入略大于土球的荆条筐内或木箱，四周培土固定，待有条件时立即入坑定植。

移植时应作好一切准备工作，缩短施工期限，随掘、随运、随栽、随灌水，环环扣紧，栽后及时连续灌水并经常对叶面喷水，有条件还应遮阳防晒，直到发出新芽为止，入冬还应采取一些防寒措施，则可保证成活。

2. 落叶树的移植方法

掘苗：可在早春树木休眠期间预先将苗木带土球掘好，用草绳和蒲包扎物加密加厚包扎。

做假土球：大部分落叶树都已在秋季裸根掘起，对已掘好的裸根苗，则应人工造土球。即将事先准备好的蒲包平铺于坑内，将树根放置蒲包内保持树根舒展，填入细土，分层夯实，填土至地面，用草绳在树干基部封口，然后将假坨挖出，捆草绳打包。

假植：先挖好假植沟，坑深为筐的1/3，直径以放入筐为准，放入筐后填土至筐的1/2左右拍实，最后在筐沿培好灌水堰。培土后灌3次透水，以后根据情况经常灌水，此外还要修剪、排水防涝、病虫防治和少量施肥等，最后装运定植。

第二节　大树移植

一、大树移植的特点

第一，树木越大，树龄越老，细胞再生能力越弱，损伤的根系恢复慢，新根发生的能力越弱，给成活造成困难。第二，树木生长过程中，根系扩展范围很大，使有效的吸收根处于深层和树冠投影附近，而移植所带土球内吸收根很少，而且高度木栓化，故极易造成树木移栽后失水死亡。第三，大树的树体高大，枝叶蒸腾面积大，为使其尽早发挥绿化效果和保持原有优美姿态，多不进行重修剪，因而地上部蒸腾面积远远超过根系的吸收面积，树木常因脱水而死亡。

二、大树的准备和处理

（一）做好规划与计划

进行大树移栽，为确保成活，事先必须做好规划与计划，包括栽植的树种规格、数量、造景要求及断根缩坨计划等。

（二）选树

对要移植的大树进行实地调查，包括树种、树龄、树高、冠径等，记录土壤条件、周围情况和树的所有权。选中的树木要进行编号，为设计提供资料。适宜移植的大树应具备以下条件：①适宜本地生长的树种，尤其是乡土树种；②选用生长强的青壮年大树；③选择便于挖掘和运输的大树。

（三）断根缩坨

为了提高大树移植成活率，在移植前应保证在所带土球范围内有足够吸收根，使栽植后很快达到水分平衡而成活，一般采用缩坨断根方法。具体做法是：选择能适应当地自然环境条件的乡土树种，在移栽前2～3年的春季或秋季，围绕树干先挖一条宽30～50cm、深50～80cm的沟，其中沟的半径为树干30cm高处直径的5倍。第一年春季先将沟挖一半，不是挖半圆，而是间隔成几小段，挖掘时碰到比较粗的侧根要用锋利的手锯切断。沟挖好后用拌和着基肥的培养土填入并夯实，然后浇水，第二年春天再挖剩下的另几个小段，待第三年移植时，断根处已经长出许多须根，易成活。

三、起掘前的准备工作

根据设计选中的树木，应实地复查是否仍符合原有的状况，尤其树干有无蛀虫等，有问题及时更换。土壤过干的应于掘前数日灌水。同时应有专人负责准备好的所需用的工具、材料、机械及吊运车辆等，此外还应调查运输线路是否有障碍，并办理好通行证（图 10－2）。

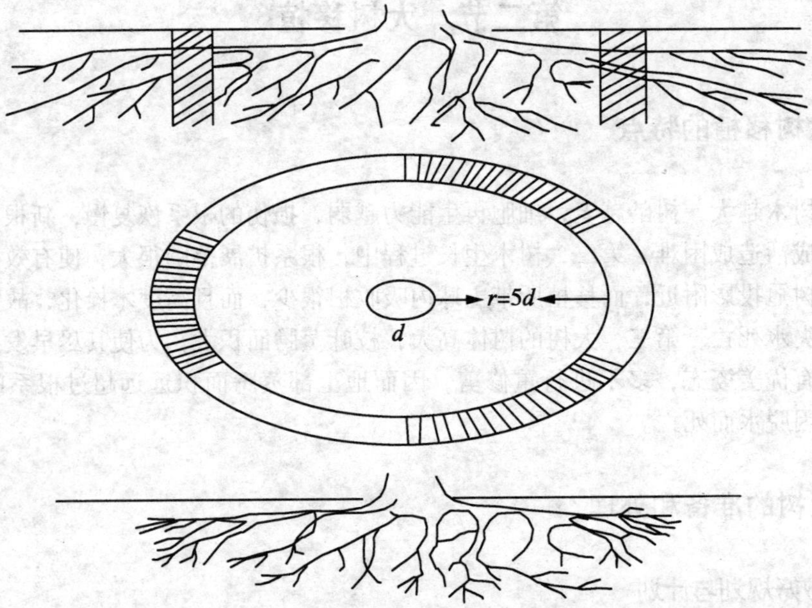

图 10－2　移植大树的准备工作

四、起树包装

经提前 2～3 年完成断根缩坨后的大树，土坨内外发生了较多的新根，因此在起掘移植时，所起土坨的大小应比断根坨向外放宽 10～20cm，为减轻土坨重量，应把表土铲去。其他起掘和包装技术，因具体移植方法而异。

（一）木箱包装移植法

对于必须带土球移植的树木，土球规格如果过大（直径超过 1.3m 时），很难保证吊装运输的安全和不散坨，应改用木箱包装移植。木箱包装移植适用于胸径 15～30 cm 或更大的树木及沙性土壤中的大树。

（二）软材料包装移植法

使用材料是蒲包片、麻袋、草绳等物即可。

掘苗操作：土球的大小，可按树木胸径 7～10 倍来确定，开挖前，以树木为中心，按比土球直径大 5 cm 为尺寸划一个圆，然后沿着圆圈挖一宽 60～80 cm 的操作沟，土球厚度不小于土球直径的 1/3。土球的底径不小于球径的 1/4，形成上部塌肩形，底部锅底形，便于草绳包扎心土。起苗遇到支撑根用手锯断。土球包扎是将预先湿润过的草绳于土球中部缠腰绳，2 人合作拉绳，使绳略嵌入土球为度。要使每圈草绳紧靠，总宽达土球高的1/4～1/3，并系牢即可。在土球底部刨一圈底沟，宽度 5～6 cm，这样利于草绳绕过底沿不易松脱，然后用蒲包、草绳等材料包装。草绳包扎方式有橘子式、井字式、五角式 3 种（图 10－3）。

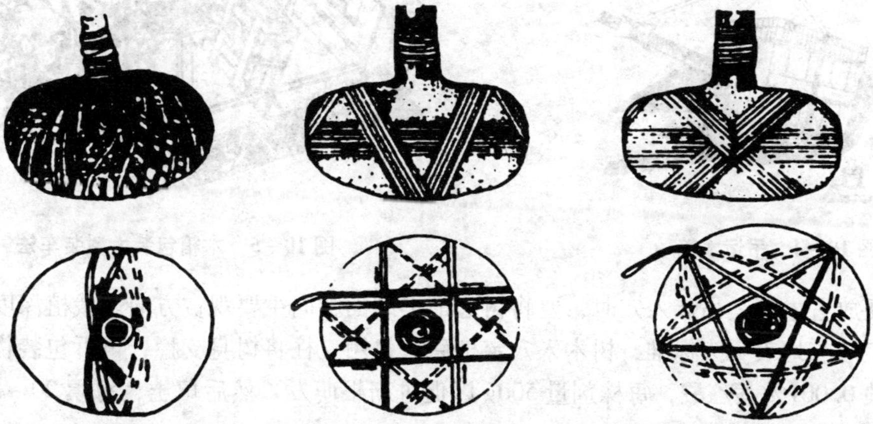

（a）　（b）　（c）

图 10－3　草绳包扎方式示意图

（a）橘子式；（b）井字式；（c）五角式

五、吊运与运输

（一）木箱包装的吊运与运输

吊运与运输要保证树木和木箱的完好以及人员的安全，装运前，应计算好土球重量，以便安排相应的起重工具和运输车辆。吊装带木箱的大树，应先用一根较短的钢丝绳，横着将木箱围起，把钢丝绳的两端扣放在箱的一侧，即可用吊钩钩好钢丝绳，缓缓起吊（图 10－4）。当树身慢慢躺倒，木箱尚未离地面时，应暂时停吊，在树干上围好蒲包片，捆好脖绳，将绳的另一端也套在吊钩上，继续将树身缓缓起吊。装车时，树冠向后，用两根较粗的木棍交叉成支架放在树干下面，同时支撑树干，在树干与支架相接处应垫上蒲包片，以防磨伤树皮。树冠应用草绳围拢紧，以免树梢垂下拖地。

（二）软材料包装吊运与运输

一般用麻袋对树干进行双层包扎，包扎高度从根部向上 1.5m，然后用 150cm×6cm×6cm 的木方或木棍紧挨着树干围成一圈，用钢丝绳进行捆扎，并要用紧线器紧捆牢。起吊时将钢丝绳和拔河绳用活套结固定在离土球 40～60cm 树干处，并在树干上部系好揽风绳，以便控制树干的方向和装车定位（图 10－5）。

六、定植与养护

木箱包装的大树，挖穴时，应比木箱直径大 50～60cm，深比木箱的高度深 20～30cm，并更换适于树木生长的培养土，在坑底中心部位要堆一个厚 70～80cm 的方形土

图 10－4　吊运木箱

图 10－5　木箱包装大树装车法

堆，以便放置木箱。吊装入穴时，要将树冠最丰满面朝向主要观赏方向。栽植深度以土球或木箱表层与地表平为标准，树木入穴定植后应先用支柱将树身支稳，再拆包装物，并在土球上喷 0.001% 萘乙酸，每株剂量 500g 以促进新根萌发，然后填土，每填 20～30cm 应夯实一下，直至填满为止。

不耐水湿的树种和规格过大的树木，宜采用浅穴堆土栽植，即土球高度的 4/5 入穴后，然后堆土成丘状，这样根系透气性好，有利于根系伤口的愈合和新根的萌发。填土完毕后，在树穴外缘筑一个高 30cm 的土埂进行浇水。第一次要浇足，隔 1 周后浇第二次水，以后根据不同树种的需要和土壤墒情合理浇水。

软材料包装的大树栽植方法与木箱栽植方法基本相同，所不同的是，树木定位后先用揽风绳临时固定，剪去土球的草绳，剪碎蒲包片，然后分层填土夯实，浇水 3 次。

第三节　园林树木的整形修剪

一、整形修剪的意义

园林树木的整形修剪是一项很重要的养护管理技术。通过整形修剪可以促进和抑制园林树木的生长发育，调节园林树木各部分的平衡关系，调整成片栽植的园林树木个体与群体的关系，控制其树木的大小，造成一定的树冠形式，以发挥其观赏价值和经济价值。

二、整形修剪的原则

第一，根据园林绿化目的要求修剪。第二，根据不同树种的生长发育习性修剪。第三，根据不同的年龄时期修剪。第四，根据树木生长环境特点修剪。

三、整形修剪时期

园林树木的整形修剪时期分为休眠期修剪和生长期修剪。根据园林树木生长特性及园林应用用途而确定修剪时期。

四、园林树木的整形方式

（一）自然式整形

按照树木本身的生长发育习性，对树冠的形状略加修整而形成的自然树形。在修剪中只疏除扰乱树形的过密枝、交叉枝、徒长枝、重叠枝和病虫枝等。

（二）人工式整形

按照人们的艺术要求完成各种几何图形或动物图形，用于树叶繁茂、枝条柔软、萌芽力强和耐修剪的树种。

（三）混合式整形

以树木原有的自然形态为基础，略加人工改造而成，多用于观花、观果、果树生产及藤木类的整形方式。主要有中央领导干形、杯状形、自然开心形、多领导干形、篱棚架形等。

（四）灌木的丛生形

用于小乔木的头状形及自然铺地的匍匐式等。

五、园林树木的修剪方法

（一）疏枝

又称疏剪。即从枝条基部剪除。用于疏除病虫枝、过密枝、徒长枝等。可使树冠枝条分布均匀，加大空间，改善通风透光条件，有利于树冠内部枝条的生长发育，有利于花芽的形成。特别是疏除强枝、大枝和多年生枝，常会削弱伤口以上枝条的生长势，而伤口以下的枝条有增强生长势的作用。

（二）短截

即把一年生的枝条剪去一部分。根据剪去部分的多少，分为轻短截、中短截和重短截。

（1）轻短截：剪去枝条的一少部分。（剪去枝条全长的1/4～1/5）修剪反应是能抽生较多的中短枝，单枝生长较弱，但总的生长量较大。主要应用于强壮枝的修剪。

（2）中短截：在枝条的中上部饱满芽处短截。（剪去枝条全长的1/2～1/3）修剪反应是能抽生较多的中长枝，单枝生长势强。主要用于某些弱枝复壮，各种骨干枝和延长枝的培养。

（3）重短截：在枝条的中下部剪截。（剪去枝条全长的2/3～3/4）修剪反应是能抽生1～2个旺枝，单枝生长势强，但总的生长量较少。主要用于弱树、老树和老弱枝的复壮更新。

（三）回缩

又称缩剪，短截多年生的枝称为缩剪。修剪量大，刺激较重，有更新复壮作用。多用于枝组或骨干枝更新以及控制树冠、辅养枝等，对大枝可分两年进行。

（四）摘心与剪梢

在生长期摘去枝条顶端的生长点称为摘心。剪梢是指剪截已木质化的新梢。摘心和剪梢可促生二次枝，加速扩大树冠，也有调节生长势，促进花芽分化的作用。

（五）曲枝（拉枝、别技、压枝等方法）

作用是抑制枝条的营养生长，促进花芽的形成。

（六）伤枝（环剥、折梢、拧梢、拿枝软化等方法）

作用是抑制枝条的营养生长，促进花芽的分化。

六、各类园林树木的整形修剪

（一）松柏类的整形修剪

对松柏类树种多不进行整形修剪或仅采取自然式整形方式为主。

（二）庭荫树与行道树的整形修剪

多采用自然树形。庭阳树的主干高度应与周围环境的要求相适应，一般无特别的规定而主要视树种的生长习性而定。

行道树以道路遮阳为主要功能。在修剪上，要注意便于交通，行道树分枝点在距地面2.5～3.5m，下垂枝一定保持在2.5m以上，以防刮车。同一条街道行道树的分枝点必须整齐一致。还要剪除干枯枝、病虫枝、细弱枝、交叉枝、徒长枝、背上枝和重叠枝等。周围有空间可以采取轻短截的方法促发二次枝，弥补空间。

（三）灌木类的整形修剪

按树种的生长发育习性，可分为以下几类。

1. 先开花后发叶的种类　可在春季开花后修剪老枝并保持理想树姿。对毛樱桃、榆叶梅等枝条稠密的种类，可适当疏剪弱枝、病虫枝，用重剪进行枝条的更新，用轻剪维持树形。对于具有拱形枝的种类，如连翘、迎春等，可将老枝重剪，促进发生强壮的新枝条以充分发挥其树姿特点。

2. 当年新梢开花的种类　可在冬季或早春进行修剪，如八仙花、山梅花等可重剪使新梢强健；月季、珍珠梅等在生长季中不断的开花，除早春重剪老枝外，并在花后对新梢进行修剪，以便再次发枝开花。

3. 观赏枝条及观叶的种类　应在冬季或早春施行重剪，以后施行轻剪，以促进更多新枝的萌发。红瑞木等耐寒的观枝植物，也要早春修剪，以便冬枝充分发挥观赏作用。

4. 萌芽力极强的种类或冬季易干梢的种类　可在冬季自地面剪去，使来年春天重新萌发新枝，如胡枝子、荆条等。

（四）藤木类的整形修剪

1. 棚架式　对于卷须类及缠绕类藤本植物多用此方式进行整形修剪。修剪整形时，应在近地面处重剪，使发生数条强壮主蔓，然后垂直引缚主蔓于棚架的顶部，并使侧蔓均匀地分布棚架上，则可很快地成为荫棚，常用的有紫藤和葡萄等。

2. 凉廊式　常用于卷须类及缠绕类滕本植物。

3. 篱垣式　多用于卷须类及缠绕类植物。将侧蔓水平引缚后，每年对侧枝施行短剪，形成整齐的篱垣形式，常用的有金银花、凌霄、蔓性蔷薇等。

4. 附壁式　多用于吸附类植物，如爬墙虎、凌霄、常春藤等。修剪时应注意使壁面基部全部覆盖，各枝蔓在壁面上应分布均匀，勿使互相重叠交错。

5. 直立式　对于一些茎粗壮的种类，如紫藤等，可剪成直立灌木式。用于公园道路旁或草坪上。

（五）植篱式的整形修剪

又称绿篱式。修剪时应注意设计意图和要求，灵活掌握。自然式植篱可不进行专门的整形修剪，仅适当控制高度，在栽培管理过程中将病老枝剪除即可。对整形式植篱则需施行专门的整形修剪措施。整形式植篱的形式多种多样，有几何图形、有高大的壁篱式作雕塑、山石、喷泉等背景用，有将植篱作为景物用，有将树木单植或丛植，然后修剪成鸟、兽、建筑物或具有纪念意义的雕塑等形式。

植篱最易发生下部干枯空裸现象，因此，在修剪时应注意，其侧断面以呈梯形最好，可以保持下部枝叶受到充分的阳光而生长茂密不易秃裸，反之，如断面呈倒梯形，则植篱下部易迅速秃空，不能长久保持良好效果。

第四节　园林树木的养护管理

不同类型的园林树木养护管理方法不同，下面介绍几种类型的园林树木的养护管理。

一、独赏树

独赏树采取单独种植的方式，但也有用2～3株合成一个整体树冠的。定植地点以在草坪上为最佳，也可定植于花坛的中心、道路弯曲的两端、机关厂矿门的入口处、建筑物两侧或斜植于湖畔侧。在独赏树的周围应有开阔的空间。在管理上应注意保持自然树冠的完整。

独赏树主要有以下种类：银杏、南洋杉、金松、雪松、白皮松、巨杉、竹柏、广玉兰、垂丝海棠、紫叶李、凤凰木、鸡蛋花等。

二、庭荫树

庭荫树的园林栽培用途是遮荫，给人们提供乘凉和休息的地方。一般以自然式树形为宜，除对过密枝、枯枝和病虫枝疏除外，不做过多的修剪。庭荫树以枝叶为主，可多施氮肥，促其枝叶浓密，树冠增大。同时也要注意松土和灌溉等各项管理工作。

庭荫树主要应用种类有：罗汉松、榕树、印度胶榕、玉兰、樟树、枫香、元宝枫、珙桐等。

三、行道树

栽植和养护管理的要点：行道树距车行道边缘的距离不应少于1m，距房屋的距离不宜少于5m，株间距以6～12m为宜，对于生长慢的树种可在其间加植一株，待适当大小时移走。树池通常1.5 m见方，丛植时可稍大些。种植穴中心与地下管道的水平距离应大于1.5 m，与煤气管道的距离应大于3m，树木的枝条与高压线的距离应在3m以上。为保证行道树生长茂盛，应及时松土、施肥、灌水，多施氮肥可使叶木类的行道树枝肥叶绿。经常修剪既能保持行道树应有的冠形，又能使树冠扩张。

行道树主要应用种类有：毛白杨、垂柳、鹅掌楸、悬铃木、合欢、羊蹄甲、槐树、火炬树、七叶树、栾树、木棉、梧桐、白蜡树等。

四、花灌木（观花树）

本类植物在园林中具有巨大作用，应用极广，具有多种用途。有些可作独赏树兼庭荫树，有些可作行道树，有些可作花篱。在配置应用方式上也多种多样，可以独植、对植、丛植、列植。本种在园林中不但能独立成景，而且可与各种地形及设施物相配合而起到烘托、对比、陪衬等作用。花灌木又可依其特色布置成各种专类花园，也可依花色的不同配置成具有各种色调的景区，也可依开花季节的不同配置成各季花园，又可集中各种香花布置成各种香花园。

花灌木的养护管理要求精细，花前花后要勤施肥，多浇水，才能花繁叶茂。修剪时期因花灌木开花时期不同而不同。春花植物要在开花后的春末夏初进行修剪。夏秋开花的植物则在落叶后至春季萌芽前修剪。一年多次抽梢多次开花的植物，则在每次花后修剪。否则会把大量的花芽剪掉，造成花量减少。

花灌木主要应用种类有：苏铁、牡丹、南天竹、含笑、腊梅、八仙花、太平花、月季、玫瑰、贴梗海棠、梅花、东京樱花、榆叶梅、紫荆、山麻秆、木芙蓉、紫薇、石榴、黄栌、八角金盘、四照花、杜鹃、连翘、桂花、茉莉、栀子、丁香、锦带花、凤尾兰等。

五、藤本类

本类包括各种缠绕性、吸附性、攀缘性、钩搭性等茎枝细长难以自行直立的木本植物。

本类植物在园林中有多方面的用途，可用于各种形式的棚架，供休息或装饰用，可用于建筑及设施的垂直绿化，可攀附灯廊柱，也可攀缘于高大的枯树上形成独赏树的效果，也可垂直屋顶、阳台，还可覆盖地面作地被植物。具体应用时，可根据绿化要求，种类及生长习性进行选择。本类植物在养护管理上，除水肥管理外，对棚架植物主要是如何引缚枝条使其均匀分布。

藤本类主要应用种类有：叶子花、北五味子、紫藤、爬山虎、常春藤、凌霄、金银木等。

六、绿篱及绿雕塑

绿篱，各种绿篱有不同的适用条件，但是总的要求是该种树木应有较强的萌芽更新能力和较强的耐荫能力，以生长较缓慢、叶片较小的树种为宜。

栽培养护管理要点是保持篱面完整且勿使下部枝条空秃，应注意修剪时期与树种生长发育的关系。

绿雕塑（又称造型树），在园林中产生具有特殊情趣的景物效果，从其成形的手法上可分为剪景与扎景两类。养护管理要点是适当控制水肥，避免大水大肥，注意保持体形完美。

绿篱及绿雕塑主要应用种类有：针叶树类（侧柏、圆柏）、常绿阔叶篱、落叶篱、花篱、果篱等。

七、群植与林植

群植：是指单种或多种几十株以上的较大规模的成片栽植。是园林绿化中常见的一种栽植方式，多应用于园林绿地的空旷地段。能达到雄伟壮观的群体美的效果，而且能起到防风、防尘、改善环境等作用。选择配置种类时，要考虑到种间对生态环境的要求和相互关系。

林植：是指一种或多种几十株以上的较大规模的成片成带栽植。常在大型公园、森林公园或风景名胜区应用。选择乡土树种为主或选适宜本地区生态环境的种类。根据栽植的郁闭度，分为疏林和密林。根据配置不同，又分为纯林和混交林。

疏林是常用的一种风景林，郁闭度为0.4～0.6，常采用单一乔木类的树种种植。选择树体高大，具有独特观赏或庇荫效果，适应性强、管理方便及病虫害少的种类。表现出简洁、淳朴和自然野趣之美。

密林栽植的郁闭度为0.7～1.0，常用单一种类或两种以上种类配置。展示富有生命活力的壮观的自然森林景观。

复习思考题

1. 简述园林树木栽植的成活原理。
2. 园林树木栽植包括哪些环节和过程？
3. 非适宜季节栽树应注意哪些问题？
4. 总结大树移植的关键技术和方法。

实训　园林树木整形修剪

1. 目的要求

了解树木的结构，掌握短截、疏剪、缩剪的方法。

2. 材料和工具

修枝剪、手锯、电工刀、绳索若干。

3. 方法步骤

在现场认识树体的结构，熟悉各种枝条的名称；掌握修剪方法。

（1）短截

轻短截：轻剪枝条的顶梢（剪去枝条全长1/5～1/4），主要用于花果树木的强壮枝的修剪。

中短截：剪去枝条全长的1/3～1/2，剪口位于枝条中部或中上部饱满芽处。主要用于某些弱枝复壮，各种骨干枝、延长枝的培养。

重短截：剪去枝条全长的2/3～3/4，主要用于弱树、老树、老弱枝的复壮更新。

极重短截：在枝条基部轮痕处留2～3个芽剪截，紫薇采用此法修剪。

（2）疏剪

一般疏剪

大枝疏剪

（3）缩剪

（4）剪口芽的处理

（5）竞争枝的处理

4. 实习报告

绘图说明短截强度，简述修剪的操作过程。

第十一章　乔木类

乔木类是指树体高大（通常6m至数十米），具有明显的高大的主干。依其高度可分为伟乔（31m以上）、大乔（21～30m）、中乔（11～20m）和小乔（6～10m）4级。按其冬季或旱季落叶与否又分为落叶乔木和常绿乔木。

由于乔木类一般树体雄伟高大，树形美观，多数具有宽阔的树干、繁茂的枝叶，所以，在园林中一般多用于独赏树、庭荫树、行道树等。为了便于学生能更好的掌握乔木类在园林造景的运用，本章将按照常绿乔木类和落叶乔木类分别进行讲述。

第一节　常绿乔木类

常绿乔木是一种终年具有绿叶的乔木，这种乔木的叶寿命是2～3年或更长，并且每年都有新叶长出，在新叶长出的时候也有部分旧叶的脱落，由于是陆续更新，所以终年都能保持常绿。这种乔木由于其有四季常青的特性，因此，常被用来作为绿化的首选植物，由于它们常年保持绿色，其美化和观赏价值更高。

一、松科（*Pinaceae*）

常绿或落叶乔木，稀有灌木，有树脂。叶针状，常2、3或5针成一束，或成扁平条形，螺旋状排列，假两列状或簇生。雌雄同株或异株；雄球花长卵形或圆柱形，有多数雄蕊，每雄蕊有2花药，花粉粒有气囊或无气囊；雌球花呈球果状，有多数呈螺旋状排列之珠鳞，每珠鳞有2倒生胚珠，每株鳞背面有分离的苞鳞。球果有多数脱落或不脱落的木质或纸质种鳞，每种鳞上有2粒种子；种子上常有1膜质的翅，稀无翅或近无翅，胚具2～16枚种叶。10属230余种，多数分布于北半球。

我国有10属117种近30个变种，其中引入栽培24种及2变种。

（一）冷杉属（Abies Mill）

杉松（*Abies holophylla* Maxim.）（图11-1）

别名　辽东冷杉、沙松、白松。

形态特征　常绿乔木，高达30m，胸径1m。树冠宽圆锥形，老树则为宽伞形。幼树树皮淡褐色不裂，老树树皮灰褐浅纵裂，内皮赤色。一年生枝淡黄灰色无毛，有光泽。叶条形，先端突尖或渐尖，无凹缺，上面深绿色有光泽，背面沿主脉两侧各有1条白色气孔带，果枝的叶上面顶端亦常有2～5条不很显著的气孔线。球果圆柱形，长6～14cm，熟时呈淡黄褐或淡褐色，近于无柄；苞鳞短不露出，先端有刺尖头。花期4～5月；果当年10月成熟。

产地分布　产于辽宁东部、吉林及黑龙江省，但小兴安岭没有分布，在长白山区及牡

图 11－1　杉松

丹江山区为主要树种之一。前苏联的西伯利亚及朝鲜亦有分布。北京引种后生长良好；杭州亦有引种，生长良好。

生长习性　耐荫，为荫性树种，喜冷湿气候，抗寒能力较强。自然生长在土层肥厚的阴坡，干燥的阳坡极少见。喜深厚湿润、排水良好的酸性土。浅根性树种。幼苗期生长缓慢，10 年后渐加速生长。寿命长。常与红松、臭冷杉、长白鱼鳞云杉、黄花落叶松等针叶树混生，亦可与春榆、山杨、糠椴、硕桦、水曲柳、胡桃楸等阔叶树混生，而极少成纯林。

繁殖培育　播种繁殖。应用新鲜的种子沙藏 1～3 个月后播种。幼苗需遮阳。扦插宜冬季进行，经生长激素处理，生根良好。

园林用途　杉松树姿雄伟端正，宜孤植作庭荫树，也可以列植或丛植、群植。若在老树下点缀山石和观叶灌木，则形成姿、色俱佳之景色。东北高山、严高山和高原风景区，城市园林都可以应用。杭州植物园种植后生长良好，葱郁优美。可盆栽作室内装饰。

（二）云杉属（Picea Dietr）

云杉（*Picea asperata* **Mast.**）（图 11－2）

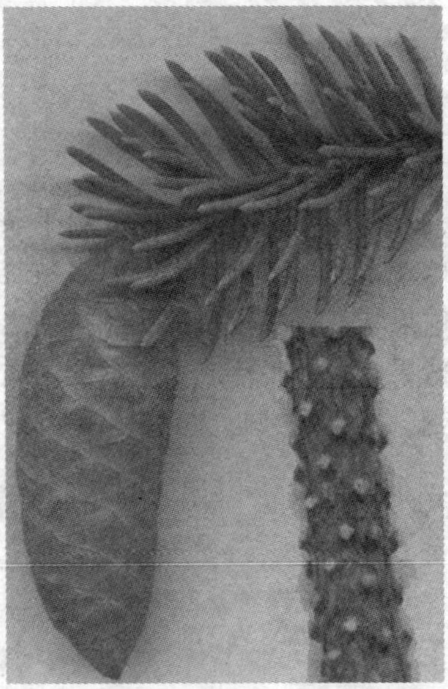

图 11－2　云杉

别名　粗云杉、粗枝云杉。

形态特征　常绿乔木，高 45m，胸径约 1m。树冠圆锥形，树皮灰色，呈鳞片状脱落，大枝平展，小枝近光滑或疏生至密生短柔毛，一年生枝淡黄、淡褐黄或黄褐色，芽圆锥形，有树脂，上部芽鳞先端不反卷或略反卷，小枝基部宿存芽鳞先端反曲。叶长 1～2cm，先端尖，横切面菱形，上面有 5～8 条气孔线，下面 4～6 条。球果圆柱状长圆形或圆柱形，成熟前种鳞全为绿色，成熟时呈灰褐或栗褐色，长 6～10cm，种子黑色倒卵形，长 4～5cm，有翅。花期 4 月，果当年 10 月成熟。

产地分布　产四川、陕西、甘肃海拔 1 600～3 600m 山区。

生长习性　有一定耐荫性，喜冷凉湿润气候，但对干燥环境有一定抗性。浅根性，要求排水良好，喜微酸性深厚土壤，生长速度较白杄略快，自然林中有 50 年生高达 12m 的，人工造林及定植的可生长更快。

繁殖培育　云杉以播种繁殖。采用春季高床或高拢条状播种，约 2～3 周带壳出土，4～5d 后壳脱落，苗期须进行遮阳。云杉生长速度缓慢，10 年内高生长量较低，后期生长速度逐渐加快，且能较长时间地保持旺盛的生长。

园林用途　云杉的树形端正，枝叶茂密，苍翠壮丽，在庭院中即可孤植，也可片植。盆栽可作为室内的观赏树种，多用在庄重肃穆的场合，冬季圣诞节前后，多置放在饭店、宾馆和一些家庭中作圣诞树装饰。

红皮云杉（*Picea koraiensis* Nakai）

别名 红皮臭、虎尾松、高丽云杉、带领云杉。

形态特征 常绿乔木，高可达30~35m，胸径80cm；树冠尖塔形，大枝斜伸或平展，一年生枝淡红褐色或淡黄褐色，无毛或有较密短柔毛；芽长圆锥形，小枝基部宿存芽鳞之先端常反曲。叶锥形，先端尖，横切面菱形，四面有气孔线。球果卵状圆柱形或圆柱状矩圆形，熟后褐色；种鳞薄木质，三角状倒卵形，先端圆，露出部分有光泽，常光滑，无明显纵纹；苞鳞极小；种子上端有膜质长翅，淡褐色。花期5月下旬，9月下旬球果成熟，10月下旬种鳞开裂，种子飞散。

产地分布 分布于在东北地区，主要分布在黑龙江、吉林两省中的小兴安岭、完达山、张广才岭及长白山林区。大兴安岭东部和北部的河谷沿岸亦有少量分布。朝鲜及前苏联乌苏里地区亦产。北京植物园引种大苗，生长表现良好，可作为独赏树在北京地区推广。

生长习性 红皮云杉适应性较强，耐全光、耐湿、耐寒、较耐荫、也耐干旱，稍呈浅根性，侧根发达，喜空气湿度大、土壤肥厚而排水良好的环境，生长比较快。

繁殖培育 以播种为主，也可采用扦插，压枝繁殖。

园林用途 红皮云杉树姿态优美，是园林绿化优良常绿树种。

（三）雪松属（Cedrus Trew）

雪松（*Cedrus deodara*）（图11-3）

别名 香柏、喜马拉雅雪松、喜马拉雅杉。

图11-3 雪松

形态特征 常绿乔木，高可达50m以上，胸径约1m。树冠圆锥形。树皮灰褐色，鳞片状裂；大枝不规则轮生，平展；小枝近光滑或疏生至密生短柔毛，一年生枝，黄褐色；芽圆锥形，有树脂，上部芽鳞先端不反卷或略反卷。小枝基部宿存芽鳞，先端反曲。叶针状，宽厚相等，先端尖，横切面菱形。雌雄异株，稀同株，10~11月开花，雄花球椭圆状卵形，雌花球卵圆形。球果圆柱形，长6~10cm，未成熟前绿色，成熟时呈灰褐或红褐色；种鳞阔扇状倒三角形，背面密被锈色短绒毛；种子三角形，有淡褐色翅。

产地分布 原产喜马拉雅山西部。1920年引入我国，现在长江流域各大城市中多有栽培。青岛、旅顺、西安、昆明、北京、郑州、上海、南京等地之雪松均生长良好。

生长习性 阳性树种，喜光，具有一定耐荫性。喜温凉湿润气候，有一定耐寒能力，但对干燥环境亦有一定抗性。喜土层深厚而排水良好的土壤，能生长于微酸性及微碱性土壤上，也能生于瘠薄地和黏土地，但忌积水，在低洼地生长不良。为浅根性树种；生长速度较快，属速生树种。

繁殖培育 可采用播种、扦插及嫁接法繁殖。用播种法繁殖，发芽率达80%以上。

每亩用种约5kg。播前可用40℃温水浸一昼夜。播后最好用菌根土覆土，约半月可出苗，当年苗高约10cm；二年生苗高约30cm。移植或定植树木，应在发芽前进行，否则不易成活。扦插法繁殖也较常用，自幼年实生母树上采一年生的健壮枝作插穗，成活率可达100%。扦插于早春发芽前进行为好，插后1个月可开始生根。

园林用途 雪松高大雄伟，树形优美，是世界上著名的观赏树之一。它与金钱松，日本金松，南洋杉和北美红杉合称世界五大公园树。最宜孤植于草坪中央，建筑前庭之中心、广场中心或主要建筑物的两侧及园门的入口处等。也可在庭园中对植，或群植于草坪上。

（四）松属（Pinus L）

华山松（*Pimus armandii* Fransh.）（图11－4）

图11－4 华山松

别名 青松、白松、云南五针松。

形态特征 常绿乔木，高达可达35m，胸径1m。树冠广圆锥形，小枝平滑无毛，冬芽小，圆柱形，栗褐色。幼树树皮灰绿色，老则裂成方形厚块片固着在树上。针叶5针一束，长8～15cm，横断面三角形，质柔软，树脂道多为3，中生或背面2个边生、腹面1个中生，叶鞘早落。球果圆锥状长卵形，长10～20cm，柄长2～5cm，成熟前绿色，成熟时褐黄色，种鳞张开，种子脱落；中部种鳞近斜方状倒卵形，肥厚，鳞盾近斜方状或宽三角状斜方形，无纵脊，鳞脐不明显；种子黄褐色或暗褐色，倒卵形，无翅或近无翅。

产地分布 在我国晋、陕、甘、青、豫、藏、川、鄂、滇、黔、台等省（区）有分布。辽宁、北京、山东等有引种。在自然界大致生于海拔1 000～3 000m处，有纯林及混交林。

生长习性 阳性树，幼苗略喜一定庇荫。喜凉爽、湿润气候，高温、干燥是影响分布的主要原因。耐寒力强，在其分布区北部，甚至可耐－31～－30℃的低温。不耐炎热，在高温季节长之处生长不良。喜排水良好，能适应多种土壤，最宜深厚、湿润、疏松的中性或微酸性土壤。生长速度中等偏快。对二氧化硫的抗性较强，在北方抗性超过油松。

繁殖培育 播种繁殖。幼苗稍耐阴，也可在全光照下生长。

园林用途 华山松树姿高大挺拔，针叶苍翠，冠形优美，生长较快，是优良的庭院绿化树种和重要的用材树种。华山松在园林中可用作园景树、庭荫树、行道树及林带树，宜可用于丛植、群植，并系高山风景区之优良风景树种。

红松（*Pinus koraiensis* sieb. et Zucc.）（图11－5）

别名 海松、红果松、果松、朝鲜松。

形态特征 常绿乔木，高达50m，胸径1.0～1.5m。树冠卵状圆锥形。树皮灰褐色，呈不规则长方形裂片，内皮赤褐色。一年生小枝密被黄褐色或红褐色柔毛；冬芽长圆形，赤褐色，略有树脂。针叶5针一束，长6～12cm，在国产之五针松中最为粗硬、直，深绿色，缘有细锯齿，腹面每边有蓝白色气孔6～8条，背面无之，树脂道3，中生。球果锥状长卵形，长9~14cm，熟时黄褐色，有短柄，种鳞菱形，先端钝而反卷鳞背三角形，有淡棕色条纹，鳞脐顶生，不显著。种子大，倒卵形，无翅长1.5cm，宽约1.0cm，有暗紫色脐痕。花期5~6月；果次年9~11月成熟，熟时种鳞不张开或略张开，但种子不脱落。

图11-5 红松

产地分布 产于我国东北辽宁、吉林及黑龙江省，在长白山、小兴安岭极多，在大兴安岭北部有少量。朝鲜、前苏联及日本北部亦有分布。

生长习性 弱阳性树，较耐荫，尤其幼苗阶段略喜遮荫。性喜较凉爽气候。耐寒性强，最低达-50℃，喜空气湿润的海洋性气候。喜深厚肥沃、排水良好而又适当湿润的微酸性土壤，稍耐干燥瘠薄地，也能耐轻度的沼泽化土壤，能忍受短期的季节性水淹。在自然界中表现为浅根性，水平根系很发达，只有少数长根，故较易风倒。生长速度中等而偏慢。

繁殖培育 播种繁殖。采种后经混沙湿藏，春播约3~4周即可发芽；如干藏，则春播后当年很少出土，需待次年始能出齐。故通常在播前均进行催芽措施。由于红松幼苗较喜荫，侧方加荫对加速生长有利，故育苗过程中应注意适当密播。二年生苗高约10cm，可供造林用；园林绿化用者则应继续栽培成较大的苗木，每3年移植一次。

园林用途 红松树形雄伟高大，宜作北方森林风景区材料，或配置于庭院中。在北京郊区及山东山区引种，生长表现较好。

北美乔松（*Pinus strobus* L.）（图11-6）

别名 美国白松、美国五针松。

形态特征 常绿乔木，高达60m，冠幅6~12m。幼年时为金字塔形，在中期和后期形成由很多水平和向上的枝形成的冠状结构，外形轮廓像羽毛。树皮暗灰褐色，块状裂片状脱落，枝干不下垂，稍向上扬状，枝干大多呈45°角。小枝绿褐色，初时有毛，后脱落，无白粉，针叶长7~14cm，5针一束，叶细而柔软，不下垂；花期4~5月，果实于翌年秋季成熟。球果长8~12cm，种子有长翅。

图11-6 北美乔松

产地分布 原产美国东部。我国可在北至辽宁，南至湖南、江西、四川北部区域内生长。

生长习性 耐干旱能力较好，对土壤要求不严格，但以疏松肥沃、排水良好的微酸性沙质土壤为佳；喜光，也稍耐荫。对风很敏感，在强风雨下通常会失去枝条，极不耐空气污染（臭氧，硫）和盐碱土。

繁殖培育 以播种繁殖为主，可于种子成熟后沙藏，翌年春季播种。根系很深，扩散很广，所以容易移植。

园林用途 北美乔松株形美观，针叶纤细柔软，观赏价值较高，适应性强，可孤植、丛植、列植于路旁、草坪、花境等地。

白皮松（*Pimus bungeana* Zucc.）（图 11－7）

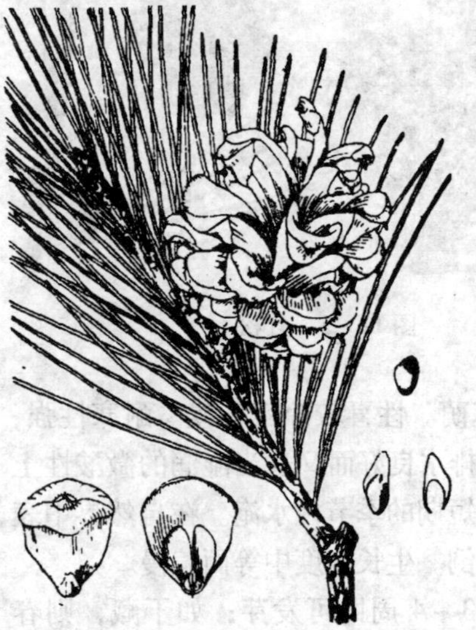

图 11－7 白皮松

别名 虎皮松、白骨松、蛇皮松。

形态特征 常绿乔木，高达30m，胸径1m。树冠宽塔形至伞形。主干明显或近基部分叉；幼树树皮灰绿色，平滑；中壮龄树皮裂成不规则薄片脱落，内皮淡黄绿色；老树树皮淡褐灰色或灰白色，块状脱落后露出粉白色内皮。一年生枝灰绿色，平滑无毛；冬芽卵圆形，红褐色，无树脂。针叶粗硬，3 针一束，长 5 ~ 10cm，两面有气孔线；树脂道边生或中生并存；叶鞘早落。球果锥状卵球形，成熟前绿色，成熟时淡黄褐色，种鳞矩圆状宽楔形，先端厚，鳞盾近菱形，有横脊，鳞脐背生，有刺，尖头先下反曲；种子灰褐色，近倒卵圆形，种翅短。花期 5 月，球果成熟于次年 10 月。

产地分布 我国特有树种。原产我国山西省吕梁山、太行山海拔 1 200 ~ 1 850m，河南西部、陕西秦岭、甘肃南部、四川北部海拔 1 000m 左右。既可组成纯林，也可与侧柏、槲栎、栓皮栎伴生。辽宁南部、北京、河北、山东至长江流域广泛栽培。

生长习性 阳性树种，幼树能耐荫。喜凉爽气候，能而 －30℃低温，不耐湿热。在肥沃深厚的钙质土或黄土上生长良好（pH 值 7 ~ 8），耐干旱，不耐积水和盐土。在长江流域的长势不如华北地区，常分枝过多结籽不良。病虫害少，对二氧化硫及烟尘有较强的抗性。

繁殖培育 播种繁殖，亦可嫁接繁殖。砧木用黑松。幼苗要搭棚遮荫，苗期生长缓慢，园林用苗至少要移植两次，促进侧根的生长，以有利于定植成活。待苗高 1.2 ~ 1.5m 时出圃。白皮松主根长，侧根稀少，移植时应少伤根。

园林用途 白皮松树姿优美，树干斑驳、苍劲奇特，是东亚特有的珍贵三针松。古时多用于皇陵、寺庙，在那里遗留很多白皮松古树。宜在风景区配怪石、奇洞、险峰造风景林。可孤植草坪，列植在陵园作纪念树。配置在古建筑旁显得幽静庄重，为我国古典园林中常见的树种。也可群植片林或几株丛植。

油松（*Pimus tabulaeformis* Carr.）（图 11－8）

别名 短叶马尾松、东北黑松。

形态特征 常绿乔木，高达 25m，胸径约 1m 余；树冠在壮年期呈塔形或广卵形，在老年期呈盘状或伞形。树皮深灰褐色或褐灰色，裂成不规则较厚的鳞状块片，裂缝及上部树皮红褐色。小枝粗壮，无毛，褐黄色；冬芽长圆形，顶端尖，红棕色，微具树脂，在顶芽旁常轮生有 3 ~ 5 个侧芽。叶 2 针一束，罕 3 针一束，粗硬，不扭曲，长 10 ~ 15cm，树脂道 5 ~ 8 或更多，边生；叶鞘宿存。雄球花橙黄色，雌球花绿紫色。当年小球果的种鳞顶端有刺，球果卵形，长 4 ~ 9cm，无柄或有极短柄，可宿存枝上达数年之久；种鳞的鳞背肥厚，横脊显著，鳞脐有刺。种子卵形，长6~8mm，淡褐色，卵圆形或长卵圆形，有斑纹，翅长约1cm黄白色，有褐色条纹。子叶8~12。花期4~5月；果次年10月成熟。

图11-8　油松

产地分布　产于我国吉林南部、辽宁、内蒙古自治区、河北、河南、山西、山东、陕西、甘肃、宁夏回族自治区、青海及四川西北部。朝鲜亦有分布。

生长习性　强阳性树种。性强健耐寒，能耐-30℃的低温，在-40℃以下则会有枝条冻死。耐干燥大陆性气候，不耐水淹，对土壤养分要求不高，喜质地疏松的沙质壤土。不耐盐碱。油松属于深根性树种，垂直根系和水平根系均发达。

繁殖培育　播种法繁殖。每千克种子约2.5万粒，发芽率达90%以上。一般采用春播，宜早不宜迟，播前种子进行催芽处理以便出土整齐。油松育苗不忌连作，而且连作会使幼苗生长健壮。幼苗在5~6月时最易得立枯病，可每周喷施波尔多液1次，连喷4次。幼苗怕水涝，应注意排水及加强中耕除草等措施。定植后的油松可粗放管理，移栽时应带土坨，注意勿伤顶芽。

园林用途　油松姿态老健壮观，树干挺拔苍劲，四季常春，不畏风雪严寒，故象征坚贞不屈，不畏强的气质，文学家们常以松树的风格来形容革命志士。油松树冠开展，年龄愈老姿态愈奇，老枝斜展，枝叶婆娑、苍翠欲滴，每当微风吹拂，有如大海波涛之声，俗称“松涛”。在园林配植中，除了适于作独植、丛植、纯林群植外，亦宜行混交种植。适于作油松伴生树种的有元宝枫、栎类、桦木、侧柏等。还是很好的庭荫树。

黑松（*Pinus thunbergii* Parl.）（图11-9）

别名　白芽松、日本黑松。

形态特征　常绿乔木，高达30m，胸径2m。树冠幼时呈狭圆锥形，老时呈扁平的伞状。幼树树皮暗灰色，老树皮灰黑色粗厚，裂成鳞状厚片脱落。

图11-9　黑松

冬芽银白色，圆柱状。一年生枝淡褐黄色，无毛，无白粉，针叶2针一束、粗硬，长6~12cm，径约1.5~2mm，中生树脂道6~11。雌球花1~3，顶生。球果圆锥状卵形、卵圆形；鳞盾肥厚，横脊显著，鳞脐微凹，有短刺；种子倒卵形，灰褐色，略有黑斑，有种翅。花期3~5月，果次年10月成熟。

产地分布　原产日本及朝鲜南部沿海地区，我国辽东半岛以南沿海地区、南京、上海、杭州、武汉、郑州等地引种栽培。

生长习性　喜光树种。喜温暖湿润的海洋性气候，因其耐潮风，耐海雾，抗海风，也可在海滩盐土地方生长。对海崖环境适应能力较强。对土壤要求不严，忌黏重，不耐积水；最宜在土层深厚、土质疏松，且含有腐殖质的沙质土壤处生长。

繁殖培育 播种繁殖。春播，播前种子进行消毒和催芽处理。小苗于每年春季修根移植一次，以促生侧根，使移植容易成活，且利于培育大苗；移植时要带土球或宿土。

园林用途 黑松为著名的海岸绿化树种，所以最适宜作海崖风景林、防护林、海滨行道树、庭荫树。也可公园和绿地内整枝造型后配置假山、花坛或孤植草坪中。黑松经抑制生长，蟠曲造型，姿态雄壮，高亢壮丽，黑松盆景具有极高观赏价值，而且对环境适应能力强，庭院、阳台均可培养。其枝干横展，树冠如伞盖，针叶浓绿，四季常青，树姿古雅，可终年欣赏。多年培养的黑松桩景，老干苍劲虬曲，盘根错节。

二、柏科（*Cupressaceae*）

常绿乔木及直立或匍匐灌木。叶交叉对生或三叶轮生，幼苗时期叶刺状，成长后叶为鳞片状片状或刺状或同株上兼有两种叶形。雌雄同株或异株；雄球花有雄蕊 2 ~ 16，每雄蕊有花药 2 ~ 6，雌球花有珠鳞 3 ~ 12，珠鳞上有一至数个直生胚珠；苞鳞与珠鳞结合，仅尖端分离；球果种类木质或革质，开裂或肉质结合而生；种子有翅或无翅；子叶 2，罕 5 ~ 6。

共 22 属约 150 种，分布于全世界；中国产 8 属 29 种 7 变种，另有引入栽培的 5 属约 15 种。

（一）侧柏属（Platycladus Spach）

侧柏（***Platycladus orientalis*（L.）Franco**）（图 11 – 10）

图 11 – 10 侧柏

别名 香柏、扁柏、扁桧、黄柏。

形态特征 常绿乔木，高达 20m，胸径 1m 以上。幼树树冠卵状圆锥形，老树树冠呈不规则广圆形。树皮灰褐色，薄条片状裂。大枝斜出；枝叶直展扁平，排成平面，两面相似。全为鳞形叶，长 1 ~ 3mm，交叉对生，先端钝尖。雌雄同株。雌球花蓝绿色被白粉。球果卵圆形，成熟前绿色，成熟后红褐色，开裂。种子卵状椭圆形，顶端微尖，灰褐色或紫褐色，无翅或极窄的翅。

产地分布 原产于我国，是我国各地园林常见树种，栽培历史悠久，分布以黄河、淮河流域为主，北至内蒙古自治区、吉林省南部，南至广东、广西壮族自治区北部，西至陕西、甘肃，西南至四川、云南，西藏自治区也有栽培。垂直分布自吉林省海拔 250m、黄河流域 1 000 ~ 1 500m，到云南省 3 300m。

生长习性 中等喜光树种，能耐侧方荫蔽，幼树耐荫。喜温暖湿润气候，但亦耐多湿，耐旱；较耐寒，在沈阳以南地区生长良好，能耐 –25℃的低温，在哈尔滨市仅能在背风向阳的地点行露地保护越冬。喜排水良好而湿润的深厚土壤，对土壤要求不严格，无论酸性土、中性土或碱性土均能生长。抗盐性很强。生长速度中等偏慢。寿命极长。

繁殖培育 播种法繁殖。春季条播。侧柏在幼苗期须根发达，易移栽成活，小苗可裸根移植，大苗要带土球。

园林用途 侧柏树姿优美，枝叶苍翠是我国最古老的园林树种之一。用于陵园、墓地、庙宇作基础材料，常列植、丛植或群植。

（二）圆柏属（Sabina Mill）

圆柏（*Sabina chinensis*）（图11-11）

别名 桧柏、刺柏。

形态特征 常绿乔木，高20m，胸径达3.5m。树冠尖塔形或圆锥形，老树冠呈广卵形。树皮灰褐色，裂成长条片。幼树枝条斜上展，老树枝条扭曲状，大枝近平展；小枝圆柱形或微呈四棱；冬芽不显著。叶两型，镤叶钝尖，背面近中部有椭圆形微凹的腺体；刺形叶披针形，三叶轮生，上面微凹，有两条白色气孔带。雌雄异株，稀同株；雄球花黄色，椭圆形；雌球花对生或轮生。球果近圆球形，成熟前淡紫褐色，成熟时暗褐色，被白粉，微具光泽；种子卵圆形，黄褐色，微具光泽，具棱脊及少数树脂槽。

图11-11 圆柏

产地分布 原产于我国内蒙古自治区及沈阳以南，南达两广北部，西南至四川省西部、云南、贵州等省，西北至陕西、甘肃南部均有分布。西藏自治区有栽培。朝鲜、日本也有分布。

生长习性 喜光树种，较耐荫。喜凉爽温暖气候，耐寒、耐热。喜湿润肥沃、排水良好的土壤，对土壤要求不严，钙质土、中性土、微酸性土壤都能生长。耐旱亦稍耐湿。深根性树种，侧根也很发达。忌积水。耐修剪，易整形。对二氧化硫、氯气和氟化氢有一定抗性。能吸收一定数量的硫和汞，阻尘和隔音效果良好。

繁殖培育 播种法繁殖。发芽率40%。种子采收后消毒处理，然后层积100d左右种皮开裂开始萌芽，即可播种。各种品种也可采用扦插、嫁接繁殖。龙柏扦插，插条要用侧枝上的正头，长约15cm，常用泥浆法扦插成活好。嫁接繁殖一般采用侧柏为砧木。最好避免在苹果、梨园等附近种植，以免发生梨锈病。

园林用途 圆柏幼龄树树冠整齐圆锥形，树形优美，大树干枝扭曲，姿态奇古，可以独树成景，是我国传统的园林树种。古庭院、古寺庙等风景名胜区多有千年古柏，“清”、“奇”、“古”、“怪”各具幽趣。可以群植草坪边缘作背景，或丛植片林、镶嵌树丛的边缘、建筑附近。也可作桩景、盆景材料。

（三）崖柏属（Thuja L）

北美香柏（*Thuja occidentalis* L.）（图11-12）

别名 美国侧柏、金钟柏。

形态特征 常绿乔木，高达20m，胸径2m。树冠塔形。树皮红褐色或橘褐色；当年生小枝，扁平；3~4年生枝，圆形。两侧鳞叶先端内弯，中间鳞叶明显隆起；主枝上的叶有腺体，小枝上的叶无腺体或很小。鳞叶上面深绿色，下面灰绿色或淡黄绿色，无白

图 11－12　北美香柏

粉，揉碎后有香气。球果长椭圆形，淡黄褐色。

产地分布　分布于北美东部，生于湿润的石灰岩土壤。我国郑州、青岛、庐山、上海、南京、杭州、武汉等地引种栽培，北京可以露地过冬。

生长习性　喜光，耐荫，对土壤要求不严，能生长于温润的碱性土中。耐修剪，抗烟尘和有毒气体的能力强。生长较慢，寿命长。

繁殖培育　常用扦插繁殖，亦可播种和嫁接。

园林用途　北美香柏树冠优美整齐，园林上常作园景树点缀装饰树坛，丛植草坪一角，亦适合作绿篱。

二、罗汉松科（竹柏科）（*Podocarpaceae*）

常绿乔木或灌木。叶鳞状、针叶条形、披针形或卵圆形。常雌雄异株，稀同株；雄球花顶生或腋生、单生、簇生或穗状分枝，雄蕊多数，螺旋状互生，每雄蕊有花药 2，花粉粒有气囊；雌球花腋生或顶生，具数珠鳞，顶端或部分珠鳞具 1 倒生胚珠。种子球形或卵形，外皮多为肉质，基部多由不孕性珠鳞和种柄顶端结合发育成肉质的种托。子叶 2，发芽时出土。

共含 8 属，约 130 种以上。分布于热带、亚热带及南温带地区，多数产于南半球。中国产 2 属 14 种 3 变种。

罗汉松属（*Podocarpus*）

罗汉松（*Podocarpus macrophyllus*）（图 11－13）

图 11－13　罗汉松

别名　罗汉杉、土杉。

形态特征　常绿乔木，高达 20m，胸径达 60cm。枝干开展密生，树冠广卵形。树皮灰褐色，呈薄片状脱落。叶线状披针形，螺旋状互生，基部楔形，先端突尖或钝尖，两面中脉明显而隆起，表面浓绿色，有光泽，背面淡绿色，有时被白粉。叶形变化较大，有小叶罗汉松、短叶罗汉松、狭叶罗汉松等变种。花期 5 月，雄球花穗状，单生或 2～3 簇生叶腋，有短梗。种子单生叶腋，卵圆形，8～9 月成熟，深绿色有白粉，着生于肉质的种托上，种托紫红色。

产地分布　产于江苏、浙江、福建、安徽、江西、湖南、四川、云南、贵州、广西壮族自治区、广东等省区，在长江以南各省均有栽培。日本也有分布。

生长习性　较耐荫，为半阴性树种。喜温暖、湿润环境，耐寒力稍弱。耐修剪。适生于排水良好、深厚肥沃的湿润土壤。抗病虫害能力较强。对多种有毒气体有较强的抗性。寿命长。

繁殖培育　可用播种及扦插法繁殖。种子发芽率 80% ~90%；扦插时以在梅雨季中施行为好，易生根。斑叶品种如“银斑”罗汉松（cv. Argenteus）等，可用切接法繁殖。定植时，如是壮龄以上的大树，须在梅雨季带土球移植。罗汉松因较耐荫，故下枝繁茂亦很耐修剪。

园林用途　罗汉松树形优美，枝叶苍翠，满树上紫红点点，颇富情趣，是广泛用于庭园绿化的优良树种，宜作孤植、对植或树丛配置，可修整成塔形或球形，也可整形后作景点布置。

三、红豆杉科（*Taxaceae*）

常绿乔木或灌木。叶条形，少数为条状披针形。雌雄异株，稀同株；雄球花单生或成短穗状花序，生于枝顶，雄蕊多数，每雄蕊有花药 3 ~9；雌球花单生叶腋，顶部的苞片着生 1 个直生胚珠。种子于当年或次年成熟，全包或部分包被于杯状或瓶状的肉质假种皮中；有胚乳；子叶 2。

共 5 属 23 种，有 4 属分布于北半球，1 属分布于南半球。中国产 4 属 12 种 1 变种，另有 1 栽培种。

红豆杉属（*Taxus* L.）

东北红豆杉（*Taxus cuspidata* Sieb. et Zucc.）（图 11 -14）

别名　紫杉、赤柏松、枷罗木。

形态特征　常绿乔木，高达 20m，胸径达 1m，树冠阔卵形或倒卵形，雄株树冠较狭而雌株则较开展；树皮赤褐色，呈片状剥裂；大枝近水平伸展，侧枝密生，无毛。芽小而长尖，呈浅绿或褐色，芽鳞较狭，先端锐尖，宿存于小枝基部。叶条形，直或微弯，先端常突尖，上面深绿色，有光泽，下面有两条灰绿色气孔带；主枝上的叶呈螺旋状排列，侧枝上者呈不规则而断面近于“V”形的羽状排列。雄蕊 6 ~14 集成头状，各具 5 ~8 淡黄花；雌花胚珠淡红色，卵形；花期 5 ~6 月。种子坚果状，卵形或三角状卵形，微扁，有 3 ~4 纵棱脊，长约 6mm，赤褐色，假种皮浓红色，杯形，9 月成熟，11 月脱落。

图 11 -14　东北红豆杉

产地分布　产于我国东北的东部。前苏联东部、朝鲜北部及日本也有。

生长习性　耐荫树种，抗寒性强。适生于富含腐殖质、湿润、疏松的土壤和空气湿度大的环境。浅根性，生长缓慢。基部能萌蘖，耐修剪整型。不耐水涝。

繁殖培育　种子繁殖，最好采后即播或层积贮藏次春播种。条播、撒播均可。此外亦可扦插法繁殖。

园林用途　东北红豆杉树态端丽，枝叶浓密，色泽苍翠。适宜植于庭院和较阴的环境。萌蘖力强，耐修剪扎型，也是布置绿篱、制作盆景的最佳材料。

第二节 落叶乔木类

落叶乔木是指每年秋冬季节或干旱季节叶全部脱落的乔木。一般指温带的落叶乔木，落叶是植物减少蒸腾、渡过寒冷或干旱季节的一种适应，这一习性是植物在长期进化过程中形成的。落叶的原因，是由短日照引起的，其内部生长素减少，脱落酸增加，产生离层的结果。

一、松科（*Pinaceae*）

（一）金钱松属（*Pseudolarix*）

金钱松（*Pseudolarix kaempferi* Gord.）（图 11－15）

图 11－15 金钱松

别名 金松。

形态特征 落叶乔木。树冠圆锥形，树皮赤褐色，呈狭长鳞片状剥离。有长枝与短枝之分。叶条形较宽，柔软，在长枝上螺旋状散生；在短枝上轮状簇生，长短不一，辐射平展。雌雄同株，雄球花有柄，黄色，雌球红紫红色；球果卵形，当年成熟，直立。种鳞木质，苞鳞小，基部与种鳞结合而生。

产地分布 我国特产，国家重点保护植物之一。分布长江中、下游各省。浙江天目山有保存的天然生大树。江苏南部、福建北部、江西、湖南、湖北至四川等地都有。

生长习性 喜湿暖湿润的气候及深厚、肥沃、排水良好的酸性土壤，抗风力强，耐寒性强，能耐－20℃的低温，但不耐干旱瘠薄，也不适应盐碱地和积水的低洼地。喜光性强，幼年需庇荫。生长速度中等偏快。

繁殖培育 播种繁殖，每 667m^2 用种约 15kg，40℃温水浸种一昼夜，播后半月可出苗。育苗地应掺入金钱松林下土壤，以便使菌根带入。苗期需半阴环境，在晴天可喷 1～2 次波尔多液防病。苗木移栽需带土球，并保护好菌根，随挖随种。春季种植宜在芽萌动前，秋冬则需在落叶后进行。

园林用途 金钱松体形高大，树干端直，树形优美，秋叶金黄，与南洋杉、雪松、日本金松和巨杉合称为世界五大园林树。园林中可作行道树，也可孤植或群植成树丛，若与雪松等常绿树配植一处，入秋时黄绿相映极为美丽。亦可盆栽，是制作丛林式盆景的极好材料。

（二）落叶松属（*Larix*）

落叶松（*Larix gmelinii*（Rupr.）Rupr.）（图 11－16）

别名 兴安落叶松、意气松。

形态特征 落叶乔木，高可达 35m，胸径 90cm。大枝斜展或近平展，树冠卵状圆锥形。幼树树皮深褐色，老龄树皮则为暗灰褐色或灰褐色，纵裂成鳞片状块剥落，内皮紫红色。小枝不下垂，有长枝和短枝，一年生枝条细，淡黄褐色，基部常有毛；2～3 年生枝褐色、灰褐色或灰色。顶端叶枕之间有黄白色长柔毛；叶在短枝上簇生，在长枝上螺旋状互生，倒披针状条形，柔软，黄绿色，先端尖或钝尖，表面平整，有时两侧各有 1～2 条气孔线，背面中脉两侧各有 2～3 条气孔线。雌雄球花分别单生于短枝顶端。球果幼时紫红色，熟前卵圆形或椭圆形，熟时上端种鳞张开，呈杯状，黄褐色、褐色或紫褐色，有光泽。

图 11－16　落叶松

产地分布　分布于东北大、小兴安岭和辽宁。

生长习性　性喜光，为强阳性树种，极耐严寒气候，能耐－51℃低温，不耐高温，当温度过 28℃时即停止生长；速生树种；侧根较发达，对土壤适应性强，但在深厚湿润的中性、微酸性土壤中生长较快，不耐干旱；抗烟力较弱。

繁殖培育　种子繁殖。易受松毛虫和尺蠖危害，不宜与松树混植，最好与阔叶树混植。

园林用途　树冠整齐呈圆锥形，叶轻柔而潇洒，可形成美丽的景区。可用于庭园、公园等处作孤植、丛植、群植、片植和背景林使用。

二、杉科（*Taxodiaceae*）

常绿或落叶乔木。叶披针形、钻形、鳞片状或线形，螺旋状排列，极少交互对生（水杉属）。球花单性，雌雄同株。雄球花小，单生或簇生枝顶或排成圆锥花序状，雄蕊具 2～9 个花药，花粉无气囊；雌球花珠鳞和苞鳞合生，每珠鳞腹面有 2～9 个直立或倒生胚珠。球果当年成熟、开裂，木质或革质；种子有窄翅。10 属，仅 16 种，分布于北温带。我国有 5 属，7 种。其中杉木属的杉木在我国中部、南部、西南部广为栽培，为重要造林树种。

水杉属（*Metasequoia*）

水杉（*Metasequoia glyptostrodoides*）（图 11－17）

别名　水桫。

形态特征　落叶大乔木，高可达 35m。幼树尖塔形，老树广圆头形。树干通直，基部常膨大。树皮灰色或淡褐色，浅裂，呈窄长条状脱落，内皮红褐色。大枝不规则轮生，小枝对生。叶条形，扁平，上下同色，交互对生，排列成羽状，嫩绿色，入冬与小枝同时脱落。冬芽大，生于脱落枝痕的下方。2～3 月开花，雌雄同株，单性。雄球花总状或圆锥花序，单生于枝顶和侧方。雌球花生于去年生的枝顶或近枝顶。果近球形，深褐色，10 月果熟。种子扁平，倒卵形，周有狭翅。

图 11－17　水杉

产地分布 产于四川石柱县，湖北利川县磨刀溪、水杉坝一带及湖南龙山、桑植等地海拔 750 ~ 1 500m，气候温和湿润，沿河酸性土沟谷中。40 年来，已在国内南北各地及国外 50 个国家引种栽培。

生长习性 阳性树种，不耐荫。喜温暖、湿润气候，较耐寒，最低气温 -8℃。适生于疏松、肥沃的酸性土壤，但在微碱性土壤中亦能正常生长。适应性强，但不耐干旱与瘠薄，忌水涝。病虫害较少。生长速度较快，在一般条件下 10 年开始见花，15 ~ 20 年成材，40 ~ 60 年大量结果。我国古老的孑遗植物，为国家重点保护植物之一。

繁殖培育 主要有播种和扦插两种方法。由于种源缺乏的关系，常应用扦插较多。水杉种子多瘪粒，30 年生以下幼树尤多，故专门行播种繁殖时多由其原产地索取母树种子供繁殖用。水杉种子细小，千粒重 1.75 ~ 2.28g，每千克有 32 万 ~ 56 万粒。发芽率仅 8% 左右。幼苗细弱，忌旱畏涝，故苗圃要地势平坦，排灌便利，并细致整地。播期在 3 月中下旬，以宽行距（20 ~ 30cm）条播为宜。播量每 $667m^2$ 约 0.8 ~ 1.5kg。

扦插分春插、夏插、秋插，以春插为主。春插插穗选自 1 ~ 3 年生实生苗的 1 年生枝，插前用 50mg/kg 萘乙酸溶液浸沾。夏插为嫩梢扦插，需遮荫和精细管理；需用 300 ~ 500mg/kg 萘乙酸溶液浸沾。秋插在 9 月间，用半成熟新梢进行扦插，当年生根而不发梢。需用 300 ~ 500mg/kg 萘乙酸溶液浸沾。

水杉苗期主要病虫害为立枯病及蛴螬，定植后有大袋峨等危害，均当及时防治。

园林用途 水杉树冠呈圆锥形，姿态优美，叶色秀丽，秋叶转棕褐色，是著名的庭园观赏树。可丛植、群植配置，也可列植作行道树或河旁、路旁及建筑物旁的绿化材料。

三、银杏科（*Ginkgoaceae*）

落叶乔木，高达 40m；树皮淡灰色，老时纵直深裂。

本科仅 1 属，1 种，为我国特产。

银杏属（*Ginkgo*）

银杏（*Ginkgo biloba*）（图 11 -18）

图 11 -18 银杏

别名 白果、公孙树、鸭脚树、灵眼。

形态特征 落叶大乔木，高可达 40m，树冠广卵形。树皮灰褐色，深纵裂。一年生枝淡绿色，后转灰白色，并有细纵裂纹。主枝斜出，近轮生。枝有长短之分，短枝上的叶簇生，长枝上的叶螺旋状散生。叶片扇形，有两叉状叶脉，顶端常二裂，有长柄。雌雄异株，球花生于短枝顶的叶腋或苞腋，花期 4 ~ 5 月，雄球花为柔荑花序，雌球花有长梗，梗端有 1 ~ 2 盘状珠座，每座生 1 胚珠，发育成种子。种子核果状，椭圆形至近球形，外种皮肉质，有白粉。10 ~ 11 月果熟，熟时淡黄或橙黄色，有臭味。中种皮骨质，白色；内种皮膜质。雄树大枝耸立，雌树枝条开展。

产地分布 我国特产，浙江天目山有野生银杏，沈阳以南、广州以北各地均有栽培，而以江南一带较多。

生长习性 阳性树种，忌蔽荫。喜温暖、湿润环境，较耐寒，在 -32.9℃地区可成活。深根性，忌水涝。在酸性、中性、碱性土壤中都能生长，适生于肥沃疏松、排水良好的沙质土壤，不耐瘠薄与干旱。萌蘖力强，病虫害少，对大气污染有一定的抗性。寿命长，有千年大树，是现存种子植物中最古老的孑遗植物，为国家重点保护植物之一。

繁殖培育 可用播种、扦插、分蘖和嫁接等法进行繁殖。银杏种子繁殖以采自 50～100 年生的母树种子为好。采种后堆藏，去外皮，冲净后阴干。层积后春播，覆盖 3～4cm，约 2～4 周出土。也可秋播。分株繁殖成活率极高，可选 2～3 年生根蘖，春季分离栽植。为了提高结实和繁殖优良品种，可行嫁接。一般均用枝接法。嫁接繁殖可选 3 年生皮色有光泽，有 3～7 个短枝的枝作为接穗最好。银杏扦插繁殖，一般认为较难成活。可选 5～6 月嫩枝扦插，两个月生根。

定植后每年于春季发芽前及秋季落叶后施肥一次，休眠期将过密枝、衰弱枝、枯死枝剪除。防止过于干旱或水涝。

园林用途 银杏树干端直，树姿雄伟，叶形奇特，黄绿色的春叶与金黄色的秋叶都十分美丽，为著名的观赏树种。宜作行道树或配置于庭园、大型建筑物周围和庭园入口等处，孤植、对植、丛植均可。

四、杨柳科（Salicaceae）

落叶乔木或灌木。单叶互生，稀对生。有托叶，常早落。气孔器平列型。花单性，雌雄异株，排成下垂或直立的葇荑花序。花常先叶开放。无花被。花粉二细胞型，柳属一些种为三细胞型。杨属中无萌发孔，柳属中常具 3 孔或 3 孔沟。雌花子房上位。胚珠多数，倒生。胚乳核型。蒴果。种子基部围有白色丝状长毛。本科有 3 属，约 540 种，分布北温带和亚热带。中国 3 属，320 种，南北各地均有分布。

（一）杨属（*Populus*）

银白杨（*Populus alba* L.）（图 11－19）

别名 白杨。

形态特征 乔木，高可达 35m，胸径 2m；树冠广卵形或圆球形。树皮灰白色，光滑，老时纵深裂。幼枝叶及芽密被白色绒毛。长枝之叶广卵形或三角形状卵形，常掌状 3～5 浅裂，裂片先端钝尖，缘有粗齿或缺刻，叶基截形或近心形；短枝之叶较小，卵形或椭圆状卵形，缘有不规则波状钝齿；叶柄微扁，无腺体，老叶背面及叶柄密被白色绒毛。蒴果长圆锥形，2 裂。花期 3～4 月；果熟期 4 月（华北）～5 月（新疆维吾尔自治区）。

图 11－19 银白杨

产地分布 新疆（额尔齐斯河）有野生天然林分布，西北、华北、辽宁南部及西藏自治区等地有栽培。欧洲、北非及亚洲西部、北部也普遍分布。

生长习性 喜光，不耐庇荫；抗寒性强，在新疆 -40℃条件下无冻害；耐干旱，但不耐湿热。适于大陆性气候。能在较贫瘠的沙荒及轻碱地上生长，若在湿润肥沃土壤或地下水较浅之沙地生长尤佳，但在黏重和过于瘠薄的土壤上生长不良。在新疆南部阿克苏地区，20 年生树高 19.2m，胸径 30.5cm；40 年生树高 24.7m，胸径 41cm。在湿热的长江流域及其以南地区生长不良，主干弯曲并常呈灌木状，且易遭病虫害。深根性，根系发达，根萌蘖力强。正常寿命可达 90 年以上。

繁殖培育　银白杨可采用播种、分蘖、扦插等法繁殖。苗木侧枝多，生长期间注意及时修枝、摘芽以提高苗木质量。

园林用途　银白色的叶片和灰白色的树干都与众不同，叶子在微风中飘动有特殊的闪烁效果，高大的树形及卵圆形的树冠亦颇美观。在园林中用作庭荫树、行道树，或于草坪孤植、丛植均甚适宜。同时，由于根系发达、根萌蘖力强，还可用作固沙、保土护岸固堤及荒沙造林树种。

毛白杨（*Populus tomentosa* Carr.）（图 11－20）

图 11－20　毛白杨

别名　大叶杨。

形态特征　落叶乔木，高达 30m，胸径 2m。树冠卵圆形或卵形。树干通直，树皮灰绿色至灰白色，皮孔鞭形。芽卵形略有绒毛。叶卵形、宽卵形或三角状卵形。先端渐尖或短渐尖，基部心形或平截，叶缘波状缺刻或锯齿，幼时叶背密被白绒毛，老叶背面毛脱落。叶柄扁，顶端常有 2～4 腺体。雌雄异株，柔荑花序，蒴果。

产地分布　中国特产，主要分布于黄河流域，北至辽宁南部，南达江苏、浙江，西至甘肃东部，西南至云南均有分布。

生长习性　强阳性树种。喜凉爽湿气候，在暖热多雨的气候下易受病害。对土壤要求不严，喜深厚肥沃、沙壤土，不耐过度干旱，稍耐碱，pH 值 8～8.5 时亦能生长，大树耐湿。耐烟尘，抗污染。深根性，根系发达，萌芽力强，生长较快，寿命是杨属中最长的树种，长达 200 年。

繁殖培育　毛白杨是天然杂种，种子稀少，因此很少用种子繁殖。以无性繁殖为主，多用埋条、留根、压条、嫁接、分蘖等法进行繁殖。埋条法于冬季采当年生枝条，粗 1～2cm，沟中埋藏，翌春用“平埋法”繁殖。扦插法于插前用 0.5%～5% 蔗糖液处理 24h，或浸水 3～7d（白天泡水，夜间捞起）后再插，成活率可显著提高。嫁接法可采用加拿大杨、合作杨、小叶杨等做砧木，枝、芽均可，成活率90%以上。留根法是在原来埋条或扦插繁殖的圃地中，留根待发，适当管理。毛白杨在苗圃期间，主要管理工作是及时摘除侧芽，保护顶芽，促其高生长。为了培育壮苗，当年秋末平茬。

园林用途　毛白杨树干灰白端直，姿态雄伟，叶大荫浓，生长较快，适应性强，是城乡及工矿区优良的绿化树种。也常用作行道树、园路树、庭荫树或营造防护林；可孤植、丛植、群植于建筑周围、草坪、广场、水滨；在街道、公路、学校运动场、工厂、牧场周围列植、群植。

（二）柳属（*Salix*）

垂柳（*Salix babylonica* Linn.）（图11-21）

别名　垂枝柳、倒挂柳、倒杨柳、水柳。

形态特征　落叶乔木，高达18m。树冠倒广卵形。树皮粗糙，灰褐色，深裂。小枝细长下垂，褐色、淡黄褐色，无顶芽。叶披针形或条状披针形，先端渐长尖，基部楔形，无毛或幼叶微有毛，细锯齿，托叶披针形。叶片表面绿色，背面蓝灰绿色。雌雄异株，葇荑花序，花期3~4月，4~5月果熟，种子细小，外披白色柳絮。

产地分布　主要分布长江流域及其以南各省区平原地区，华北、东北亦有栽培。垂直分布在海拔1 300m以下，是平原水边常见树种。亚洲、欧洲及美洲许多国家都有悠久的栽培历史。

图11-21　垂柳

生长习性　喜光，喜温暖湿润气候及潮湿深厚的酸性及中性土壤。耐水湿，短期水淹至树顶不会死亡，树干在水中能生出大量不定根。高燥地及石灰性土壤亦能适应，过于干旱或土质过于黏重生长差。耐寒性不及旱柳。萌芽力强，根系发达。生长迅速，15年生树高达13m，胸径24cm。寿命较短，30年后渐趋衰老。多虫害。吸收二氧化硫能力强。

繁殖培育　繁殖以扦插为主，也用种子繁殖。扦插于早春进行，选择生长快、无病虫害、姿态优美的雄株作为采条母株，剪取2~3年生粗壮枝条，截成15~17cm长作为插穗。株行距20cm×30cm，直插，插后充分浇水，并经常保持土壤湿润，成活率极高。垂柳主要有光肩天牛危害树干，被害严重时易遭风折枯死。此外，还有星天牛、柳毒蛾、柳叶甲等害虫，应注意及时防治。

园林用途　垂柳枝条细长，柔软下垂，随风飘舞，姿态优美潇洒，植于河岸及湖池边最为理想，柔条依依拂水，别有风致，自古即为重要的庭园观赏树。“湖上新春柳，摇摇欲唤人”，最宜配置在湖岸水池边。亦可用作道树、庭荫树、固岸护堤树及平原造林树种。此外，垂柳对有毒气体抗性较强，并能吸收二氧化硫，故也适用于工厂区绿化。

旱柳（*Salix matsudana* Koidz.）（图11-22）

别名　立柳、直柳。

形态特征　落叶乔木，高达20m，树冠圆卵形或倒卵形。树皮灰黑色，纵裂。枝条斜展，小枝淡黄色或绿色，无毛，枝顶微垂，无顶芽。叶互生，披针形至狭披针形，先端长渐尖，基部楔形，缘有细锯齿，叶背有白粉。托叶披针形，早落。雌雄异株，葇荑花序，

图 11-22　旱柳

花期 3 月。4～5 月果熟，种子细小，基部有白色长毛。常见的变种有龙爪柳（cv. tortuosa），又名龙须柳。其特点为枝条扭曲向上，甚为奇特，但生长势较弱，树体较小，易遭虫害，寿命短。

产地分布　原产中国，分布甚广，东北、华北、西北及长江流域各省区均有，而黄河流域为其分布中心，是我国北方平原地区最常见的乡土树种之一。

生长习性　喜光，不耐阴。耐寒，喜水湿，亦能耐干旱。对土壤的要求不严，在瘠薄沙土，低湿河滩和弱盐碱地上均能生长。发芽早、落叶晚、生长迅速。萌芽力强，根系发达，主根深，侧根和须根广布于各土层中，固土抗风力强。

繁殖培育　以扦插为主，播种亦可。柳树扦插极易成活，除一般的枝插外，实践中人们常用大枝埋插以代替大苗，称"插干"或"插柳棍"。扦插在春、秋和雨季均可进行，北方以春季土地解冻后进行为好；南方土地不结冻地区以 12 月至 1 月进行较好。由于长期营养繁殖，柳树 20 年左右便出现心腐、枯梢等衰老现象，故宜提倡种子繁殖。播种在 4 月种子成熟时，随采随播。种子用量每 667m^2 0.25～0.5kg，在幼苗长出第一对真叶时即可进行间苗，苗高 3～5cm 时定苗，当年苗高可达 60～100cm。用作城乡绿化的柳树，最好选用高 2.5～3m，粗 3.5cm 以上的大苗。因此在苗圃育苗期间要注意培养主干，对插条苗要及时进行除蘖，并适当修剪侧枝，以达到一定的干高。栽植柳树宜在冬季落叶后翌年早春芽未萌动时进行，栽后要充分浇水并立支柱。当树龄较大，出现衰老现象时，可进行平头状重剪更新。柳树主要病虫害有柳锈病、烟煤病、腐心病及天牛、柳木蠹蛾、柳天蛾、柳毒蛾、柳金花虫等，应注意及早防治。

园林用途　旱柳枝条柔软，树冠丰满，是我国北方常用的庭荫树、行道树。"春来无处不春风，偏在湖桥柳色中"，柳色成了春天的象征，也是我国人民喜爱的树种，常栽植于沿河湖岸边及低湿之处。亦用作公路树、防护林及沙荒造林，农村"四旁"绿化等。是早春密源树种。

五、胡桃科（*Juglandaceae*）

落叶或半常绿或常绿乔木。羽状复叶，无托叶。花单性，雌雄同株；雄花序常为柔荑状，单生或数条成束生；雌花序穗状或稀柔荑状；子房由 2 心皮合生；果实为假核果或坚果。

该科共 9 属 72 种，中国产 7 属 29 种，大多数种分布于长江以南的低山到中山地带的山地森林中或河谷两旁，少数种分布到北部。

（一）胡桃属（*Juglans*）

胡桃（*Juglans regia* Linn.）（图 11-23）

别名　核桃。

形态特征　乔木，高达 15m。树冠广卵形至扁球形。树皮灰白色，老时深纵裂。小枝无毛。奇数羽状复叶互生。小叶 5～9，椭圆形、倒卵状椭圆形，长 6～14cm，基部盾圆或偏斜，全缘，幼树或萌芽枝上叶有锯齿，侧脉常在15对以下，表面光滑，背面脉腋有簇毛。雄花为柔荑花序，雌花顶生成穗状花序。核果球形；果核近球形，先端盾，有2脊及不规则浅刻纹。

图11－23　胡桃

产地分布　原产欧洲东南部及亚洲西部，汉时传入我国，在华北、西北、西南及华中等地均有大量栽培，长江以南各省较少。

生长习性　喜光，耐寒，可耐－25℃的低温，不耐湿热，绝对最高温度超过40℃，果实和枝条发生日灼，种仁发育不充实。对土壤肥力要求较高，不耐干旱瘠薄，不耐盐碱，在黏土、酸性、地下水位高时生长不良。深根性，萌蘖性强，有粗大的肉质根，怕水淹。

繁殖培育　胡桃可采用播种、嫁接或分蘖法繁殖。播种法播前需层积30～35d，或冷水浸种7～10d。一般采用点播，种子尖端向侧方，并使纵脊垂直地面。嫁接可用芽接或枝接，芽接较易成活。枝接应在砧木萌发后进行，以减少伤流，胡桃含单宁较多，嫁接要熟练敏捷，砧木可用胡桃实生苗、胡桃楸、枫杨。

胡桃有大小年，应进行合理的修剪和灌溉、施肥等。修剪宜在采果后至落叶前进行，通常仅疏剪过密枝、枯枝，有时对弱枝进行短剪，对老树可重剪以更新复壮。每年5月下旬、7月上旬施追肥。

园林用途　核桃树冠开展，浓荫覆地，干皮灰白色，姿态魁伟美观，是优良的园林结合生产树种。孤植或二、三株丛植庭院、公园、草坪、隙地、池畔、建筑旁；居民新村、风景疗养区亦可用作庭荫树、行道树。秋叶金黄色，宜在风景区植风景林装点秋色。

（二）枫杨属（*Pterocarya*）

枫杨（*Pterocarya stenoptera* C. DC.）（图11－24）

别名　枰柳、麻柳树、水麻柳、小鸡树、枫柳、蜈蚣柳、平杨柳、燕子树、元宝树。

形态特征　落叶乔木，高达30m，树冠扁球形。树皮幼时赤褐色、平滑，后灰暗褐色，浅裂，小枝的髓心呈片状分隔。裸芽，密被锈褐色毛。奇（偶）数羽状复叶，互生，小叶9～23枚，小叶矩圆形或窄圆形，边缘有细齿，小叶间的叶轴上有狭翅。花单性同株，葇荑花序，雄花序生于叶腋，雌花序生于枝顶，花期5月。结串串元宝状果实，果序下垂，10月果熟，坚果两侧具翅。

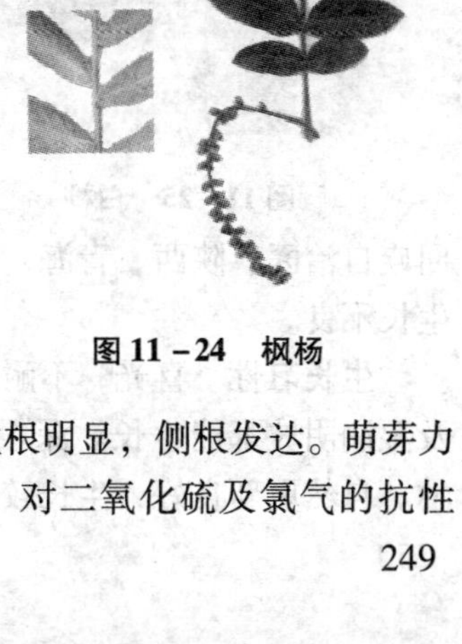

图11－24　枫杨

产地分布　广布于华北、华中、华南和西南各省，在长江流域和淮河流域最为常见，朝鲜亦有分布，是上海的乡土树种之一。

生长习性　喜光，稍耐阴，喜温暖湿润气候，也较耐寒，耐湿性强，不宜长期积水，对土壤要求不严。深根性，主根明显，侧根发达。萌芽力强，一般初期生长较慢，3～4年后加快，60年后开始衰败。对二氧化硫及氯气的抗性较弱。

繁殖培育 种子繁殖。秋季干藏，春播最好在1月先用温水浸种24h，再掺沙2倍堆置背阴处低温处理，至2月中旬再将种子移到向阳处加温催芽，经常倒翻，并注意保持湿润，至3月下旬或4月上旬即可播种。当年苗高可达1m左右，秋季落叶后掘起入沟假植，冬季土壤湿度不可过大，以防烂根。第二年春季移栽时应适当密植，以防侧枝过旺和主干弯曲，待苗高3～4m时再扩大株行距，培养树冠。枫杨发枝力很强，用作行道树及庭荫树者，应注意修去干部侧枝。修剪时间应避开伤流严重的早春季节，一般在树液流动前的冬季或到5月展叶后再行修剪。修剪后主干上休眠芽容易萌发，要及早抹掉。枫杨有丛枝病、天牛、刺蛾、蚧壳虫等危害，要注意及早防治。

园林用途 枫杨树冠宽广，树干通直，树体雄伟，秋叶红艳，孤植、丛植、群植均相宜。可孤植或丛植于草坪、圹地，并配以银杏、无患子等秋叶变黄树种，使秋景更为丰富灿烂。又因枫杨根系发达、较耐水湿，常作水边护岸固堤及防风林树种。此外，对烟尘和二氧化硫等有毒气体有一定抗性，也适合用作工厂绿化。

六、桦木科（*Betulaceae*）

落叶乔木或灌木。单叶，互生，托叶早落。花单性，雌雄同株，雄花序穗状，顶生或侧生，有多数苞鳞；雄花插生于苞鳞腋内，有花被或无；雄蕊2～14；雌花序球果状、穗状、葇荑状，有多数苞鳞（果时称果苞），每一苞鳞腋内有2～3朵雌花；雌花无花被，如有花被则与子房贴生；子房2室或不完全2室。果实为坚果或小坚果具翅。

6属约100种，主要分布于北温带，仅桤木属分布至中美洲和南美洲。中国有6属90余种，各地均有分布，其中虎榛子属为中国特有属。

（一）桦木属（*Betula*）

白桦（*Betula platyphylla* Suk.）（图11－25）

图11－25 白桦

别名 桦树、桦木、桦皮树。

形态特征 落叶乔木，高达30m。树冠卵圆形。树皮白色；纸质分层剥落，皮孔黄色。小枝红褐色，外有白色蜡层。单叶互生，叶三角状卵形、菱状三角形、三角形，先端尾尖或渐尖，基部平截或宽楔形，侧脉5～8对，背面疏生油腺点，无毛或脉腋有毛，叶缘重锯齿。雌雄同株，雄花为下垂柔荑花序，果序单生，圆柱形。坚果，两侧具宽翅。

产地分布 产生我国东北大、小兴安岭、长白山、华山的山西、湖南、河北，西北的内蒙古自治区、宁夏回族自治区、陕西、青海、西藏自治区、西南的四川、云南西北部。在平原及低海拔地区生长不良。

生长习性 喜光，不耐荫。耐严寒。对土壤适应性强，喜酸性土，沼泽地、干燥阳坡及湿润阴坡都能生长。深根性、耐瘠薄，常与红松、落叶松、山杨、蒙古栎混生或成纯林。自然更新良好，生长较快，萌芽强，寿命较短。

繁殖培育 用播种法繁殖，秋季干藏，翌年春天播种。播前用2倍于种子的湿沙拌种催芽1周左右，因种子细小，多用床播，播前灌水，覆盖塑料薄膜保温，出苗后设架遮阳。幼苗生长慢，7月间施肥一次。

园林用途 白桦枝叶扶疏，姿态优美，尤其是树干修直，洁白雅致，十分引人注目。孤植、丛植于庭园、公园之草坪、池畔、湖滨或列植于道旁均颇美观。若在山地或丘陵坡地成片栽植，可组成美丽的风景林。白桦树是俄罗斯的国树，是这个国家的民族精神的象征。

（二）赤杨属（*Alnus*）

赤杨（*Alnus japonica* Sieb. et Zucc）（图11－26）

别名 拟赤杨、水冬瓜。

形态特征 落叶乔木，高25m。树皮鳞状开裂。枝无毛但有腺点，有棱；叶互生，长椭圆形或长卵形。先端渐尖，基部楔形，边缘有尖细锯齿，背面叶脉明显凸起，有腺点；雄花序下垂，花萼四深裂，无花瓣，雌花序球状，生于一总柄上；受粉后，果序椭圆形；坚果小而扁，两侧有狭翅。果苞厚，木质，宿存，先端5浅裂。

图11－26 赤杨

产地分布 产于中国东北南部及山东、江苏、安徽等省。

生长习性 喜光，喜凉爽气候。稍耐寒，北京可以露地越冬。喜湿润，多生于沟谷及河岸低湿地。速生，10年生胸径可达20cm，萌芽性强。

繁殖培育 繁殖用播种法，也可利用分蘖进行分株繁殖。

园林用途 本种适于低湿地、河岸、湖畔绿化，有护岸固土及土壤改良作用。

（三）鹅耳枥属（*Carpinus*）

鹅耳枥（*Carpinus turczaninowii* Hance）（图11－27）

别名 穗子榆。

形态特征 落叶小乔木或灌木状，高达5m；树冠紧密而不整齐。树皮灰褐色，浅裂。小枝幼时有细绒毛，后无毛；冬芽红褐色。叶卵形，先端渐尖，基部圆形或近心形，缘有重锯齿，表面光亮，背面脉腋及叶柄有毛，侧脉8～12对。果序稀疏，序梗有细绒毛；果苞内缘有锯齿，少全缘，基部有1内折短裂片，外缘有不规则缺刻状粗锯齿，基部无裂片；小坚果卵形，有树脂状腺体。

图11－27 鹅耳枥

产地分布 广布于东北南部、华北至西南各省。

生长习性 稍耐荫，喜生于背阴的山坡及沟谷中，喜肥沃湿润的中性及石灰质土壤，能耐干旱瘠薄。

繁殖培育 种子繁殖或萌蘖更新，移栽容易成活。

园林用途 本种枝叶茂密，叶形秀丽，果穗奇特，十分美观，可植于庭园观赏，尤其适于制作盆景。

（四）榛属（*Corylus*）

榛（*Corylus heterophylla* fisch. ex trantv.）（图 11－28）

图 11－28　榛

别名　榛子、平榛。

形态特征　灌木或小乔木。树皮灰褐色，有光泽。小枝有腺毛。叶形多变异，圆卵形至倒广卵形，先端突尖，近截形或有凹缺及缺裂，基部心形，缘有不规则重锯齿，背面有毛。坚果常 3 枚簇生；总苞钟状，端部 6～9 裂。花期 4～5 月，果熟期 9 月。

产地分布　分布于中国东北、华北、西北的山地。

生长习性　性喜光，耐寒，耐旱，也耐水湿，喜肥沃之酸性土壤。多生于向阳山坡及林缘。耐火烧，萌芽力强。

繁殖培育　繁殖用播种或分蘖法。

园林用途　北方地区山区绿化及水土保持的重要树种，也可作庭园绿化用树。

七、山毛榉科（壳斗科）（*Fagaceae*）

多为常绿或落叶乔木，稀为灌木。单叶互生，革质，羽状叶脉，有托叶。花单性，雌雄同株，无花瓣，雄花排成柔荑花序；雄蕊和萼裂同数或为其倍数，花丝细长，花药 2 室，纵裂；雌花单生或 3 朵雌花二歧聚伞式生于 1 总苞内，总苞由多数鳞片覆瓦状排列组成，萼 4～8，与子房合生；子房下位，3～6 室，偶达 12 室，每室胚珠 2 个，但整个子房仅一个胚珠成熟为种子；花柱与子房室同数，宿存。坚果单生或 2～3 个生于总苞中，总苞呈杯状或囊状，称为壳斗。壳斗半包或全包坚果，外有鳞片或刺，成熟时不裂，瓣裂或撕裂。种子无胚乳，子叶肥厚。

6～8 属，800 种；我国有 6 属，约 300 种。主要分布于热带及北半球的亚热带，是北半球温暖地区主要的组成树种。

（一）栗属（*Castanea*）

板栗（*Castanea mollissima* Blume）（图 11－29）

图 11－29　板栗

别名　栗子、毛板栗。

形态特征　落叶乔木，高达 15m，胸径 1m。树冠扁球形。树皮灰褐色，不规则深纵裂。幼枝密生灰色绒毛。叶长椭圆或宽楔形，侧脉伸出锯齿的先端，形成芒状锯齿，下面的灰白色，短柔毛。花单性，雌雄同株；雄花为葇荑花序，直立；总苞球形，成熟后总苞裂开，栗果脱落。坚果紫褐色，被黄褐色茸毛，或近光滑，果肉淡黄。果实含糖、淀粉、蛋白质、脂肪及多种维生素、矿物质。

产地分布　中国特产树种。产于我国辽宁以南各地广泛栽培；多生于低山丘陵缓坡及河滩地带，河北、山东是板栗著名的产区。

生长习性　喜光，光照不足引起枝条枯死或不结果。耐寒、耐旱。对土壤要求不严，喜肥沃温润、排水良好的沙质壤土，对有害气体抗性强。忌积水，忌土壤黏重。深根性，根据系发达，萌芽力强，耐修剪，虫害较多。寿命长达300年以上。

繁殖培育　主要用播种、嫁接繁殖，分蘖也可。播种法繁殖，种子秋季混沙层积，防止干燥失水。实生苗当年秋季平茬，促使主干挺直，根系发达。嫁接法繁殖，砧木用2~3年生的板栗实生苗，树液流动较旺盛、嫩叶已部分展开时进行，较易成活。及时治虫害。

园林用途　板栗树冠圆广，枝茂叶大，在公园草坪及坡地孤植或群植均适宜；也可作山区绿化造林和水土保持树种。群众称之为“铁杆庄稼”，是绿化结合生产的良好树种。

（二）栎属（*Quercus*）

辽东栎（*Quercus liaotungensis* Koldz.）（图11－30）

科属　山毛榉科。

别名　橡树、青冈。

形态特征　落叶乔木，有时成灌木状。有时呈灌木状。小枝幼时有毛，后渐脱落。单叶互生，多集生枝端，长倒卵形，叶5~14cm，先端钝圆，基部耳形，缘有波状疏齿，侧脉5~7对。叶柄无毛。坚果卵形，总苞碗状，鳞片背部呈瘤状突起。

图11－30　辽东栎

产地分布　产东北东部及南部至黄河流域各省。

生长习性　阳性树种。喜光，耐寒，抗旱性特强。

繁殖培育　用种子或萌芽繁殖。对病害、风害、烟害抗性均强。

园林用途　可孤植、丛植或列植。作庭荫树或行道树，也是厂区绿化的理想树种。是北方荒山造林树种之一。

蒙古栎（*Quercus mongolicus* Fisch.）（图11－31）

别名　柞木，柞栎，蒙栎，凿刺树，冬青。

形态特征　落叶乔木。小枝粗壮，栗褐色，无毛。叶长集生在枝端，倒卵形，先端钝圆，基部窄或近耳形，缘具深波状缺刻，侧脉8~15对，仅背面脉上有毛；叶柄短，仅2~5mm，疏生绒毛。坚果卵形；总苞浅碗状，鳞片呈瘤状。花期5~6月；果9~10月成熟。

产地分布　主要分布在中国东北、华北、西北各地，华中地区亦少量分布。在俄罗斯、日本、蒙古及朝鲜半岛有分布。

生长习性　喜光树种，在侧方庇荫条件下，高生长较快。适应性强，耐火，耐干旱瘠薄，耐寒性强，能耐－50℃低温。喜温凉气候，喜中性至酸性土壤，通常生于向阳干燥山坡。深根性，主根发达，不耐移植。

图11－31　蒙古栎

繁殖培育　一般采用播种繁殖。9月中旬种子完全成熟时，选择优良的母树进行采种。秋播种子消毒处理后即可直接播种，效果良好；春播种子在冷室内混沙（种沙比为1：3）

催芽，每周翻动一次，随时拣出感病种子并烧掉，翌年春播种前一周将种子筛出，在阳光下翻晒，种子裂嘴达30%以上可播种。蒙古栎苗木，当年有3次生长的习性，采用两次追肥，即第一次封顶后进行追肥，约6月20日左右，硝酸铵5g/m²；第二次追肥在苗木第二次封顶后进行；约7月下旬左右，硝铵7g/m²。

园林用途 孤植、丛植或与其他树木混交成林均甚适宜。是营造防风林、水源涵养林及防火林的优良树种。

八、榆科（*Ulmaceae*）

乔木或灌木。单叶互生，稀对生，常2列；托叶常呈膜质，侧生或柄内生，早落。单被花两性、单性或杂性，雌雄异株或同株；花被裂片4~8，雄蕊常与花被裂片同数而对生，雌蕊由2心皮连合而成，子房上位，通常1室，具1枚倒生胚珠。果为核果或小坚果，有时小坚果具翅。

约16属230余种，主要产于北半球，分布于热带至寒温带。中国产8属50余种。

榆属（*Ulmus*）

榆树（*Ulmus pumila*）（图11-32）

图11-32　榆树

别名 白榆、家榆。

形态特征 落叶乔木，高达25m，树冠圆球形。树皮灰黑色，纵裂而粗糙。小枝灰色，常排列成2列状。叶椭圆状卵形，先端尖，基部稍歪，边缘具单锯齿。花先叶于3~4月开花，紫褐色，簇生于一年生枝上。翅果近圆形或倒卵形，先端有缺裂。种子位于翅果中央，4~5月果熟。

产地分布 产于东北、华北、西北及华东等地区，华北及淮北平原地区栽培尤为普遍；苏联、蒙古及朝鲜亦有分布。为华北乡土树种之一，长江流域也有栽培。

生长习性 喜光，耐寒，抗旱，不耐水湿。能适应干凉气候；喜肥沃、湿润而排水良好的土壤，在干旱、瘠薄和轻盐碱土也能生长，生长较快，30年树高17m，胸径42cm。寿命可长达百年以上。萌芽力强，耐修剪，主根深，侧根发达，抗风、保土力强。对烟尘及氟化氢等有毒气体的抗性较强。

繁殖培育 繁殖以播种为主，分蘖亦可。榆树种子易失去发芽力，宜采后即播。北京地区一般在4月下旬翅果由绿变黄白色并有少数飞落时采种。播前不必作任何处理。床播或大田播行距约20cm，覆土0.5~1cm。播种量每667m²5~7kg。苗期管理要注意经常修剪侧枝，以促其主干向上生长，并保持树干通直。一年生苗高1m左右，最高可达1.5~2m。作为城市绿化用苗需分栽培育2~3年方可出圃。榆树常见虫害有金花虫、天牛、刺蛾、榆天社蛾、榆毒蛾等，应注意及早防治。

园林用途 榆树树干通直，树形高大，绿荫较浓，适应性强，生长快，是城乡绿化的重要树种，栽作行道树、庭荫树、防护林及“四旁”绿化用无不合适。也可在庭园孤植或群植。在干瘠、严寒之地常呈灌木状，有用作绿篱者。又因其老茎残根萌芽力强，可自野外掘取制作盆景。在林业上也是营造防风林、水土保持林和盐碱地造林的主要树种之一。

小叶朴（*Celtis bungeana*）（图 11－33）

别名　黑弹树。

形态特征　树冠倒广卵形至扁球形。树皮灰褐色，平滑。单叶互生，叶长卵形，先端渐长尖，锯齿浅钝，通常无毛，仅幼树及萌发枝之叶有毛。核果近球形，熟时紫黑色，果柄长为叶柄长的两倍或两倍以上。

产地分布　产于东北南部、华北，经长江流域至西南、西北各地。

生长习性　喜光，稍耐荫，耐寒；喜深厚、湿润的中性黏质土壤。深根性，萌蘖力强，生长较慢。对病虫害、烟尘污染等抗性强。

图 11－33　小叶朴

繁殖培育　用种子繁殖。

园林用途　可孤植、丛植作庭荫树，亦可列植作行道树，又是厂区及城乡绿化树种。

九、桑科（*Moraceae*）

灌木或乔木，有时藤本，很少草本；叶互生，稀对生；托叶早落；花小，单性同株或异株，常密集成头状花序或穗状花序或葇荑花序；花被单层，无花萼和花瓣之分；雄蕊与花被片同数且与彼等对生；子房上位至下位，1～2 室，每室有胚珠 1 颗；柱头 1～2；果各式，由多数、多少合生的心皮组成，每一心皮为增厚、肉质的花被所包围。我国的主要属有：*Artocarpus*，*Broussonetia*，*Cudrania*，*Ficus*，*Morus* 等等。

约 70 属，1 800 种，主产热带和亚热带地区，我国有 11 属，165 种，各省均有分布，惟主产地为长江以南各省区。

桑属（*Morus*）

桑树（*Morus alba* L.）（图 11－34）

别名　桑、桑叶树、家桑。

形态特征　落叶乔木或灌木，高可达 15m。树冠倒卵圆形。叶卵形至广卵形，叶端尖或渐短尖，叶基圆形或浅心脏形，边缘有粗锯齿，有时有不规则的分裂。叶面无毛，有光泽，叶背脉上有疏毛。雌雄异株，5 月开花，葇荑花序。果熟期 6～7 月，聚花果（桑椹）卵圆形或圆柱形，紫黑色、淡红或白色，多汁味甜。

图 11－34　桑树

产地分布　原产中国中部，现南北各地广泛栽培，尤以长江中下游各地为多。垂直分布一般在海拔 1 200m 以下，西部可达 1 500m。朝鲜、蒙古、日本、苏联、欧洲及北美亦有栽培，并已归化。

生长习性 喜光，幼时稍耐阴。喜温暖湿润气候，耐寒。耐干旱，但畏积水，积水时生长不良甚至死亡。对土壤的适应性强，能耐瘠薄和轻碱性，但喜土层深厚、湿润、肥沃土壤。根系发达，抗风力强。萌芽力强，耐修剪，易更新。有较强的抗烟尘能力。

繁殖培育 可用播种、扦插、压条、分根、嫁接等法繁殖。

播种法法繁殖于5~6月间采取成熟桑椹，置桶中，拌入草木灰若干，用木棍轻轻捣烂，再用水淘洗，取出种子铺开略行阴干，即可播种。若要翌年春播，种子须充分晒干后密封贮藏，置阴凉室内。春播前可先用温水浸种2h，捞出后铺开并盖以湿布，待种子微露幼芽时再播。条播行距25cm，沟宽5cm，每亩用种量0.5kg左右。覆土以不见种子为度。播后覆草，每天喷水，3~4d便可出苗。以后要及时间苗，进入旺盛生长期后要加强水肥管理。一年生苗可高达60~100cm。

扦插法繁殖，硬枝插北方在3~4月进行，南方可在秋冬进行；嫩枝插在5月下旬进行。

嫁接法繁殖可采用切接、皮下接、芽接、根接等，而以在砧木根颈部进行皮下接成活率最高。砧木用桑树实生苗。接穗采自需要繁殖的优良品种。皮下接在3月下旬至4月中旬当树液流动能剥开皮层时进行，接穗在嫁接前10d采取并沙藏，这样能抑制芽萌发，提高成活率。

桑树树形可根据功能要求和品种等培养成高干、中干和低干等形式。以饲蚕为目的栽培，多采用低干杯状整枝，以便于采摘桑叶。在园林绿地及宅旁绿化栽植则采用高干及自然之广卵形树冠为好。移栽在春、秋两季进行，以秋栽为好。为了获得高产优质桑叶，冬季应施足基肥，春、夏要及时追施速效肥。桑树病虫害较多，常见有桑尺蠖、桑天牛、野蚕及萎缩病等，必须及时防治。

园林用途 桑树树冠宽阔，树叶茂密，秋季叶色变黄，颇为美观，且能抗烟尘及有毒气体，适于城市、工矿区及农村“四旁”绿化。适应性强，为良好的绿化及经济树种。我国古代人民有在房前屋后栽种桑树和梓树的传统，因此，常把“桑梓”代表故土、家乡。

十、木兰科（*Magnoliaceae*）

落叶或常绿的乔木或灌木。树皮、叶、花有香气。单叶互生，托叶大，脱落后留存枝上有环状托叶痕，花大，单生枝顶或叶腋，两性，萼片和花瓣很相似分化不明显（统称花被），排列成数轮，分离，花托柱状；雄蕊、雌蕊均为多数，分离，螺旋状排列。果实为聚合果，背缝开裂，稀为翅果或浆果。

约12属，215种，主要分布于北美和亚洲的热带、亚热带地区。中国10属约80种，主产东南和西南部。

木兰属（*Magnolia*）

玉兰（*Magnolia denudate* Desr.）（图11-35）

别名 木兰、白玉兰、望春花、玉兰花。

形态特征 落叶乔木，树冠卵形。小枝淡灰褐色。冬芽大，密生灰绿色或灰绿黄色长绒毛。叶互生，宽倒卵形至倒卵形，先端圆宽，具短突尖，中部以下渐狭楔形，全缘。3

月先叶开大型花，花顶生直立，钟状，白色，有清香。蓇葖果聚合成球果状，种子有红色假种皮。中国著名的花木，北方早春重要的观花树木。

产地分布　产于中国中部山野中，现国内外庭园常见栽培。为我国著名的传统观赏花卉，已有 2 500多年的栽培历史。1986 年，上海市将它定为市花。

生长习性　喜光，稍耐阴，具较强的抗寒性。适生于土层深厚的微酸性或中性土壤，不耐盐碱，土壤贫瘠时生长不良，畏涝忌湿。对二氧化硫、氯和氟化氢等有毒气体有较强的抗性。寿命长，可达千年以上。

图 11－35　玉兰

繁殖培育　可用播种、扦插、压条及嫁接等法繁殖。播种主要用于培养砧木。嫁接以实生苗作砧木，行劈接、腹接或芽接。扦插可于 6 月初新梢之侧芽饱满时进行。播种或嫁接的幼苗，需重施基肥、控制密度，3～5 年可见稀疏花蕾。定植后 2～3 年，进入盛花期。栽前应重施基肥，适当深栽。夏季是玉兰生长与孕蕾的季节，干旱时应灌溉。整枝修剪可保持玉兰的树姿优美，通风透光、促使花芽分化，使翌年花朵硕大鲜艳。玉兰病害有黑斑病、叶枯病、叶斑病等。虫害有大蓑蛾、樗蚕、霜天蛾等。

园林用途　白玉兰先花后叶，花洁白、美丽且清香，早春开花时犹如雪涛云海，蔚为壮观。古时常在住宅的厅前院后配置，名为“玉兰堂”。亦可在庭园路边、草坪角隅、亭台前后或漏窗内外、洞门两旁等处种植，孤植、对植、丛植或群植均可。

十一、杜仲科（*Eucommiaceae*）

落叶乔木；树体各部分均具胶质。无托叶。雌雄异株；无花被；花与叶同时由鳞芽开出；雄花簇生，有柄；雌花具短梗，子房 2 心皮，仅 1 个发育，扁平，顶端有 2 叉状花柱，1 室。翅果。种子有胚乳。

本科仅 1 属 1 种，中国特产。

杜仲属（*Eucommia*）

杜仲（*Eucommia ulmoides*）（图 11－36）

别名　丝连皮、扯丝皮、思仲。

形态特征　落叶乔木，高可达 20m，树冠球形或卵形。树皮及叶折断后可拉出白色胶丝。树皮灰色，有裂纹，裂纹随树龄增加而变得逐渐深广。树皮幼时为黄褐色，光滑，有皮孔，具片状髓，无顶芽。单叶互生，长椭圆形，先端渐尖，基部楔形，缘有细锯齿，老叶表面叶脉下陷，呈皱纹状，叶背有柔毛，脉上尤密。雌雄异株，3～4 月开花，花腋生，先叶开放或与叶同时开放。翅

图 11－36　杜仲

果长椭圆形，扁平，顶端二裂，深褐色。

产地分布 原产于中国中部及西部，四川、贵州、湖北为集中产区；垂直分布可达海拔1 300～1 500m。我国栽培历史甚久，公元396年传入欧洲。

生长习性 喜光，不耐庇阴。喜温暖、湿润环境和土层深厚、疏松肥沃的土壤，较耐寒。自然分布于年平均气温13～17℃及年雨量1 000mm左右的地区。但杜仲适应性较强，有相当强的耐寒力（能耐－20℃的低温），在北京地区露地栽培不成问题；在酸性、中性及微碱性土上均能正常生长，并有一定的耐盐碱性。但在水肥不足，过湿、过干、过于贫瘠时生长不良。根系较浅而侧根发达，萌蘖性强。生长速度中等，幼时生长较快，一年生苗高可达1m。

繁殖培育 主要用播种法繁殖，扦插繁育、根蘖繁育、嫁接育苗、压条繁育和组织培养也可。播种法在秋季果熟后及时采收，阴干去杂后装入麻袋或筐内置通风处贮藏，翌年早春2、3月间播种。播前用45℃温水浸种2～3d。一般采用条播，行距20～25cm，覆土厚1～1.5cm，播后盖草。约15～20d可出苗。每亩播种量约6kg。幼苗期间要适当遮荫。扦插多于初夏用嫩枝插，成活率可达80%左右；硬枝插不易生根。压条在春季树液开始流动时进行，不到1个月即可生根，当年秋季可与母株分离。在北方为了保护苗木越冬，可在早秋（9月）进行截梢，以促其枝条木质化。移栽在落叶后至萌芽前进行，要施基肥。杜仲吸肥能力很强，如每年适当施肥1～2次，则可加速其生长。大苗移栽要带土球。因其萌蘖性强，应及时剪除萌蘖枝及树干基部的侧芽。

园林用途 树皮树干端直，枝叶茂密，树形整齐优美，可供药用，为优良的经济树种，可作庭园绿荫树或行道树。

十二、悬铃木科（*Platanaceae*）

落叶乔木，树皮片状剥落。具掌状裂的叶片，有长叶柄，具叶柄下芽，托叶大，上部平展而张开，下部鞘状。花雌雄同株，头状花序。萼片3～8；花瓣与萼片同数；雄蕊悬铃木3～8；果实由多数小坚果集合成球形的聚合果，小坚果基部围有长绒毛。

1属7种，分布于北美、东欧及亚洲西部。中国引种3种，以杂交种二球悬铃木最常见。

悬铃木属（*Platanus*）

法桐（*Platanus orientalis* L.）（图11－37）

别名 法国梧桐、三球悬铃木、净土树。

形态特征 大乔木，树冠阔钟形。树皮灰褐色至灰白色，呈薄片状剥离。幼枝、幼叶密生褐色星状毛。单叶互生，有星状毛。叶掌状5～7裂，深裂达中部；叶基部阔楔形或截形，叶缘有齿牙，掌状脉；有托叶。花序头状，黄绿色。多数坚果聚合成球形，3～6个球一串，宿存花柱长，呈刺毛状，果柄长而下垂。

图11－37 法桐

产地分布 原产欧洲，印度及小亚细亚也有分布。中国有栽培。

生长习性 喜阳光充足，喜温暖湿润气候，略耐寒，较能耐湿及耐干。生长迅速，寿命长。萌芽力强，耐修剪，对城市环境耐性强，是世界著名的优良庭荫树和行道树。抗空气污染能力较强，叶片具吸收有毒气体和滞积灰尘的作用。

繁殖培育 可用播种及扦插法。萌芽力强，耐修剪。

园林用途 树形雄伟端正，叶大荫浓，树冠广阔，干皮光洁，繁殖容易，生长迅速，具有极强的抗烟、抗尘能力。有"行道树之王"的美称。

十三、蔷薇科（*Rosales*）

草本或木本，有刺或无刺，有时攀缘状；叶互生，常有托叶；花两性，单生或排成伞房、圆锥花絮；花萼基部多少与花托愈合成碟状或坛状萼管，萼片和花瓣常5枚；雄蕊多数（常为5的倍数），周生；子房由一至多个、分离或合生的心皮所成，多数上位；花柱分离或合生，顶生、侧生或基生；果为核果或聚合果，或为多数的瘦果藏于肉质或干燥的花托内，稀蓇果。

本科有4亚科，约120属，3 300余种。广布世界各地，以温带较多。中国有53属1 000余种。

（一）苹果属（*Malus Mill.*）

垂丝海棠（*Malus halliana*）（图11－38）

别名 解语花、锦带花。

形态特征 落叶小乔木。树冠疏散，枝条开展，小枝紫色。单叶互生，卵形或长卵形，先端渐尖，叶面深绿色，有光泽，边缘具圆钝细锯齿。花鲜玫瑰红色，4～7朵簇生于小枝顶端，花梗紫色，细长而下垂。梨果倒卵形，紫色。

图11－38 垂丝海棠

产地分布 产于江苏、浙江、安徽、陕西、四川、云南等省，各地广泛栽培。

生长习性 喜光，较耐旱。喜温暖、湿润环境，不甚耐寒，宜栽植于背风向阳之处。对土壤的适应性较强，但以深厚、肥沃而排水良好的土壤为好。忌过湿，否则易烂根死亡。

繁殖培育 用播种或嫁接法繁殖。栽培须适当灌溉、施肥，并注意整形修剪。多用湖北海棠为砧木进行嫁接。

园林用途 垂丝海棠花繁色艳，花朵下垂，是著名的庭园观赏花木，宜丛植于院前、亭边、墙旁、河畔等处。在江南庭园中尤为常见；在北方常盆栽观赏。

（二）梅属（樱属）（*Prunus*）

梅（*Prunus Mume* Sieb. Et Zucc）（图11－39）

别名 梅花、春梅。

形态特征 落叶乔木。树干褐紫色，小枝多为绿色。单叶互生，叶广卵形或近卵形，先端渐长尖或尾尖，基部广楔形或近圆形，锯齿细尖。花1～2朵，具短梗，淡粉或白色，

图 11-39　梅

有芳香，在冬季或早春叶前开花。果球形，绿黄色，密被细毛。

产地分布　在黄河以南地区可露地越冬，华北以北只见盆栽。

生长习性　喜阳光，性喜温暖而略潮湿的气候。对土壤要求不严，较耐瘠薄土壤。怕积水，忌在风口栽植。寿命达数百年至上千年。

繁殖培育　常用嫁接，其次是扦插、压条。嫁接可用桃、山桃、杏、山杏及梅的实生苗等作砧木。扦插繁殖法多在江南地区于秋冬间进行，选用一年生的充实枝条做插穗，采用泥浆扦插法不必遮阴。压条繁殖多在早春进行。播种法繁殖以秋播为好。梅的施肥、灌水均以春季开花前后为主。

园林用途　梅为中国传统的果树和名花，具有古朴的树姿，素雅的花色，秀丽的花态，恬淡的清香，丰硕的果实，可孤植、丛植及群植。或以松、竹、梅为“岁寒三友”而配植成景色，又可盆栽、瓶插观赏。

樱花（*Prunus serrulata* Lindl.）（图 11-40）

图 11-40　樱花

别名　山樱花，山樱桃。

形态特征　落叶乔木，高 15~25m，树冠扁圆形。树皮暗栗褐色，光滑而具横纹状光泽，老时变为灰褐色而粗糙。叶卵形至椭圆形，先端尾尖，边缘具芒齿，幼叶淡绿褐色，后叶表绿色，叶背淡绿色。4~5 月开花，白或粉红色。3~5 朵生于短侧枝顶端，组成伞房状总状花序，有叶状苞片。果期 7 月，核果球形。

产地分布　产于长江流域，东北南部也有。日本、朝鲜半岛有分布。

生长习性　喜阳光，喜深厚肥沃而排水良好的土壤；对烟尘、有害气体及海潮风的抵抗力均较弱。有一定耐寒能力，根系较浅。

繁殖培育　用嫁接法繁殖，砧木可用樱桃、尾叶樱及桃、杏等实生苗。栽培简易。

园林用途　樱花色彩鲜艳，十分壮丽，是重要的园林观花树种，宜丛植于庭园或建筑物前，也可作小路的行道树。

图 11-41　桃

桃（*Prunus persica*）（图 11-41）

别名　桃花。

形态特征　落叶小乔木，小枝红褐色或褐绿色，无毛。单叶互生，叶椭圆状披针形，先端渐尖，基部阔楔形。缘有细锯齿，叶柄有腺体。花单生，粉红色，无柄；核果，表面密被绒毛。花期 3~4 月，先花后叶。

产地分布　原产中国，在华北、华中、西南等地区仍有野生桃树。

生长习性　喜光，耐旱，喜肥沃而排水良好土壤，不耐水湿。耐寒。开花时节怕晚霜，忌大风。

繁殖培育　嫁接、播种为主，亦可压条繁殖。嫁接繁殖用1～2龄实生苗或山桃做砧木。栽培时多整形成开心形树冠，控制树冠内部枝条，使其透光良好。北方应注意春灌，南方应注意梅雨季排水。冬施基肥，开花前，花芽分化前施追肥。应加强病虫害的防治，尤其是天牛的危害最甚。

园林用途　“桃之夭夭，灼灼其华”，桃花烂漫妩媚，品种繁多，栽培简易，是园林中重要的春季花木。弧植、丛植、列植、群植于山坡、池畔、山石旁、墙标、草坪、林缘，构成三月桃花满树红的春景。最宜与柳树配置于池边、湖畔，“绿丝遇碧波，桃枝更妖艳”，形成“桃红柳绿”江南之动人春。

紫叶李（*Prunus ceraifera* cv. Pissardii）（图11－42）

别名　红叶李。

形态特征　落叶小乔木，高4～8m。树冠多直立性长枝。幼枝、叶片、叶柄、花柄、萼、雌蕊及果实均呈暗红色。小枝光滑。叶卵形至倒卵形，端尖，基圆形，重锯齿尖细，紫红色，背面中脉有柔毛。花淡粉红色。花期4～5月。果实近球形，暗酒红色，外面有沟槽。

图11－42　紫叶李

产地分布　原产亚洲西南部。

生长习性　喜阳，在蔽荫时叶色不鲜艳。喜温暖、湿润环境，不耐严寒。对土壤要求不严，黏质土壤中也能生长，较耐湿。生长势强，萌芽力亦强。

繁殖培育　繁殖以嫁接为主，砧木为实生桃、梅、李、杏等。也可扦插，压条繁殖。移植以春季为宜。栽培容易，管理粗放。主要害虫有大蓑蛾、尺蠖、蚜虫等。北京在背风向阳之小气候良好处可露地越冬。

园林用途　紫叶李是园林中重要的观叶树种，整个生长期紫叶满树，尤以春、秋二季叶色更艳。在园林中与常绿树植，则绿树红叶相映成趣。宜于建筑物前及园路旁或草坪上栽植。需谨慎选择背景之色泽，方可充分衬托出它的色彩美。

十四、豆科（*Leguminosae*）

乔木、灌木或草本。多为复叶，长互生；有托叶。花序总状、穗状或头状；花多两性，萼、瓣各5，多为两侧对称的蝶形花或假蝶形花，少数辐射对称；雄蕊10，常成2体；单心皮，子房上位，胚珠一致多数。荚果，种子多无胚乳；子叶肥大。

约550属，13 000余种，分布全世界，中国120属，1 200余种。

（一）刺槐属（*Robinia*）

刺槐（*Robinia pseucdoacacia*）（图11－43）

别名　洋槐、德国槐。

形态特征　落叶乔木，高达25m，胸径80cm。树冠椭圆状倒卵形。树皮灰褐色，交

图 11-43 刺槐

叉深纵裂。奇数羽状复叶互生，小叶 7~19 枚，椭圆形至卵状长圆形，先端圆或微凹，有小芒尖，基部圆。总状花序，花白色，芳香，旗瓣基部有黄斑。荚果腹缝线有窄翅。花期 4~5 月，果熟期 9~10 月。

产地分布 原产北美，20 世纪初引入我国青岛，现遍布全国，以黄河、淮河流域最为普遍。

生长习性 为强阳性树，不耐荫庇，较耐干旱、瘠薄。能在石灰性土、酸性土、中性土以及轻盐碱土上生长。畏积水。浅根性，侧根发达，萌蘖性强，寿命较短。

繁殖培育 可用播种、分蘖、根插等法繁殖，以播种法为主。可于 8~9 月时自 10~20 年生健壮母树上采种。采后经晒干、碾压脱粒、风选后进行干藏。行插根繁殖时，可选粗 0.5~2.0cm 的根，剪成 15~20cm 长进行扦插，插后盖以塑料薄膜可提高成苗率。苗期应注意抹芽，剪除徒长枝，及时除去根蘖，以培育通直的主干。

园林用途 刺槐花芳香、洁白，花期长，树荫浓密。刺槐是各地效区“四旁”绿化，铁路、公路沿线绿化常用的树种，优良的水土保持、土壤改良树种，荒山造林树种。宜作庭荫树、行道树。

（二）槐属（*Sophura*）

槐树（*Sophura japonica*）（图 11-44）

图 11-44 槐树

别名 国槐、家槐、豆槐。

形态特征 落叶乔木，树冠广卵形。树皮灰黑色，深纵裂。1~2 年生枝绿色，皮孔明显。顶芽被青紫色毛。奇数羽状复叶互生，小叶 7~17，小叶卵状披针形，叶端尖，基部圆形至广楔形，背面苍白色，有平伏毛，托叶钻形，早落。圆锥花序，浅黄绿色。荚果念珠状，肉质，熟后不开裂。

产地分布 原产我国北方，各地都有栽培，是华北平原、黄土高原原常见树种，是北京市的市树。

生长习性 喜光，稍耐荫。喜干冷气候，但在炎热多湿的华南地区也能生长。适生于肥沃深厚湿润排水良好的沙壤土。稍耐盐碱，在含盐量 0.15% 的土壤中能正常生长。抗烟尘及二氧化硫、氯气、氯化氢等有害气体能力强，深根性，根系发达，萌芽力强，生长中等，寿命长。

繁殖培育　一般用播种法繁殖。有些品种须嫁接繁殖。用实生苗作砧木。一年生幼苗树干易弯曲，应于落叶后截干，次年培育直干壮苗，要注意剪除下层分枝，以促使向上生长。大树移植时需要重剪，成活率较高。

园林用途　槐树枝叶茂密，浓荫葱郁，是北方城市中主要的行道树、庭荫树，但在江南一带作行道树，风易衰老，效果不佳，可配置于公园绿地、建筑物周围、居住区及农村"四旁"绿化。变种龙爪槐，蟠曲下垂，姿态古雅，最宜在古园林中应用，可对植于门前、庭前两侧或孤植于亭、台山石一隅。

（三）合欢属（*Albizzia*）

合欢（*Albizzia julibrissin*）（图11－45）

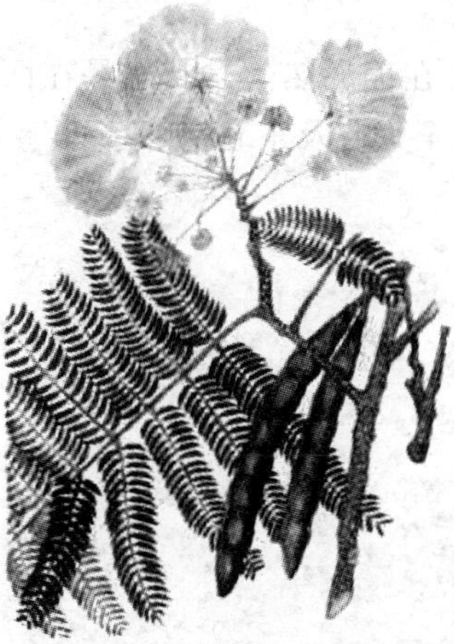

图11－45　合欢

别名　绒花树、马缨花、夜合花、合欢。

形态特征　落叶乔木，高可达16m，树冠扁圆形，呈伞状，主枝较低。树皮灰棕色，平滑。小枝褐色，有纵细纹，疏生皮孔。二回偶数羽状复叶，互生，小叶10～30对，镰刀状，全缘，无柄，日开夜合。花序头状，淡红色，多数，细长之总柄排列成散房状，腋生或定生。荚果扁条形。

产地分布　产亚洲及非洲。分布于自黄河流域至珠江流域之广大地区。

生长习性　喜光，但树干皮薄，怕暴晒。适应性强，对土壤要求不严，能耐干旱瘠薄，但不耐水湿。有一定的耐寒能力。具根瘤菌，有改良土壤的作用。浅根性。萌芽力不强，不耐修剪。

繁殖培育　主要用播种法繁殖。播种前10d，用80℃热水浸种，次日换水一次，第三天捞出，混以湿沙，经7～8d堆积出芽。注意及时剪除侧枝和扶直主干，对生长较弱的苗平茬，促使发出粗壮通直的主干。

园林用途　合欢树姿优美，叶形雅致，盛夏绒花满树，有色有香，能形成轻柔舒畅的气氛，宜作庭荫树、行道树，植于林缘、草坪、山坡等地。对有毒气体抗性强，可作化工企业的绿化树种。

（四）皂荚属（*Gleditsia*）

山皂角（*Gleditsia japonica* Miq.）（图11－46）

图11－46　山皂角

别名　日本皂角、山皂荚。

形态特征　落叶乔木，树皮糙而不裂，干及枝上有分歧之枝刺，枝刺扁。小枝淡紫色。1回偶数羽状复叶互生，小叶卵形至卵状披针形。花杂性异株，穗状花序，花柄极短。荚果薄而扭曲。种子扁平，亮棕色。

产地分布　分布极广，自中国北部至南部以及西南等地均有分布。

生长习性　喜光而稍耐荫，喜温暖湿润气候及深厚肥沃适当湿润的土壤，对土壤要求不严。深根性，播种后7～8年可开花。

繁殖培育 用播种法繁殖。播前1个月进行浸种，每隔4~5d换水一次，种子充分吸水后湿沙层积催芽。幼苗期间应注意修剪侧枝。

园林用途 树冠广宽，叶密荫浓，宜作庭荫树及“四旁”绿化或造林用。在苏北沿海的轻盐碱土上可以用来营造海防林，亦可截干使其萌生成灌木状作刺篱用。

十五、苦木科（*Simaroubaceae*）

乔木或灌木，树皮具有苦味。叶互生，稀对生，羽状复叶。花序腋生，总状花序或圆锥花序，花小，单性异株或杂性，稀为两性，萼3~5裂，花瓣3~5，花盘球状或杯状，雄蕊与花瓣同数或2倍，子房上位，2~5室，每室有1胚珠，稀或更多。核果或蒴果状，或翅果状。

共30属约200种，产于热带及亚热带地区，主要分布中心在美洲热带，其次是在西非热带。中国有4属约10种，产长江以南各省，个别种类分布至华北及东北南部。

臭椿属（*Ailanthus*）

臭椿（*Ailanthus altissima*）（图11-47）

图11-47 臭椿

别名 樗树、白椿。

形态特征 落叶乔木，高可达30m，树冠呈扁球形或伞形。树皮灰白色或灰黑色，平滑，稍有浅裂纹。小枝粗壮。叶痕大，倒卵形，内具9个维管束痕。奇数羽状复叶，互生，小叶13~25枚，卵状披针形，中上部全缘，近基部有1~2对粗锯齿，齿顶有腺点，叶总柄基部膨大，有臭味。5~6月开花，花杂性异株，圆锥花序顶生，花白色，蒴果椭圆形，种子多数，有扁平膜质的翅。

产地分布 东北南部、华北、西北至长江流域各地均有分布。朝鲜、日本也有。

生长习性 喜光，不耐荫。适应性强，除黏土外，各种土壤和中性、酸性及碱性土都能生长，适生于深厚、肥沃、湿润的沙质土壤。耐寒，耐旱，不耐水湿，长期积水会烂根死亡。深根性，萌蘖性强，生长较快。对烟尘与二氧化硫的抗性较强，病虫害较少。

繁殖培育 一般用播种繁殖。当翅果成熟时连小枝一起剪下，晒干去杂后干藏，发芽力可保持2年。播前用40℃温水浸种一昼夜，可提前5~6d发芽。一般在3月上旬至4月下旬进行播种。一年生苗高达60~100cm，地际直径0.5~1.5cm。此外，还可用分蘖及根插繁殖。作为行道树用的大苗，要求主干通直而分枝点高。一般可在育苗的第二年春进行平茬，以后要及时摘除侧芽，使主干不断延伸，到达定干高度后再让发侧枝养成树冠。春季移栽要待苗木上部壮芽膨大呈球状时进行，并要适当深栽。

园林用途　臭椿树干通直高大，树冠圆整如半球状，颇为壮观。叶大荫浓，秋季红果满树，虽叶及开花时有微臭但并不严重，故仍是一种很好的观赏树和庭荫树。在印度、法国、德国、意大利、美国等国常作行道树用，颇受赞赏而称为天堂树。中国用作行道树的则不多见，但在北京民居四合院中则多见。因它具有较强的抗烟能力，所以，是工矿区绿化的良好树种。又因它适应性强、萌蘖力强，故为山地造林的先锋树种，也是盐碱地的水土保持和土壤改良用树种。

十六、楝科（*Meliaceae*）

通常为乔木或灌木；小枝常有皮孔。叶互生、稀对生，通常为1~3回羽状复叶，很少单性；无托叶。花两性，稀单性，常为圆锥花序；花瓣与花萼裂片同数，分离或基部合生。子房上位，分离或与花盘合生，通常2~5室；果为蒴果、浆果或核果；种子常有假种皮，有时具膜质翅。

约47属870余种，广布于热带、亚热带，极少分布至温带。中国有15属约50种，大部分产华南和西南，少数属达到长江以北，香椿最北达辽宁南部。

香椿属（*Toona*）

香椿（*Toona sinensis*）（图11-48）

别名　春芽树、红椿，椿树。

形态特征　落叶乔木。树皮暗褐色，条片状剥落。小枝粗壮；叶痕大，扁圆形，内有5维管束痕。偶数（稀奇数）羽状复叶，有香气，长椭圆形至披针形，基部不对称，全缘或具不明显钝锯齿。花白色，有香气。蒴果长椭球形；种子一端有膜质长翅。

图11-48　香椿

产地分布　分布于我国华北、东北、西北、西南及华东等地。尤以河北、山东两省为多，一般多栽植于房前屋后、地畔、路旁、山溪、河边等处。安徽省太和县也是香椿的产区。

生长习性　喜光，不耐庇荫；适生于深厚、肥沃、湿润之沙质壤土，在中性、酸性及钙质土上生长良好，也能耐轻盐渍，较耐水湿，有一定耐寒力。深根性，萌芽、萌蘖力均强。对有毒气体抗性较强。

繁殖培育　繁殖主要采用种子繁殖法，分蘖、扦插、埋根也可。秋季种子成熟后要及时采收，防止种子飞散。种子干藏。翌年春天播种，播前温水浸种，能提前发芽，提高出苗率。扦插法繁殖，香椿的根、茎都有不定芽潜伏，都可以做为插穗进行扦插。香椿的栽培管理比较粗放。

园林用途 香椿枝叶茂密，树干耸立，树冠庞大，嫩叶红艳，是良好的庭荫树及行道树。是华北地区的重要“四旁”绿化树种。

十七、槭树科（*Aceraceae*）

乔木或灌木。单叶或复叶对生，无托叶。花单性或两性，花小，先开花后生叶或嫩叶长大后才开花，秋后落叶前常变红色。萼片4~5，花瓣4~5；雄蕊4~10；子房上位，2室，每室具2胚珠。仅1枚发育，小坚果，常有翅，又称翅果。

该科共2属200余种，分布于北温带。主要产地为中国和日本。中国2属全产，约150种。

槭树属（*Acer*）

元宝枫（*Acer truncatum* Bunge.）（图11-49）

图11-49　元宝枫

别名 平基槭。

形态特征 落叶小乔木，树冠伞形或倒广卵形。干皮灰黄色，浅纵裂；小枝浅土黄色。单叶对生，掌状5~7裂，裂片全缘，有时中裂片有3裂，裂片先端渐尖。基部常截形，稀心形。伞房花序，花黄绿色。翅果扁平，张开约成直角，翅长度等于或略长于果核。花期4月，果10月。

产地分布 主产黄河中、下游各省，东北南部及江苏北部。安徽南部也有分布。

生长习性 弱阳性，耐半荫，喜生于阴坡及山谷，喜温凉气候及肥沃、湿润而排水良好的土壤，有一定的耐寒力，但不耐涝。萌蘖性强，深根性，有抗风雪能力。

繁殖培育 主要用播种法繁殖。秋季翅果变成黄褐色时采收。种子干藏越冬。翌年春天播种前用40~50℃温水浸种2h，然后拌沙催芽，约有1/3发芽时即可播种。出苗后3周即可间苗。苗期注意主干的培养，及时修去侧枝。为保持某些单株秋季红叶的特征，也可用软材扦插繁殖。

园林用途 本种冠大荫浓，树姿优美，叶形秀丽，嫩叶红色，秋季叶又变成橙黄色或红色，是北方重要的秋色叶树种。华北各省广泛栽作庭荫树和行道树。

茶条槭（*Acer ginnala* Maxim.）（图11-50）

别名 茶条。

形态特征 落叶小乔木，树皮灰色粗糙。单叶对生，叶卵状或圆形，掌状五裂，裂片全缘。基部常为心形。伞房花序圆锥状，花杂性。果核两面突起，果翅张开成锐角或近于平行，紫红色，翅长度等于果核长度的2倍。花期在4月，果期9月。

产地分布 广布于东北、华北及长江流域各省，是我国槭树科中分布最广的一种。

生长习性　弱阳性，稍耐荫，喜温凉湿润气候。耐寒，也喜温暖。对土壤要求不严，生长速度中等，萌蘖性强，深根性，抗风雪。很少病虫害。耐烟尘，较能适应城市环境。

繁殖培育　主要用种子繁殖。秋季采收。种子干藏越冬。翌年春天播种前用60℃温水浸种一昼夜，然后拌沙室内催芽，约有1/3发芽时即可播种。幼苗怕涝，也怕春季旱风。

园林用途　本种树形优美，叶、果秀丽，入秋叶色变为红色或黄色，宜作山地及庭园绿化树种，与其他秋色树种或常绿树配植，彼此衬托掩映，可增加秋景色彩。也可用作庭荫树、行道树或防护林。

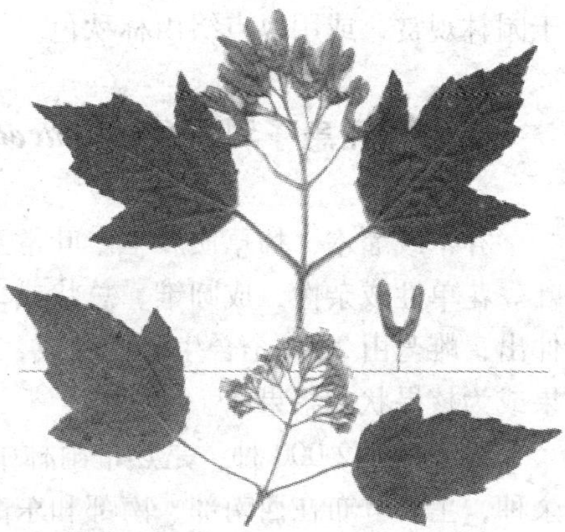

图11－50　茶条槭

十八、漆树科（*Anacardiaceae*）

乔木或灌木；叶互生，稀对生，多为羽状复叶；无托叶；花单性或两性，排成圆锥花序或总状花序；萼3～5裂；花瓣3～5，稀缺；花盘环状；雄蕊5～10，稀更多；子房上位，通常1室，每室有胚珠1颗；果为核果。我国的主要属有：*Spondias*，*Buchanania*，*Choerospondias*，*Cotinus*，*Pistacia*，*Rhus* 等等。

约66属，500种，大部分布于热带地区。我国有16属，约34种，长江流域及其以南各省最盛。

漆树属（*Rhus* L.）

火炬树（*Rhus typhina*）（图11－51）

别名　火炬漆、加拿大盐肤木、鹿角漆。

形态特征　落叶小乔木。分枝少，小枝粗壮，小枝密生紫红色长绒毛。奇数羽状复叶互生，小叶19～23，长椭圆状披针形，缘有锯齿，长渐尖。雌雄异株。顶生圆锥花序，密生有毛。核果深红色，密生绒毛，密集成火炬形。

产地分布　原产北美洲，现欧洲、亚洲及大洋洲许多国家都有栽培。

图11－51　火炬树

生长习性　喜光，适应性强，抗寒，抗旱，耐盐碱。根系发达，萌蘖力特强。生长快，但寿命短，约15年后开始衰老。

繁殖培育　通常用播种繁殖。也可用分株、埋根法繁殖。应用时需注意其根蘖蔓延极强，不宜与其他树种配置，否则不久即会被火炬树所覆盖。

园林用途　本种因雌花序和果序均红色且形似火炬而得名，即使在冬季落叶后，在雌树上仍可见到满树的火炬，十分奇特。秋季叶色红艳或橙黄，是著名的秋色叶树种。宜植于园林观赏，或用以点缀山林秋色。

十九、无患子科（*Sapindaceae*）

乔木或灌木，稀草质藤本。叶常互生，多为羽状复叶，稀掌状复叶或单叶；多不具托叶。花单性或杂性，成圆锥、总状或伞房花序；萼片和花瓣常4或5片。雄蕊常8，长而伸出；雌蕊由2~3个合生心皮组成，子房上位，多为3室，每室具1~2或更多。胚珠蒴果或为核果状或浆果状。

约150属2 000种，是热带雨林中乔木层和灌木层的重要组成成分。中国有25属50余种，主要分布在西南部、南部和东南部，但文冠果属和栾树属分布至华北和东北。

（一）栾树属（*Koelreuteria*）

栾树（*Koelreuteria paniculata*）（图11－52）

图11－52　栾树

别名　黑色叶树、木老芽、灯笼树、摇钱树。

形态特征　落叶乔木，树冠近圆球形。树皮灰褐色，细纵裂。小枝稍有棱，无顶芽，有明显突起的皮孔。奇数羽状复叶互生，有时呈不完全的2回羽状复叶，小叶7~15，卵形或卵状椭圆形，缘有不规则粗齿。圆锥花序，花黄色。蒴果，果皮薄膜质，三角状卵形，状似灯笼，成熟时红褐色或橘红色，开裂，种子球形，黑色，有光泽。花期6~7月，果9~10成熟。

产地分布　产于中国北部及中部。以华北最为常见。

生长习性　喜光，耐半荫，耐寒，耐干旱、瘠薄，喜生于石灰质土壤，也能耐盐渍及短期水涝。深根性，萌力强。生长速度中等。有较强的抗烟尘能力。

繁殖培育　以播种为主，分蘖、根插也可。秋季果熟时采收，及时晾晒去壳净种。因种皮坚硬不易透水，如不经处理第二年春播，常不发芽或发芽率很低。故最好当年秋季播种，经过一冬后第二年春天发芽整齐。也可用湿沙层积埋藏越冬春播。可用平茬养干，栽培管理简单。

园林用途　本种树形端正，枝叶茂密而美丽，春季嫩叶多为红色，入秋叶色变黄，夏季开花，满树金黄，十分美丽，是理想的绿化、观赏树种。宜作庭荫树、行道树及园景树。

（二）文冠果属（*Xanthoceras*）

文冠果（*Xanthoceras sorbifolia*）（图 11－53）

别名　文官果、崖木瓜。

形态特征　小乔木。丛生状，干皮灰褐色，扭曲状微纵裂，小枝幼时紫褐色。奇数羽状复叶互生，小叶9～19，长椭圆形至披针形，先端尖，基部楔形，缘有锯齿。总状花序，花白色，基部有斑晕。花期4～5月。蒴果，具木质厚壁，椭圆形，3瓣裂。种子球形，暗褐色。8～9月成熟。

图 11－53　文冠果

产地分布　原产中国北部。

生长习性　喜光，也耐半荫，耐寒，耐干旱，不耐涝，对土壤要求不严。深根性，主根发达，萌蘖力强，生长快。

繁殖培育　主要用播种法繁殖，分株、压条和根插也可。播种繁殖，一般秋季采后即播。也层积沙藏，翌春播种。幼苗期要稍加遮阳，防止倒伏，平茬养干。根系愈合能力差，移栽时需注意。花后对过密枝、斜生枝及枯枝要适当修剪。

园林用途　本种花序大而花朵密，春天白花满树，且有秀丽光洁的绿叶相衬，更显美观。是优良的观赏兼重要木本油料树种。也适于大面积绿化造林。

二十、鼠李科（*Rhamnaceae*）

乔木、灌木，稀藤本；常有枝刺或托叶刺。单叶互生，稀对生；有托叶。花小，两性，稀杂性或单性异株，多为聚伞花序；花萼筒状，4～5浅裂，镊合状排列，花瓣4～5，或无；雄蕊5，稀4，与花瓣对生，且常为花瓣所包藏。花盘明显发育；子房上位或一部分埋藏于花盘内，3或2室稀4室，各有一胚珠，核果、翅果、坚果，少数属为蒴果。

共50属约600种，广布全球，主要分布温带至热带各地。中国有14属130余种，主要分布于西南和华南。

鼠李属（*Rhamnus*）

鼠李（*Rhamnus davulrica* Pall.）（图 11－54）

别名　大绿。

形态特征　落叶小乔木。树皮灰褐色；小枝较粗壮，无毛。枝端常具刺。单叶互生或近对生，倒卵状椭圆形至卵状椭圆形，先端锐尖，缘有粗圆齿。花3～5朵簇生叶腋，黄绿色。核果球形，熟时紫黑色。

图 11－54　鼠李

产地分布　产于东北、内蒙古及华北等地。多生于山坡、沟旁或杂木林中。

生长习性　适应性强，耐寒，耐荫，耐干旱、瘠薄。

繁殖培育 播种繁殖。无需特殊管理。

园林用途 本种枝叶茂密，入秋有累累黑果，可植于庭园观赏。

二十一、柽柳科（*Tamaricaceae*）

落叶小乔木、灌木或草本。小枝纤细。叶互生，无托叶，通常无叶柄，叶体小，多呈鳞片状，草质或肉质。花小，通常两性，整齐，花瓣、花萼各4~5数。雄蕊与花瓣同数至多数。子房上位，1室，心皮2~5。蒴果圆锥形，室背开裂。种子有毛。

本科4属，约100种。中国3属，28种。

柽柳属（*Tamarix*）

柽柳（*Tamarix chinensis*）（图11－55）

图11－55 柽柳

别名 三春柳、西湖柳、观音柳。

形态特征 落叶小乔木，树皮红褐色。枝条柔弱，扩展而下垂，圆柱形，紫红色，叶互生无柄，蓝绿色，叶片细小，呈鳞片状，略呈三角形；新枝上的叶覆瓦状紧密排列，致见叶不见枝，花分3次（4月，6月，8月）开放，故有“三春柳”之名，花为圆锥状复总状花序，顶生，出自当年生的枝端，花小，粉红色，每朵花有1条形苞片。蒴果3瓣裂，种子先端有丛毛。

产地分布 原产中国，分布极广。

生长习性 喜光，耐寒，耐热，耐烈日曝晒，耐干又耐水湿，抗风又耐盐碱。深根性，根系发达，萌芽力强，耐修剪和刈割，生长较快。

繁殖培育 可用播种、扦插、分株、压条等法繁殖。通常多用扦插法。柽柳在定植后不需特殊管理，可适整形修剪以培育和保持优美的树形。

园林用途 柽柳姿态婆娑，枝叶纤秀，花期很长，可作篱垣，又是优秀的防风固沙植物，又是良好的改良盐碱土树种。

二十二、山茱萸科（*Cornaceae*）

乔木或灌木，稀草本。单叶对生，稀互生，多无托叶；花两性，稀单性，排成聚伞、伞形、伞房、头状或圆锥花序；萼4~5齿裂或缺；花瓣4~5；雄蕊常与花瓣同数，与花瓣同着生于花盘的基部；子房下位，通常2室。果为核果或浆果，有种子1~2颗。

14属，160种，主产于北半球；我国有5属，约40种，广布于各省，有些供观赏用。

梾木属（*Cornus*）

灯台树（*Cornus controversa* Hemsl.）（图11－56）

别名 女儿木、六角树、瑞木。

形态特征　落叶乔木，树皮光滑灰色，枝条紫红色。树干端直，分枝呈层状，宛若灯台。单叶互生，全缘，卵状椭圆形枝广卵形，叶表面绿色，背面灰绿，叶端突渐尖，基部圆形，弧形。伞房状聚伞花序顶生，花小，白色。核果球形，熟时由紫红色变为紫黑色。

产地分布　主产于长江流域及西南各省。

生长习性　性喜阳光，稍耐荫，喜温暖湿润气候，有一定的耐寒性，喜肥沃湿润而排水良好的土壤。

图 11－56　灯台树

繁殖培育　灯台树采用播种法繁殖，也可扦插繁殖。10 月份采收果实，堆放后熟，洗净阴干，随即播种。或低温层积沙藏，于翌年 3 月露地条播。行距 50～60cm，株距 10～15cm。4～5 月份便可出苗。第一年根系不发达，生长量小，高约 30cm 左右，第二年生长量可达 50cm，三年以上每年以 1m 以上的速度生长，并呈现出优美的冠形和树姿，达到满意的观赏效果。

园林用途　灯台树树形整齐，大侧枝呈层状生长宛如灯台，形成美丽的圆锥状树冠。宜独植于庭园草坪观赏，也可植为庭荫树及行道树。

二十三、木犀科（*Oleaceae*）

乔木或灌木，稀藤本。单叶或复叶，对生，稀互生，无托叶。花辐射对称，两性，稀单性或杂性，组成圆锥、总状或聚伞花序，稀花单生；萼 4 裂；花冠合瓣，呈管状、漏斗状或高脚碟状，先端 4 裂，稀 5～12 裂，有时离瓣或无花瓣；雄蕊 2，稀 3～5；子房上位，2 室，每室 2 胚珠。核果、浆果或蒴果、翅果。

约 29 属 600 种，广布温带、亚热带及热带地区。我国 12 属 200 余种，南北各地均有分布。

白蜡树属（*Fraxinus* L.）

水曲柳（*Fraxinus mandshurica* Rupr.）（图 11－57）

别名　满洲白蜡。

形态特征　落叶乔木。树干通直，树皮灰褐色，浅纵裂。小枝略成四棱形。奇数羽状复叶对生，小叶 7～13 枚，无柄，叶轴具狭翅，叶椭圆状披针形或卵状披针形，长 8～16cm，锯齿细尖，端长渐尖，基部连叶轴处密生黄褐色绒毛。圆锥花序侧生去年生小枝上。翅果扭曲，矩圆状披针形。

图 11－57　水曲柳

产地分布　分布于东北、华北，以小兴安岭最多。

生长习性　喜光，幼时稍能耐荫，耐寒，喜潮湿但不耐水涝，喜肥，稍耐盐碱。主根浅，侧根发达，萌蘖性强，生长较快，寿命较长。抗烟尘，对二氧化硫、氯气、氟化氢有较强抗性。

繁殖培育 用播种、扦插、分蘖等法繁殖。种子休眠期长，隔年才能萌发。春季播种必须先行催芽，催芽处理的方法有低温层积催芽和快速高温催芽。春播宜早，一般在2月下旬至3月上旬播种。开沟条播，每667m^2用种量3~4kg，深度为4cm，深度要均匀，应随开沟，随播种，随覆土，覆土厚度2~3cm。为使土种密接，覆土后进行镇压。扦插繁殖宜在春季3月下旬至4月上旬进行。从生长迅速、无病虫害的健壮幼龄母树上选取1年生萌芽枝条，一般枝条粗度为1cm以上，长度15~20cm，上切口平剪，下切口为马耳形。在幼苗生长过程中，加强对幼苗的抚育管理，是培育壮苗的关键。

园林用途 枝叶繁茂，根系发达，速生耐湿，耐轻度盐碱，是防风固沙，护堤护路的优良树种。其干形通直，树形美观，抗烟尘、二氧化硫及氯气，是工厂、城镇绿化美化的好树种。

二十四、玄参科（*Scrophulariaceae*）

大多为草本，少数灌木或乔木。单叶对生，稀互生或轮生，无托叶。花两性，花序总状、穗状或聚伞状，再组成圆锥花序；萼4~5裂，常宿存；花冠合瓣，2唇形，少辐射对称，裂片（3）4~5；雄蕊多为4、2；子房上位，2室。果多为蒴果，少有浆果状。

约200属3 000余种，广布于全球各地，多数在温带地区。中国产56属约600种，主要分布于西南部山地。

泡桐属（*Paulownia*）

毛泡桐（*Paulownia tomentasa*（Thunb.） Steud.）（图11－58）

图11－58 毛泡桐

别名 紫花泡桐、绒毛泡桐、桐。

形态特征 落叶乔木，树冠宽大圆形。树皮褐灰色，小枝有明显皮孔，幼时常具黏质短腺毛。单叶对生，大而有长柄，阔卵形或卵形，先端渐尖或锐尖，基部心形，全缘或3~5浅裂，表被有毛。顶生圆锥花序，花蕾密被黄色毛，花萼浅钟形，外被绒毛，花冠漏斗状钟形，鲜紫色或蓝紫色，长5~7cm。蒴果。花期4~5月，果8~9月成熟。

产地分布 辽宁南部、河北、河南、山东、江苏、安徽、湖北、江西等地栽培。

生长习性 强阳性树种，不耐庇荫，根系近肉质，怕积水而较耐干旱。不耐盐碱，喜肥。根系发达，分布较深，自花不孕或同株异花不孕。对二氧化硫、氯气氟化氢、硝酸雾的抗性均强。

繁殖培育 通常用埋根、播种、埋干、留根等方法繁殖。生产上普遍采用埋根育苗。

园林用途 毛泡桐树干端直，树冠宽大，叶大荫浓，花大而美，宜作行道树、庭荫树，也是重要的速生用材树种，“四旁”绿化，结合生产的优良树种。

复习思考题

1. 什么是常绿乔木？综述常绿乔木在园林绿化中的作用。
2. 什么是落叶乔木？综述落叶乔木在园林绿化中的作用。
3. 举例说出工矿区常用的绿化树种。为什么？
4. 举例说出常用于行道树的常绿树种。为什么？
5. 举例说出常用于绿篱的常绿树种。为什么？
6. 举例说出盐碱地绿化常用树种。
7. 举例说出庇荫地常用的绿化树种。

综合实训一 树木冬态识别

一、目的

树木的冬态，是指树木入冬落叶后营养器官所保留可以反映和鉴定某种树种的形态特征。在树种的识别和鉴定中，叶、花和果实是重要的形态。但是，在我国大部分地区许多树种到冬天均要落叶，树皮、叶痕、叶迹等冬态特征成为主要的识别依据。本实验的主要目的，是通过对一些树种的冬态观察，掌握树木的冬态特征和主要的冬态形态术语。

二、形态术语

（一）树冠

树冠是由树木的主干与分枝部分组成的。树冠的形状取决于树种的分枝方式。树冠的主要形状和树种实例如下：

尖塔形；圆锥形；圆柱形；窄卵形；卵形；广卵形；圆球形；扁球形；杯形；伞形；平顶形。

（二）树皮

光滑；细纵裂；浅纵裂；深纵裂；条状浅裂；不规则纵裂；鳞片状剥裂；鳞块状开裂；长条状剥裂；纸状剥裂；环状剥裂；小方块状开裂。

（三）枝条及变态

树木的主轴为树干，树干分出主枝，主枝分出枝条，最后的一级为一年生小枝。

二年生以上的枝条称为小枝。木质化的一年生枝条为一年生枝。生长不到一年，未完全木质化的着叶枝条为新梢或称当年生小枝。根据小枝着生的位置可分为：顶生枝条和侧生枝条。根据枝条节间的长短大小可分为长枝和短枝。长枝的节间长而明显，侧芽间距远，而短枝的节间缩短。

叶痕：叶片脱落后，叶柄在枝条上留下的痕迹。不同树种叶痕的大小和形状不同。根据叶痕的着生状况可判断叶子是互生、对生还是轮生。

维管束痕：又称叶迹，是叶柄中的维管束在叶脱落后留下的痕迹。不同树种维管束痕的组数及其排列方式是鉴定树种的重要依据之一。

（四）芽的类型及形态

芽是枝条和繁殖器官的原基，是茎、枝、叶和花的雏形。

1. 芽的类型按芽的性质分为：

叶芽：发芽后发育形成枝和叶，也称枝芽或营养芽。

花芽：发芽形成花序或花。

混合芽：发芽后同时形成枝叶和花（花序）。

2. 芽的类型按芽的位置分为：

顶芽：位于枝条顶端的芽。

侧芽：位于叶腋内的芽，又称腋芽。

隐芽：隐藏在枝条内不外露的芽。

假顶芽：顶芽退化，由离顶芽位置最近的侧芽代替，该芽称为假顶芽。

主芽和副芽：腋芽具有两枚以上时，最发达的芽称为主芽。位于主芽上部、下部或两侧的芽称为副芽。

叠生芽：主芽和副芽上下叠生，如皂角、紫穗槐。

并生芽：主副芽并列而生，如山桃。

不定芽：芽产生的位置不固定，不生于叶腋内。

3. 芽的类型按有无芽鳞分为：

鳞芽：具有芽鳞的芽。

裸芽：芽体裸露，无芽鳞包被。

花蕾：为裸露的越冬花芽。如核桃雄花序芽。

（五）髓心

位于枝条的中心。髓心按质地分为：

实心髓：髓心充实。

分隔髓：髓有空室的片状横隔；如杜仲、枫杨。

空心髓：髓心部分为中空的髓腔；如毛泡桐。

髓心的颜色为白色、黄褐色等。

三、作业

根据调查内容提案填写下表，树种自己补全。

特征＼树种		银杏	毛白杨	旱柳	胡桃	元宝枫	垂柳	毛泡桐	杜仲	桑树	辽东栎	臭椿
习性												
树皮特征												
枝条	有无短枝											
	刺类型											
	叶痕特征及着生方式											
	叶迹数目											
	髓心											
	托叶痕											
	有无顶芽											

续表

特征＼树种		银杏	毛白杨	旱柳	胡桃	元宝枫	垂柳	毛泡桐	杜仲	桑树	辽东栎	臭椿
冬芽	芽类型											
	着生方式											
	芽鳞数目											
	毛被											
	有无树脂等											
	其他											

综合实训二　校园常见乔木树种的识别

一、目的要求

了解校园内常绿树种的种类、形态特征、生长习性及园林应用，复习课堂所学的知识，掌握树种的调查方法。

二、材料用具

记录本、调查表、尺等。

三、方法步骤

形态观测

性状：乔木，灌木，藤本；

树冠：形状；

树皮：颜色，开裂与否，开裂方式；

枝：小枝颜色，生长方式；

叶：叶形，正反面颜色，是否有白粉，着生方式；

芽：颜色，形状；

花：花色，雌花，雄花；

果实：颜色，形状，开裂方式；

种子：形状，大小，是否有翅。

四、作业

对校园内的所用乔木树种进行分类、总结，写出调查报告。

第十二章　灌木类

灌木是指那些没有明显的主干，常在基部发出多个枝干，植株呈丛生状态的树木，一般可分为观花、观果、观枝干等几类。按其冬季或旱季落叶与否又分为落叶灌木和常绿灌木。

由于灌木类具有萌枝力强、耐修剪，整体观赏色彩效果好的特点，可以通过人工修剪造型的办法，体现植物的修剪美、群体美。可以应用于不同场合，能起到丰富景观、增加绿量的作用。为了便于学生能更好的掌握灌木类在园林造景的运用，本章将按照常绿灌木类和落叶灌木类分别进行讲述。

第一节　常绿灌木类

常绿灌木是一种终年具有绿叶的灌木，这种灌木叶的寿命是2～3年或更长，并且每年都有新叶长出，在新叶长出的时候也有部分旧叶的脱落，由于是陆续更新，所以终年都能保持常绿。这种灌木由于其有四季常青的特性，因此，常被用来作为绿化的首选植物，由于它们常年保持绿色，其美化和观赏价值更高。

一、沙地柏（*Sabina vulgatis* Ant.）

别名　新疆圆柏、叉子圆柏。

科属　柏科，圆柏属。

形态特征　匍匐灌木，高不足1m，枝斜前伸展，小枝细，近圆柱形，幼枝多刺叶，老树多鳞叶，刺叶无明显中脉，长3～7mm。鳞叶斜方形交互对生，先端微钝或急尖，腺体椭圆形，位于叶背中部，多为雌雄异株，球果褐色，近圆形，着生于小枝枝顶，熟时暗褐紫色，被白粉。内有种子1～5粒。花期4～5月。

产地分布　为中国原产树种。主要分布于新疆维吾尔自治区、青海、甘肃、内蒙古自治区和陕西等省。目前，华北各地多引起栽培，生长状况良好。

生长习性　耐旱、抗寒、适应性强，喜光也耐荫，对土壤要求不严，但怕积水涝洼。

繁殖培育　以种子繁育为主，也可扦插。播种前处理种子是关键，需作催芽处理，进行扦插繁殖，成活率也很高。可于5～6月取生长健壮的1～2年生枝条扦插，插穗长10～15cm，约40d生根，生根率90%以上，扦插时如蘸生根粉，还可提高生根率，且根系发达。插穗繁殖的幼苗，根系较嫩，故在移植前先要注意插床通风，使其适应自然条件。移植后在短期内要适当遮阳，成活后再逐步撤去遮阳物，使其正常生长。

园林用途　良好的地被植物，可密集栽植替代草坪，且改善生态环境的能力较草坪更强，栽培容易，管理简单，树姿美丽，冬夏常青，固沙保土效果明显。

二、铺地柏（*Sabina procumbens*（*Endl.*）*Iwata et Kusaka.*）

别名　爬地柏、矮桧、匍地柏、偃柏。

科属　柏科，圆柏属。

形态特征　匍匐小灌木，高达75cm，冠幅逾2m，贴近地面伏生，叶全为刺形叶，3叶轮生或交叉对生，叶上面凹，有2条变色气孔带，下面蓝绿色，绿色中脉明显。雌雄异株，球果球形，熟时黑色，被白粉，内含种子2~3粒。花期4月。

产地分布　原产日本，我国各地园林中常见栽培。

生长习性　阳性树种，能在干燥的沙地上生长良好，喜石灰性的肥沃土壤，忌低湿地栽植。

繁殖培育　多用扦插繁殖，春秋两季均可进行，春季选一年生枝条，秋季选当年生已基本形成木质化、并长有尖梢而徒长的枝条作插穗，选这样的枝条作插穗，营养组织充实、易生根，生长快，成型早。为提高成活率，扦插前先进行一次药物处理，促进愈合，把插穗基部放在高锰酸钾或萘乙酸溶液中浸泡，然后扦插在基质中，搭棚遮荫，并保持湿润，两个月左右生根。

园林用途　在园林中可配植于岩石园或草坪角隅，又为缓土坡的良好地被植物，各地亦经常盆栽观赏。

三、黄杨（*Buxus sinica*（*Rehd. et Wils.*））

别名　小叶黄杨、锦熟黄杨。

科属　黄杨科，黄杨属。

形态特征　常绿灌木或小乔木。树皮灰色，有规则剥裂。小枝四棱形，被毛。叶革质，倒卵形或倒卵状长椭圆形至宽椭圆形，长2~3cm，宽1~2cm，中脉凸起，侧脉明显，背面主脉的基部和叶柄有微细毛。花序头状，腋生，花密集；雄花无花梗，外轮花被片卵状椭圆形，内轮花被片近圆形。蒴果近球形。花期4月，果期6~7月。

产地分布　分布于我国中部；各地广泛栽培。

生长习性　喜半荫，喜温暖湿润气候及肥沃的中性及微酸性土，较耐寒。萌芽力强，耐修剪，生长缓慢。抗污染。

繁殖培育　用扦插进行繁殖，在温床一年四季可进行扦插。一般的温室在5~9月份扦插，扦插后1个月生根，两个月可移至地里栽植。

园林用途　枝叶繁茂，四季常青，多修整成球形树冠，孤植或丛植于草坪、建筑物前或山石旁，也可列植于路旁；因耐修剪，是园林中常见的绿篱材料。

四、大叶黄杨（*Euonymus japonicus* Thunb.）

别名　冬青卫矛、正木。

科属　卫矛科，卫矛属。

形态特征 常绿灌木或小乔木，高可达8m；小枝绿色，微四棱形。叶对生，革质而有光泽，倒卵形或椭圆形，长3~6cm，宽2~3cm，边缘有细锯齿；叶柄长约1cm。花绿白色，5~15朵成密集的聚伞花序，近枝顶腋生。蒴果扁球形，粉红色。花期5~6月；果熟期9~10月。

产地分布 原产于日本南部。我国南北各省均有栽培。

生长习性 喜光，也较耐荫。耐干旱贫瘠。喜温暖湿润气候，耐寒性不强，温度低于-17℃左右即受冻害。要求肥沃疏松的土壤，极耐修剪整形。

繁殖培育 扦插、嫁接及压条繁殖均可，一般以扦插为主。硬枝扦插在春、秋两季进行，软枝扦插在夏季进行。用当年生枝扦插，3~4周后即可生根，成活率可达90%以上。园艺变种的繁殖，可用丝棉木作砧木于春季进行靠接。压条宜选用二年生或更老的枝条进行，一年后可与母株分离。成株每年要在春、夏两季各进行一次修剪，去除过密及过长枝。

园林用途 大叶黄杨枝叶茂密，叶色亮绿，四季常青，且有许多花叶、斑叶变种，极耐修剪，南方园林中常用作绿篱及背景种植材料，亦可丛植于草地边缘或列植于园路两旁；若加以修剪整形，更适合于规则式对称配置。目前常将其修剪成圆球形或半球形，用于花坛中心或对植于门旁两侧。在北方，其花叶、斑叶变种宜盆栽，用于室内绿化及会场装饰等。

五、夹竹桃（*Nerium indicum* Mill）

别名 柳叶桃、半年红。

科属 夹竹桃科，夹竹桃属。

形态特征 常绿大灌木，高达5m，含水液，无毛。叶3~4枚轮生，下部的对生，窄披针形，全绿，革质，长11~15cm，宽2~2.5cm；侧脉密生而平行。花序顶生，花萼裂片直立；花冠漏斗形，有红、白两种颜色，有香气，冠筒喉部的副花冠呈鳞片状，先端撕裂。蓇葖果长圆形，花期几乎全年，但夏、秋较多。

产地分布 原产于伊朗、印度；我国大部分省区有栽培，尤以南方为多。

生长习性 喜温暖，喜光，对土壤要求不严，而以肥沃、湿润的中性壤土最宜，微酸性土，轻碱土也能生长；管理粗放，萌蘖性强。北方盆栽，室内越冬。

繁殖培育 以扦插繁殖为主，也可压条繁殖。嫩枝扦插于春季、夏季均可进行，插前将插穗基部浸入清水中7~10d，要换水数次，保持浸水新鲜，插后半个月即可生根，成活率达95%以上。老枝用水培法发根快且成活率高，水温保持18~20℃，经常换水，尤易生根。分蘖繁殖尤为便利。

园林用途 夹竹桃叶狭长似竹，枝叶浓绿，姿态潇洒，花期长，自夏至秋，次第开放。适于水滨、湖畔、庭院、墙隅配植，也可在草坪中孤植，北方宜盆栽观赏。

复习思考题

举例说出北方园林中常用的常绿灌木树种及在园林绿化中的作用？

第二节　落叶灌木类

一、牡丹（*Paeonia Suffruticosa*）

别名　木芍药、花王、洛阳王、富贵花。

科属　芍药科，芍药属。

形态特征　牡丹1990年被定为中国的国花。牡丹株高多在0.5～2m之间；根肉质，粗而长，中心木质化，长度一般在0.5～0.8m；根皮和根肉的色泽因品种而异；枝干直立而脆，圆形，为从根茎处丛生数枝而成灌木状，当年生枝光滑、草本，黄褐色；叶互生，叶片通常为二回三出羽状复叶，枝上部常为单叶，小叶片有披针、卵圆、椭圆等形状，顶生小叶常为2～3裂，叶上面深绿色或黄绿色，下为灰绿色，光滑或有毛；总叶柄长8～20cm，表面有凹槽；花单生于当年枝顶，两性，花大色艳，形美多姿，花径10～30cm；花的颜色有白、黄、粉、红、紫红、紫、墨紫（黑）、雪青（粉蓝）、绿、复色；雄雌蕊常有瓣化现象，花瓣自然增多和雄、雌蕊瓣化的程度与品种、栽培环境条件、生长年限等有关；正常花的雄蕊多数，结籽力强，种籽成熟度也高，雌蕊瓣化严重的花，结籽少或不结籽，完全花雄蕊离生；骨果五角，每一果角结籽7～13粒，种籽类圆形。

产地分布　我国是牡丹的原产地，分布在陕、甘、豫、晋等省海拔800～2 100m的高山地带，立地条件多为阴坡或半阴坡，生长在腐殖质层较厚的林缘或灌木丛中。栽培种遍及全国，但以河南洛阳、山东菏泽、北京丰台最为著名。

生长习性　牡丹喜凉恶热，具有一定的耐寒性；喜向阳，怕酷暑；喜干燥，惧烈风，怕水浸渍；宜中性或微碱性土壤，忌黏重土壤；最适生长温度18～25℃，生存温度不能低于－20℃，最高不超过40℃。花芽为混合芽，分化一般在5月上中旬开始，9月初形成。植株前三年生长缓慢，以后加快，4～5年生时开花，开花期可延续30年左右。自然花期4～6月。一年生枝只有基部叶腋有芽的部分充分木质化，上部无芽部分秋冬枯死，谓之“牡丹长一尺退八寸”。牡丹花芽需满足一定低温的要求才能正常开花，开花适温为16～18℃。

繁殖培育　常用分株和嫁接法繁殖。

1. 分株　有“春分分牡丹，到老不开花”的农谚，因此时气温升高较快，枝芽虽已萌动，但根系还不能供应充足的水分和养分，只能消耗植株本身原有的贮藏物质，植株长势衰退。所以生产上分株多在寒露（10月8～9日）前后进行，暖地可稍迟，寒地宜略早。分株过迟，发根弱，或不发根，过早则易秋发。分株时选择四至五年生的健壮母株，顺自然走势，从根颈处分开，伤口用1%硫酸铜或400倍多菌灵浸泡，然后栽植，封土越冬。分株每3～4年进行一次，每次可得1～3株苗，繁殖系数低。目前生产上采用将压条、分株和平茬相结合的方法，即秋季将牡丹分株栽植，把枝条平曲压埋，促进枝条上的不定芽萌发生长，第二年秋季全部平茬，第三年秋季挖出进行分株。这样，一般每个母株可形成8～10株新苗。

2. 嫁接　嫁接适期为秋初后重阳前，过迟不宜，由以白露前后嫁接成活率最高。现常用芍药根或牡丹根作砧木。芍药根短粗，质软，易嫁接，易成活，生长快，但寿命较短，分株少；牡丹根细，质硬，不易嫁接，但分株多，寿命长，抗逆性强。生产上多用凤丹作砧木。一般采用枝接，也可用芽接。

园林用途 牡丹雍容华贵，国色天香，艳冠群芳，花开在风和日丽的“谷雨”前后，正宜游赏，自古以来，凡名园古刹多植牡丹，现在各类城市园林绿地中也广泛应用。

牡丹无论孤植、丛植、片植都很适宜，在园林中多布置在突出的位置，建立专类牡丹园或以花台、花坛栽植为好，居民庭院中多行盆栽观赏。

二、小檗（*Berberis thunbergii* DC.）

别名 日本小檗。

科属 小檗科，小檗属。

形态特征 落叶小灌木，小枝多红褐色，有沟槽，具短小针刺，刺不分叉；单叶互生，叶片小型，倒卵形或匙形，先端钝，基部急狭，全缘叶，叶表暗绿，光滑无毛，背面灰绿，有白粉，两面叶脉不明显，入秋叶色变红；腋生伞形花序或数花簇生（2～12朵），花两性，萼、瓣各6枚，花淡黄色；浆果长椭圆形，长约1cm，熟时亮红色。常见应用的品种还有叶常年紫红色的紫叶小檗和叶常年金黄色的金叶小檗。

产地分布 原产日本，现我国南北均有栽培。

生长习性 对光照要求不严，喜光也耐荫，但紫叶、金叶者须栽于阳光充足处，利于叶色美丽。喜温暖湿润的气候环境，耐寒性强，也较耐干旱瘠薄，忌积水涝洼，对土壤要求不严，但以肥沃而排水良好的沙质壤土生长最好，萌芽力强，耐修剪。

繁殖培育 以播种繁育为主，也可扦插繁殖。播种于9～10月采种，秋播或将种子层积至翌年春播。扦插可在春、秋进行，用当年生半木质化枝作插穗，生根容易。苗木移植春秋均可，但北方地区冬季干燥多风，以春植为宜。整形修剪宜在春季萌芽前进行，枝条生长过旺，而影响观赏者，亦应随时修剪。栽培容易，适时施肥、浇水，注意中耕除草和病虫防治。

园林用途 叶小圆形，入秋变色，春日黄花，秋季果红，是一个观叶、观花、观果的园林观赏树种，适于在草坪、花坛、假山、池畔用作点缀，并可用作绿篱。

三、东陵八仙花（*Hydrangea bretschneideri Dippel.*）

别名 东陵绣球、柏氏绣球。

科属 虎耳草科，八仙花属。

形态特征 落叶灌木，高3m。树皮通常片状剥落，老枝红褐色。叶对生，卵形或椭圆状卵形，长5～15cm，宽2～5cm，先端渐尖，边缘有锯齿，叶面深绿色，无毛或脉上疏柔毛，背面密生灰色柔毛；叶柄长1～3cm，被柔毛；伞房状聚伞花序、顶生，径10～15cm，边缘着不育花、初白色、后变淡紫色，中间有浅黄色可孕花。蒴果近圆形。

产地分布 产于中国东北地区南部和黄河流域各地。

生长习性 喜光，稍耐荫，耐寒，忌干燥，喜半荫及湿润排水良好环境。

繁殖培育　可播种、扦插、压条繁殖。

园林用途　宜于林缘、池畔、庭园角隅及墙边孤植或丛植。

四、贴梗海棠（*Chaenomeles speciosa*）

别名　皱皮木瓜。

科属　蔷薇科，木瓜属。

形态特征　落叶灌木，高达2m。枝开展，紫褐色，有刺，小枝平滑，无毛。叶卵形或椭圆形，长3～9cm，先端急尖，基部楔形，边缘有尖锯齿，表面无毛，有光泽。托叶大，肾形或半圆形，叶缘有锐重锯齿。花3～5朵簇生于2年生老枝上，猩红色、稀淡红或白色；萼筒钟状，萼片直立；花瓣倒卵形或近圆形。花期3～5月。果卵形至球形，黄色或黄绿色，芳香，9～10月成熟。

产地分布　产于我国陕、甘南、豫、鲁、皖、苏、浙、赣、湘、鄂、川、黔、滇、粤等省，全国各地均有栽培。缅甸有分布。

生长习性　喜光，有一定耐寒力，在北京小气候良好处可露地越冬；不耐水淹，不择土壤，但喜肥沃、深厚、排水良好的土壤。

繁殖培育　分株、扦插、压条繁殖。秋季分株后假植，促使伤口愈合，翌春定植，也可在3月分株后定植。3月取硬枝扦插，也可在6～7月取当年生枝条扦插。压条春季进行，翌春与母株分离另植。栽植后，只需适时灌水、除草、松土、防治病虫害及修剪即可，无需特殊技术。

园林用途　早春先花后叶，簇生枝间，鲜艳美丽，且有重瓣及半重瓣品种，秋季又有黄色、芳香的硕果，是一种很好的观花、观果灌木。宜于草坪、庭院或花坛内丛植或孤植，同时还是盆栽和切花的好材料。

五、棣棠（*Kerria japonica*）

别名　鸡蛋黄花、黄花榆叶梅。

科属　蔷薇科，棣棠花属。

形态特征　落叶丛生小灌木，高1～2m。小枝细长绿色，无毛，质软。单叶互生，卵形或三角状卵形，先端渐尖，基部截形或近圆形，边缘有锐尖重锯齿，叶背疏生短柔毛；叶柄长0.5～1.5cm，无毛；托叶膜质早落。花单生于当年生侧枝顶端，花金黄色，直径3～4.5cm，萼裂片卵状三角形或椭圆形，全缘，两面无毛；花瓣长圆形或近圆形，长1.8～2.5cm，先端微凹；瘦果褐黑色、扁球形。花期5～6月，果期7～8月。

产地分布　产于河南、湖北、湖南、江西、浙江、江苏、四川、云南、广东等省。分布于我国华北南部及华中、华南各地，河南大别山、桐柏山、伏牛山区生于海拔400～1 000m的山坡山谷灌丛杂林中。

生长习性　喜欢温暖的气候，较耐荫，耐寒性不是很强，故在北京园林中宜选背风向阳处栽植，对土壤要求不严，耐旱力较差。

繁殖培育　可采用分株、扦插和播种繁殖。可在晚秋和早春进行分株繁殖，或于早春、晚夏可用硬枝或嫩枝扦插繁殖。若大量繁殖可采用播种繁殖。因花芽是在新稍形成，每隔 2 ~ 3 年对老枝进行一次修剪，以促发新枝，多开花。

园林用途 在园林中可作树荫的绿化材料，如林缘、湖畔及建筑物和假山的北面等。常成行栽成花丛、花篱，与深色的背景相衬托，使鲜黄色花枝显得更加鲜艳。

六、野蔷薇（*Rosa multiflora Thunb.*）

别名 多花蔷薇、刺花。

科属 蔷薇科，蔷薇属。

形态特征 落叶灌木，攀缘生长。小枝通常无毛，有短、粗稍弯曲皮刺。小叶倒卵形、长圆形或卵形，边缘有单锯齿，稀混有重锯齿，上面无毛，下面有柔毛；托叶蓖齿状，大部分与叶柄合生。花多朵，排成圆锥状花序；花径 1.5 ~ 2cm，白色；萼片披针形，有时中部具两个线形萼片。果近球形，红褐色至紫褐色。花期 5 ~ 6 月。

产地分布 分布于我国华北、华东、华中、华南及西南。日本、朝鲜也有分布。

生长习性 性强健，喜光，耐寒，对土壤适应性强。

繁殖培育 可采取播种、扦插、分根繁殖。栽培管理方便，注意花后剪除花序，以免结果而消耗母体营养。

园林用途 花多而攀缘，在园林中被广泛用作棚架、花架、花柱、花门、栅栏绿化美化；在华北地区也常植为花篱；也可用于坡地绿化，具有美化和防止水土流失双重功效。

七、黄刺玫（*Rosa xanthina* Lindl.）

别名 刺玖花、黄刺莓、刺玫花。

科属 蔷薇科，蔷薇属。

形态特征 落叶直立灌木，高 2 ~ 3m 小枝褐色或褐红色，具散生皮刺。奇数羽状复叶，小叶 7 ~ 13 枚，近圆形或椭圆形，边缘有锯齿；托叶小，下部与叶柄连生，先端分裂成披针形裂片，边缘有腺体，近全缘。花黄色，单瓣或半重瓣，无苞片。花期 5 ~ 6 月。果球形，红黄色。果期 7 ~ 8 月。

产地分布 原产东北、华北至西北，现各地广为栽培。

生长习性 喜光，稍耐荫，耐寒力强，对土壤要求不严，耐干旱和瘠薄，在盐碱土中也能生长，不耐水涝，少病虫害。

繁殖培育 多采用分株繁殖，扦插、压条、播种繁殖也可。选光照充足、排水良好之地栽植生长良好。管理上如发现树丛中有枯枝，应及时除去，并及时中耕施肥，以利发育。

园林用途 春天繁花满枝，芬芳袭人，在我国东北、华北园林中常植于花境，点缀屋前路隅和草坪，也可栽作花篱，多丛植和群植，也可列植。

八、玫瑰（*Rusa rugosa* Thunb.）

别名　刺玫花、徘徊花、穿心玫瑰。

科属　蔷薇科，蔷薇属。

形态特征　直立丛生灌木，高可达2m。小枝密被绒毛，茎枝有皮刺和腺毛。单数羽状复叶，互生，小叶5~9片，椭圆形或椭圆形状倒卵形，边缘有尖锐锯齿，叶上面光亮，叶脉下陷，无毛，下面有绒毛和腺体，叶柄有绒毛，疏生小皮刺和刺毛；托叶大部与叶柄合生，边缘有带腺锯齿。花单生或数朵聚生，重瓣或半重瓣，紫红色至白色，芳香；花梗有绒毛和腺体，萼片卵状披针形，常有羽状裂片而扩展成叶状。果实扁球形，熟时红色。花期5~6月，果期8~9月。

产地分布　原产于我国华北，现在全国各地均有栽培。

生长习性　适应性强，耐寒，耐旱，忌阴湿，怕积水。喜肥沃、排水良好的中性或微酸性沙质壤土。喜光照充足、通风良好。萌蘖力很强，生长迅速。

繁殖培育　玫瑰以嫁接、扦插繁殖为主。嫁接植株根系发达，生长健壮，多用野蔷薇作砧木，采用芽接、枝接。扦插可分为硬枝和软枝扦插，北方多用软枝扦插，在苗床中进行，南方均露地扦插。玫瑰以秋植为佳，管理上注意秋季施一次厩肥，初冬灌一次冻水，开春后结合培土施一次厩肥。生长7~8年的株丛已衰老，可于秋季截干，促其更新复壮。

园林用途　玫瑰花大美丽，色艳芳香，适于花坛、花篱、花境及坡地栽植，亦可开辟玫瑰园，以供观赏。

九、珍珠梅（*Sorbaria kirilowii*（*Reqel*）Maxim）

别名　华北珍珠梅。

科属　蔷薇科，珍珠梅属。

形态特征　高达2m。枝条开展；小枝稍弯曲，无毛或微被短柔毛，幼时绿色，老时暗黄褐色或暗红褐色。奇数羽状复叶，小叶7~17枚，对生，披针形或长圆状披针形，边缘有重锯齿，羽状脉，背面明显。顶生圆锥花序大，总花梗和花梗均被短柔毛，果期逐渐脱落；花径10~12mm；萼筒钟状，外面微被短柔毛，萼裂片三角状卵形，先端急尖；花瓣长圆形或倒卵形，白色。蓇葖果长圆形。花期6~8月。

产地分布　河北、山西、山东、河南、陕西、甘肃、内蒙古自治区均有分布。

生长习性　喜光又耐荫，耐寒，性强健，不择土壤。萌蘖性强、耐修剪。生长迅速。

繁殖培育　可用播种、扦插及分株法繁殖，但种子小，播种法一般较少采用，主要以分株、扦插法繁殖。分株多在早春或晚秋进行，强壮植株春季栽植当年即可开花；硬枝扦插于早春进行，软枝扦插在6~8月进行。

园林用途　绿叶白花，花、叶清丽，花期极长，且正值夏季少花季节，是园林中优良的夏季观花灌木；通常成丛栽植在草坪边缘，亦可单行栽成自然式花篱，由于其耐荫性较强，是适合庭园背阴处及建筑物北侧种植的重要观赏花木之一。

十、榆叶梅（*Prunus triloba* Lindl）

别名 榆梅、小桃红、榆叶鸾枝。

科属 蔷薇科，李属。

形态特征 高2～3m；小枝绿色，无毛或幼时微被短绒毛。叶宽椭圆形至倒卵形，先端短渐尖，常三裂，基部宽楔形，叶缘具粗锯齿，上面具疏绒毛，下面被短绒毛。花1～2朵，先于叶开放，径2～3cm，粉红色；萼筒宽钟状，萼片卵形，近先端疏生小锯齿。果实近球形，红色。花期为4～5月。果7月成熟。

产地分布 目前全国各地多数公园内均有栽培。

生长习性 阳性树种，耐旱耐寒，但不耐水涝，喜深厚腐殖质含量高的壤土。

繁殖培育 可采取播种和嫁接繁殖，可用芽接和枝接，砧木选用山桃、榆叶梅实生苗或杏。栽植可在秋季和早春进行，注意花后应短剪枝条。

园林用途 早春开花，先花后叶，花团锦簇，果熟时红果灿烂，是花果俱佳的观赏树木。在园林中多孤植或丛植，或与春花树种连翘、绣线菊等配植。

十一、毛樱桃（*Prunus tomentosa*）

科属 蔷薇科，李属。

形态特征 高2～3m。树皮灰褐色，不规则片状开裂；枝条灰褐色，幼时密被绒毛。托叶长5～8mm，常丝状全裂，裂片边缘有不规则细齿，密被短柔毛、叶柄密被柔毛；叶片密集，倒卵形、宽椭圆形或卵形，边缘具不整齐粗重锯齿，叶质较厚，表面有皱纹和柔毛，背面密被黄白色绒毛。花单生或2朵并生，直径1.5～2cm，先于叶或与叶同时开放；花梗短被短柔毛；萼筒管状，长4～5mm，外面具微毛或近无毛，萼裂片卵形，边缘具细齿，外被短柔毛；花瓣狭倒卵形，淡粉红色至白色。果实球形，暗红色。花期4～5月，果期6月。

产地分布 原产我国，主产华北、东北，西南地区也有分布。

生长习性 性喜光，也很耐荫、耐寒、耐旱，也耐高温，适应性极强，寿命较长。

繁殖培育 繁殖采用播种、嫁接、分株均可。生长强健，管理简单。

园林用途 在园林中的应用空间很广，可与早春黄色系花灌木迎春、连翘配植应用，反映春回大地、欣欣向荣的景象；也适宜以常绿树为背景配置应用，突出色彩的对比。另外，还适宜在草坪上孤植、丛植，配合玉兰、丁香等小乔木构建疏林草地景观。还可采用高接法和低接养干法培育行道用树，改变行道树很少采用观花乔木的传统，使它成为园林植物配置的一个新亮点。

十二、绣线菊（*Spiraea salicifolia* L.）

别名 柳叶绣线菊、蚂蝗梢。

科属 蔷薇科，绣线菊属。

形态特征　为直立灌木，高可达2m，枝条密集，小枝有棱及短毛。单叶互生，叶片长圆状披针形，缘具细密锐锯齿，两面无毛，叶柄短，无毛。长圆形圆锥花序着生于当年生具叶长枝枝顶，花序长6～13cm，花密集，两性花，花具短柄，花瓣粉红色。蓇葖果直立。花期6～9月，果熟8～10月。同属常见种还有：①日本绣线菊（*S. japonica* L.）又名粉花绣线菊，枝条圆而细长，被短毛，叶卵状椭圆形，缘具缺刻状重锯齿，叶表暗绿脉上有毛，叶背略有白粉并沿脉有毛，复伞房花序生于当年生的长枝枝顶，花粉红色；②华北绣线菊（*S. fritschiana* Schneid.）又名桦叶绣线菊。枝条粗壮，紫褐色具棱，叶片卵形或圆状卵形，缘具不整齐重锯齿或单齿，叶背具毛，复伞房花序生于当年生的长枝枝顶，花白色，未开前略带粉红。

产地分布　辽宁、内蒙古自治区、河北、山东、山西等地均有栽培分布。

生长习性　喜光也稍耐荫，抗寒，抗旱，喜温暖湿润的气候和深厚肥沃的土壤。萌蘖力和萌芽力均强，耐修剪。

繁殖栽培 播种、分株、扦插均可。早春可行播种，种子细小，覆土要薄。夏季可用当年生新稍进行软枝扦插。晚秋可进行分株。

园林用途　枝繁叶茂，叶似柳叶，小花密集，花色粉红，花期长，自初夏可至秋初，娇美艳丽，是良好的园林观赏植物。

十三、珍珠绣线菊（*Spiraea thunbergii Sieb. ex* Blume）

别名　喷雪花。

科属　蔷薇科，绣线菊属。

形态特征　高可达1.5m。枝条纤细而开展，呈弧形弯曲，小枝有棱角，幼时密被柔毛，褐色，老时红褐色，无毛。叶条状披针形，边缘有锐锯齿，羽状脉；叶柄极短或近无柄。伞形花序无总梗或有短梗，基部有数枚小叶片，每花序有3～7朵花；花直径5～7mm；萼筒钟状，萼片三角形，内面有密短柔毛，花瓣宽倒卵形，白色；花盘环形，有10裂片。蓇葖果5枚。花期4～5月；果期7月。

产地分布　原产华东。陕西、辽宁等省有栽培。

生长习性　生长健壮，喜阳光、温暖气候及湿润土壤；耐寒。

繁殖栽培　播种、分株、扦插均可。早春可行播种，种子细小，覆土要薄。夏季可用当年生新稍进行软枝扦插。晚秋可进行分株。

园林用途　晚春翠叶、白花，繁密似雪；秋叶红色，亦十分美观。可丛植于池畔、山坡、路旁、崖边。一般多作基础种植，或在草坪角隅应用。

十四、紫穗槐（*Amorpha fruticosa* L.）

别名　棉槐、穗花槐。

科属　豆科，紫穗槐属。

形态特征　高1～4m，丛生、枝叶繁密，皮暗灰色，平滑，小枝灰褐色，有凸起锈色皮孔，幼时密被柔毛。叶互生，奇数羽状复叶，小叶11～25枚，卵形、狭椭圆形，全缘，叶内有透明油腺点。总状花序密集顶生或枝端腋生，花轴密生短柔毛，萼钟形，常具油腺点，旗瓣蓝紫色，翼瓣、龙骨瓣均退化。荚果弯曲短，棕褐色，密被瘤状腺点。花期5～7月，果期8～10月。

产地分布 原产美国。广布于我国东北、华北、河南、华东、湖北、四川等省(区)，是黄河和长江流域很好的水土保持植物。

生长习性 阳性树种，耐寒、耐旱、耐湿、耐盐碱、抗风沙、抗逆性极强。在荒山坡、道路旁、河岸、盐碱地均可生长，萌芽性强，根系发达，每丛可达20～50根萌条，平茬后一年生萌条高达1～2m，2年开花结果。

繁殖栽培 种子、扦插和分株繁殖均可。种子繁殖应在播前碾破荚果去除果皮，然后用温水浸种后催芽。扦插一般用一年生粗壮萌条，分株法可快速获得大苗。

园林用途 枝叶繁茂，紫花在观赏植物中较少，开花季节紫花绿叶，别有雅趣。生长迅速，适应性强，可作绿篱、工业区立地条件不良处的地被覆盖，又可作坡地绿化和水土保持用。

十五、黄栌（*Cotinus coggygria*）

别名 栌木。

科属 漆树科，黄栌属。

形态特征 高达5～8m。树冠圆形；树皮暗灰褐色，小枝紫褐色，被蜡粉。单叶互生，通常倒卵形，全缘。顶生圆锥花序，花小，杂性，黄绿色。核果肾形。花期4～5月；果熟期6～7月。

产地分布 产于我国北部、中部及经喜马拉雅山地至欧洲南部。多生于海拔600～1 500m向阳山坡林中。

生长习性 喜光，也耐半荫；耐寒，耐干旱瘠薄土壤，但不耐水湿；喜深厚、肥沃，排水良好的沙壤土；生长快，根系发达，萌蘖性强；对二氧化硫有较强抗性。

繁殖栽培 以播种繁殖为主，压条、扦插、分株亦可。播种幼苗生长迅速，当年苗高可达0.8～1m，3年后即可出圃定植。须根较少，移植时应对枝条进行强修剪，以保持树势平衡。

园林用途 黄栌叶子秋季变红，色泽鲜艳，著名的北京香山红叶即为本种。开花后淡紫色羽毛状的花梗也非常漂亮，并且能在树梢宿存很久，成片栽植时远望宛如万缕罗纱缭绕林间，故有“烟树”的美誉。在园林中宜丛植于山丘、山坡或草坪，亦可混植于其他树群，均可为园林增添秋色。

十六、卫矛（*Euonymus alatus*（Thunb.）Sieb.）

别名 鬼箭羽。

科属 卫矛科，卫矛属。

形态特征 高约1～3m，多分枝，小枝四棱形，有2～4条薄片状木栓质翅。单叶对生，叶片倒卵状长椭圆形，两头尖，边缘有细尖锯齿，早春初发时及初秋霜后变紫红色。

花黄绿色，径约5~7mm，常3朵集成聚伞花序。蒴果棕紫色。花期4~6月，果熟期9~10月。

产地分布　产于我国东北、华北及长江中下游各省区。

生长习性　喜光，也耐半荫；耐寒，耐干旱瘠薄土壤，在中性、酸性及石灰性土上均能生长；萌蘖性强，耐修剪；对二氧化硫有较强抗性。

繁殖栽培　以播种繁殖为主，扦插、分株亦可。秋天采种后，混沙层积贮藏，第二年春季播种，当年苗高约30cm，第二年分栽后再培育3~4年即可出圃定植。扦插一般在6~7月间选半成熟枝作插条。移栽要在落叶后、发芽前进行。

园林用途　枝翅奇特，早春初发嫩叶及秋叶均为紫红色，十分艳丽，在落叶后又有红色果实悬垂枝间，颇为美观。园林中孤植或丛植于草坪、斜坡、水边或于山石间配植均甚适宜。

十七、木槿（*Hibiscus syriacus* L.）

别名　白饭花、朝开暮落花。

科属　锦葵科，木槿属。

形态特征　株高3~6m，茎直立，多分枝，树皮灰棕色，枝干上有根须或根瘤，幼枝被毛，后渐脱落。单叶互生，在短枝上也有2~3片簇生者，叶卵形或菱状卵形，有明显的三条主脉，而常3裂，边缘具圆钝或尖锐锯齿。花单生于枝梢叶腋，花瓣5，花形有单瓣、重瓣之分，花色有浅蓝紫色、粉红色或白色之别；雄蕊多数，连合成一管称雄蕊柱；蒴果长椭圆形，黄褐色。花期6~9月。

产地分布　原产东亚，全国各地均有栽培。

生长习性　适应性强，南北各地都有栽培。喜阳光也能耐半荫。耐寒，在华北和西北大部分地区都能露地越冬，对土壤要求不严，较耐瘠薄，能在黏重或碱性土壤中生长，惟忌干旱，生长期需适时适量浇水，经常保持土壤湿润。

繁殖栽培　常用扦插和播种繁殖，以扦插为主，多在早春季节进行，极易生根成活。尤其是在母株根基部培上土，让其多生发枝条，待芽条长1~2年后，带部分根挖取移栽，更易成活扦插，春季发芽前，剪取枝条20~25cm长，插于沙床，约30d生根。播种，单瓣木槿结种后干藏至翌春播种，播后约20d发芽。木槿管理比较粗放，耐修剪，是抗烟尘，抗氟化氢等有害气体的极好植物，也是美化、绿化、净化空气的好树种。在天旱时适当浇水，生长旺季稍施稀薄液肥即可，每年只稍作修剪，使之通风透光就行。

园林用途　木槿盛夏季节开花，开花时满树花朵，适宜花篱、绿篱及庭院布置，墙边、水滨种植也很适宜。在北方常在公路两旁成片成排种植，不仅增强了公路两旁的景观，还起到防尘的作用。

十八、连翘（*Forsythia suspensa*（Thunb.）Vahl）

别名　一串金、黄花条、青翘。

科属　木犀科，连翘属。

形态特征 高可达3m，基部丛生，枝条拱形下垂，小枝褐色，稍有棱，有凸起的皮孔，髓中空，节间中空。单叶或3小叶，对生，卵形或椭圆状卵形。花金黄色，先叶开放。花期4~5月。蒴果卵球形，10月成熟。

产地分布 产于西北至东北。

生长习性 喜温暖、湿润的环境。喜光、耐寒。喜生于阳坡地，对土壤要求不严，耐干旱贫瘠，怕涝，最适合于深厚肥沃的钙质土壤。

繁殖栽培 可扦插、播种、分株繁殖。扦插于2~3月进行。播种在10月采种后，经湿沙层积于翌年2~3月条播。苗木移栽于落叶期间，选向阳而排水良好的肥沃土壤上栽植。每年花后剪除枯枝、弱枝叶及过密、过老枝条。

园林用途 连翘早春先叶开花，满枝金黄，艳丽可爱，是早春优良观花灌木。适宜于宅旁、亭阶、墙隅、篱下与路边配置，也宜于溪边、池畔、岩石、假山下栽种。因根系发达，可作花篱或护堤树栽植。

十九、水腊（*Ligustrum obtusifolum* siob.）

科属 木犀科，女贞属。

形态特征 小枝具短柔毛，开张成拱形。叶薄革质，椭圆形至倒卵状长圆形，全缘，边缘略向外反卷；叶柄有短柔毛。圆锥花絮；花白色，芳香，花冠裂片与筒部等长。核果椭圆形，紫黑色。花期7~8月，果熟期10~11月。

产地分布 产中国东北部，华北，西北及华中地区。

生长习性 喜光，稍耐荫；耐寒，耐旱，对土壤要求不严；生长较快，萌芽力强，耐修剪。

繁殖栽培 播种为主，也可软枝或硬枝扦插。

园林用途 主要作绿篱栽植；其枝叶紧密、圆整，庭院中常栽植观赏；抗多种有毒气体，是优良的抗污染树种。

二十、雪柳（*Fontanesia fortunei* Carr.）

别名 五谷树。

科属 木犀科，雪柳属。

形态特征 小枝细长，直立，四棱形。单叶对生，叶披针形至卵状披针形，全缘，有光泽。叶柄短；翅果扁平，倒卵形。花期5~6月，果熟期7月。

产地分布 分布于我国中部至东部，由以江浙一带最为普遍，北方也有栽培。

生长习性 喜光，稍耐荫；喜肥沃、排水良好的土壤；喜温暖，但亦较耐寒。

繁殖栽培 播种为主，也可软枝或硬枝扦插。

园林用途 叶子细如柳叶，晚春白花满枝，宛如白雪，可在庭院中孤植或丛植观赏，目前多栽培作自然式绿篱或防风林。

二十一、紫丁香（*Syringa oblate* Lindl.）

别名　丁香、华北紫丁香、龙梢子。

科属　木犀科，丁香属。

形态特征　高可达4m；小枝无毛。叶宽卵形，全缘。圆锥花序长6~15cm；花萼钟状，有4齿，花冠紫色，先端4裂，开展。蒴果长圆形。花期4~5月。

产地分布　分布于我国吉林、辽宁、内蒙古自治区、河北、山东、陕西、四川。生于海拔300~2 600m的山地或沟谷。

生长习性　喜光，稍耐荫，耐寒；耐干旱，忌水湿，喜湿润、肥沃、排水良好的土壤。在夏热地区生长不良。

繁殖栽培　播种、扦插、嫁接繁殖均可。播种可于春、秋两季在室内盆播或露地畦播，北方以春播为佳。扦插可在花谢1个月后扦插绿枝；或在秋冬扦插木质化硬枝。嫁接可于秋冬采取接穗，在露地埋藏至次年春天，枝接于华北紫丁香、欧洲丁香的砧木上。

园林用途　紫丁香枝叶茂密，花美而香，是我国北方应用最普遍的花木之一。广泛用于公园、庭园美化、绿化。

二十二、锦带花（*W. florida*（*Bunge*）A. DC.）

别名　五色海棠、海仙花。

科属　忍冬科，锦带花属。

形态特征　通常高1.5~3cm，幼枝有四棱，具2列短柔毛。叶椭圆至倒卵状椭圆形，先端渐尖，基部圆或楔形，叶背有短柔毛。花冠漏斗状钟形，玫瑰红色。花期4~6月。常见品种还有白花锦带花，花白带黄色，后转青白玫瑰色。

产地分布　原产东北、华北、江苏北部，各地有栽培。

生长习性　喜光，稍耐荫；耐寒；耐干旱，忌水湿，喜湿润、肥沃、排水良好的土壤。在夏热地区生长不良。

繁殖栽培　常用扦插、分株、压条方法繁殖。栽培容易，生长迅速，病虫害少，花开于1~2年生枝条上，故在早春修剪时只需剪去枯枝及老弱枝条，促发新枝。早春开花前施一次腐熟堆肥，则可年年开花茂盛。

园林用途　枝叶繁茂，花色艳丽，一枝横出，灿若锦带，是华北、东北地区重要花木。可丛植或群植于草坪、路缘、建筑物前、湖畔、河滨、山坡、林缘或密植为花篱，也可盆栽或作切花。

二十三、金银木（*Lonicera maackii.*）

别名　金银忍冬。

科属　忍冬科，忍冬属。

形态特征　为落叶性小乔木，常丛生成灌木状，株形圆满，高可达6m。小枝中空，单叶对生；叶呈卵状椭圆形至披针形；先端渐尖，叶两面疏生柔毛。花成对腋生，二唇形花冠。花开时初为白色，后变为黄色，故得名“金银木”。浆果球形亮红色。花期5~6月，果熟期8~10月。

产地分布 分布极广，我国东北、华北、华东、华南、华中、西南均有分布。

生长习性 喜光，耐半荫，耐旱，耐寒，病虫害少。

繁殖栽培 有播种和扦插两种繁殖方法。春季可以播种繁殖，夏季可以采用当年生半木质化枝条进行嫩枝扦插。也可以秋季选取一年生健壮饱满枝条进行硬枝扦插。剪取插条长约15~20cm，保留顶部2~4片叶。将插条插入干净的细河沙中，深度为其长度的1/3~1/2。插后适当遮阳保湿，待根系足壮后移植于圃地。

园林用途 金银木花果并美，具有较高的观赏价值。春天可赏花闻香，秋天可观红果累累。春末夏初层层开花，金银相映，远望整个植株如同一个美丽的大花球。花朵清雅芳香。金秋时节，对对红果挂满枝条，煞是惹人喜爱。在园林中，常将金银木丛植于草坪、山坡、林缘、路边或点缀于建筑周围，观花赏果两相宜。

二十四、接骨木（*Lonicera maackii.*）

科属 忍冬科，接骨木属。

形态特征 株高4~8m，小枝有皮孔，光滑无毛。奇数羽状复叶，小叶5~7枚，椭圆状披针形，缘具锯齿，两面光滑无毛，揉碎后有臭味。圆锥花序顶生，花冠辐状，白色至淡黄色。核果球形，黑紫色或红色。花期4~5月，果期6~7月。

产地分布 分布极广，北起东北，南至南岭以北，西达甘肃南部和四川、云南东南部。

生长习性 性强健，喜光，耐寒，耐旱。根系发达，萌蘖性强。

繁殖栽培 常用扦插和分株繁殖。扦插，每年4~5月，剪取一年生充实枝条10~15cm长，插于沙床，插后30~40d生根。分株，秋季落叶后，挖取母枝，将其周围的萌蘖枝分开栽植。

园林用途 接骨木枝叶繁茂，春季白花满树，夏秋红果累累，是良好的观赏灌木，宜植于草坪、林缘或水边，也可用于城市、工厂的防护林。

复习思考题

1. 举例说出常用于孤植或丛植的落叶灌木树种。为什么？
2. 举例说出常用于绿篱的落叶灌木树种。为什么？

综合实训　校园常见灌木树种的识别

一、目的要求

了解校园内灌木树种的种类、形态特征、生长习性及园林应用，复习课堂所学的知识，掌握树种的调查方法。

二、材料用具

记录本、调查表、尺等。

三、方法步骤

形态观测

性状：乔木，灌木，藤本；

树冠：形状；

树皮：颜色，开裂与否，开裂方式；

枝：小枝颜色，生长方式；

叶：叶形，正反面颜色，是否有白粉，着生方式；

芽：颜色，形状；

花：花色，雌花，雄花；

果实：颜色，形状，开裂方式；

种子：形状，大小，是否有翅。

四、作业

对校园内的所用灌木树种进行分类、总结，写出调查报告。

第十三章　藤 本 类

藤本植物是指茎长而细弱，不能独立向上生长，必须缠绕或攀缘他物才能伸展于空间的植物。藤本植物按习性分为草质藤本和木质藤本。按其冬季或旱季落叶与否又分为落叶藤本和常绿藤本。

藤本被广泛用作垂直绿化。垂直绿化是利用攀缘植物装饰建筑物的屋顶、墙面、围墙、灯柱、桥涵等垂直立面的一种绿化形式。适用于高层建筑物密集、绿地严重不足的城市。作垂直绿化时，应注意选择花繁色艳，耐寒、耐旱，易栽培的藤本类植物。为了便于学生能更好地掌握藤本类在园林造景的运用，本章将按照常绿藤木类和落叶藤木类分别进行讲述。

第一节　常绿藤本类

常绿藤本是一种终年具有绿叶的藤本，这种藤本的叶寿命是 2 ~ 3 年或更长，并且每年都有新叶长出，在新叶长出的时候也有部分旧叶的脱落，由于是陆续更新，所以终年都能保持常绿。这种藤本由于具有四季长青的特性，因此常被用来作为绿化的首选植物，由于它们常年保持绿色，其美化和观赏价值更高。

一、胶东卫矛（*Euonymus kiautschovicus*）

别名　胶州卫矛、攀缘卫矛。

科属　卫矛科，卫矛属。

形态特征　直立或蔓性半常绿灌木，高 3 ~ 8m；小枝圆形。叶片近革质，长圆形、宽倒卵形或椭圆形，边缘有粗锯齿。聚伞花序 2 歧分枝，成疏松的小聚伞；花淡绿色。蒴果扁球形，粉红色。花期 8 ~ 9 月，果期 9 ~ 10 月。

产地分布　分布于山东、安徽、江西、湖北等省。宜兴、南京、河南云台山区有生长，生于山谷、林中多岩石处。

生长习性　阳性树种，喜温暖性海洋气候，对土壤要求不严，适应性强，较耐寒、抗旱，极耐修剪整形。

繁殖栽培　以播种繁殖为主，扦插、分株亦可。秋天采种后，混沙层积贮藏，第二年春季播种，当年苗高约 30cm，第二年分栽后再培育 3 ~ 4 年即可出圃定植。扦插一般在 6 ~ 7 月间选半成熟枝作插条。移栽要在落叶后、发芽前进行。

园林用途　园林中多用为绿篱和增界树，它不仅适用于庭院、甬道、建筑物周围，而且也用于主干道绿带。又因对多种有毒气体抗性很强，并能吸收而净化空气，抗烟吸尘，又是污染区理想的绿化树种。是绿篱、绿球、绿床、绿色模块、模纹造型等平面绿化的首选常绿树种。

二、爬行卫矛（*Euonymus fortunei var. radicans* Sieb.）

科属　卫矛科，卫矛属。

形态特征　匍匐生长或不定根攀缘，长可达10cm，小枝微起棱，有小瘤状皮孔。叶对生，薄革质，椭圆至椭圆状披针形，边缘细锯齿，侧脉在两面显著隆起，长2～8cm，叶柄具窄翅。花小，绿白色，常5～15朵成聚伞花序。蒴果橙黄色。花期5～6月，果期10～11月。

产地分布　分布黄河流域以南，常见品种有：斑叶扶芳藤，叶缘白色或粉红。纹叶扶芳藤，叶面有白色条纹。

生长习性　较耐寒，适应性强，喜阴湿，常匍匐生于林缘岩石上或攀附树干。生长于干燥、瘠薄之处则叶增厚，色黄绿，气生根增多。

繁殖栽培　播种、扦插繁殖。

园林用途　生长繁茂，叶色墨绿有光泽，秋叶经霜变红，吸附攀缘能力较强。宜用于庭院地被或墙面、坛缘、山石、岩面、石岸绿化，也可攀缘老树、花架之上或盆栽观赏。

三、常春藤（*Caulis Hederae Sinensis.*）

别名　三角风、爬墙虎。

科属　五加科，常春藤属。

形态特征　茎枝有气生根，幼枝被鳞片状柔毛。叶互生，2裂，革质，具长柄；营养枝上的叶三角状卵形或近戟形，全缘或3浅裂；花枝上的叶椭圆状卵形或椭圆状披针表，全缘。伞形花序单生或2～7个顶生；花小，黄白色或绿白色。浆果圆球形，黄色或红色。花期5～8月，果期9～11月。

产地分布　分布于陕西、甘肃及黄河流域以南至华南和西南。攀附于阔叶林中树干上或沟谷阴湿的岩壁上。

生长习性　喜阴湿环境，有一定耐寒能力，对土壤要求不严。

繁殖栽培　常用扦插或压条法繁育，较易成活。

园林用途　在庭院中可用以攀援假山、岩石，或在建筑阴面作垂直绿化材料。在华北宜选小气候良好的稍荫环境栽植。也可盆栽供室内绿化观赏用。

复习思考题

列举3种常绿藤本树种的生长习性？

第二节 落叶藤本类

一、紫藤（*Wisteria sinensis*（Sims）Sweet.）

别名 朱藤、招豆藤、藤萝。

科属 蝶形花科，紫藤属。

形态特征 落叶攀援缠绕性大藤本植物，干皮深灰色，不裂。嫩枝暗黄绿色密被柔毛。奇数羽状复叶互生，有小叶7~13枚，卵状椭圆形，叶背具疏毛或近无毛，小叶柄被疏毛。侧生总状花序，长达30~35cm，呈下垂状，总花梗、小花梗及花萼密被柔毛，花紫色或深紫色，花瓣基部有爪。荚果扁圆条形。花期4~5月，果期8~9月。

产地分布 原产我国，华北地区多有分布，以河北、河南、山西、山东最为常见。华东、华中、华南、西北和西南地区均有栽培。中国南至广东，北至内蒙古自治区普遍栽培于庭园，以供观赏。

生长习性 对气候和土壤的适应性强，较耐寒，能耐水湿及瘠薄土壤，喜光，较耐荫。以土层深厚，排水良好，向阳避风的地方栽培最适宜。主根深，侧根浅，不耐移栽。生长较快，寿命很长。缠绕能力强，对其他植物有绞杀作用。

繁殖栽培 可用种子、分株、压条、扦插、嫁接等法繁殖。定植后一般需搭棚架支持。

园林用途 园林中多用为绿篱和增界树，它不仅适用于庭院、甬道，建筑物周围，而且也用于主干道绿带。又因对多种有毒气体抗性很强，并能吸收而净化空气，抗烟吸尘，又是污染区理想的绿化树种。是绿篱、绿球、绿床、绿色模块、模纹造型等平面绿化的首选常绿树种。

二、南蛇藤（*Celastrus orbiculatus* Thunb.）

别名 南蛇风、黄果藤。

科属 卫矛科，南蛇藤属。

形态特征 长达12m。小枝圆柱形，皮孔大而隆起。叶片近圆形至倒卵形或长圆状倒卵形，边缘有疏钝锯齿。雌雄异株；聚伞花序，花3~7朵，常3朵，在雄株上腋生。蒴果近球形，棕黄色。花期5~6月，果期9~10月。

产地分布 我国东北、华北、华东、西北、西南及华中均有分布。垂直分布可达海拔1 500m，常生于山地沟谷及林缘灌木丛中。

生长习性 适应性强，喜光，也耐半荫，耐寒冷，在土壤肥沃、排水良好及气候湿润处生长良好。

繁殖栽培 播种、扦插及压条均可繁殖。栽培管理也较粗放。

园林用途 是园林中优良的棚架绿化及地被植物材料，入秋叶色变红，鲜黄色果实开裂后露出鲜红色假种皮，颇为悦目。

三、爬山虎（*Parthenocissus tricuspidata*（Sieb. et Zucc）Planch.）

别名 爬墙虎、地锦。

科属 葡萄科，爬山虎属。

形态特征 树皮有皮孔；枝条粗壮，卷须短，多分枝，顶端有吸盘。叶互生，花枝上的叶宽卵形，常3裂，或下部枝上的叶分裂成3小叶，幼枝上的叶较小，常不分裂。聚伞花序常着生于两叶间的短枝上，长4～8cm；花淡黄绿色。浆果球形，熟时蓝黑色。花期6月，果期9～10月。

产地分布 我国分布很广，北起吉林，南至广东均产。

生长习性 性喜阴湿环境，但不怕强光，耐寒，耐旱，耐贫瘠，耐修剪，怕积水，对土壤要求不严，但在阴湿、肥沃的土壤中生长最佳。

繁殖栽培 可采用播种、扦插及压条繁殖。播种法：采收后的种子搓去果皮果肉，洗净晒干后可放在湿沙中低温贮藏一冬，保温、保湿有利于催芽，次年早春3月上中旬即可露地播种，薄膜覆盖，5月上旬即可出苗，培养1～2年即可出圃。扦插法：早春剪取茎蔓20～30cm，插入露地苗床，灌水，保持湿润，很快便可抽蔓成活，也可在夏、秋季用嫩枝带叶扦插。压条法：可采用波浪状压条法，在雨季阴湿的天气进行，成活率高，秋季即可分离移栽，次年定植。

园林用途 是一种优美的攀缘植物，能借助吸盘爬上墙壁或山石，枝繁叶茂，层层密布，入秋叶色变红，格外美观。常用作垂直绿化的材料，能在短期内收到良好的绿化、美化效果。夏季对墙面的降温效果显著。

四、美国地锦（*Parthenocissus quinquefolia* Planch.）

别名 美国爬山虎、五叶地锦。

科属 葡萄科，爬山虎属。

形态特征 幼枝带紫红色。卷须与叶对生，5～12分枝，顶端吸盘大。掌状复叶，具长柄，小叶5枚，质较厚，卵状长椭圆形至倒长卵形，缘具大齿，上面暗绿色，下面稍具白粉并有毛。聚伞花序集成圆锥状。浆果近球形，成熟时蓝黑色。花期7～8月；果期9～10月。

产地分布 原产美国东部；我国有栽培。

生长习性 适应性强，喜光，也耐半荫，耐寒冷，在土壤肥沃、排水良好及气候湿润处生长良好。

繁殖栽培 同爬山虎。

园林用途 同爬山虎，但攀缘力较爬山虎差，易被大风刮落。

五、葡萄（*Vitis. vinifera* Linn.）

别名 草龙珠、山葫芦。

科属 葡萄科，葡萄属。

形态特征 茎长达30cm，老时树皮条状剥落。叶3~5裂，叶缘有粗锯齿，背面疏生柔毛。花序多分枝，果序圆锥形；种子与果实易分离。花期5~6月，果期7~9月。

产地分布 原产西亚，现辽宁中部以南广泛栽培为果树，品种繁多。

生长习性 喜阳光充足，气候干燥、夏季昼夜温差大的大陆性气候。较耐寒，喜排水良好、土层深厚肥沃的沙质壤土或砾质壤土，忌重黏土、盐碱土。

繁殖栽培 可用扦插进行繁殖。扦插于春季发芽前的4月进行，插穗选用中段健壮枝条，剪成数段，使每段上留有1~3个节，下端剪口接近芽眼，插入砂床。沙床要保持稍湿润，但不宜过湿。至5月下旬可生根，上盆后要放在半阴处缓苗，逐步转入正常管理。

园林用途 硕果晶莹，绿叶成荫，适应性强，寿命长，实为叶果并佳、遮阳、观赏、经济效益并重的树种，在我国已有2 000余年栽培历史，园林中常应用于棚架、门厅、跨路长廊、花廊等，也宜盆栽观赏。

六、金银花（*Lonicera japonica* Thunb.）

别名 忍冬。

科属 忍冬科，忍冬属。

形态特征 长可达9m，枝细长中空，皮棕褐色。条状剥落，幼时被短柔毛。叶卵形或椭圆状卵形，全缘，幼时两面被柔毛，老后光滑。花成对腋生，苞片叶状；萼筒无毛；花冠二唇形，上唇4裂而直立，下唇反转，初开时白色，后转黄色，芳香。浆果球形，蓝黑色，花期5~7月；果期10~11月。

产地分布 北起辽宁，西至陕西，南达湖南，西南至贵州、云南均有分布。

生长习性 喜光，也耐荫；耐寒，耐旱及水湿，对土壤要求不严。性强健，适应性强，根系发达，萌蘖力强，基部着地即可生根。农谚讲："涝死庄稼旱死草，冻死石榴晒伤瓜，不会影响金银花"。

繁殖栽培 播种、扦插、压条、分株均可。

园林用途 植株轻盈，藤蔓缠绕，冬叶微红，花先白后黄，有清香，是色香兼备的观赏植物，可作篱垣、花架、花廊等的垂直绿化；或附着山石，爬于山坡，悬挂屋顶，均富有情趣；花期长，在夏季为极好的观花材料。

七、五味子（*Schisandra chinensis* Baill.）

别名 山花椒、秤砣子、药五味子。

科属 五味子科，五味子属。

形态特征 茎长4~8m，小枝灰褐色，叶倒卵形至椭圆形，生于老枝上的叶簇生，生于幼枝上的互生。花乳白色或淡红色，单性，雌雄同株或异株，单生或簇生于叶腋，有细长花梗。夏秋结浆果，球形，聚合成穗状，成熟时呈紫红色。

产地分布 我国东北、华北、中南及四川有分布。

生长习性 喜肥、喜光，要求疏松、肥沃而湿润的土壤。幼苗期需一定的阴湿环境，开花结果期则要求通风透光。

繁殖栽培　除种子繁殖外，主要靠地下横走茎繁殖。种子繁殖方法简单易行，并能在短期内获得大量种苗。因种子坚硬，光滑有油层，播前需将种子洗净层积处理。

园林用途　成串红果颇具观赏价值，攀附架上或枯树上甚美。

八、凌霄（*Campsis grandiflora Thunb.*）

别名　紫葳、女葳花。

科属　紫葳科，凌霄属。

形态特征　长达10m。茎上有攀缘的气生根，攀附于它物上。树皮灰褐色，小枝紫色。叶对生，奇数羽状复叶，小叶7~9枚。卵形，有锯齿，无毛。顶生聚伞花序或圆锥花丛，花冠漏斗状，唇形五裂，鲜红色或橘红色，花期7~8月。蒴果长如豆荚，果实10月成熟。

产地分布　分布于我国华东、华中、华南等地。

生长习性　性喜阳、温暖湿润的环境，稍耐荫。喜欢排水良好土壤，较耐水湿、并有一定的耐盐碱能力。

繁殖栽培　主要用扦插、压条繁殖，也可分株或播种繁殖。

园林用途　凌霄生性强健，枝繁叶茂，入夏后朵朵红花缀于绿叶中次第开放，十分美丽，是理想的垂直绿化、美化花木品种，可用于棚架、假山、花廊、墙垣的绿化。

九、软枣猕猴桃（*Actinidia arguta*（*Sieb. et Zucc.*）*Planch.*）

别名　软枣猕猴。

科属　猕猴桃科，猕猴桃属。

形态特征　茎长达30m，皮淡灰褐色，片裂；一年生枝灰色或淡灰色，有时有灰白色的疏柔毛，小枝螺旋状缠绕。具长圆状浅色皮孔，老枝光滑无毛。叶互生，有时具刚毛；叶片稍厚，革质或纸质，卵圆形、椭圆形或长圆形，边缘有锐锯齿，锯齿近线形，表面暗绿色，背面色淡。腋生聚伞花序，花3~6朵，萼片5，长圆状卵形或椭圆形，内侧具稠密黄色毛，外侧仅边缘有毛、花后脱落；花瓣5枚，白色，倒卵圆形。浆果球形至长圆形。花期6~7月，果期8~9月。

产地分布　分布于我国黑龙江省、吉林省、山东省及华北、西北以及长江流域各省区，朝鲜、日本、俄罗斯也有分布。

生长习性　喜凉爽、湿润、阳光充足的环境。

繁殖栽培　可用播种繁殖，种子需层积处理，播种前进行浸种催芽。也可用嫩枝扦插繁殖。

园林用途　花大而繁，美丽而又有芳香，是良好的棚架材料，即可观赏又有经济收益，适合在自然式公园中配植应用。

复习思考题

1. 举例说出北方常见的用于垂直绿化的落叶藤本；并综述其园林用途。
2. 举例说出华东地区常见的用于垂直绿化的落叶藤本；并综述其园林用途。

综合实训　校园常见藤本树种的识别

一、目的要求

了解校园内藤本树种的种类、形态特征、生长习性及园林应用，复习课堂所学的知识，掌握树种的调查方法。

二、材料用具

记录本、调查表、尺等。

三、方法步骤

形态观测

性状：乔木，灌木，藤本；

树冠：形状；

树皮：颜色，开裂与否，开裂方式；

枝：小枝颜色，生长方式；

叶：叶形，正反面颜色，是否有白粉，着生方式；

芽：颜色，形状；

花：花色，雌花，雄花；

果实：颜色，形状，开裂方式；

种子：形状，大小，是否有翅。

四、作业

对校园内的所用藤本树种进行分类、总结，写出调查报告。

参考文献

1. 陈有民．园林树木学．北京：中国林业出版社，2006.

2. 中国科学院中国植物志编辑委员会．《中国植物志》电子版．http：//foc.lseb.cn/dzb.asp.

3. 郭志刚，张伟．花卉生产技术原理及其应用丛书．北京：中国林业出版社，2001.

4. 赵祥云，王树栋，刘建斌等．鲜切花百合生产原理及实用技术．北京：中国林业出版社，2005.

5. 熊丽，吴丽芳．观赏花卉的组织培养与大规模生产．北京：化学工业出版社，2003.